复杂环境下多孔大直径小净距顶管综合施工技术

陈 旺 李志军 刘维正 王 坤 著

FUZA HUANJING XIA
DUOKONG DA ZHIJING XIAO JINGJU DINGGUAN
ZONGHE SHIGONG JISHU

中南大学出版社
www.csupress.com.cn
·长沙·

图书在版编目(CIP)数据

复杂环境下多孔大直径小净距顶管综合施工技术 /
陈旺等著. --长沙：中南大学出版社，2025.4.
　　ISBN 978-7-5487-6227-0

　　Ⅰ. TU94

中国国家版本馆 CIP 数据核字第 2025XM7971 号

复杂环境下多孔大直径小净距顶管综合施工技术

陈旺　李志军　刘维正　王坤　著

□ 出 版 人　林绵优
□ 责任编辑　刘颖维
□ 责任印制　唐　曦
□ 出版发行　中南大学出版社
　　　　　　社址：长沙市麓山南路　　　　邮编：410083
　　　　　　发行科电话：0731-88876770　　传真：0731-88710482
□ 印　　装　广东虎彩云印刷有限公司

□ 开　　本　787 mm×1092 mm　1/16　□ 印张 18.5　□ 字数 474 千字
□ 版　　次　2025 年 4 月第 1 版　　　　□ 印次 2025 年 4 月第 1 次印刷
□ 书　　号　ISBN 978-7-5487-6227-0
□ 定　　价　78.00 元

编 委 会

主任委员

陈　旺　李志军　刘维正　王　坤

副主任委员

彭焱锋　陈志勇　高　昆　张思宇　吕伟华

编　委

（按姓氏拼音排序）

白海龙	陈常辉	陈嘉欣	崔玉国	高启祥
胡盛亮	胡远芳	黄　果	黄小彬	黄永生
雷明星	李俊跃	李　毅	李一铭	刘孙光
刘御寒	罗　辉	罗嗣良	聂　君	聂　克
蒲　飞	秦云峰	佘步文	谭际鸣	田丽君
王　兵	王秋林	魏万娆	魏云龙	吴鹏飞
鲜斌琪	肖　涛	谢文碧	熊雪兵	杨　锋
杨　杰	杨　柳	殷　松	于景阳	余建球
张　毅	赵李勇	郑行行	周　亮	朱建旺
朱元奇	祝耀东	邹景成	左志鹏	

主编单位

中铁隧道局集团有限公司

中铁隧道集团二处有限公司

中南大学

南昌市建设投资集团有限公司

协编单位

南昌市建设投资集团基础设施项目管理有限公司

南昌市城市规划设计研究总院集团有限公司

江西中昌工程咨询监理有限公司

南京林业大学

前言 /Foreword

顶管法作为一种以非开挖形式构筑大型地下空间的暗挖施工技术，相对于明挖法、盾构法等地下空间施工方法，具有综合成本低、交通干扰少、环境影响小等显著优势，在综合管廊、地下通道、雨水管渠、地下停车场、地铁车站及应急通道等地下空间开发领域应用广泛。随着城市现代化建设和地下空间开发的增速，顶管工程逐渐向着管径大，管节数量多，顶进距离长以及复杂环境顶管施工的方向发展。但多孔小净距顶管施工对地层的扰动大，而敏感环境的变形控制要求高，因此对顶管施工控制提出了更高要求。

南昌市丹霞路综合管廊工程的青山北路——江纺西路段工程是南昌市首例综合管廊采用多孔大直径顶管法的地下工程。顶管段采用三孔圆形断面形式，外径分别为 3.2 m、4.14 m 和 4.14 m，净间距分别为 2.57 m 和 3.21 m，顶管常规段埋深为 8~13 m，过河段埋深为 5~6 m，主要穿越地层为细砂、砾砂层；多孔顶管先后在浅覆土（4~6 m）条件下连续下穿尺寸为 3.2 m×1.7 m 的湖西截污箱涵、东暗渠溢流堰、青山湖电排站引水渠和 2 孔尺寸为 6.3 m×3.5 m 青山湖西暗渠；混凝土箱涵结构对沉降、隆起极为敏感，箱涵一旦变形破坏，将大面积污染青山湖，且青山湖东暗渠溢流堰为环保部门重点督查对象；同时顶管上跨既有南昌轨道交通 4 号线（最近距离为 9.09 m），侧穿青山湖引水渠桥梁桩基（最近距离为 0.6 m）；侧穿高压电塔基础（最近距离不足 1 m），而且预留的接收井洞门周边管线密布，过渡井及接收井正上方布置有 220 kV 高压架空线，施工空间受限。此外，另一个工程为南昌大桥西桥头治堵工程，即大断面矩形顶管下穿通道工程，该工程采用管幕法矩形顶管工艺施工，顶管采用 2 孔外包尺寸为 6000 mm×4300 mm 的矩形顶管，暗埋段长 24 m，暗埋段覆土极浅，厚度为 0.8~1.5 m，面临矩形顶管下穿浅覆土城区主干道地表沉降控制的技术挑战。

在上述建设需求、复杂敏感环境保护和严苛变形控制要求下，本书以南昌市丹霞路综合管廊多孔大直径小净距圆形顶管工程和南昌大桥西岸段治堵矩形顶管工程实践为基础，针对城市中心地下管线密布、地面交通复杂、地上建筑林立及大直径小净距顶管近接的敏感建构筑物变形控制要求高等问题，围绕砂砾地层大直径小净距顶管施工力学行为、空间受限下顶管安全进出洞、顶进参数优化、姿态动态控制、纠偏与管节对接施工，以及平行多孔顶管近距离下穿排水箱涵和城市主干道路基、侧穿桥梁桩基、上穿既有地铁盾构隧道的微变形控制等系列技术进行攻关，总结出一套复杂环境下多孔大直径顶管施工关键技术，可为今后类似工程提供指导和借鉴，有效保障顶管施工以及周边建构筑物的安全，并对推动顶管技术在地下空间工程中的应用和发展具有重要工程意义。

本书共分为 8 章。第 1 章主要介绍顶管技术的应用现状及发展趋势、依托工程概况及关键技术问题。第 2 章揭示了大直径小净距多孔顶管施工力学行为和变形扰动规律，为多孔顶管施工顺序优化提供依据。第 3 章针对始发井施工空间受限，重点介绍了同一始发井内顶管双向顶进技术。第 4 章针对顶管顶进过程中管节破坏、背土效应、地表塌陷等施工风险，介绍了多孔顶管顶进姿态及管节对接施工控制技术。第 5~8 章分析了多孔顶管近距离下穿既有混凝土渠道、近距离侧穿既有桩基、上穿既有运营地铁隧道、小净距下穿薄覆土路基的对土层变形的影响规律，分别介绍了相应的变形控制技术。

本书在编写过程中得到了中南大学以及中铁隧道局集团有限公司等相关单位的大力支持，在此一并致谢。书中不足之处，还请各位专家和读者给予指正。

作者
2025 年 1 月

目录 / Contents

第1章

绪　论

1.1　研究背景

　　21 世纪是属于地下空间开发利用的时代，地下空间的可持续发展与高质量开发已成为全球共识。合理开发利用地下空间，不仅有助于推动经济、环境与资源的协调发展，还能有效缓解城市人流拥堵、疏解地面交通压力、提高土地集约化利用率，并对解决环境污染问题具有重要意义。近年来，中国在地下空间开发领域取得了显著成就，"十三五"期间，地铁轨道地下线及综合管廊的新建里程呈现逐年增长趋势，投入运营的轨道交通里程已位居世界首位，如图 1-1 所示。目前，我国地下基础设施建设规模庞大，仅 2022 年轨道地下线及综合管廊的在建里程就分别达到 4500 km 和 2000 km，并逐步从一线城市向二线、三线城市扩展。根据"十四五"规划，我国明确提出新增城区轨道交通运营里程 3000 km 的目标，同时各省（市）也相继出台了"十四五"期间综合管廊的专项规划方案，进一步推动地下空间的高质量开发与利用。如今，中国已成为全球地下空间开发利用的领军国家。因此，围绕地下空间工程需求的理论研究，仍然是当前及未来很长一段时间内需要重点关注的核心课题。

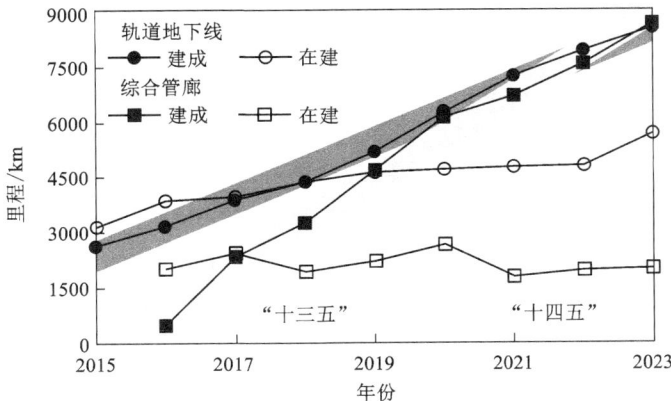

图 1-1　我国轨道地下线、综合管廊发展里程

传统的明挖法隧道施工技术曾因其施工工艺简单、进度快、工程造价低等优势而被广泛应用。然而，该方法对地面交通和居民日常生活造成较大干扰，且容易引发噪声、粉尘及废弃泥浆等环境污染问题，因此其在城市范围内的应用受到限制。相比之下，顶管法作为一种非开挖式施工技术(图1-2)，仅需开挖小范围的工作井即可进行施工，避免了大规模地面开挖。预制管节在工作井内通过起吊设备下放至井底，随后在顶进系统的驱动下，从工作井逐节顶推至接收井。施工过程中，顶管机前端负责掘进、排泥和导向控制，而后端则通过液压千斤顶推动整条管线向前顶进，直至管节最终抵达接收井，完成整个顶进过程。

顶管法高效、安全、环保，相比传统明挖法具有以下显著优势：①对城市地下设施破坏小，对地面交通和建筑物影响轻微；②施工弃土量少，环境污染小；③施工过程受气候条件影响较小；④所需拆迁量少，能够有效节约工程投资成本。随着我国城市化进程的不断加快和地面可利用空间的日益紧张，顶管法已在地铁出入口、地下过街通道及市政管道建设等地下空间开发工程中得到广泛应用，成为现代城市地下空间工程建设的重要技术手段。

1—预制管道；2—工作井；3—管线；4—顶管机；5—千斤顶；6—反力墙；7—油泵；
8—操纵系统；9—顶铁；10—后座；11—中继间；12—注浆系统。

图1-2 顶管法工作原理示意图

然而，城市地下管线错综复杂，地面建筑物分布密集，顶管施工不可避免地会近接穿越既有管线与建(构)筑物，其施工会打破原有的地层平衡，导致土体产生附加应力和变形，进而对既有管线与建(构)筑物造成不利影响，威胁全体城市居民的生命财产安全。此外，随着城市地下空间资源的日益紧张与顶管施工技术的发展，顶管工程正朝着大直径、小净距、多孔布置的方向发展，在此趋势下顶管施工对周围土体与既有建(构)筑物势必产生更显著、更复杂的影响，且多孔顶管间的相互扰动亦不可忽视，若施工不当会造成重大事故。

因此，研究复杂环境条件(如密集建筑区、交通干线、既有地下管线及特殊地质条件)下，多孔大直径小净距顶管的综合施工技术，揭示其施工力学行为及对环境的影响规律，提出高效、安全的控制措施和施工方法，具有十分重要的意义。本书旨在探讨复杂环境下多孔大直径小净距顶管综合施工技术的应用及其关键施工技术，分析当前该领域的技术难点，结合两个实际顶管工程案例，提出解决方案与优化策略，为今后类似工程的顺利推进提供技术支持和理论依据。

1.2 工程概况

1.2.1 工程简介

本书以南昌市丹霞路综合管廊多孔圆形顶管工程和南昌大桥西岸段治堵矩形顶管工程为依托,展开系统性研究。现对两个工程的实际情况进行简要说明。

1. 南昌市丹霞路综合管廊多孔圆形顶管工程

南昌市丹霞路综合管廊工程西起沿江北大道,向东依次穿越青山北路、江纺西路和江纺东路,最终抵达青山湖大道,线路全长约 1.9 km。工程沿线路幅宽度为 42~80.5 m,全线采用三舱管廊结构,入廊管线包括给水、电力、通信和燃气等市政管线。其中,青山北路至江纺西路段因受周边密集的市政设施、水利工程和电力设施等复杂条件限制,采用暗挖顶管法进行施工,以确保工程安全并减少对周边环境的影响。工程所处区间环境复杂,顶管分别上跨地铁 4 号线,下穿青山湖西暗渠与截污箱涵,侧穿跨渠桥梁桩基、渠东溢流堰及截污箱涵(图 1-3)。顶管与各建(构)筑物相对位置见图 1-4。

图 1-3 南昌市丹霞路综合管廊工程项目平面示意图

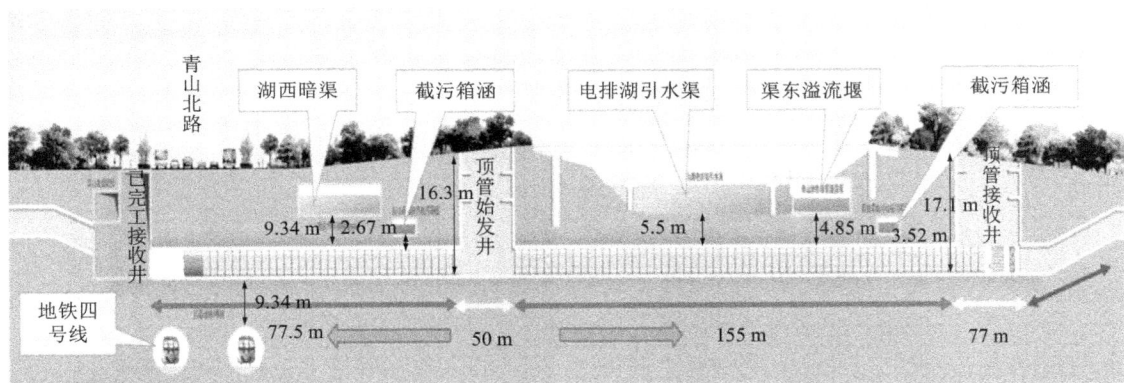

图 1-4 顶管与周围环境相对位置示意图

2. 南昌大桥西岸段治堵矩形顶管工程

如图1-5所示，南昌大桥西岸段治堵顶管工程位于赣江中大道西侧，下穿南昌大桥引桥，始发井位于南斯友好路北侧，接收井位于路南侧。考虑到南昌大桥道路车流量大、道路交通不封闭，下穿通道采用管幕支护形式+矩形顶管工艺施工。工程现场平面示意图如图1-6所示。

图1-5　工程位置航拍图

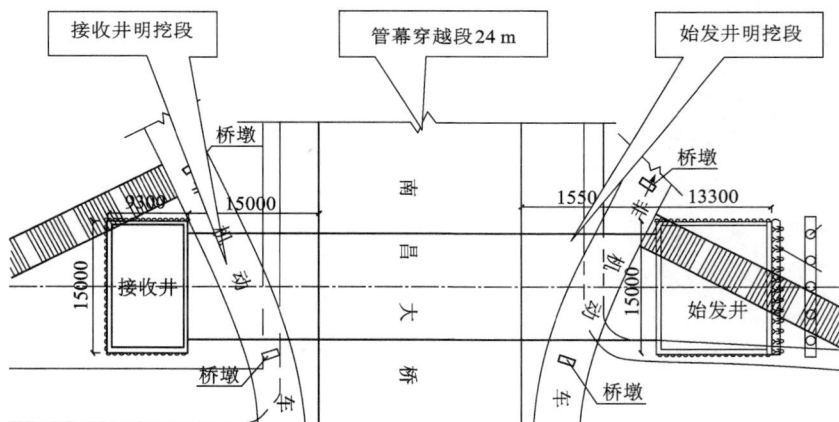

图1-6　南昌大桥西岸段治堵顶管工程平面示意图

1.2.2　顶管设计参数

1. 南昌市丹霞路综合管廊多孔圆形顶管工程

如图1-7所示，本工程中顶管为三孔圆形结构，分别为 $\phi2600\ mm$ 的燃气舱、$\phi3500\ mm$ 的综合舱及电力舱(均为内径)，每节管片长2.5 m，其中燃气舱壁厚260 mm，综合舱与电力舱壁厚320 mm，混凝土强度等级为C50。采用2台泥水平衡式顶管机，分别用于 $\phi2600\ mm$、$\phi3500\ mm$ 的顶管施工，施工方式为"先掘后顶"，即先由顶管机掘进前方土体，再通过施工井内的千斤顶顶进后续管节。三孔顶管均由始发井往东、西两端顶进，分别在青山北路与江纺西路顶管工作井接收，分段顶进长度分别为 77.5 m 和 155 m。其中，下穿青山北路方向燃气舱与综合舱净距为 2.57 m、综合舱与电力舱净距 3.21 m；下穿电排湖水渠方向燃气舱与综合舱净距为 1.94 m、综合舱与电力舱净距为 4.14 m。

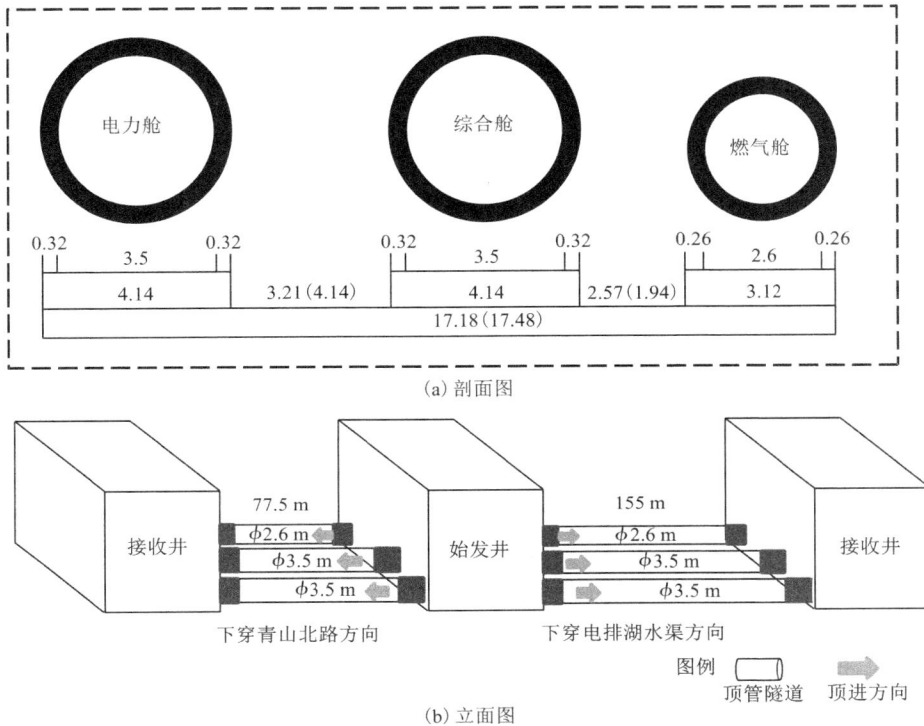

(a) 剖面图

(b) 立面图

图 1-7 三孔顶管相对位置示意图(单位：m)

2. 南昌大桥西岸段治堵矩形顶管工程

本工程顶管通道采用分离式双箱双孔断面，分上下两幅通行，单孔通道净宽 5 m，净高 3.3 m，两顶管断面净距为 0.7 m。单段顶管长 30.5 m，其中受南昌大桥引桥限制，存在 16.5 m 空推段，暗埋段长 24 m，暗埋段覆土极浅，厚度仅为 1.5 m。管片外包尺寸为 6 m× 4.3 m，内部净空尺寸为 5 m×3.3 m，壁厚 0.5 m。管节为整环结构，单节管长为 1.5 m，重约 35 t，采用强度 C50 混凝土预制，抗渗等级为 P8。该平行顶管工程采用断面尺寸为 6.02 m× 4.32 m 配备三个独立大刀盘、三个独立小刀盘的组合式土压平衡矩形顶管机进行顶进施工。顶管暗埋段两侧穿越地层为路基，主要为回填砂，无地下水。

本项目采用直径为 300 mm 的管幕作为超前支护。根据暗挖断面形状及大小，并结合暗挖施工工序，共布置 75 根 φ300 mm 的管幕，形成 M 形断面形式，如图 1-8 所示。管幕之间的间距约 35 cm，钢管长度为 6 m，管幕纵向接头使用 F 形接头连接，钢管壁厚 12 mm，管幕环向锁口连接，形成大刚度框架体系，如图 1-9 所示。为了增加管幕的刚度，管幕顶进完成之后，钢管内部使用 C30 自密实微膨胀混凝土进行填充，具有早强、自密实、微膨胀、低徐变、高流动性等特性。自密实混凝土的材料和配比满足《自密实混凝土应用技术规程》(TCECS203—2021)的相关要求。

（a）横断面

（b）纵断面

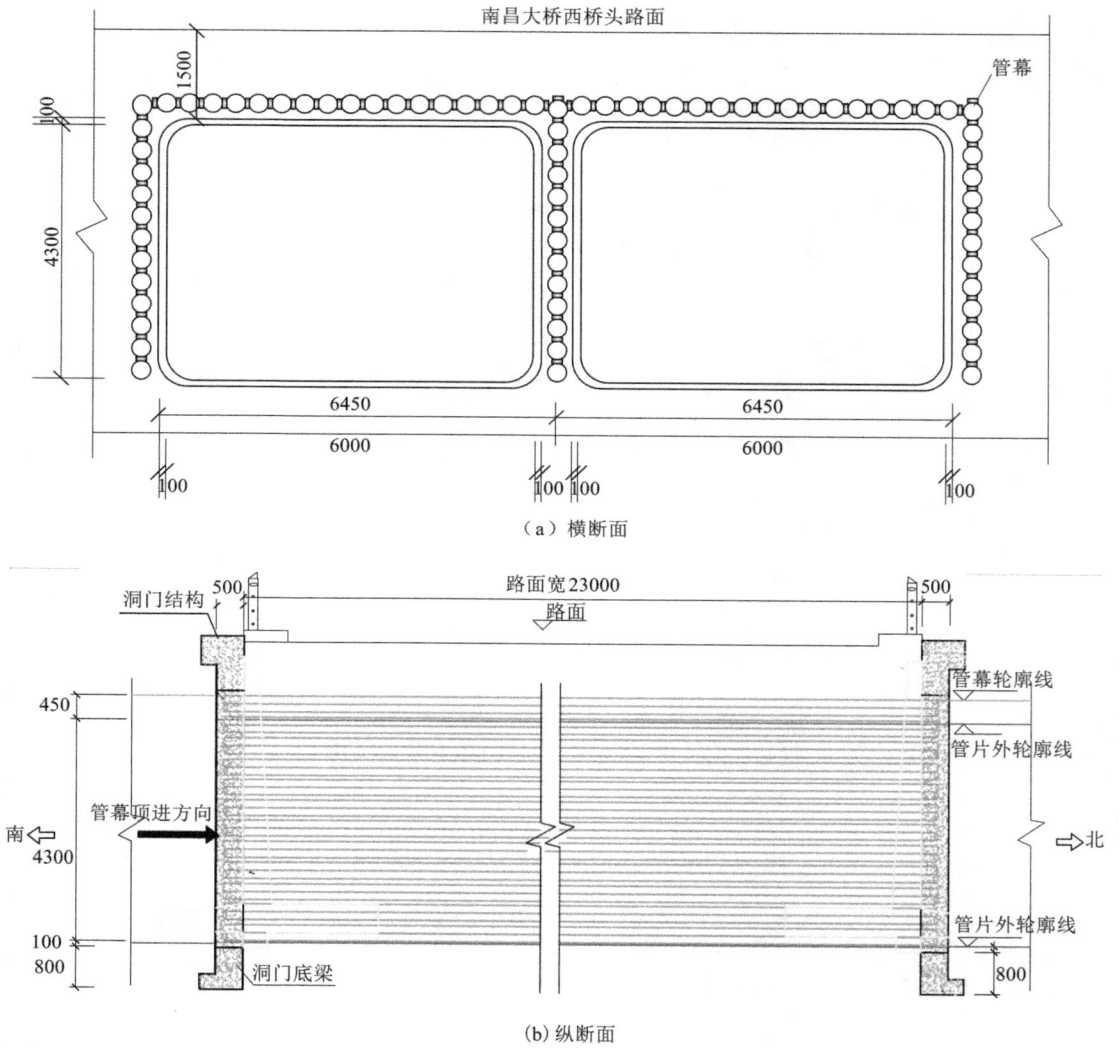

图 1-8　管幕施工布置示意图

顶部横排

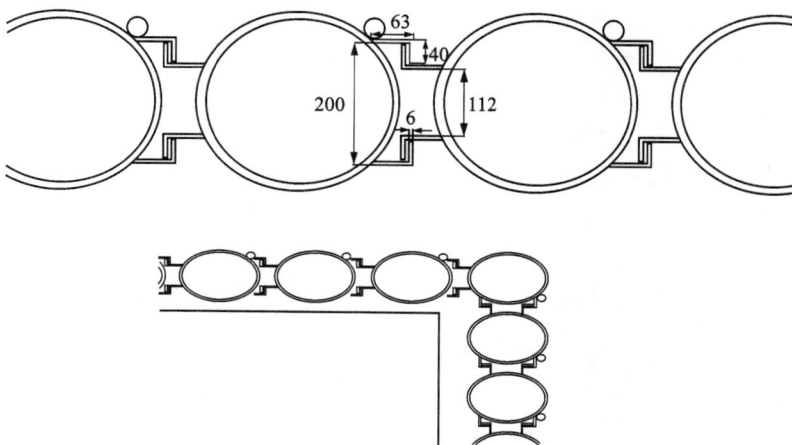

图 1-9　管幕端部铰接示意图

1.2.3 工程地质与水文条件

1. 南昌市丹霞路综合管廊多孔圆形顶管工程

三孔顶管段地质剖面如图 1-10 所示,参考周边道路(青山北路)地质资料,场地深度内,场地地层结构自上而下分别为:素填土、淤泥、粉质黏土、细砂、砾砂、强风化粉砂岩、中风化粉砂岩。各岩土层的主要物理力学参数详见表 1-1。

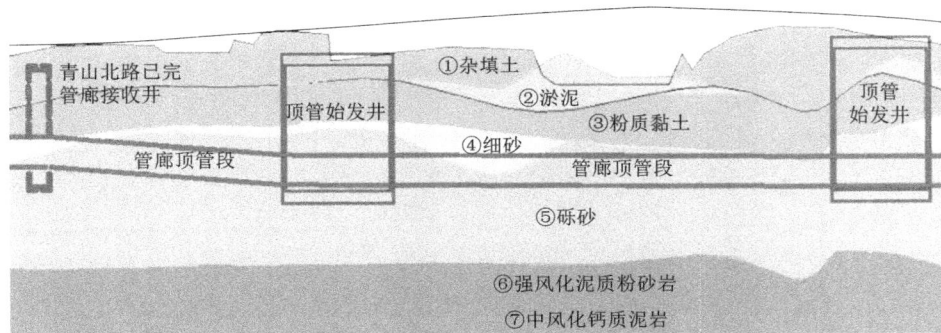

图 1-10 南昌市丹霞路顶管工程地质纵断面示意图

表 1-1 岩土层主要物理力学参数

土层名称	重度 $\gamma/(kN \cdot m^{-3})$	凝聚力 C_k/kPa	内摩擦角 $\varphi/(°)$	土钉的极限黏结强度标准值/KPa	
				成孔注浆土钉	打入钢管土钉
①杂填土	18.2*	4*	8*	10*	15*
②淤泥	19.8*	6*	3*	10*	15*
③粉质黏土	19.93	24	15.8	45	55
④细砂	19.5*	4*	36*	40*	50*
⑤砾砂	20.4*	1*	40*	45*	55*
⑥强风化泥质粉砂岩	20.5*	32*	19*	45*	55*
⑦中风化钙质泥岩	21.5*	—	23*	75*	85*

*：1. 各项建议参数根据本次勘察各类测试结果并结合地区经验及相关规范选取。

　　2. 土钉锚固体与土体极限黏结强度标准值参照《建筑基坑支护技术规程》(JGJ 120—2012)中表 5.2.5 提出。

拟建道路沿线水系主要为青山湖、电排站引水渠、青山湖上游玉带河、大气降水和生活生产污水补给,水量随季节影响变化较大。

地下水类型主要为上层滞水、第四系松散岩类孔隙潜水和基岩裂隙水。

上层滞水主要赋存于上部素填土中,含水量受雨季影响大,丰水季节预计存在明显的上层滞水，但由于素填土颗粒渗透系数大，上层滞水水位可迅速通过径向排泄而降低。上层滞水水位为 2.2~4.5 m。

第四系松散岩类孔隙潜水主要赋存于第四系细砂、中砂、砂砾、圆砾层中，粉质黏土为含水层的隔水顶板，下伏基岩为相对隔水层底板。细砂、中砂、砂砾、圆砾层透水性强，水量丰富，初见水位 8.7 m，孔隙潜水稳定水位 9.6 m。

基岩裂隙水主要赋存于场地第三系新余群泥质粉砂岩层的孔隙裂隙中。富水性主要由裂隙孔隙发育程度、裂隙性质等条件控制。

2. 南昌大桥西岸段治堵矩形顶管工程

据现场勘探，场地的地层结构由第四系人工填土层（Q_{ml}）、第四系全系统冲积层（Q_{4al}）及第三系新余群层（E_{xn}）组成。按其岩性及工程特性，自上而下主要地层为①-1 素填土、②-1 淤泥质粉质黏土、②-2 细砂、②-3 圆砾，③-1 强风化泥质粉砂岩、③-2 中风化泥质粉砂岩、③-3 微风化泥质粉砂岩。地质纵断面示意图如图 1-11 所示，并对其工程性质分别予以阐述。

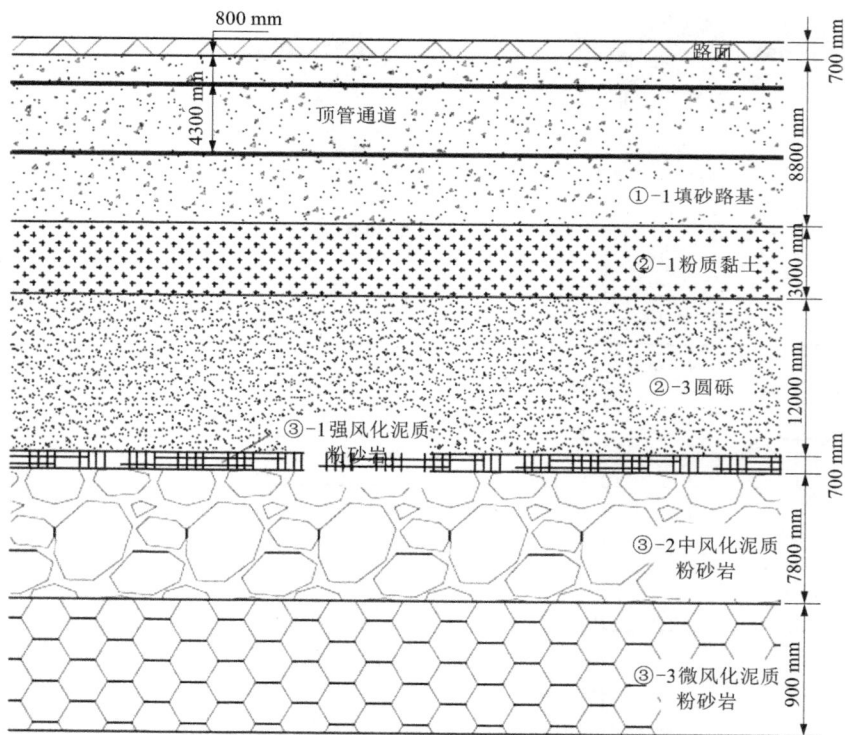

图 1-11 南昌大桥西岸段顶管施工地质纵断面图

①-1 素填土：主要成分为细砂粒，其次为黏性土，颜色为浅黄色-灰褐色，结构松散，稍湿-饱和，土质较均匀，工程性质较差，该层在拟建道路沿线均有揭露，揭露厚度为 8.20~11.70 m，平均厚度为 8.8 m。

②-1 淤泥质粉质黏土：主要成分为粉黏粒，其次为腐殖质，颜色为灰黑色，呈流塑状，

工程性质差，具高压缩性，含水量 $W=41.5\%$，孔隙比平均值约为 1.163，液性指数为 1.27，平均压缩系数为 0.78 MPa-1，压缩模量平均值为 2.82 MPa。该层揭露厚度为 0.50~4.80 m，平均厚度为 3 m。

②-2 细砂：颜色为浅黄色，饱和，结构松散。矿物成分主要为石英、长石，局部粉黏粒的含量较高。该层揭露厚度为 1.10~3.90 m，层顶埋深为 8.50~12.00 m，层底埋深为 12.20~14.10 m。

②-3 圆砾：颜色为浅黄色、灰白色，饱和，修中密，具强透水性。矿物成分主要为石英、硅质岩。该层揭露厚度为 9.40~13.30 m，层顶埋深为 11.20~14.10 m，层底埋深为 23.50~25.50 m，平均厚度为 12 m。

③-1 强风化泥质粉砂岩：颜色为紫红色，为粉砂质结构，泥质胶结，岩石风化强烈，节理裂隙发育强烈，岩芯呈碎块状。该层在桥梁钻孔中揭露，揭露厚度 0.50~0.80 m，层顶埋深 23.50~25.50 m，层底埋深为 24.10~26.00 m，平均厚度为 0.7 m。

③-2 中风化泥质粉砂岩：颜色为紫红色，为粉砂质结构，泥质胶结。该层在桥梁钻孔中均有揭露，钻孔揭露厚度为 0.40~8.70 m，层顶埋深为 24.10~31.60 m，层底埋深为 25.60~34.50 m，平均厚度为 7.8 m。

③-3 微风化泥质粉砂岩：颜色为紫红色，粉砂质结构，泥质胶结。该层在桥梁钻孔中均有揭露，钻孔揭露厚度为 7.00~11.30 m，层顶埋深为 31.70~34.50 m，层底埋深为 40.00~45.00 m，平均厚度为 9 m。

1.2.4 工程重难点

1. 南昌市丹霞路综合管廊多孔圆形顶管工程

在本工程中，顶管施工需多次上跨既有运营地铁线路，下穿城市主干道及既有河流渠道，并侧穿既有桥梁桩基。由于多孔顶管与湖西暗渠、截污箱涵及跨渠桥梁桩基等结构物的距离较近，且顶进地层主要为富水砂砾层，地质条件复杂且不稳定，施工过程中极易引发剧烈的地层扰动，甚至可能出现地层坍塌及周边既有建(构)筑物的变形与破坏。因此，如何在确保地层扰动最小、既有地铁线路正常运营以及周边建(构)筑物安全的前提下，顺利完成本项目的施工，是本工程需考虑的重点问题。

2. 南昌大桥西岸段治堵矩形顶管工程

本工程顶管在下穿南斯友好路之前需下穿匝道桥，需在始发井底板上空推穿过匝道桥，因而顶进方向容易偏移。下穿南斯友好路段覆土浅，需要采用管幕施工加固。顶管机到达接收井后，因匝道桥的影响需使顶管机穿过匝道桥才能把顶管机吊出接收井。顶管通道下穿既有运营道路(南昌大桥接线段，车日流量为 6.5 万余辆)，采用顶管机穿越时，路面沉降问题尤为突出。场地周边管线、道路、建(构)筑物十分密集，周边环境的安全要求较高，现场施工困难，且环保要求高，安全风险较大。

1.3 顶管技术的应用现状及发展趋势

1.3.1 发展历程简述

自 1896 年，美国在北太平洋铁路铺设工程中首次应用顶管法施工以来，顶管法的使用已有百年历史。这项技术于 20 世纪 50 年代引入中国，随后在我国的地下工程领域得到了广泛应用。其发展大体可分为以下 3 个阶段。

起步阶段（1954—1963 年）。这一时期是我国顶管技术的引进与初步探索阶段。1954年，北京首次采用手掘式顶管技术，标志着我国顶管施工的开端。在这一阶段，专业技术人员和管理团队从无到有，逐步发展壮大，为后续顶管技术的推广和应用奠定了基础。

借鉴及自主发展阶段（1964—1997 年）。1964 年，机械式顶管技术在上海首次应用，成为我国顶管技术进入新阶段的重要标志。1988 年，我国成功研制出第一台多刀盘土压平衡式掘进机（DN2720 mm），实现了关键设备的国产化突破。1992 年，加泥式土压平衡掘进机（DN1440 mm）研制成功，进一步彰显了我国顶管技术的自主创新能力。在此期间，顶管技术在北京、上海、广州等经济发达地区逐步推广，为我国城市地下空间开发提供了重要技术支持。

规范化发展阶段（1998 至今）。1998 年，中国非开挖技术协会成立，标志着该技术进入规范化发展阶段，直至今天人才队伍日益庞大，研发成果频出，创造了一系列壮举。例如2019 年在珠海平岗广昌原水供应保障工程中，顶管一次最大顶进 2329 m，创造了世界最长顶管纪录。顶管法在地下空间工程的使用领域也愈加变得广泛。

1.3.2 应用现状

顶管技术在地下工程中得到广泛运用并取得长足发展，且在设备、材料、环境三大技术领域都有所涉及。具体表现在技术应用范围及市场发展、设备及工艺现状、一次顶进距离、管材运用、顶管轴线及多维度连接形式、管道维护及修复、地质勘察及工程物理勘探、测控技术、机械化施工等方面。

1. 应用范围及市场发展

顶管技术在能源、交通、水利、城市及乡村开发、通信、国防、现有管道维修及养护等领域得到广泛应用，如能源领域中的燃气和输油管道、电力隧道、蓄能导流渠等，交通领域中的人行通道及过江隧道等，水利领域中的引水管涵、灌溉渠道、城市及乡村雨污水管道等，通信领域中的线路管道等，国防领域的相应箱涵等。

地下空间开发利用是有限的，除新建管道外，已建管道的修复也会运用顶管技术。相关部门统计显示，中国在管道维修、养护方面的工程量（如对破损管道进行保护或更换）呈逐步增长趋势，技术方面也进步较快。相比之下，日本在这方面较为成熟，如采用了静（动）态破碎、冲击破碎、拉拔破碎顶管法。2007 年 3 月，日本三兴建设公司采用非开挖顶管法重建了一个被地震破坏的 1.2 km 长的管渠。

2. 设备及工艺

顶管设备自引进国内,按机头(是否封闭)选型主要分为敞开式(手掘式、机械式、挤压式)和非敞开式[土压、泥水、气压、岩石机、多功能(如顶管+盾构)组合式]。目前,国内顶管设备生产技术和能力处于国际水平线,同德国和日本等国相比在设备研发制造、高精度加工方面仍需要学习并赶超。

3. 顶进距离

目前国内各种顶管一次顶进距离不断增加,处于世界先进水平,得益于中继接力及减阻等技术的应用。2008 年,江苏无锡长江饮水工程 DN2200 双钢管同步一次顶进距离达 2500 m;2019 年,平岗—广昌原水供应保障工程(又称珠海西水东调二期工程)过磨刀门水道顶管工程混凝土管管径 DN2400,一次顶进长度达 2329 m;2023 年 5 月,嘉兴市污水处理扩容工程外排三期(排海管扩容部分)主顶钢管(Q355B)管径 DN3200,一次顶进总长 2046 m。

4. 管道材料

中国现行顶管标准对管径划分如下。微型顶管直径:200 mm≤ϕ≤800 mm,中型顶管直径:800 mm<ϕ≤1500 mm,大型顶管直径:1500 mm<ϕ≤3500 mm,超大型顶管为直径大于 3500 mm。从标准看,中国微型顶管直径最小为 200 mm。目前世界上直径最小(75 mm)的微型顶管已用于工程,直径最大(5000 mm)的圆管管道(德国)也成功应用,因此在管材和技术上中国与国际相比仍有距离。

5. 轴线线型及连接形式

中国顶管轴线设计及地下空间连接技术比较成熟。管道线型有直线、平面折线及复合曲线等多种。顶管地下空间连接的具体形式有"L""F""T""V""S""工字"等形态。

地下污水管道采用顶管技术连接,在雨污水工程中时有运用。例如,上海虹梅南路高架新建 DN2400 污水改排、老井利用,就涉及多段新建曲线管道垂直顶升并和原有老井地下对接施工。许多临海污水处理厂排海管轴线呈"F"形,主管道上有多个垂直顶升排放管伸出海床,以便污水达标排放。

6. 工程调查与勘测

工程调查的详实及勘察的准确程度决定顶管的成功与否。大量顶管顶进遇阻或造成重大损失的案例均与工程调查和物探不全面、不深入,地质勘察不准确有关。这缘于上亿年的地质沉积、城市和乡村的变迁、勘察受微地貌等环境的约束、人为勘察偏差、现有地下工程档案资料的不准确不完整等因素。

目前,地质勘察的方法主要有钻探、槽探、触探和物探等综合勘察方法。工程物理勘探常采用地震波法(折射波、反射波、瑞雷波法等)、电法、电磁法(频率测探法、电磁感应法、地质雷达法等)和声波法。单一探测法难以准确探明地下状态,需要多种方法综合探测,即便如此也有可能存在偏差,唯有人工钎探或开挖直观准确,但往往现状又不允许。由此看来,现有勘探技术仍存在缺陷。

7. 测控技术

测量控制是保证顶管轴线质量的关键环节，主要包括地面控制点复测和地面控制网的布设、联系测量，地下平面、高程测量和贯通、竣工测量。目前，直线顶管主要采用经纬仪（激光）导线法测量或顶管机激光靶标跟踪测量，管道超过 1000 m 时在管道内增设站点。曲线顶管采用自动跟踪测量（如自动测量系统和高精度全站仪定向测量），管道内增设站点，并辅以人工跟测。总之，目前顶管机采用的光学自动跟踪测量设备的精度和准确性仍存在不足，特别是曲线顶管，必须辅以人工跟测控制。偏差人工测设图如图 1-12 所示。

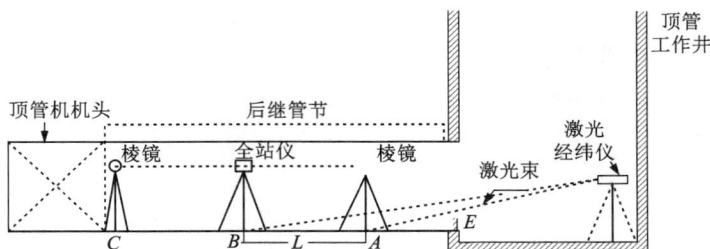

图 1-12　偏差人工测设图

8. 集成化与智能化施工

顶管作为一项非开挖掘进技术，对投资、环境保护和碳排放都有极大贡献。但在管材制造、管道连接（如钢管焊接、拼管对接等）、顶进过程状态预警、顶进姿态测控纠偏、多顶段之间的信息共享和联动控制、顶进数据智能分析及参数调整等方面，其集成化和智能化施工尚未起步。

1.3.3　未来展望

顶管技术在地下空间运用受制约的因素仍较多，要改变其现状，未来发展需要从以下几方面进行探索和推进。

1. 完善地下空间立法，统筹远近规划，全面普查，集约管理

健全地下空间法律法规体系。国家层面应加快启动地下空间专项立法，明确地下空间集约管理、远近期规划编制、权属使用、开发利用、运营维护等法规文件，统筹规划城市发展与地下空间的开发利用，合理确定地下空间的建设规模、时序和发展模式，实现地下空间管理一条线、一张图，搭建地下空间综合信息共享平台（涉密除外），实现有条件的权限调阅和互通，打破地下空间利用各自为政、权属和行业壁垒限制，进行集约管理。

2. 顶管技术在地下空间的发展方向

顶管技术作为地下空间工程运用的一项重要技术，其总体发展方向可概括为"四维延伸"，即空间三维和智维延伸，具体如下。

空间三维延伸："长"指顶管一次顶进距离越来越长；"大与小"指管材口径越来越大（或小），断面形式根据功能需要越来越复杂；"深与曲"指埋置深（弯）度根据地下空间规划和实

际情况越来越深(曲)。智维延伸中的"智"是指顶管技术实现质变的第四维,其延伸指顶管设备能实现智能制造、智能运用,通过传感技术、实时控制技术、数据链、AI 技术、类脑技术等,顶管系统实现自我诊治、自我整合、集群控制。

3. 创新顶管工程设计理论及勘察方法

目前,顶管设计主要采用以概率理论为基础的极限状态设计方法,以可靠指标度量管道结构的可靠度,除管道的管壁截面和整体稳定性验算外,其余均采用分项系数的设计表达式进行设计。但是,理论研究模拟工况与复杂的顶管技术本身存在差异。这是因为顶管轴线范围地质勘探是间歇性勘探,地质情况难免存在疏漏;不同土层分层计算厚度与实际土层不吻合;土层各项物理力学参数的取值过于理想;难以充分考虑地下水的变化等。故理论设计值与实际施工情况存在较大误差。

要想改变现状,就要顺应智慧管理大趋势,建议国家分级搭建大数据架构运营平台,制定系统性顶管工程技术参数的收集和储备引导规定或激励政策,调动顶管企业技术收集和储备的积极性,规范顶管技术参数的收集、储备和理论研究。通过规范、充分地利用大数据技术,深度挖掘国内大量顶管工程不同地域、设备、地质、水文、气象、材料和工况等海量数据,经过归纳和推算,建立可靠的理论模型,形成更有针对性的顶管勘察设计理论。

4. 顶管管材、技术装备及软件体系创新

现有管材研究及制造方面时有创新,但仍不够。目前,管材在强度、韧性方面进展较大,但在解决顶管曲率问题方面往往受阻。管道轴线曲率受管材限制因素较多,管道顶进随距离增加顶力增大。顶管技术装备需要重大变革,软件体系方面进展缓慢。

5. "双碳"目标下的顶管技术应用优化

选用低能耗、低排放的设备。根据设备的碳排指标,选用新型、低碳环保的机械型号,以减少碳排放。同时,优化施工流程也是必不可少的,减少不必要的施工环节、提高施工效率等,也可以有效降低碳排放。

采用高精度施工控制技术。通过引入先进的施工设备和技术,例如智能化的施工设备、高精度的导向和纠偏系统等,可以提高非开挖顶管施工的精度,从而减少对周围环境的影响,缩小误差率,减少碳排放。

强化施工培训管理。通过加强施工人员的技能培训和管理,提高施工效率和安全性,以确保非开挖顶管技术的施工质量和使用效果,减少返工,从而减少碳排放。

1.4 国内研究现状

1.4.1 顶管施工引起的土体扰动研究现状

顶管施工必然会对管周土体造成扰动,由于顶管法和盾构法存在很多相似之处,同时,盾构法的理论研究已经十分成熟,因此,顶管法的理论研究主要是参考盾构法的理论,并根据顶管法本身的施工特点进行。

魏纲、徐日庆等在总结前人理论的基础上提出了土体扰动分区的新概念。他们认为顶管顶进对前方土体的扰动可分为 7 个分区，各个分区的受力状态和扰动程度各不相同，并给出了扰动范围的估算公式。在此基础上，魏纲等人进一步对长距离顶管施工过程中注浆的机理和作用进行了研究。分析了浆液、管道与周围土体之间的相互作用，并对浆液在土体之间的渗流和控制注浆的措施做了一定的探讨。

薛振兴认为传统的经验公式存在不足之处，而且对在顶进过程中管道的力学特性也缺乏了解。他在顶力计算方面采用 C++ 语言编制顶管施工顶力计算软件应用于工程。采用有限元软件 ANSYS 分别对直线顶进状态下和纠偏过程中钢筋混凝土管的力学特性进行了数值模拟研究。

方从启、孙钧认为顶管顶进对周围环境的影响是三维的问题，采用半解析的方法，在轴向选择离散的方法、环向选取连续的位移函数构造了解析解函数，并将三维问题解转化为一维问题。

何莲、刘灿生等认为现有的顶管顶力计算公式太多、太杂而且还不适用于实际工程，于是便采用了实际工程和理论相结合的办法，并考虑注浆、坡度和偏斜的影响提出了半理论半经验的实用公式。

马保松、张雅春阐述了国际上先进的顶管施工技术，分别从 SSMOLE 和 Ulti mate Method 这两种工法来说明了曲线顶管技术的地层适应性、适用管道直径、应用的领域和所能达到的最小曲率半径。对曲线顶管施工中顶进力计算这一重点和难点，给出了曲线顶管顶推力计算公式。

刘敏林根据不开槽施工的特点对长距离顶管施工问题进行了详细的分析，给出了工作坑的设计依据，提出了长距离顶管施工泥水平衡法或土压平衡法对润滑剂的要求，以及实现长距离顶管中继间的合理布置及安全措施，基于以上条件对目前顶管顶力设计计算中存在的问题及顶进过程中顶力的变化情况，分析了顶力的变化规律，提出了合理的顶力计算方法。

施成华、黄林冲等采用随机介质理论对顶管顶进施工引起的土体扰动进行了分析研究，得出了计算顶管施工扰动区域土体的沉降、水平位移、倾斜及弯曲变形等的公式，并将研究成果编译成了计算程序。

冯海宁等采用数值分析软件对顶管施工过程引起的土体变形及土体附加应力情况进行了二维和三维的数值模拟，得出了一些具有参考价值的结论，并提出了减小顶管施工对地层影响的应对策略。

朱合华等通过温克尔假定与壳体理论建立了曲线顶管施工中土体与管体间相互作用的力学计算模型，通过研究得出了曲线顶管施工过程中管体结构内力及管体周围土层抗力的分布情况。

1.4.2　多孔平行顶管相互影响研究现状

随着城市地下空间开发利用的不断深入以及顶管施工技术的快速发展，双孔及多孔顶管的布置形式日益增多，表 1-2 为国内多孔顶管工程实例。与单孔顶管相比，多孔隧道开挖对地层应力应变的影响更为复杂，且相关研究资料相对较少。在多孔小净距顶管施工过程中，相邻管道之间会产生显著的相互作用，三孔顶管的影响范围相互叠加，形成所谓的"群管效应"，这使得多孔顶管的施工力学特性与单孔顶管存在显著差异。为揭示多孔顶管施工中的力学行为，大量学者积极探索能够有效解决多孔顶管施工中的力学问题的理论方法和技术手段，以期为复杂地下工程的设计与施工提供科学依据。

表 1-2　多孔顶管工程实例　　　　　　　　　　　　单位：m

项目名称	穿越地层	顶进距离	布置形式	最小净距
太原市汾东商务区人民路工程	粉砂土	1976	2 孔平行	3.60
佛山市南海区桂城街道地下空间项目	粉质黏土	60	4 孔平行	0.60
杭州市高压线路上改下工程	中风化泥岩	285	2 孔平行	5.00
南水北调中线北京段配套工程	粉质黏土	117	2 孔平行	2.00
太原火车站管幕预筑法大直径顶管群	复合地层	385	20 孔管幕	0.20
郑州市下穿中州大道顶管隧道工程	淤泥质黏土	105	4 孔平行	4.70
上海 14 号线桂桥路站管幕段工程	淤泥质黏土	100	52 孔管幕	0.20
广州石井河污水处理系统管网工程	复合地层	2053	2 孔重叠	5.60
美兰机场二期扩建场外排水工程二标段	粉质黏土	30	3 孔平行	3.18
南京南站隧道下穿秦淮新河标段	复合地层	385	17 孔管幕	0.35

初期基本以研究施工工艺和工法入手，提出了平行顶管的前后错位纵距、水平间距等的初步经验计算公式。之后，屠毓敏根据平行顶管工程的现场监测分析提出了工后沉降计算公式，该公式不考虑两管之间的相互影响，地面沉降曲线等于两管沉降曲线的矢量叠加。魏纲等通过实地监测平行顶管在欠固结土的施工，提出地表横向、纵向扰动区与工后沉降的理论，并且提出平行顶管两管之间的区域受两次扰动，造成地表变形增大。丁良平等通过对先行管的实地观测，得到了平行顶管顶进时管隧的内力与变形状况。

刘建龙通过对单顶管与多线顶管的顶进过程进行试验模拟，分析了顶管顶进过程中管周环境的变化，同时，分析了注浆减摩所引发的土体应力应变的改变。李博等研究了不同注浆条件下顶管施工过程中土体表面变形情况。王道伟等建立了平行顶管的试验模型，模拟了单孔顶管与平行顶管的顶进施工过程，分析了水平平行顶管的相互影响。研究结果如下。

①后行管对先行管的附加应力是一个动态变化的过程，其应力最大值位于后行管顶管机的机头处。

②后行管对先行管的附加应力的环向分布并不对称，表现出管道轴线以下部分要比管道轴线以上部分大。

③平行顶管引起的地表沉降要比单顶管的大，而且最大沉降点会由先行管一侧逐渐靠近后行管一侧。

张冬梅等结合 Mindlin 解推导出盾构正面附加推力所引发的附加应力计算方法；胡昕等（胡昕、黄宏伟，2001）参考盾构理论的计算方法，结合 Mindlin 解推导出顶管正面附加推力所引发的附加荷载研究方法，进而研究了不同条件下顶管正面推力在邻近的平行管道上产生的附加应力分布情况；魏纲等利用 Mindlin 应力解对平行管道附加荷载的不同影响因素的计算公式进行了延伸，推出顶管正推力、管土间摩擦力在邻近的平行顶管上引发的附加应力计算公式。进一步探讨了各种条件下顶管对应力分布的影响情况。陈林等再次利用 Mindlin 解推出了顶管多个因素在相邻平行管道上所引发的附加荷载计算方法，验证了魏纲推导的公式的

15

正确性。

　　陈先国等采用 ANSYS 有限元软件对平行管道的施工顺序、围岩种类、管间距等多种因素进行了研究，总结出平行管道施工后地表土体和管顶下沉的规律。沈培良等对相邻叠交管隧进行了三维非线性分析，同时，分析了土质条件、隧道相对位置、隧道埋深等对模拟结果的影响。余振翼等对平行顶管施工引起的相邻地下管线的变形进行了三维模拟研究，并对不同因素进行了区分对比。余剑锋利用三维软件对 4 条平行顶管所引起的地面变形进行了分析，同时与 Peck 公式的结果进行了拟合对比，总结出地面沉降的横向和纵向分布规律。张云杰采用 ABAQUS 有限元软件对大直径平行顶管进行了研究，分析了顶管施工中管周土体的应力状态与应变状态。刘映晶对管间距为 5 m 的平行顶管进行了数值模拟，研究了后行管对先行管的附加作用。

　　目前，多孔平行顶管的理论研究仍存在许多欠缺。现有研究大多基于单顶管分析的简单叠加，未能充分考虑多孔先后施工过程中的相互影响及其叠加效应。这种简化分析方法难以准确反映多孔平行顶管施工中的复杂力学行为，限制了理论对实际工程的指导作用。因此，深入系统地研究平行顶管的施工力学特性，揭示多孔顶管先后施工的相互影响机制，具有重要的理论价值和工程意义。这不仅能够填补平行顶管理论研究领域的空白，还将为实际工程的设计与施工提供科学依据和技术支持，从而推动顶管技术的进一步发展与应用。

1.4.3　顶管近接施工对既有建(构)筑物的影响

　　近接施工是指在既有结构影响范围内进行的施工活动，这种施工可能导致既有结构产生不利于其安全的变形或损坏。传统的近接施工主要涉及隧道上跨、下穿或侧穿房屋、桩基等既有结构。然而，随着城市轨道交通和地下市政管道工程的快速发展，两孔或多孔顶管近接下穿既有建(构)筑物的工程案例日益增多，使得近接施工的复杂性和挑战性进一步增加。顶管近接施工的核心问题是尽可能减小新建顶管工程对既有建(构)筑物的扰动，确保既有建(构)筑物的安全与正常运行。新建顶管工程对既有隧道的影响主要以周围土体应力扩散的方式传播，由于受到应力作用既有建(构)筑物受力发生改变，可能发生结构不稳定甚至破坏等问题。因此，对既有建(构)筑物变形的研究至关重要。

　　郝唯以吉林哈达湾综合管廊工程为研究背景，通过数值模拟分析方法对其下穿的铁路路基以及桥墩在顶管推进时与推进止两种工况下的土层变形进行研究，并对其土层变形提出了合理的控制措施。

　　刘波等人依托南京某地下通道近距离穿越地铁隧道工程，通过有限元软件建立三维数值模型，对施工全过程进行模拟，研究隧道及其地表的变形并提出合理的变形控制措施以及制定合理的变形监测方案。

　　刘浩航以杭州某污水管道工程上穿地铁隧道为背景，采用 FLAC3D 数值模拟软件建立模型，对顶管施工过程上穿地铁隧道进行模拟，并通过与现场监测数据进行对比，以及进一步考虑两者的垂直距离、顶管管径等不同工况对既有地铁隧道的影响，根据研究结果以及实际数据提出了施工控制措施。

　　顾杨等人以上海污水治理工程穿越民房建筑物为背景，采用 ABAQUS 软件模拟顶管施工穿越民房过程时建筑物的变形，并通过模拟结果与现场监测数据进行对比验证，进而探讨顶管施工对土体扰动的影响因素。

　　张治成等基于 Plaxis 有限元软件，建立了矩形管廊顶管、土体、邻近管线相互作用的三维有限元模型，采用隧道收缩率参数概括顶管施工引起的地层损失，结合实测数据提出了适用于顶管施工的隧道收缩率参数确定方法。

黄宏伟等考虑顶管顶进过程中机头正面推力、地层损失、注浆等作用对环境的影响，分析了顶管施工在土体中引起的附加应力与地面变形，并对各因素进行了参数分析。模型不考虑土体时间效应，只考虑顶进空间距离的变化；假定土体为弹性体，不考虑渗透与固结；正面顶推力、摩擦力等简化为均布荷载。

胡昕等利用弹性力学 Mindlin 解研究了顶管正面附加推力引起的附加应力在相邻既有管道上的分布，为管道的设计、施工提供了帮助。

魏纲等采用两阶段法，利用通用 Peck 公式计算顶管下穿施工由土体损失引起的自由位移场，基于 Winkler 地基模型计算得到了既有管线内力及变形解析解，并对土质、管线材料、埋深等进行了参数分析，结果表明该方法的适用性良好。

1.5 本书主要内容

本书针对南昌丹霞路新建综合管廊多孔圆形顶管工程与南昌大桥西岸段治堵矩形顶管工程的特点与重难点，在深入调研国内外相关文献资料的基础上，紧密联系现场，对圆形与矩形顶管结构与断面尺寸优化设计、敏感受限空间下顶管进出洞、复杂地质条件下安全施工、顶管机设备选型与施工参数控制管理等方面进行研究，解决现场施工难题，取得复杂环境下多孔大直径小净距顶管综合施工关键技术研究应用成果。本书主要内容如下。

①基于南昌丹霞路新建综合管廊多孔圆形顶管工程的地层岩性、地质构造和水文地质特征等基本情况，分析多孔顶管在先后顶进过程中地层扰动的叠加效应，揭示顶进顺序、间距及埋深对地层受力变形的影响规律，建立多孔顶管施工引起砂砾地层变形的预测计算模型。同时，根据多孔顶管施工对周围地层的扰动影响程度，划分不同扰动区域，并针对各区域提出相应的变形控制措施。

②研究多孔顶管近距离穿越既有建(构)筑物时，既有建筑物的变形响应规律与破坏模式，揭示其承载性能的退化机制。针对多孔顶管多次扰动对既有建(构)筑物的影响，提出包含优化施工工艺、控制施工参数、制订加固方案的安全控制技术，以减小叠加扰动影响，保障既有结构的安全。

③通过现场监测与数值模拟相结合的方法，分析多孔顶管上跨地铁隧道时既有线的变形规律，研究了施工顺序、注浆压力、掌子面压力与抗浮配重等施工参数与控制技术对既有线变形的影响。提出既有线变形的实时监测与动态控制技术，确保地铁运营安全。

④针对富水砂砾地层浅覆土条件，分析不同顶管机的适应性，提出基于地层特性、施工环境及工程需求的顶管机选型方法。分析高水位砾砂层中顶管进出洞时的涌水、涌砂机理，提出高效降水、注浆加固及洞口密封技术。同时，研究浅覆土水下顶管施工中管片结构的上浮机理，分析上浮力的影响因素，提出管片抗浮设计及施工控制技术，防止管片上浮导致的工程质量问题。

⑤基于顶管上方卸荷拱的力学特性，建立多孔平行顶管顶推力的理论计算模型，考虑地层阻力、管节摩擦及叠加扰动效应，为顶推力设计提供科学依据。研究顶进参数(如顶推力、掘进速度、注浆压力等)对顶管姿态的影响，提出姿态控制及纠偏技术，确保顶管轴线精度和

施工质量。分析管节拼装过程中的精度控制及接头防水性能，提出高精度拼装工艺及高效防水技术，保障管节连接的密封性和耐久性。

⑥针对顶管工作井场地狭小、受限的情况，研究顶管始发与出洞阶段的地层稳定性及施工风险，对比工作井端头加固与拔桩施工对顶管进出洞的影响，优化端头加固设计及拔桩工艺，提出合适的始发井与接收井的加固方案，以减小施工对地层的扰动。同时，提出顶管双向快速顶进的施工组织方法及受限场地条件下顶管机的高效组装、拆解及转场技术，以优化施工流程，提高施工效率。

⑦依托南昌大桥西岸段治堵矩形顶管工程，针对覆土厚度不足及平行顶管之间净距较小的特点，通过现场监测与数值模拟的方法，研究顶管先后下穿施工对路基的扰动特征，得到了路基路面及深层土体的变形规律。并进一步敏感性分析管幕支护、覆土厚度与顶管施工参数对土体变形的影响，以制定合理的变形控制措施，为今后类似矩形顶管工程提供经验依据。

第2章

大直径小净距多孔顶管施工力学行为

顶管机在掘进过程中，将不可避免地对机身周围土体产生扰动，引起地层损失、土体孔隙水压力变化以及管片结构变形，进一步引起地层中应力应变状态发生重分布，导致地层发生沉降、倾斜等变化。在均质软黏性土等条件良好的地层中，若顶管施工控制得当，顶管掘进所引起的地面变形和扰动程度相对要小得多。而在富水砂砾土、泥质砂岩等条件特殊的地层中，土压平衡式顶管机的掘进和渣土排出变得困难，设备负荷增大。因此，研究多孔顶管施工扰动机理与力学行为对控制地层变形和地层扰动具有重要意义。

2.1 顶管施工扰动力学机理研究

2.1.1 顶管施工原理及流程

顶管法是一种非开挖的管道铺设施工技术，与盾构法不同的是，顶管法的预制管节整体性较强，结构刚度好，接口密封防水性能优于盾构法，管壁光滑流水阻力小，更广泛地用于给排水管道的建设中。其施工工法简单，工期较短。顶管机尺寸比盾构机小，适用于小断面地下通道建设。顶管法的施工流程是，先定位开挖始发工作井和接收工作井，始发工作井内安装顶进装置，顶管的顶进装置主要由千斤顶、顶铁、后靠背和中继环组成，后靠背承受顶推反力并传递给后方土体。主顶油缸对称布置在管道两侧，常见的主顶油缸顶力为 32 ~ 42 MPa。在长距离隧道中，顶进阻力超过油缸最大顶推力和后靠背最大承受反力时，中继环接力分担部分顶进动力，千斤顶和管节之间安装顶铁使管道均匀受力。地面吊车将顶管机和第一节预制管节吊装至工作井轨道安装，依靠千斤顶将管节顶推至预设开挖面，同时掘进机切削前方土体、破碎岩石等障碍物，渣土通过管道运输到地面，千斤顶达到最大顶推位移后缩回，将第二节管节吊装进井继续推进。重复以上步骤直到最后一节管道到达接收井，接收井内当第一节管道被推进一定距离时，管道铺设完成。管壁布设泥浆孔，由注浆泵调整注浆压力和注浆量，减少地层损失和支撑土层，工具管内激光经纬仪计算纠偏夹角，保证顶管直线前进。顶管施工原理见图 2-1。

顶管施工时，顶管机与管节作为一个整体，在平行于顶进方向和垂直于顶进方向对土体施加的主要作用力如下。

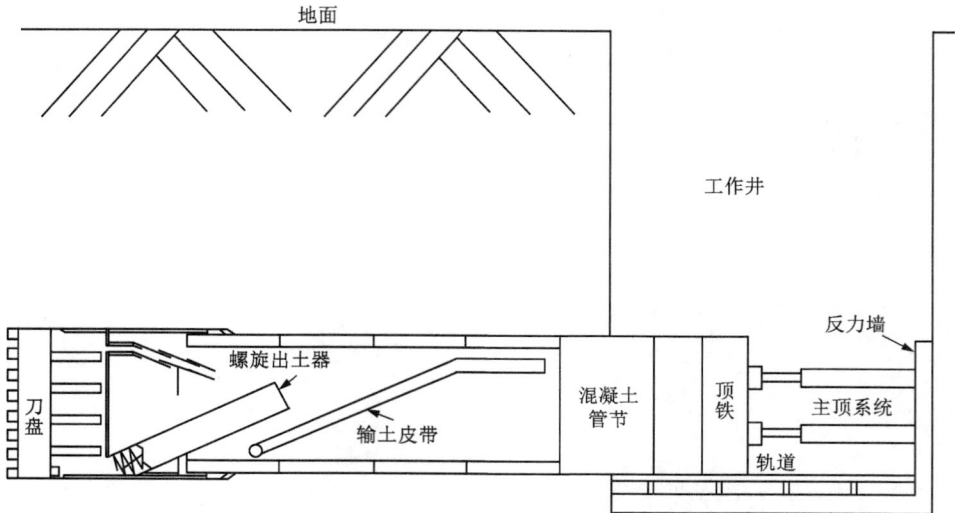

图 2-1   顶管施工原理图

①垂直于顶进方向，包括竖向和水平向，有竖向的底部压力与顶部支持力及两侧沿水平方向的支持力。

②平行于顶进方向，即沿顶管轴线方向，包括掌子面支护压力、土体与顶管机和管节四周接触的表面沿顶进方向的摩擦力。

顶管施工工艺流程见图 2-2。

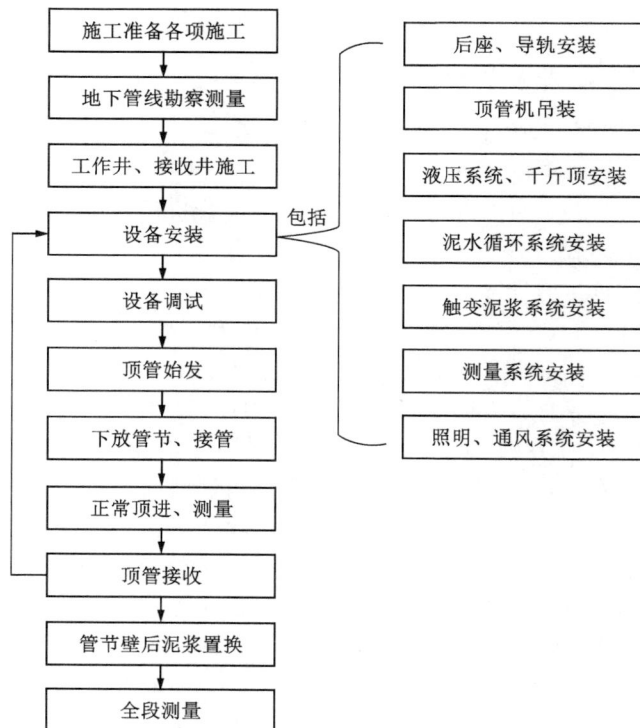

图 2-2   顶管施工工艺流程

2.1.2　顶管施工扰动机理

1. 单孔顶管扰动机理

顶管施工过程中总是难以避免对周围土体产生扰动，扰动产生的地层变形会造成地面不均匀沉降、已建构筑物的损害等问题。因此研究顶管隧道施工对周围地层的扰动机理，对于预测顶管掘进过程中地层变形十分必要。

顶管法施工引起周围地层变形的内在原因是土体的初始应力状态发生了变化，原状土经历了挤压、剪切、扭曲等复杂的应力路径。由于顶管机的前进靠后座千斤顶的推力，因此只有千斤顶有足够的力量克服前进过程所遇到各种阻力，顶管机才能前进。同时这些阻力反作用于土体，产生土体附加应力，造成土体变形甚至破坏。

引起土体扰动的阻力主要包括顶管机外壳与周围土层摩阻力 F_1、切口环部分刀盘切入土层阻力 F_2、管片与机尾之间的摩擦力 F_3、顶管机和配套车驾设备产生的摩阻力 F_4、开挖面阻力 F_5 等。

当千斤顶总推力 $T<F_1+F_2+F_3+F_4+F_5$，顶管机前方土体经历挤压加载 $\Delta\sigma_p$，并产生弹塑性变形。土体受到挤压影响的范围为图 2-3 虚线所围的截圆锥体。其中①区土体应力状态未发生变化，土体的水平和垂直应力分别为 σ_h 和 σ_v。由于推力引起土体挤压加载 $\Delta\sigma_p$，②区和④区土体承受很大的挤压变形，②区 σ_h 和 σ_v 均有增加；④区只有 σ_h 变化。③区土体受到大刀盘切削搅拌的影响，处于十分复杂的应力状态，如支撑不及时，开挖面应力松弛，水平应力减少 $\sigma_h-\Delta\sigma_h$，反之支撑压力过大则会使得应力增加。

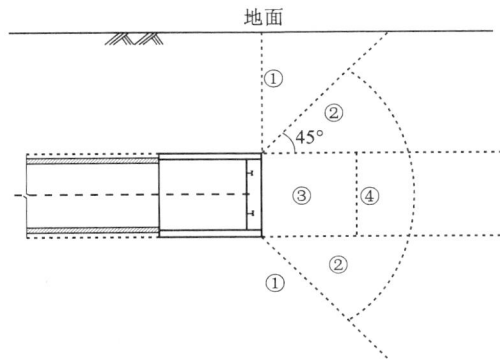

图 2-3　顶管推进前方土体应力分区图

顶管法施工引起前方不同分区土体应力状态变化可以借助摩尔应力圆理论更形象地展示，如图 2-4 所示。

当千斤顶总推力 $T<F_1+F_2+F_3+F_4+F_5$ 时，顶管机处于静止状态，此状态对应于千斤顶漏油失控，土体严重超挖。顶管机前方土体经历一个卸载—挤压—扭曲—破坏的过程。因为开挖前方土体未及时施加支撑力，土体应力释放并向顶管机内临空面滑移，对应于图 2-4 中应力状态③。为了减少对开挖面土体的扰动，在顶管机

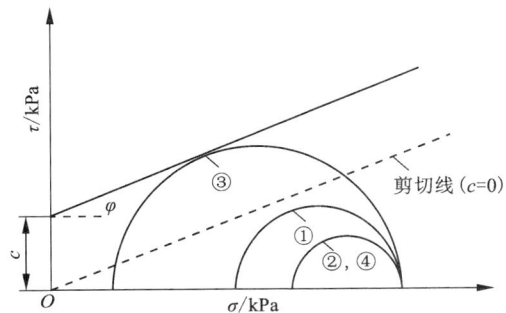

图 2-4　土体应力分区对应的摩尔圆

推进挖土和衬砌过程中，始终保持密封舱内压力 p_j 略大于正面主动侧压力 p_z 与水压力 p_w 之和。密封舱的压力受到千斤顶推力行进速度、螺旋出土器出土量等参数影响，完全保持

$p_z + p_w \leqslant p_j$ 的动态平衡是不可能的，因此顶管机推进对土体的扰动是不可避免的。

由于顶管机内径和管片外径存在制作误差，加之顶管机有厚度，当管片脱出顶管机机尾时与周围土体产生空隙。如果空隙不能及时注浆填补，上部土体向管片坍落，覆土层会出现一些附加的间隙或裂缝，而降低密实度。受扰动破坏的土体，要经过较长时间的固结和次固结，才能逐步恢复到原始应力状态。扰动后土体的本构关系物理力学参数发生变化也是必然的。

2. 多孔平行顶管相互扰动机理

多孔顶管施工对地层的扰动变形与单孔顶管相比更为复杂。多孔平行顶管引起环境的响应是先行管、后行管与管周土体三者共同作用的结果，而且它们三者间应力应变关系十分复杂。平行顶管施工过程中的应力状态可以归结为土体的三次应力状态变化问题：先行管顶进前，土体处于自然平衡的初始状态；先行管施工过程中，土体出现应力重分布，待在此平衡后处于二次应力状态；后行管施工过程中，土体再次发生应力重分布，待土体重新平衡后处于三次应力状态。

研究表明：平行顶管的相互影响发生在一定范围内，顶管施工时产生的重分布应力的大小决定了相互影响程度的大小。一般来说，随着平行管道间距减小，两管之间范围内的土体会产生应力重分布叠加效应，使得土体沉降进一步增大，变形范围增大，进而平行顶管相互影响程度增大。两管之间的应力叠加如图 2-5 所示，图中应力叠加程度 Ⅰ>Ⅱ>Ⅲ>Ⅳ。

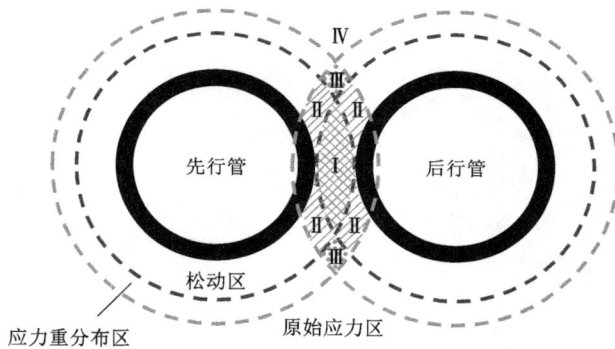

图 2-5　应力重分布的叠加效果

双线平行顶管之间的相互影响是通过其扰动范围内的土体进行传递的，它们三者之间的交互式影响可以参见图 2-6，具体表现如下。

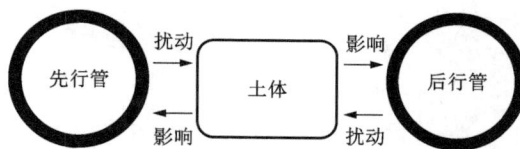

图 2-6　管土相互作用示意图

①先行管施工对管周土体造成扰动影响，对土体的原始状态造成了破坏，土体通过改变其内部应力应变状态以达到新的应力平衡，并通过应力重分布对先行管产生反作用。

②后行管施工对管周土体再次造成扰动，并对管周土体产生压密作用，土体二次应力状态被破坏，土体通过调整内部的应力应变状态达到新的三次应力平衡，并通过应力重分布反作用于后行管与先行管。先行管靠近后行管一侧影响较大，远离后行管一侧影响较小。

2.1.3　顶管施工扰动区分布特征

1. 土体扰动区划分

顶管施工的很多方面与盾构法十分相似，土体扰动区主要有 4 个大类 7 个小类，包括：挤压扰动区①；剪切扰动区②、⑤、⑥；卸荷扰动区③、④；固结区⑦。具体参见图 2-7。三孔顶管依次顶进不可避免地会对土体产生相互扰动，后行管引起的附加应力会对先行管周围土体产生额外的附加扰动，使得两相邻平行顶管之间产生一个叠加扰动区，如图 2-8 所示。其中顶管前端和两侧扰动面的倾角分别为 $45°-\varphi/2$（被动土压力角）和 $45°+\varphi/2$（主动土压力角），$45°$ 为土的内摩擦角。

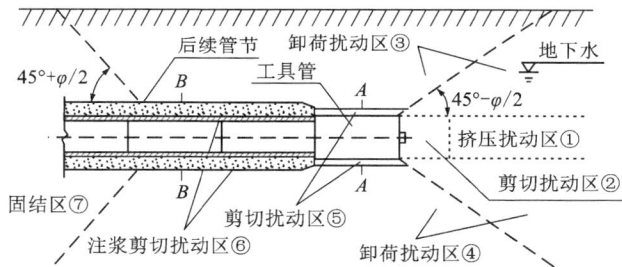

图 2-7　顶管施工对土体扰动纵向分区图

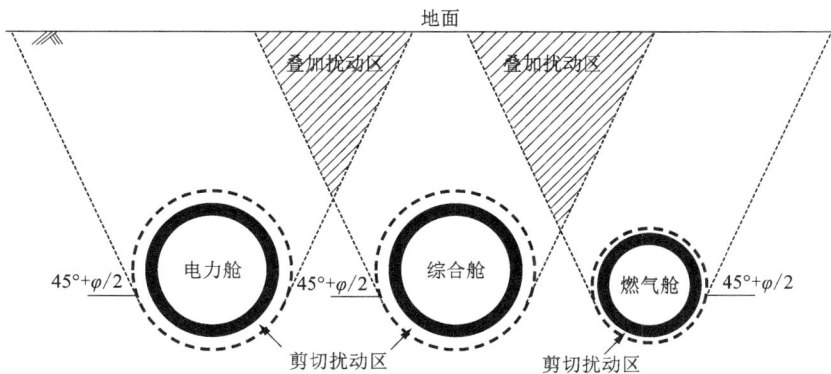

图 2-8　三孔顶管施工对土体扰动横向分区图

2. 土体扰动区的应力状态

顶管对土体的扰动主要由附加应力所造成。随着顶管施工的进行，顶管对土体的附加荷载也不断发生变化，造成的土体扰动也不相同，本节主要阐述以上 7 个土体扰动区的应力状态。

1）挤压扰动区①：土体远离工作面，主要承受掘进机的挤压力。施工过程中，土体压应力不断增长，水平方向应力也相应有所增长，刀盘转动所引起的剪切力较小，可以忽略。

2）剪切扰动区②：土体在掘进机前方紧挨机头，主要承受千斤顶后推力、刀盘的振动与切削力，应力状态繁杂多变。首先，因为掘进机开挖使②区产生应力释放，进而水平应力变小；然后管道顶力与注浆作用又使水平应力变大。该区应力状态受以上两种作用综合影响，主要有以下三种表现形式：

a. 如果②区水平应力状态保持基本恒定，那么顶管对其周围土体扰动最小；

b. 当②区水平应力变小且其值比主动土压力还小时，则掘进面前方土体很可能会失稳，进而造成③区的土体产生沉陷，形成较大的地面沉降，严重时可能会导致土体失稳；

c. 当②区水平应力增大而且其值比被动土压力还大时，则会造成地面隆起。

3）卸荷扰动区③：土体紧邻①、②区，并且③区土体离掘进面也很近，主要承受①区土体传递的压应力与切应力。当顶管顶进时，③区土体应力有一定的提高，可能会造成地面隆起；掘进机机尾通过后，因为它与后续管道外径不同以及注入浆液的部分流失，均会令管土间产生间隙。所以，③区土体应力释放，造成地面沉降。

4）卸荷扰动区④：土体位于管道下方，作用原理可参照③区土体，但④区土体埋深大于③区，相应地，土体抗剪强度较③区要大，而且掘进机与管道的重力会对④区土体产生作用，所以④区土体的扰动应能力比③区小，但其扰动范围要比③区土体大。

5）剪切扰动区⑤：土体位于掘进机周围，扰动范围仅限于掘进机范围内。剪应力主要由掘进机在施工中与周围土体间的摩阻力所产生，其扰动区的范围与大小主要和摩阻力的大小直接相关。

6）注浆（剪切）扰动区⑥：该区可根据顶进距离自由选择是否注浆，长距离必须注浆，短距离可以不注浆。当管土间不注浆时，该区土体主要承受管土之间的摩阻力，土体沿管轴方向反复地前后移动；当管土间注浆时，水与泥浆会在压浆力的作用下先后向土粒间的孔隙移动，紧接着与土壤胶结形成混合土块。伴随浆液的持续流入，泥浆与混合土块会进一步形成密实的块体，诸多密实块体会在周围注浆力的作用下最终形成相对密实的泥浆套。

7）固结区⑦：顶管顶进时，掘进机的附加推力与注浆压力均会使该区土体产生孔隙水压。然而，掘进机通过后，土体的孔隙水压会逐渐降低直至消失，进而发生固结作用造成地表下沉。

通过对各扰动区进行扰动机理研究，可以得出以下结论：挤压扰动区①、剪切扰动区②和⑤、注浆剪切扰动区⑥的土体扰动一般出现在顶进过程中，通过在施工中采取对应措施，能够减小或避免影响，对土体扰动的控制较为容易；但对卸荷扰动区③、卸荷扰动区④、固结区⑦等区来说，这些区域的土体扰动不仅发生在施工过程中，而且施工后仍不断地变化。对于这些区域的土体应力状态施工前后均应加强监控。

3. 土体扰动区的应力路径

土体越靠近管道，所受影响越大，其性质改变相应越大。越远离管道，所受影响越小，若造成的土体损失不大，则这部分土体的性质改变很小。顶管施工时相对位置不同的土体经过的应力路径也有差异，具体参见图 2-9。

（a）土体分布

（b）a 点应力路径变化

（c）b 点应力路径变化

（d）c 点应力路径变化

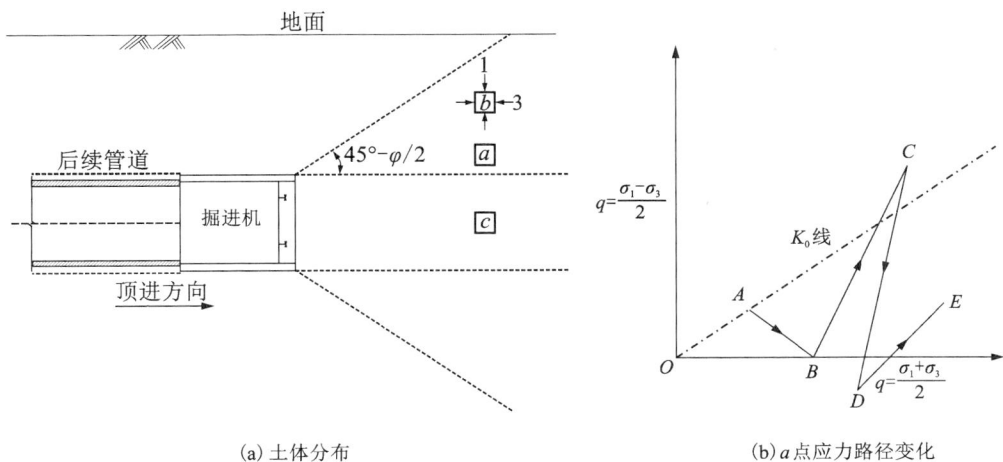

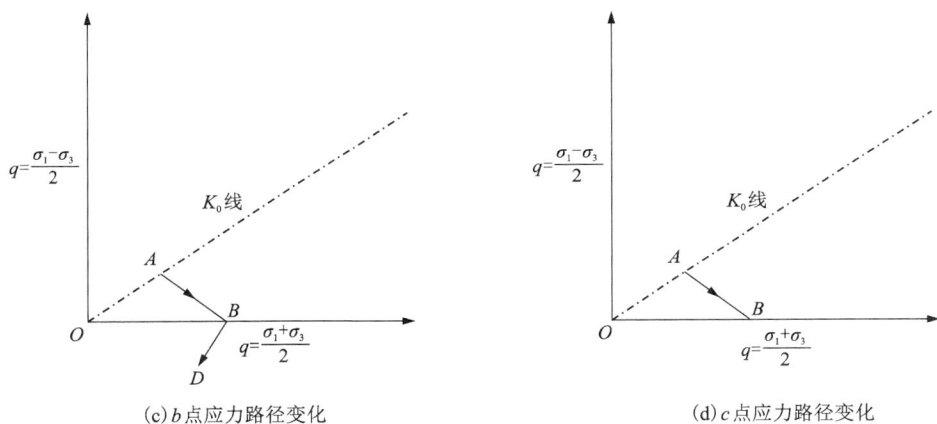

σ_1—竖直应力；σ_3—顶进方向水平应力；K_0—静止土压力系数；A、B、C、D、E—分别是应力路径的拐点。

图 2-9　土体应力路径变化

顶管掘进机前方的土体应力路径可按照距掘进机前端的距离分为 3 种类型：接近顶管土体 a、远离顶管土体 b 与顶管正前方土体 c，这 3 处土体的具体位置如图 2-9（a）所示，具体应力路径分析如下。

（1）接近顶管土体 a

掘进机前土体 a 的短期应力状态变化主要有 4 个路径：首先，掘进机到达 a 点之前，随着顶管施工，土体受到挤压作用，σ_1 和 σ_3 同时增加，并且 σ_3 增速更快，应力路径转变为 AB；当掘进机机头通过 a 点之后，机尾离开 a 点之前，a 点土体主要受剪切扰动作用，σ_1 和 σ_3 同时增加，并且 σ_1 增速更快，应力路径转变为 BC；当掘进机机尾通过 a 点后，土体发生应力释放，σ_1、σ_3 均大幅下降，并且 σ_1 下降更快，应力路径转变为 CD；顶管施工中在管土环状间隙注浆土体应力会有所上升，此时，应力路径转变为 DE。参见图 2-9（b）。

（2）远离顶管土体 b

b 点土体短期应力状态变化主要经历两个阶段：在掘进机机头进入挤压扰动区时，应力状态与 a 点相同，所以应力路径转变为 AB；之后由于 b 点远离顶管，基本上不受剪切的影响，所以没有应力路径 BC，土体应力路径转变为 BD，并且 b 点不在注浆扰动区范围内，不受其扰动，所以没有 DE。参见图 2-9（c）。

（3）顶管正前方土体 c

c 点在掘进机机头通过之前主要受挤压扰动，与 a、b 点应力状态相同，因此，土体应力路径转变为 AB；但 c 点土体在掘进机通过后被开挖掉，而且 c 点在刀盘中受到的挤压搅削作用其应力状态十分复杂，无法用应力路径简单描述。因此，在此不做深入研究，参见图 2-9（d）。

2.1.4　平行顶管施工扰动区范围确定方法

确定顶管过程中土体的扰动范围非常重要，顶管破坏了管周土体的原始平衡，使管周土体进入塑性状态，土体所受扰动范围愈大，所引起的地面下沉破坏相应愈大，这就很可能会引发一系列严重的问题。故土体扰动范围的确定，对管周环境的稳定起到了重要作用。然而，影响顶管施工中土体扰动范围的因素较多，较难用一个明确统一的公式确定土体扰动范围，一般采用经验拟合公式得到相近的扰动范围以指导施工。

1. 单顶管柱孔扩张原理

周健等提出单顶管顶进过程可以看作柱孔扩张过程，详见图 2-10。

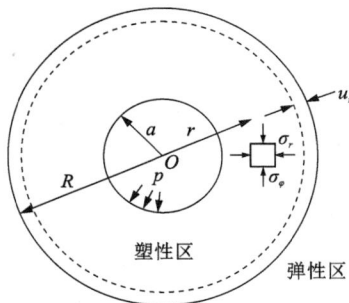

a—管道的半径；r—单元体与管道中心的距离；R—塑性变形区的外半径；p—孔内扩张压力；
σ_r—单元体的径向应力；σ_φ—单元体的环向应力；u_r—单元体的径向位移。

图 2-10　柱孔扩张原理

顶管管周土体主要有 2 个变形区：弹性区与塑性区，依据两个区域之间划分线处对应的应力关系，得到 p、R、a 的关系表达式：

$$\frac{R}{a} = \left(\frac{-p + c_\gamma a \tan \varphi_\gamma}{c_p a \cos \varphi_p + c_\gamma a \tan \varphi_\gamma}\right)^{\frac{1 + \sin \varphi_\gamma}{2 \sin \varphi_\gamma}} \tag{2-1}$$

式中：c_p 和 φ_p 分别为土体的峰值黏聚力和峰值内摩擦角；c_γ 和 φ_γ 分别为土体的残余黏聚力和残余内摩擦角。

2. 横向扰动区范围

本书结合前人研究成果将平行顶管相互扰动区分为 3 类：强扰动区、弱扰动区与无影响区域。3 类分区的界限公式参见式（2-2）、式（2-3）与式（2-4）；相应影响范围示意图如图 2-11（a）、（b）、（c）所示。

$$B<0.5L \tag{2-2}$$

$$0.5L\leqslant B<L \tag{2-3}$$

$$B\geqslant L \tag{2-4}$$

式中：L 为单管横向扰动区范围；B 为平行顶管中心线之间的水平距离。

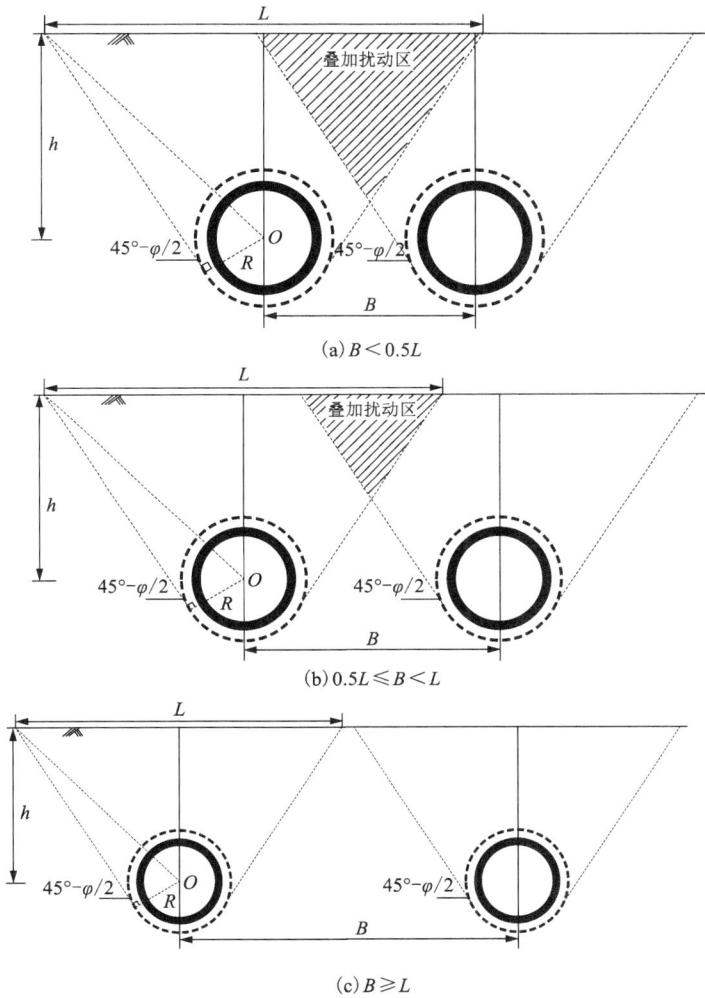

(a) $B<0.5L$

(b) $0.5L\leqslant B<L$

(c) $B\geqslant L$

图 2-11 平行顶管扰动区示意图

图 2-11 中：h 为管道中心线与地面的距离；R' 为剪切扰动区半径，实际施工中后行管的剪切扰动区应比先行管大，为简化研究，假设两者相等。根据以上 3 类分区可以得到不同区域内沉降曲线形状，参见表 2-1。

表 2-1　平行顶管扰动区范围

扰动区特征	$B<0.5L$	$0.5L{\leqslant}B<L$	$B{\geqslant}L$
扰动土体范围	管道两侧	两管之间	管道周围
扰动区分类	强扰动区	弱扰动区	无影响区
沉降曲线形状	"V"或"W"形	"W"形	"W"形

根据以上分析，当 $B{\geqslant}L$ 时，平行顶管两管之间几乎没有影响，可分别用单管 Peck 公式进行预测；当 $B<L$ 时，两管之间的相互扰动不可忽略，需对 Peck 公式进行修正后进行计算。

根据以上分析可以发现重叠扰动区与总的扰动区范围对平行顶管的影响不可忽视，接下来本节对其进行分析，具体分布参见图 2-12，图中 L_1 为总的横向扰动区范围，L' 为扰动重叠区范围。

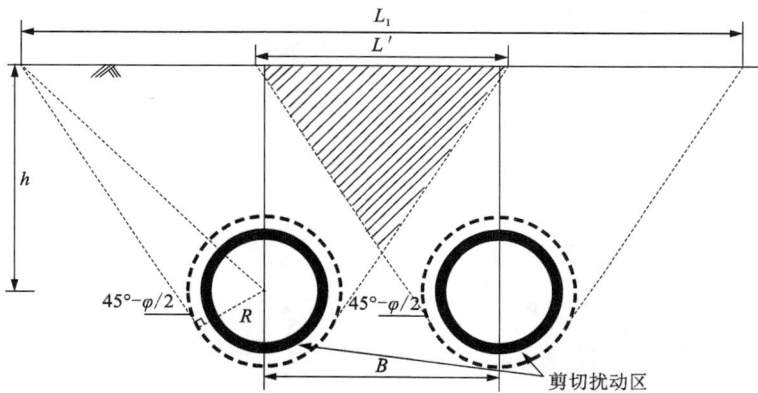

图 2-12　平行顶管横向扰动区

掘进机施工时会在其附近形成剪切扰动区，对单顶管而言，顶管两侧开挖的卸荷扰动区和其周围的剪切扰动区相切，夹角等于主动土压力角，为 $45°+\varphi/2$。对平行顶管而言，通常认为剪切扰动区外边界由 2 个单顶管扰动区叠加形成。图 2-12 中心重叠部分为平行顶管扰动叠加区域，该区土体主要承受左右双管顶进作用，扰动程度加大，地表下沉度相应增大。

Cording 和 Hans mire(Cording, Hans mire, 1975)通过实测研究得出，对于多黏性土而言，管道中心线与地表沉降槽边缘的水平向距离为 $h+r$（ h 为顶管中心线埋深；r 为顶管外半径）。所以，双管横向扰动范围表达式为：

$$L_1=2h+2r+B \tag{2-5}$$

扰动重叠区范围 L' 为：

$$L'=2(h+r)-B=2h+2r-B \tag{2-6}$$

3. 纵向扰动区范围

顶管的纵向扰动区具有超前性，因为机头前方土体受扰动会引起前方土体产生地表沉降或隆起。魏纲(魏纲, 2005)提出掘进机的最下方就应该是土体的扰动区的起点，如图 2-13 所示。其水平倾角范围为 $[45°-\varphi/2, 45°+\varphi/2]$，具体取值如下：

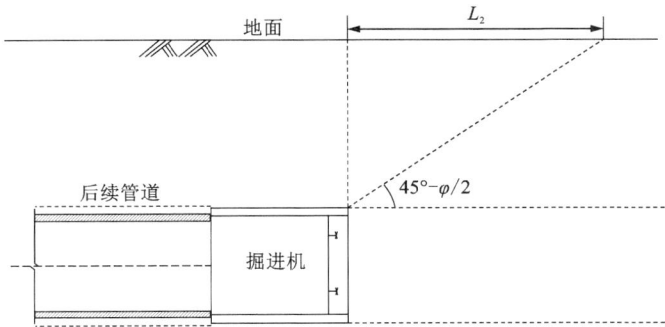

图 2-13　平行顶管纵向扰动区

①如果掘进面附加推力大于静止土压力，则倾角可取 $45° - \varphi/2$。

②如果掘进面附加推力等于静止土压力，则倾角可取 $45°$。

③如果掘进面附加推力小于静止土压力，则倾角可取 $45° + \varphi/2$。

由于顶管施工过程中掘进面的正面附加推力一般大于静止土压力，所以本节水平倾角取 $45° - \varphi/2$，相应地，纵向扰动区边缘与掘进机之间的纵向距离表达式为：

$$L_2 = (h + r) \tan(45° - \varphi/2) \qquad (2-7)$$

以上几个公式计算比较简单，在实际中运用非常广泛。但是 $h + r$ 的结论是由大量数据统计而来，理论性较差。

2.1.5　平行顶管施工影响因素

平行顶管项目中诸多因素均会影响土体扰动的范围与大小。采用哪种顶管工艺、平行顶管管间距、管道上覆土层厚度即管道埋深、管周土体性质、管道外径大小、注浆量及注浆压力大小以及施工人员的专业技能水平等都会对管周土体的应力应变状态产生影响。本书简要介绍这些影响因素。顶管施工简化力学模型见图 2-14。

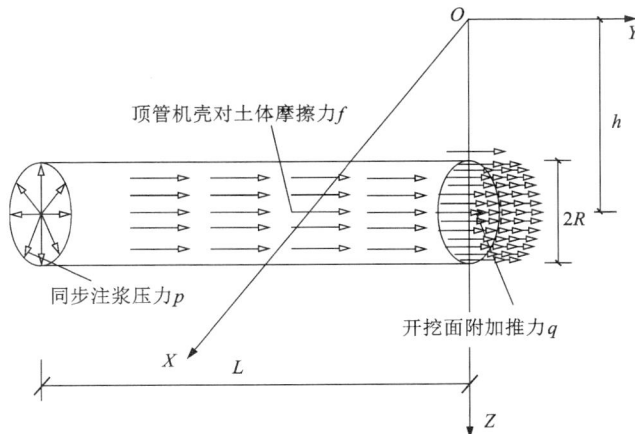

图 2-14　顶管施工简化力学模型

1. 开挖面附加推力 q

开挖面附加推力是指作用于开挖面上的主动推力与开挖面处的静止水土压力之差,附加推力均匀作用于开挖面,作用面为半径为 R 的圆。在隧道掘进过程中,开挖面土体有向外移动的趋势,通过施加在开挖面上的推力,以保持开挖面处于平衡状态。如果开挖面附加推力小于 0,则有可能引起土体下沉、地表沉降;如果开挖面附加推力大于 0,则可能引起地表隆起。

2. 顶管机壳的摩擦力 f

顶管机长度为 L,顶管机外表面的摩擦应力按顶管机长度均匀分布,对周围土体作用的荷载强度按 f 均匀分布考虑。顶管机壳的摩擦力越大,与周围土层的相互作用越强,对土体的扰动也越大。

3. 机尾同步注浆附加压力 p

机尾同步注浆附加压力是指同步注浆压力与周围土层压力之差,同步注浆压力沿机尾圆周均匀分布。顶管隧道同步注浆的作用主要有控制地层变形、稳固衬砌位置以及为隧道提供长期稳定的防水防渗功能。注浆压力过大会劈裂到土层中,造成地层损失,这种现象在渗透系数较大的土体中更为明显;注浆压力过小可能造成注浆管堵塞,导致无法充分填充土层间隙。

4. 地层损失率 η

地层损失是指实际开挖出土量多于设计理论量,主要发生在顶管机工作面前部、顶管设备顶部以及机尾建筑空隙。目前顶管施工过程中,尽管采取了机尾同步注浆的措施,但仍不可避免地造成地层损失,对土体变形影响较大。

5. 管间距

管间距主要是指平行顶道的两管外边缘之间的距离(即平行双管之间的最小距离)。管间距是平行顶管工程中影响附近土体应力应变状态的主要因素之一。由图 2-12 能够发现,管间距愈大,平行顶管施工时两管之间的相互作用愈小,当管间距非常大时,可以忽略平行双管之间的影响,将平行顶管施工看作两个独立的单顶管过程;当双管管间距很小时,两管间的相互扰动会非常大,进而造成周围土体与建(构)筑物的破坏。同时,管间距太小还会造成两管之间的串浆现象。所以平行顶管管间距在土体扰动方面具有举足轻重的作用。

对于平行顶管而言,通过对前人理论的总结可知:假如双管间距与管道埋深比值大于 2,通常可以看作平行双管之间的相互影响很小,对双管之间的相互扰动可忽略不计,双管沉降量分别拟合各自的 Peck 曲线,地面沉降会出现 2 个波谷("W"形);若双管间距与管道埋深比值小于 2,则平行顶管的两个单管之间的相互影响不能够忽略不计。由于两单管所引起的地表沉降相互重叠,因此,地表沉降仅有 1 个波谷("V"形),而且双管间的相互扰动程度不同,最大沉降量会向一侧偏移。不同间距沉降曲线划分如表 2-2 和表 2-3 所示。

表 2-2　平行顶管间距划分 (管间距/埋深)

管间距/埋深	间距划分	曲线形状
<2	近距离	"V"形曲线
≥2	远距离	"W"形曲线

表 2-3　平行顶管间距划分 (相对间距)

相对间距	间距划分	曲线形状
<0.6	近距离	"V"形曲线
≥0.8	远距离	"W"形曲线

注：相对间距是指两管中心线距离与沉降槽边缘点到管道中心线水平距离的比值。

6. 管道直径

平行顶管工程中，管径变化也不可忽视。当两管管径不同时，由于施工中造成的管径差不同，土体损失量差别也较大，因此，双管的沉降曲线必定会向一侧偏斜。故研究管径对平行顶管的影响十分重要。

7. 管道埋深

无数的工程监测数据显示：伴随管道埋深的增加，顶管施工所引起的沉降槽宽度 i 逐步增加，而地面土体沉降却逐步变小。目前管道埋深和地面最大沉降量间的关系主要有两种观点，即双曲线关系和幂函数关系。

城市地下管道施工过程中确定管道埋深是十分重要的环节，不但需要考虑岩土体的工程地质与水文地质条件、经济性，还需考虑管道使用便捷性。所以，管道埋深的确定需要综合以上诸多因素。管道埋深不同造成地面土体的沉降值均不同。目前为止，描述地面沉降曲线参数主要有最大沉降量、沉降槽宽度与土体损失率三个。监测结果表明：伴随管道埋深不断变大，地面最大沉降值不断变小，但它们两者之间并不存在线性关系，与此同时，沉降槽宽度也不断变大，即沉降曲线呈现"宽而浅"的形态，当宽度增加到一定程度就会出现两个波谷；相反，当管道埋深较小时，曲线则呈现"窄而深"的形态，详情如图 2-15 所示。

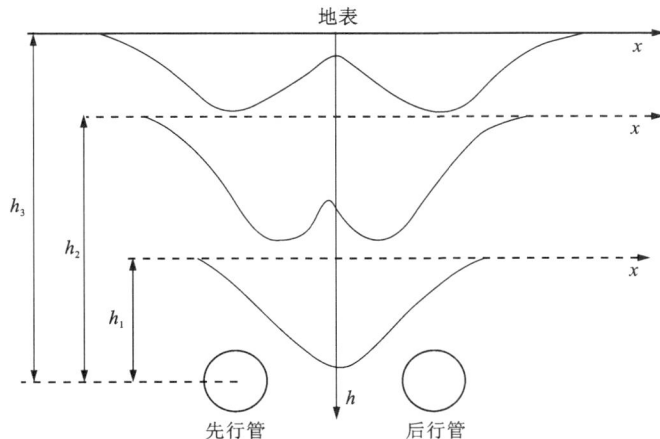

图 2-15　不同埋深地表沉降曲线示意图

2.2 小净距多孔顶管施工叠加扰动规律

顶管施工是一个动态连续的过程，在多孔顶管依次施工过程中，顶管、地层构成了一个相互作用的整体，顶管与土层间、顶管与顶管间都会有相互扰动效应。随着计算机运算平台的发展和数值仿真技术的不断完善，采用数值手段可最大限度地仿真还原多孔顶管掘进过程，能较全面地考虑影响地层扰动与顶管管片变形的各主要因素，是研究多变量情况下多孔顶管施工引起的叠加扰动效应的有效方法。

本章选取 6 种不同施工顺序，以南昌市新建三孔大直径小间距顶管工程作为工程背景，采用 Midas GTS NX 有限元软件，建立三维数值模型模拟分析不同顶管施工顺序下土体扰动的影响，找到既有利于现场施工又对土体扰动影响较小的施工顺序，并与现场实测数据进行对比分析，为类似工程提供参考。

2.2.1 三维模型建立

1. 模型建立

①假定同一层土体是连续、均匀的且呈水平层状分布的各向同性体。

②将土体简化成理想的弹塑性体，土体采用摩尔-库仑弹塑性本构模型。

③不考虑隧道顶进施工过程中的时间效应，假定土体和其他结构的变形与受力情况只与荷载有关，忽略土体的蠕变和固结效应。

④假定隧道顶进开挖时堵水已完成，不考虑地下水的渗流作用的影响。

⑤土体的初始应力场只考虑自重应力，不考虑土体构造应力。

⑥假定不同土层之间不存在相对滑移现象，且它们之间位移协调，不设置接触面参数。

⑦假定隧道初衬与土体之间不存在脱离现象，两者之间是协调变形的。

⑧将桥梁结构简化成理想的线弹性材料，桥墩、承台以及桥梁梁体采用实体单元模拟，桩基采用梁单元模拟。

⑨将管片简化成理想的线弹性材料，采用壳单元模拟。

顶管由始发井往东、西两端始发，分别上跨地铁 4 号线，下穿青山北路、湖西暗渠、截污箱涵、电排站引水渠、湖东溢流堰及截污箱涵，分段顶进长度分别为 77.5 m 和 155 m。本章以下穿青山北路方向长度为 77.5 m 的顶管段为主要研究对象，其中燃气舱与综合舱净距为 2.57 m、综合舱与电力舱净距 3.21 m，地层自上而下为杂填土、淤泥、粉质黏土、细砂、砾砂、强风化泥质粉砂岩，顶管穿越土层主要为砾砂、细砂层，具体见图 2-16。

利用有限元软件 MIDAS GTS NX 建立三维地层-结构模型。基于尺寸效应考虑，模型尺寸为 50 m×26 m×77.5 m，即隧道前进方向长度为 77.5 m，地层深度为 26 m，三孔顶管从左到右依次是电力舱、综合舱、燃气舱，见图 2-17。模型顶面无任何约束，侧边添加水平位移约束，底部添加竖直方向约束。模型网格划分共生成 107821 个单元，62866 个节点，岩土体采用摩尔-库仑本构模型，管片采用线弹性本构模型。管片均采用 C50 混凝土，燃气舱管片外径为 3.12 m，管片厚 260 mm；综合舱与电力舱管片外径 4.14 m，管片厚 320 mm。电力舱和综合舱埋深取 5.2 m，燃气舱埋深取 6.2 m。

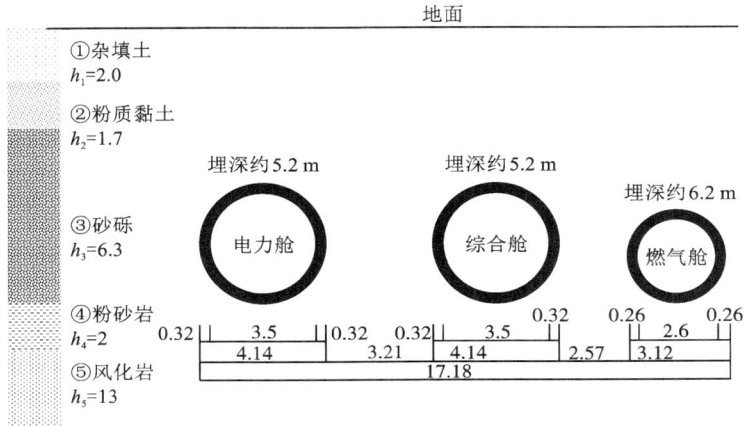

图 2-16　顶管横断面位置图(单位：m)

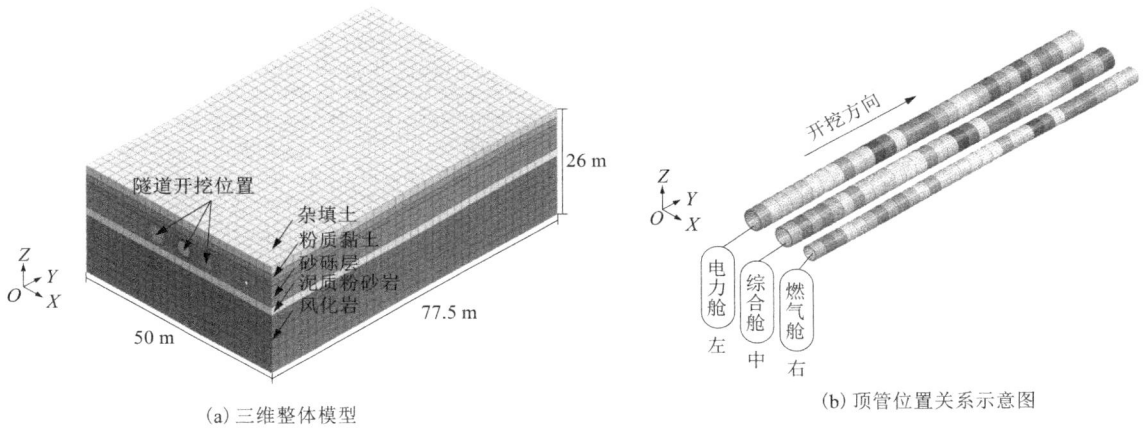

(a) 三维整体模型

(b) 顶管位置关系示意图

图 2-17　三维有限元模型

整个模型所用到的材料计算参数如表 2-4 所示。

表 2-4　模型物理力学参数

材料名称	厚度/m	重度/kN·m⁻³	弹性模量/MPa	黏聚力/kPa	内摩擦角/(°)
杂填土	2.0	18.2	10	8	8
粉质黏土	1.7	19.9	29.2	24.1	15.8
砂砾层	6.3	20	69	3	38
泥质粉砂岩	2	20.5	35.7	32	19
风化岩	13	20.9	54	34	30.5
混凝土管片	0.32/0.26	27	34500	—	—
顶管机壳	0.3	80	230000	—	—

2. 模拟施工工况

为比较不同施工顺序下地层与管片扰动影响的差异,选取如表2-5所示的6种施工顺序进行模拟计算,其中左、中、右顶管分别是电力舱、综合舱、燃气舱,见图2-17(b)。根据施工实际情况,模拟时掌子面压力取0.1 MPa,注浆压力取0.25 MPa,电力舱与综合舱顶推力取2.5 MPa,燃气舱顶推力取1.5 MPa。

表2-5 不同顶推顺序施工方案

施工方案	施工顺序
方案一	左—右—中依次顶推
方案二	右—左—中依次顶推
方案三	中—左—右依次顶推
方案四	中—右—左依次顶推
方案五	左—中—右依次顶推
方案六	右—中—左依次顶推

3. 模拟施工步骤

在圆形顶管施工过程中,土体受到扰动,形成新的应力场。其中的复杂变化过程会受到地层的物理参数、顶管的材料特性、施工时力的变化、顶管轴线的控制等外界环境的影响。但是在进行软件模拟时,很难将所有情况都考虑进去,无法完全还原实际工程工况。为了符合实际软件的操作情况,同时尽可能地接近实际工程,有必要对顶管施工过程中的力学行为进行简化。简化后,施工过程中矩形顶管主要受力包括:顶推力 P、掌子面阻力 P_A、顶管自重 P_B、周围土体压力(竖向) P_V(及水平) P_H、管土间摩阻力 F。如图2-18所示。

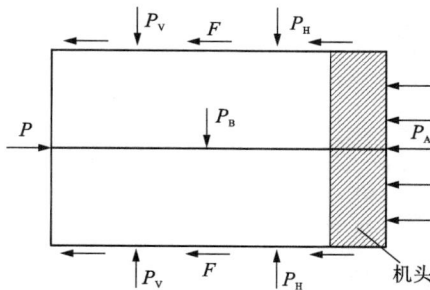

图2-18 顶管推进过程中管体受力情况示意图

圆形顶管施工过程模拟主要分为三个阶段,分别为:开挖阶段、顶进阶段、注浆阶段。模拟计算时设定管节跳跃式顶进,每步推进量为一节管片长度(2.5 m)。具体顶管施工过程如下。

①开挖阶段:钝化开挖土体,激活对应区域机壳以及施加在掌子面的掘进压力。

②顶进阶段：管片区域属性改变为钢筋混凝土材料并激活，同时激活千斤顶顶推力与管土间摩擦力。

③注浆阶段：注浆层属性由土层改变为注浆并激活，同时激活注浆压力。

④重复①~③，进行下一步施工，直至先行管贯通。

⑤重复①~④，进行后行管的施工，直至三孔顶管都贯通。

施工计算工况为：掘进压力与顶推力为 2 MPa，管土摩擦力为 0.05 MPa，注浆压力为 0.1 MPa。

具体的施工流程和开挖示意如图图 2-19 和图 2-20 所示。

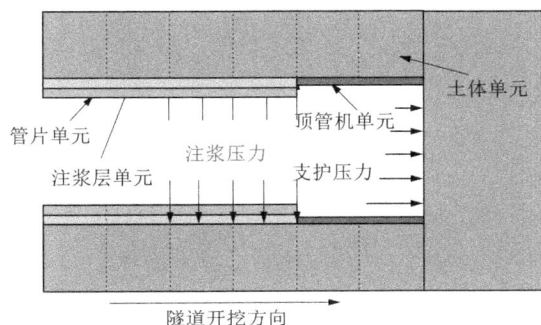

图 2-19　顶管开挖示意图

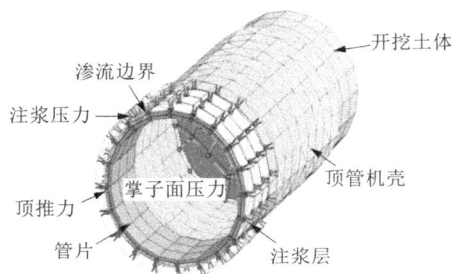

图 2-20　管片拼接与注浆示意图

2.2.2　地层沉降分析

1. 不同方案对比

为消除结果偶然性与模型边界效应，选取靠近模型两端与中间位置处不同方案的地表最大竖向位移进行对比，具体见图 2-21 与表 2-6（Y10 为离始发位置 10 m 处，Y45 为离始发位置 45 m 处，Y70 为离始发位置 70 m 处，下同）。

顶管施工过程中各位置地表的沉降不断叠加增大，第 1 孔顶管引起的沉降占比最大，占最终沉降峰值的 50%~70%，后续顶管引起的地表沉降增加较缓慢。方案三、四、五、六为连续施工相邻顶管，由于邻近顶管净距较小，施工时会产生较大的附加扰动，因此地表沉降较大。方案一、二采用间隔式施工，先后施工顶管的净距较大，减缓了先后顶进对土体的重复扰动，因此引起的地表沉降较小，而先施工大直径顶管的方案一比先施工小直径顶管的方案二的地表沉降更小。方案一的地表沉降最大值为 23.08 mm，相比方案六的地表沉降最大值 26.28 mm 减小了 12.2%。

表 2-6　不同方案引起的地表最大沉降　　　　　　　　　　单位：mm

施工方案	Y10	Y45	Y70
方案一	23.08	20.91	21.55
方案二	23.97	23.42	23.66

续表 2-6

施工方案	Y10	Y45	Y70
方案三	25.89	24.35	24.52
方案四	26.07	24.73	24.50
方案五	26.14	24.82	25.95
方案六	26.28	24.75	24.67

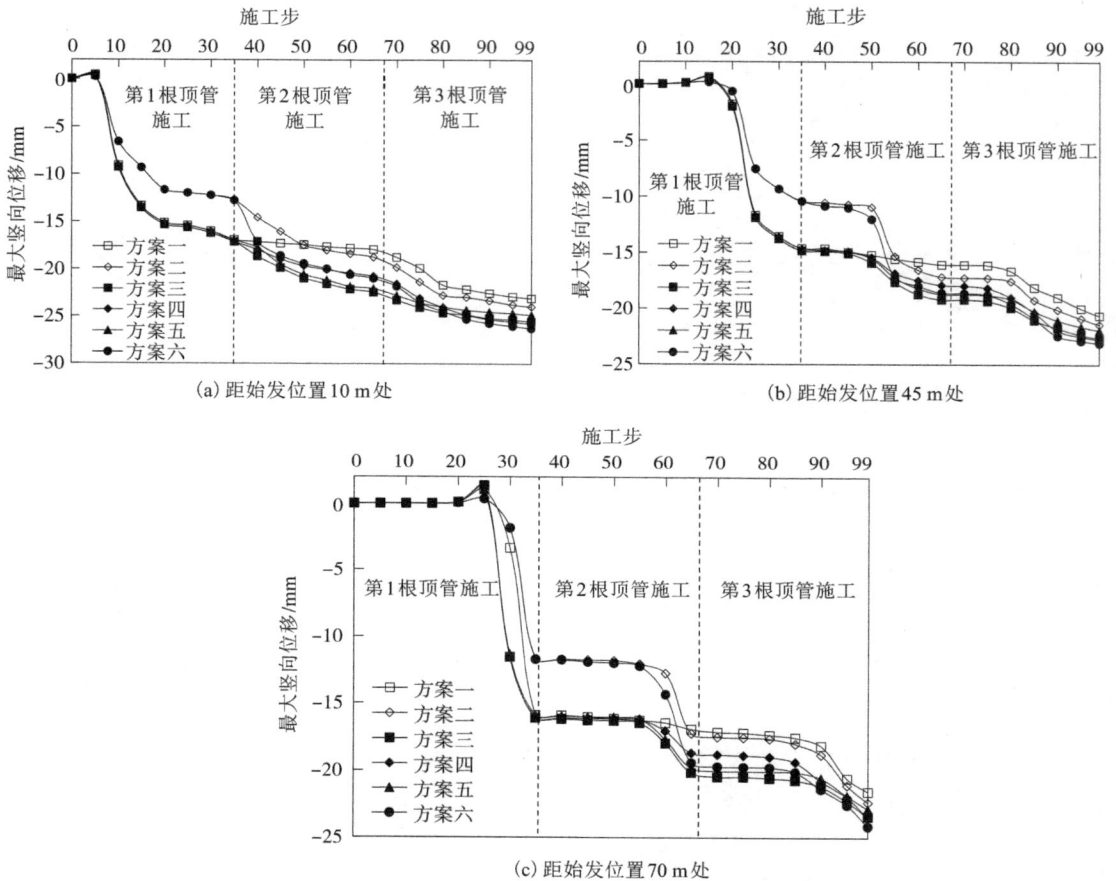

(a) 距始发位置10 m处

(b) 距始发位置45 m处

(c) 距始发位置70 m处

图 2-21　不同方案引起的地表横向沉降结果

2. 多孔顶管施工地表沉降演化规律

多孔顶管先后顶进时，顶管之间会相互影响，其引起的地表沉降规律与单孔顶管施工时不同。以方案一施工顺序"左—右—中"为例分析三孔圆形顶管隧道顶进时的地表变形规律，即依次顶进电力舱、燃气舱、综合舱。

图 2-22 为电力舱剖面上三孔顶管不同施工阶段的纵向地表沉降云图，由图 2-22 可知，顶管上方土体主要发生沉降变形，顶管下方土体主要发生隆起变形，且随着施工阶段的进展，土体的沉降与隆起均不断增大。图 2-23 给出了电力舱轴线上三孔平行顶管施工时叠加

地表纵向沉降变化曲线。由图 2-23 可见：电力舱顶进过程中，随着顶进的深入，开挖面后方地表的沉降至逐渐增大，而开挖面前方土体由于受到顶管顶推力的挤压作用，造成较大扰动，扰动区延伸地表导致地表产生隆起变形。随着顶管的掘进，开挖面后方的地层沉降逐渐趋于平缓。随着电力舱的顶进完成，隆起消失，地表沉降值增大，且全断面都产生沉降变形，当三孔顶管均贯通后，地表沉降达到最大。燃气舱与综合舱的顶进均会对电力舱轴线上方土体产生附加沉降效应。因为综合舱的直径较大且离电力舱较近，所以其产生的附加扰动相较燃气舱更大，产生的附加沉降也更大。

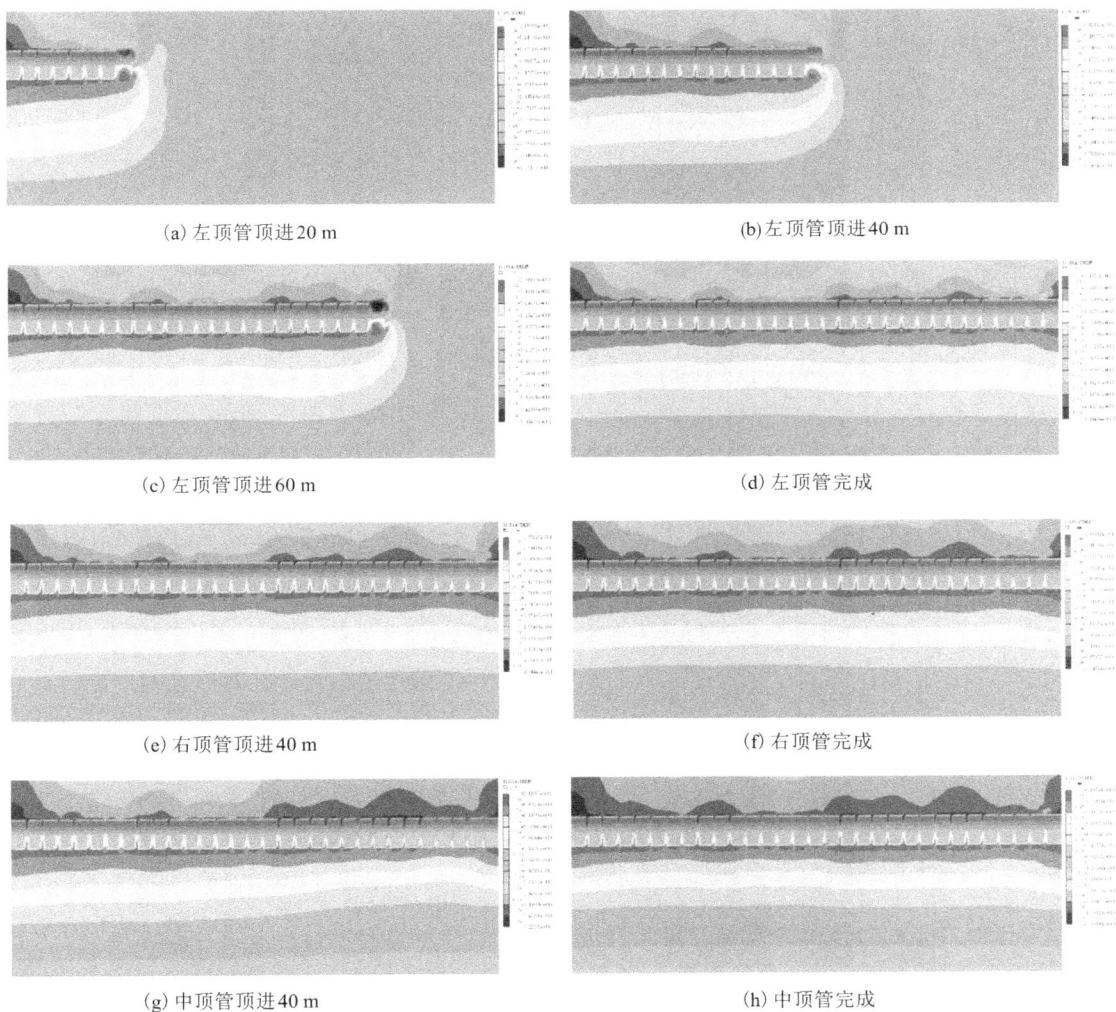

(a) 左顶管顶进 20 m

(b) 左顶管顶进 40 m

(c) 左顶管顶进 60 m

(d) 左顶管完成

(e) 右顶管顶进 40 m

(f) 右顶管完成

(g) 中顶管顶进 40 m

(h) 中顶管完成

图 2-22　电力舱剖面不同施工阶段的纵向地表沉降云图

　　图 2-24 为三孔平行顶管叠加地表横向沉降变化曲线。单孔顶管施工完成时，地表横向沉降曲线呈现典型的"V"形，沉降曲线大致是轴对称的。电力舱轴线上的地表沉降最大，为14.62 mm，轴线两侧沉降逐渐减小，当离电力舱轴线水平距离超过两倍顶管直径时，产生的

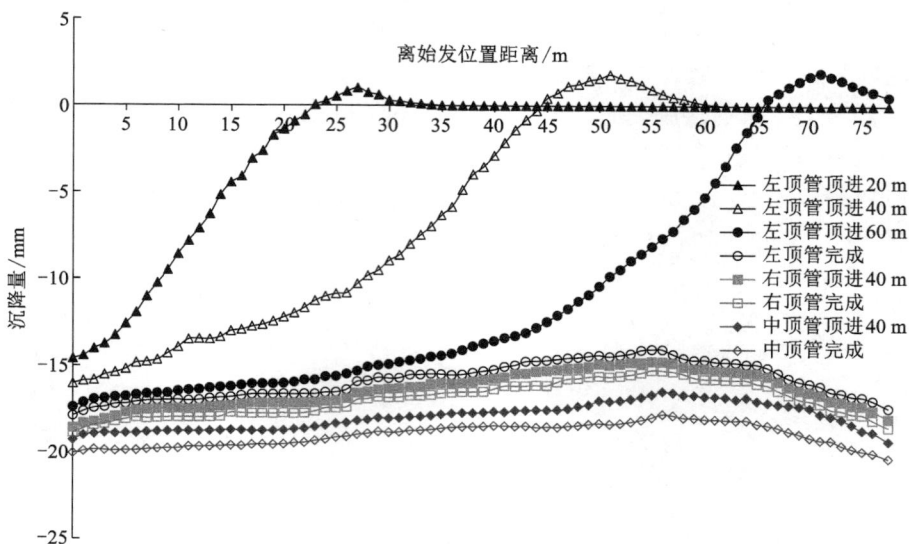

图 2-23　不同施工阶段地表纵向沉降结果

地表沉降已变得很小；双孔顶管施工完成后，地表横向沉降曲线由原来的"V"形变为非对称的"W"形，地表变形影响范围增大，左顶管周围地表有附加沉降，仍是左顶管轴线上地表沉降最大，为 16.06 mm，相比单孔顶管施工增加 10%。左顶管上方的地表沉降比右顶管大，分析其原因：一是左顶管直径较大，开挖土体更多，周围的土体损失更大；二是后行顶管顶进对先行顶管周围土体产生附加扰动，使其沉降增大；三孔顶管施工引起的地表横向沉降也呈"W"形，左右两顶管的沉降槽中心向中顶管发生偏移。由于土体扰动的累积效应，地表沉降进一步发展，最大沉降出现在中顶管轴线上，为 20.91 mm，相比单孔顶管增加 43%，相比双孔顶管增加 21%。

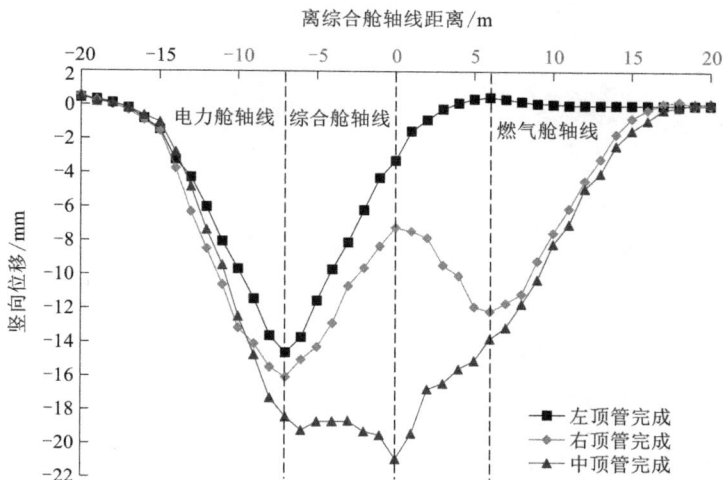

图 2-24　距始发位置 45 m 处不同施工阶段的地表横向沉降结果

单孔顶管、双孔顶管和三孔顶管完成时的竖向位移云图分别如图 2-25 所示，综合分析结果如下。

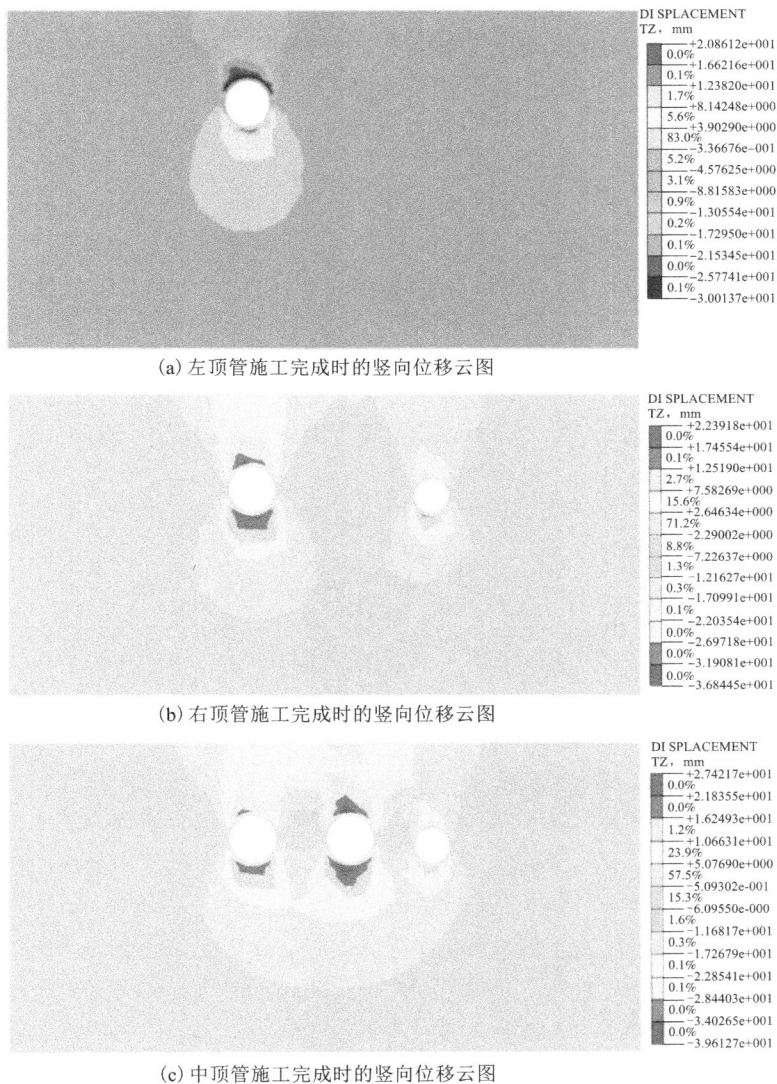

(a) 左顶管施工完成时的竖向位移云图

(b) 右顶管施工完成时的竖向位移云图

(c) 中顶管施工完成时的竖向位移云图

图 2-25　距始发位置 45 m 处顶管依次顶进引起的竖向位移云图

①三孔顶管依次顶进，地层变形最大值随之增大，地层扰动区明显扩张。由于土体开挖会引起应力释放，因此顶管底部土体变形表现为隆起，顶管上侧土体变形主要表现为沉降，距离顶管轴线越近沉降越明显。地层最大沉降与最大隆起均出现在最后顶进的综合舱附近，说明多孔顶管依次顶进会对土体产生叠加扰动，使土体变形增大。

②随着顶管数量增多，沉降影响范围线性增大，单孔时为 20 m；双孔时为 30 m，增加了 50%；三孔时为 35 m，相比单孔增加了 75%，比双孔增加了 17%，说明沉降影响范围受顶管数量影响较大。

③沉降槽数量随顶管的增加而增加，单孔时沉降槽为 1 个，呈 "V" 形；双孔时沉降槽为

2 个，呈"W"形；三孔时，中顶管和右顶管的 2 个沉降槽相互重合，沉降槽中间仅显示一个轻微凸起，整体形态也呈"W"形。总之，多孔顶管引起的沉降槽不规则，槽与槽相互干涉。

④相邻管节的相互干扰受管节尺寸和距离影响较大。双孔时由于左、右顶管距离较大，产生的相互干扰较小，相互扰动区仅为两管节中心线上一小部分；到三孔顶管时，由于中顶管与左顶管尺寸较大，两管节的相互扰动区比中顶管和右顶管的更为明显，范围也更大，如图 2-25(c)所示。

3. 土体分层竖向位移分析

为探究不同土层深度下地层竖向位移的变化，分析离地表距离分别为 0 m、1 m、2 m、3 m、4 m 与距顶管底部-1 m、-2 m、-3 m 时地层的竖向位移，如图 2-26 所示，在有限元三维模型上布置了 8 根水平监测线(图中红线)。每根监测线的长度为 30 m，相隔 1 m 对地层竖向位移进行一次取值。

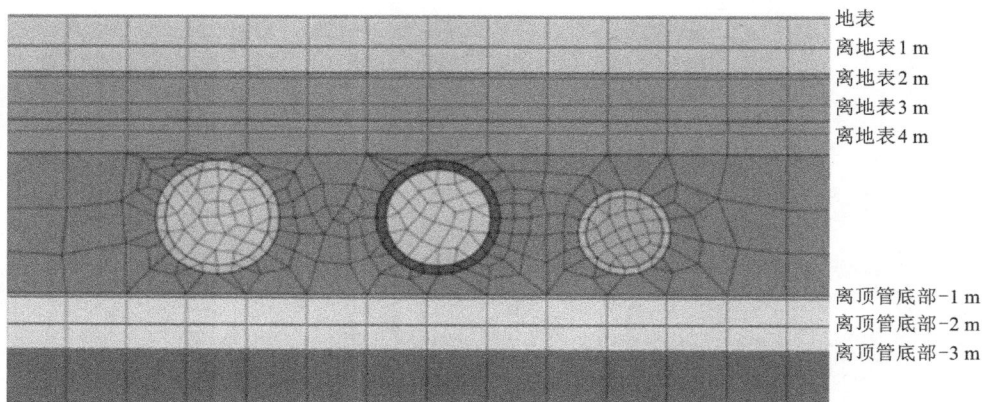

图 2-26　地层沉降监测线布置图

图 2-27 为三孔顶管依次施工完成时地层竖向位移随土层深度变化的曲线。由图 2-27(a)可知，单孔顶管施工完成时，地层竖向位移在横断面上的分布呈正态分布曲线，地层横断面的沉降变形呈现典型的"V"形，隆起变形呈现典型的倒"V"形，位移曲线大致是轴对称的。电力舱轴线上的地层沉降与隆起均为最大，随着土层深度的增加，地层竖向位移峰值逐渐增大，沉降槽的宽度逐渐减小，且隧道左右两侧较远土体由于顶管机掘进压力的挤压而出现少量的隆起。土层深度为 4 m 时，电力舱轴线上最大沉降值为 26.04 mm，隧道左右两侧最大隆起量为 3.9 mm；土层深度为 3 m 时，电力舱轴线上最大沉降值为 23.48 mm，隧道左右两侧最大隆起量为 1.72 mm；土层深度为 2 m 时，电力舱轴线上最大沉降值为 20.42 mm，隧道左右两侧最大隆起量为 1.43 mm；土层深度为 1 m 时，电力舱轴线上最大沉降值为 18.38 mm，隧道左右两侧最大隆起量为 1.19 mm；土层深度为 0 m(位于地表)时，电力舱轴线上最大沉降值为 14.62 mm，隧道左右两侧最大隆起量为 0.66 mm。

由图 2-27(b)给出了双孔顶管施工完成时不同层位地层的竖向变形曲线。由图 2-27(b)可知，地层横向沉降曲线由原来的"V"形变为非对称的"W"形，地表变形影响范围增大，距离隧道轴线越远施工扰动影响越小。先行管电力舱周围土体受后行管燃气舱施工带来的附加扰动,产生了附加沉降,仍是电力舱轴线上地层沉降最大。地层离地表越远,地层竖向变形曲线非对称"双峰"特征越明显。与单孔顶管施工完成时类似,随着土层深度的增加,地层竖向位移峰值逐渐增大,沉降槽的宽度逐渐减小。当土层深度为离地表 4 m 时,由于两顶管施工时掘进压力的叠加挤压两顶管轴线中间的土体出现少量隆起变形。土层深度为 4 m 时,电力舱轴线上最大沉降值为 27.58 mm,燃气舱轴线上最大沉降值为 19.99 mm;土层深度为 3 m时,电力舱轴线上最大沉降值为 24.85 mm,燃气舱轴线上最大沉降值为 18.01 mm;土层深度为 2 m 时,电力舱轴线上最大沉降值为 22.79 mm,燃气舱轴线上最大沉降值为 16.61 mm;土层深度为 1 m 时,电力舱轴线上最大沉降值为 19.57 mm,燃气舱轴线上最大沉降值为 14.61 mm;土层深度为 0 m(位于地表)时,电力舱轴线上最大沉降值为 16.06 mm,燃气舱轴线上最大沉降值为 12.17 mm。

由图 2-27(c)可知,三孔顶管施工完成后,左右两顶管的沉降槽中心向综合舱发生偏移,由于土体扰动的累积效应,地表沉降进一步发展,电力舱与燃气舱周围土体均受到综合

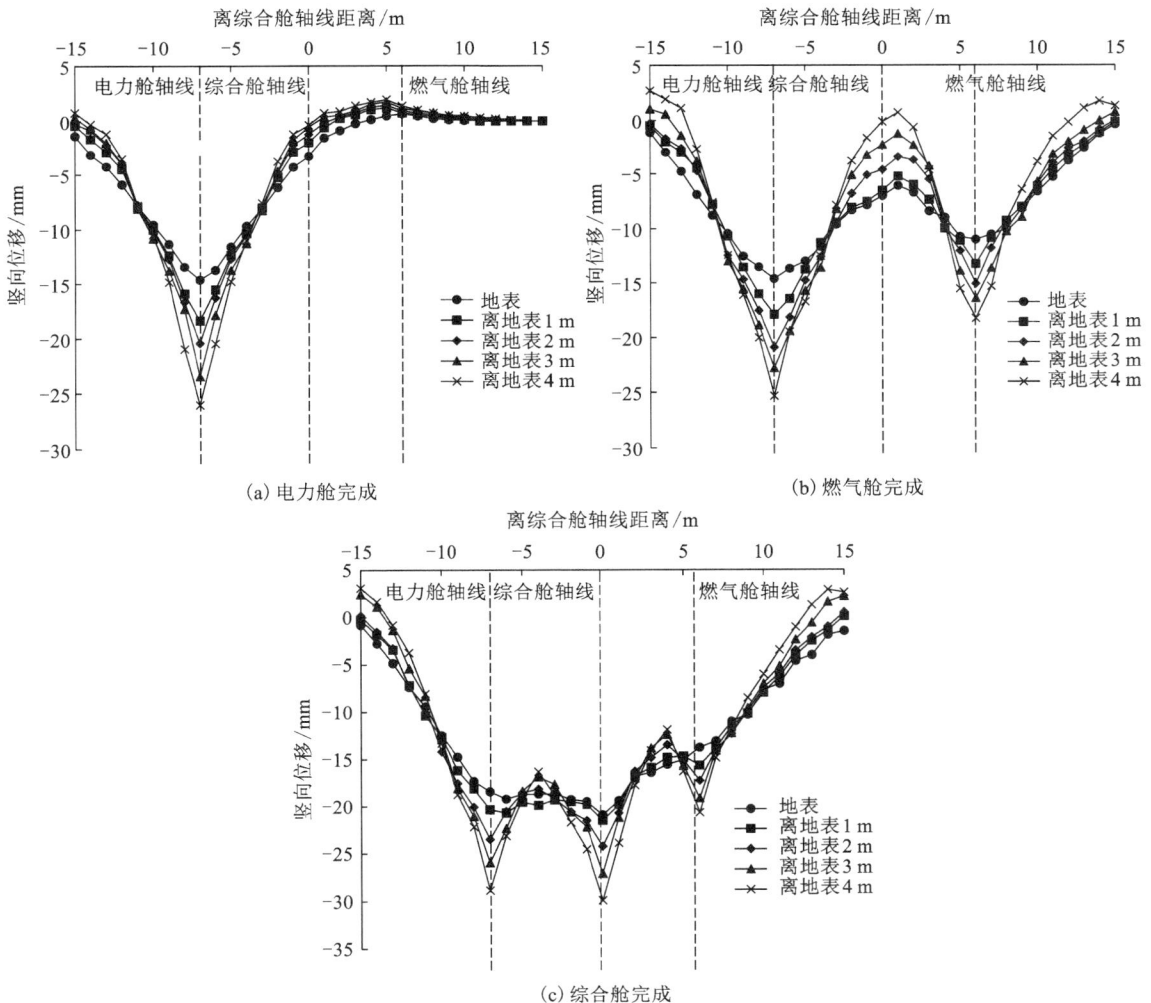

(a) 电力舱完成

(b) 燃气舱完成

(c) 综合舱完成

图 2-27　三孔顶管依次完成时横断面不同层位地层的竖向变形曲线

舱顶进带来的附加扰动，产生了不同程度的附加沉降，最大沉降出现在综合舱轴线上。与双孔顶管施工完成时类似，地层离地表越远，地层竖向变形曲线非对称"三峰"特征越明显。土层深度为 4 m 时，电力舱轴线上最大沉降值为 28.86 mm，燃气舱轴线上最大沉降值为 20.67 mm，综合舱轴线上最大沉降值为 29.91 mm；土层深度为 3 m 时，电力舱轴线上最大沉降值为 25.95 mm，燃气舱轴线上最大沉降值为 19.14 mm，综合舱轴线上最大沉降值为 27.09 mm；土层深度为 2 m 时，电力舱轴线上最大沉降值为 23.50 mm，燃气舱轴线上最大沉降值为 17.26 mm，综合舱轴线上最大沉降值为 24.24 mm；土层深度为 1 m 时，电力舱轴线上最大沉降值为 20.33 mm，燃气舱轴线上最大沉降值为 15.65 mm，综合舱轴线上最大沉降值为 21.50 mm；土层深度为 0 m(位于地表)时，电力舱轴线上最大沉降值为 18.42 mm，燃气舱轴线上最大沉降值为 13.77 mm，综合舱轴线上最大沉降值为 20.91 mm。可见，三孔顶管完成时，各深度土层的最大沉降值均出现在综合舱轴线上。

图 2-28 可以直观地看出三孔顶管依次施工完成后顶管轴线上最大竖向位移与土层深度的关系，可知随着土层离地表距离的变大，地层沉降基本呈线性增大；随着土层离顶管底部距离的变大，地层隆起呈线性减小。

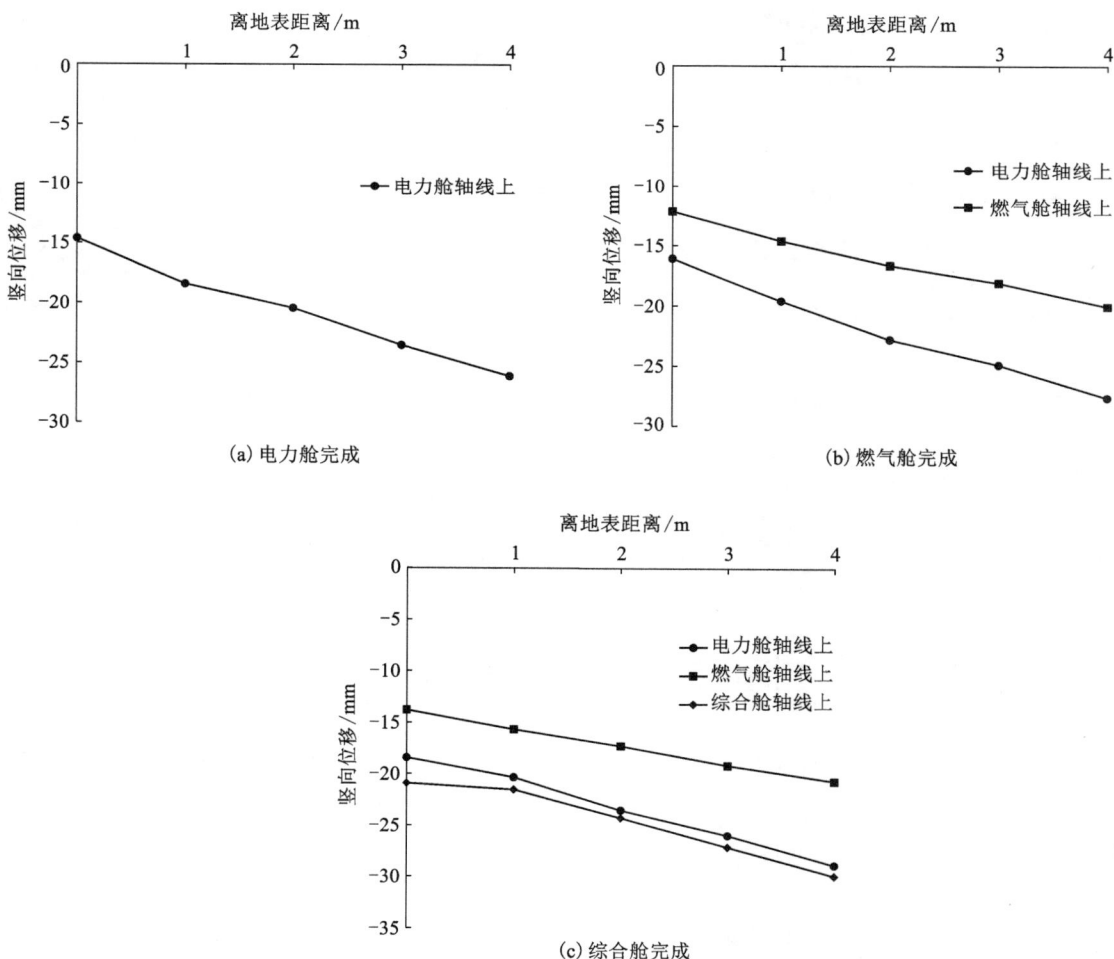

图 2-28 三孔顶管依次完成时的最大竖向位移-土层深度曲线

电力舱完成时，地表最大沉降变形为 14.62 mm，离地表 4 m 处的土层的最大沉降变形为 26.04 mm，二者相比后者增加了 78.11%；离顶管底部 1 m 处最大隆起变形为 14.97 mm，离顶管底部 3 m 处最大隆起变形为 9.65 mm，二者相比后者减小 35.54%，最大沉降与最大隆起均出现在电力舱轴线上方。

燃气舱完成时，地表最大沉降变形为 16.06 mm，离地表 4 m 土层的最大沉降变形为 27.58 mm，相比增加 71.73%；离顶管底部 1 m 处最大隆起变形为 15.49 mm，离顶管底部 3 m 处最大隆起变形为 9.94 mm，相比减小 35.83%，最大沉降与最大隆起均出现在电力舱轴线上方。

综合舱完成时，地表最大沉降变形为 20.91 mm，离地表 4 m 土层的最大沉降变形为 29.91 mm，相比增加 43.04%；离顶管底部 1 m 处最大隆起变形为 19.31 mm，离顶管底部 3 m 处最大隆起变形为 14.23 mm，相比减小 26.31%，最大沉降与最大隆起均出现在综合舱轴线上方。

可见三孔顶管轴线上引起的地层变形大小依次为：综合舱>电力舱>燃气舱，且燃气舱与另外两顶管引起的变形值相差较大，这是因为燃气舱的直径最小，埋深也最深，开挖对土体的影响较小，所以其轴线上的地层变形为三个顶管中最小。

综上所述，能得出以下结论。

①顶管掘进过程中，距离隧道轴线越远处受施工扰动影响越小；地层与隧道轴线之间的距离越小，地层最大竖向位移越大，地层竖向变形曲线非对称"双峰"特征与"三峰"特征越明显；电力舱掘进完成后，地表沉降槽曲线为典型的正态分布曲线；双孔顶管掘进完成后，两条隧道的地表沉降曲线类似于 2 个单线隧道的叠加，沉降槽曲线变宽加深，地表沉降槽不对称，由于先行顶进的隧道施工对地层的扰动劣化，先行的电力舱隧道一侧地表竖向变形较大；三孔顶管掘进完成后，左右两顶管的沉降槽中心向中顶管发生偏移，沉降槽继续变宽加深，由于土体扰动的累积效应，地层竖向变形进一步发展，最大变形出现在综合舱轴线上。

②双孔顶管与三孔顶管完成时正上方不同地层的竖向变形差别较大，地层竖向变形随着地层距离隧道轴线距离的增加而逐渐减小，距离地表越近，沉降槽宽度逐渐增加，深度逐渐减小。双孔顶管完成时，地表沉降槽宽度约为 26 m；地层距离隧道轴线高度 4.5 m 处，其最大竖向变形为 15.5 m。

③与地层沉降类似，隧道底部的土层竖向隆起也呈现非对称"双峰"与"三峰"特征，地层距隧道底部越近，双峰与三峰特征越明显，在距离顶管底部大于 3 m 处，双峰与三峰特征消失，呈现单一的隆起槽；距离顶管底部 1 m 处，地层的最大竖向隆起为 12 mm；距离隧道轴线高度 2 m 处，地层的最大竖向隆起为 12 mm；距离隧道轴线高度 3 m 处，地层的最大竖向隆起为 12 mm。

2.2.3　土体水平位移分析

1. 不同方案对比

参照实际现场监测方案中水平测斜管布置情况，三维模型的土体水平位移监测线布置如图 2-29 所示，共布置了 4 条水平位移监测线，深度均为 15 m。

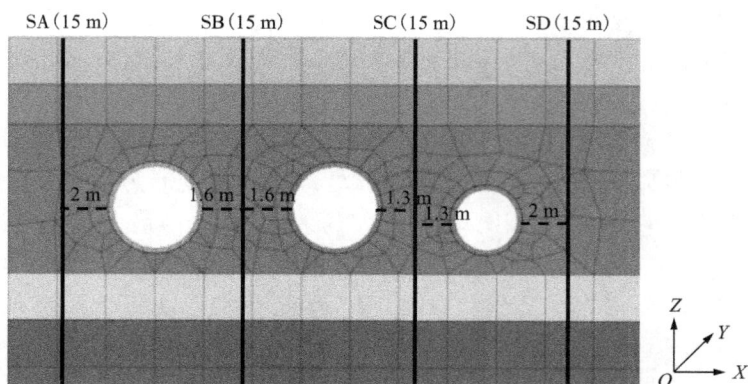

图 2-29　三维模型水平位移监测线布置图

图 2-30 为模拟 6 种施工方案得出的水平位移云图，其中正值代表向右移动（X 轴正方向），负值代表向左移动（X 轴负方向）。

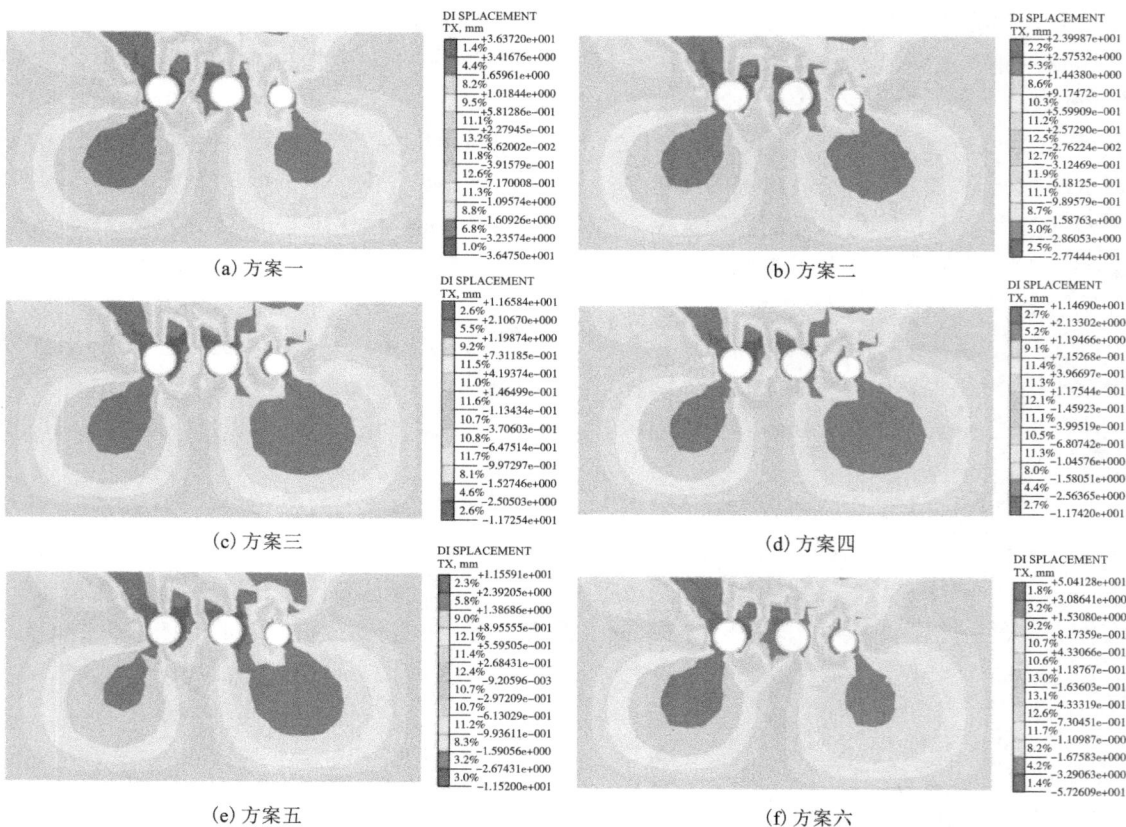

（a）方案一

（b）方案二

（c）方案三

（d）方案四

（e）方案五

（f）方案六

图 2-30　6 种施工方案土体水平位移云图

各方案的最大土体水平位移见图 2-31，与相邻顶管连续施工的方案相比，间隔式施工方案一、二的水平位移较小，而先施工大直径顶管的方案一比先施工小直径顶管的方案二的水平位移更小。方案一的最大水平位移为 3.4 mm，方案六的最大水平位移为 4.5 mm，相比减少 24.4%。

方案一施工顺序下，各监测线上的土体水平位移曲线见图 2-32（位移为负表示向顶进方向左侧移动，为正

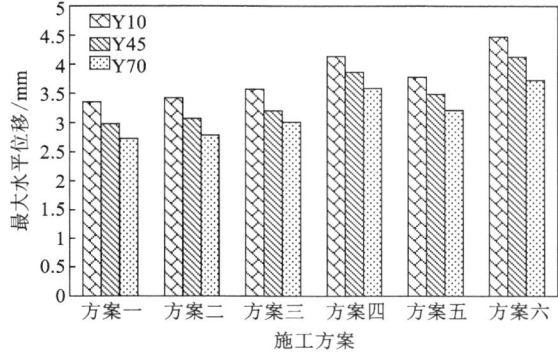

图 2-31　各方案最大土体水平位移图

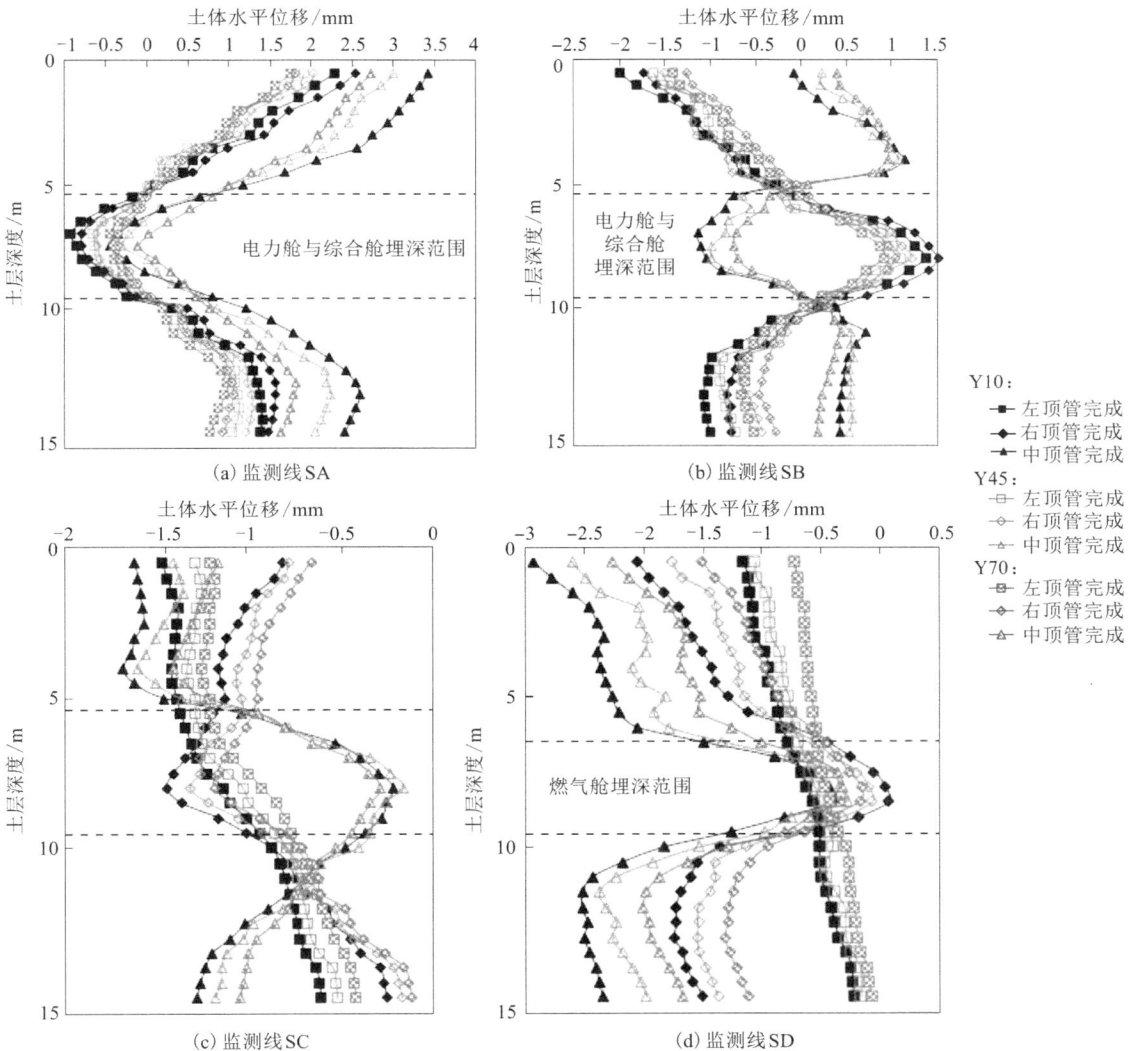

(a) 监测线 SA

(b) 监测线 SB

(c) 监测线 SC

(d) 监测线 SD

图 2-32　方案一施工顺序下土体水平位移曲线

表示向顶进方向右侧移动，下同）。随着顶管先后顶进，三孔顶管两侧的监测线 SA、SD 上土体水平位移不断累积变大，位移曲线形状大致相同，峰值所在位置一致。左、右、中顶管先后施工完成时，最大土体水平位移分别为 2.3 mm、2.5 mm、3.4 mm，均出现在 Y10 处的监测线 SA 上。这是顶管施工时应力释放与"背土效应"共同影响的结果，应力释放使土体向卸荷方向（顶管所在方向）移动；"背土效应"使得管节上方土体被带动向顶进方向移动，产生地层损失，为了填充损失的土体，顶管外边线上方土体向靠近顶管的方向移动。

两顶管间的监测线 SB、SC 上的土体水平位移较 SA、SD 小，曲线形状随顶管先后顶进变化较大。左顶管完成时，监测线 SB 上顶管埋深范围内最大土体水平位移为 1.0 mm，方向为顶进方向右侧；至中顶管完成，最大土体水平位移变为 −1.5 mm，方向为顶进方向左侧。这是因为两顶管引起的土体水平位移相互抵消，相互扰动使得两顶管之间土体水平位移的方向与大小易发生改变。由此可知，两顶管间土体水平位移受顶管施工顺序影响较大。

2. 单孔与多孔顶管引起的土体水平位移规律

为探究多孔顶管依次施工过程中，不同位置深层土体的水平位移变化规律，在有限元三维模型上布置了 8 根竖直监测线（图 2-32 中黑线）。每根监测线的长度为 15 m，相隔 0.5 m 对地层水平位移进行一次取值。

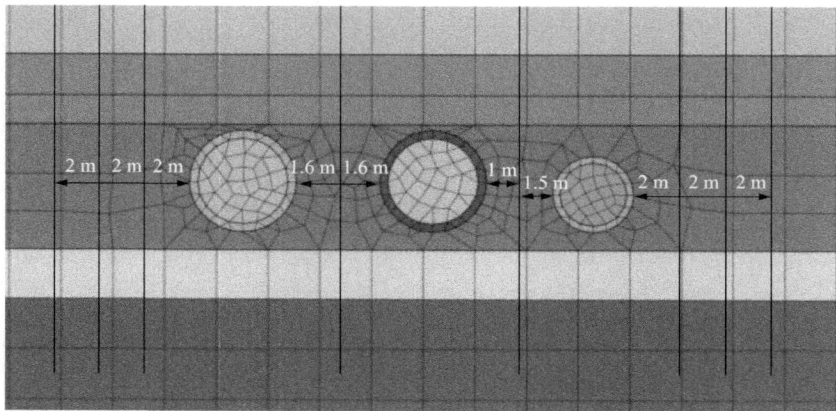

图 2-33　深层土体水平位移监测线布置图

（1）单孔隧道顶进施工深层土体水平位移

先对单孔隧道顶进施工时深层土体水平位移进行分析，以最先完成开挖的电力舱隧道作为研究对象，研究以下两个方面的水平位移规律。

①取距离始发位置 45 m 处断面为监测面，分别作出电力舱隧道掘进 15 m、30 m、45 m、60 m 和 77.5 m（顶进完成）时距离隧道外边线 2 m 处的深层土体水平位移曲线，分析顶管掘进过程中深层土体水平位移变化规律，结果见图 2-34（图 2-34 中负号表示向 X 轴负方向移动，正号表示向 X 轴正方向移动）。

从图 2-34 中计算结果可以看出，隧道掘进到监测断面（距离始发位置 45 m）之前，全监测线上土体向背离管道的方向移动，位移峰值基本出现在管节中线深度的位置，距离监测断

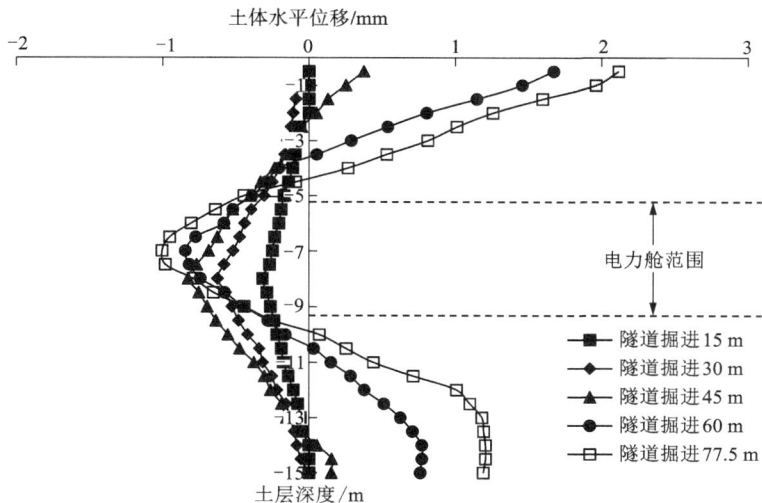

图 2-34 电力舱掘进过程中深层土体水平位移

面越近,深层土体水平位移越大。掘进到 15 m 时峰值为 -0.32 mm,掘进到 30 m 时峰值为 -0.63 mm。当掘进到监测断面时,深层土体水平位移发生了较大的变化,峰值达到了 -0.83 mm。值得特别注意的是,此时监测线上下边缘土体指向隧道内方向产生了水平偏移(水平位移数值为正),最大偏移量为 0.37 mm。隧道掘进面过了监测断面以后,深层土体水平位移峰值仍然在增大,掘进到 60 m 时向背离隧道方向的位移最大值为 -0.85 mm,向靠近隧道方向的位移最大值为 1.67 mm;掘进到 77.5 m 时向背离隧道方向的位移最大值为 -1.00 mm,向靠近隧道方向的位移最大值为 2.12 mm。可见,向背离隧道方向的水平位移增速较为平缓,向靠近隧道方向的水平位移增速较为剧烈。

②取距离始发位置 45 m 处的断面为监测面,当开挖完电力舱后,分别作出距隧道外边线 2 m、4 m 和 6 m 处的深层土体水平位移曲线,分析偏离隧道不同距离的深层土体水平位移变化规律,计算结果见图 2-35(图中负号表示向 X 轴负方向移动,正号表示向 X 轴正方向移动)。

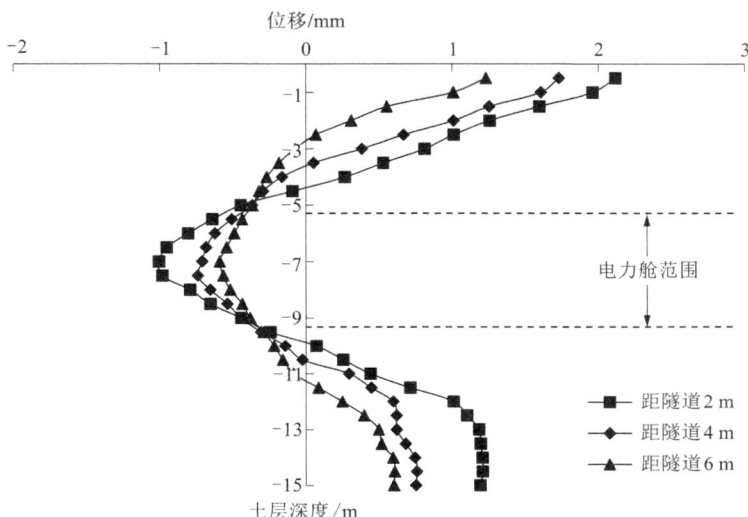

图 2-35 偏离电力舱隧道外边线不同距离处深层土体水平位移

从图 2-35 可以看出，距离隧道边线越远，土体水平位移越小，覆土层指向隧道方向的水平位移同样随距离隧道外边线的增加而减小，距离隧道边线 2 m 时，向背离隧道方向的位移最大值为 -1.00 mm，向靠近隧道方向的位移最大值为 2.12 mm；距离隧道边线 4 m 时，向背离隧道方向的位移最大值为 -0.74 mm，向靠近隧道方向的位移最大值为 1.73 mm；距离隧道边线 6 m 时，向背离隧道方向的位移最大值为 -0.59 mm，向靠近隧道方向的位移最大值为 1.23 mm。由此得出结论：单洞隧道开挖后，深层土体水平位移的影响范围在距离隧道外边线 10 m 的范围之内。电力舱施工完成时距始发位置 45 m 处土体水平位移云图如图 2-36 所示，单管顶进后土体水平位移呈放射状分布，最大位移位于管道周围的注浆区，管周上部与下部均向管道中心移动，而管道两侧土体向远离管道的方向移动。

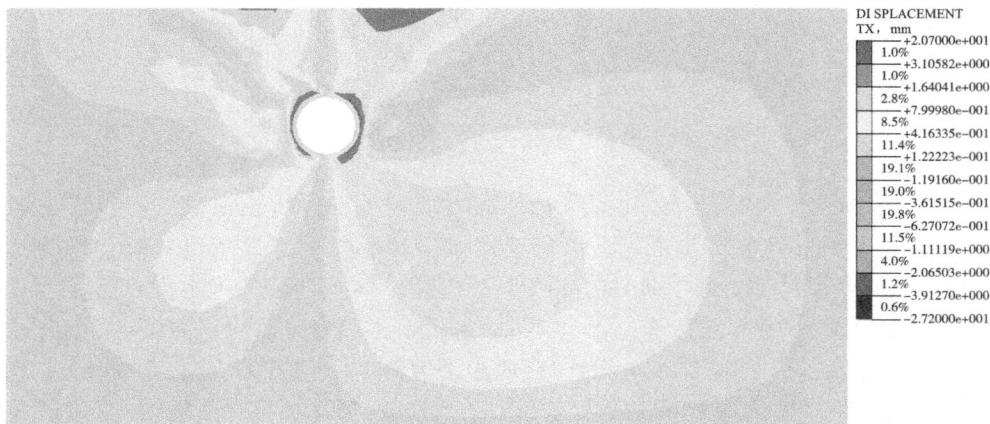

图 2-36　电力舱完成时距始发位置 45 m 处土体水平位移云图

土体深层水平位移的上述规律，其原因分析为：顶管隧道顶进时土层应力释放与"背土效应"共同影响的结果。由于土体开挖，在自重下上方和下方土体发生应力释放向管道方向移动；在掘进到特征断面之前，只有土层应力的影响，土体移动的规律与盾构隧道地层变形规律基本一致。当掘进面达到特征断面之后，"背土效应"开始发挥作用，管节上方土体被带动朝向顶进方向移动，产生地层损失，为了"补充"损失的土体，覆土层 4 m 范围内与覆土层超过 13 m 范围隧道外边线土体产生指向隧道内的水平位移。而管道两侧土体由于上方和下方土体的挤压与顶管施工时注浆压力的作用向远离管道的方向平移。

（2）多孔隧道顶进施工深层土体水平位移

以工程实际施工顺序电力舱→燃气舱→综合舱为例，研究小净距多孔顶管掘进下深层土体水平位移发展规律，研究同样分为以下两个方面。

①取距离始发井分别为 15 m、30 m、45 m、60 m 处作为监测面，分别计算分析距电力舱隧道外边线（左侧）2 m 和燃气舱隧道外边线（右侧）2 m 处的深层土体水平位移，计算结果见图 2-37。

从图 2-37 中可以看出，和单孔开挖的深层土体水平位移曲线相比，整个土体向靠近隧道方向发生了明显的移动。首先，隧道覆盖层范围内土体的水平位移从单洞开挖完时朝向隧道方向位移转变为背离隧道位移，且距离始发井越远的断面，背离隧道方向的水平 位移越

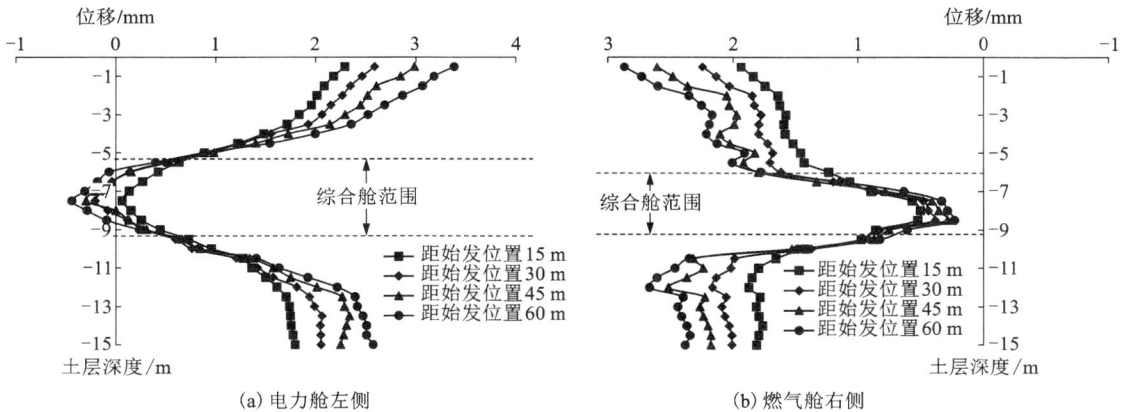

图 2-37　三孔顶管完成时各监测线处土体竖向位移-土层深度曲线

大。其次，群洞开挖后土体水平位移的峰值变化同单洞开挖基本一致。多洞开挖深层土体发生的水平位移主要是顶管隧道顶进时"地层位移影响分区"的移动所致，"背土效应"已经不是影响土体水平位移的主要因素。从单洞开挖土体水平位移和地表沉降的规律可以看出，土体的变形有明显的"分区"-"背土效应"，使上覆土层区下降补充损失地层形成沉降槽，同时，上覆土层范围内隧道边线以外土体区向隧道方向偏移补充损失地层形成地表处指向隧道内的水平位移；土层应力的释放使得隧道侧向土体区背离隧道方向移动（土层竖向压力大于水平压力）。后续隧道的开挖使得 1#隧道右侧 1 m 处的深层土体水平位移特征位置全部进入"隧道侧向土体区"，因此导致水平位移特征位置整体持续向背离隧道方向移动，最终引起地表处土体向背离隧道方向的水平位移，且使水平位移峰值持续增大。

②取距离始发位置 45 m 处断面为监测面，分别计算分析图 2-33 中 8 根监测线的深层土体水平位移，计算结果见图 2-38（图中负号表示向 X 轴负方向移动，正号表示向 X 轴正方向移动）。

从图 2-38（a）与图 2-38（b）可知，三孔顶管施工完成后，电力舱左边与燃气舱右边的监测线处大部分土体向靠近隧道的方向移动。距离电力舱边线 2 m 处土体向背离隧道方向的位移最大值为-0.30 mm，向靠近隧道方向的位移最大值为 2.99 mm；距离电力舱隧道边线 4 m 处土体向背离隧道方向的位移最大值为-0.24 mm，向靠近隧道方向的位移最大值为 2.37 mm；距离电力舱边线 6 m 处土体向背离隧道方向的位移最大值为-0.48 mm，向靠近隧道方向的位移最大值为 1.8 mm；距离燃气舱边线 2 m 处全断面土体向靠近隧道的方向移动，位移最大值为-2.61 mm；距离燃气舱隧道边线 4 m 处土体向背离隧道方向的位移最大值为 0.04 mm，向靠近隧道方向的位移最大值为-1.89 mm；距离燃气舱边线 6 m 处土体向背离隧道方向的位移最大值为 0.16 mm，向靠近隧道方向的位移最大值为-1.39 mm。与单孔顶管施工完成的情况类似，距离隧道边线越远，覆土层指向隧道方向的水平位移越小，但指向远离隧道方向的水平位移随距隧道边线距离增大而变大。由于电力舱直径较燃气舱大，开挖造成的地层损失更多，因此电力舱左边线外土体的水平位移比燃气舱右边线外土体的水平位移大。

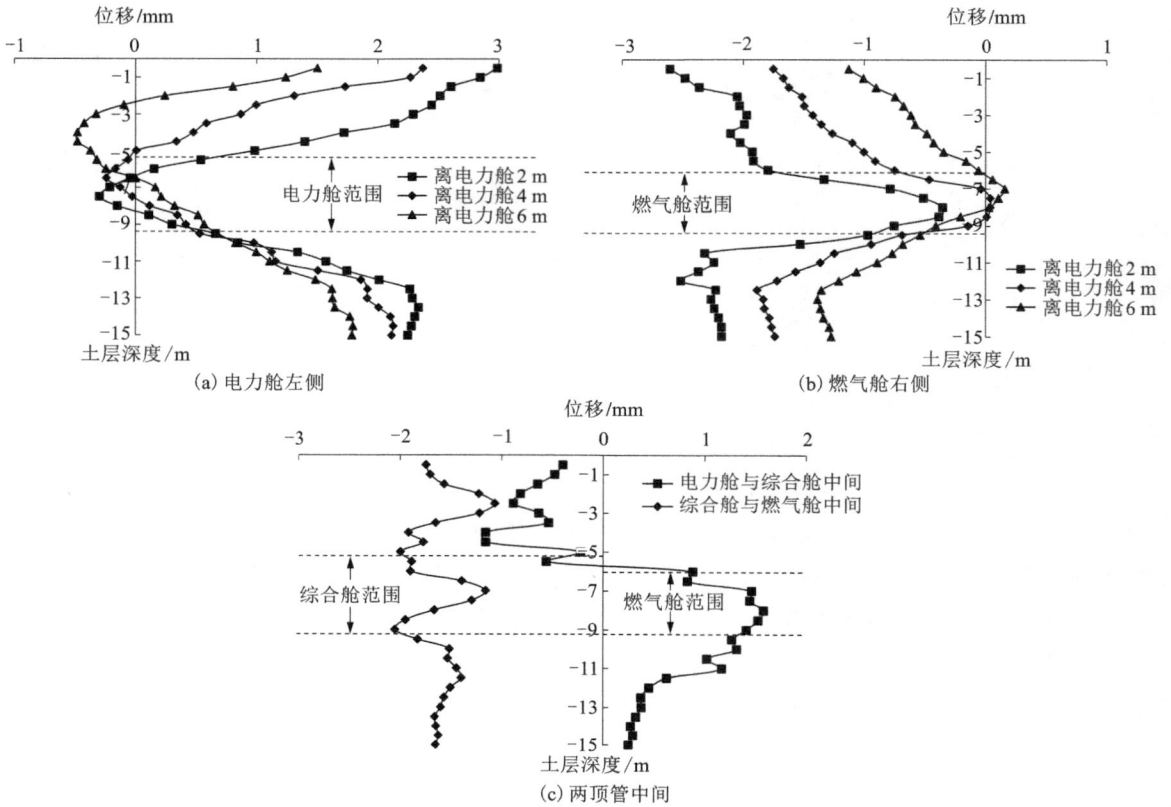

(a) 电力舱左侧 (b) 燃气舱右侧

(c) 两顶管中间

图2-38 三孔顶管完成时各监测线处土体竖向位移-土层深度曲线

由图2-38(c)可知，电力舱与综合舱中间监测线上，土体向电力舱隧道方向的位移最大值为-1.16 mm，向综合舱隧道方向的位移最大值为1.58 mm；综合舱与燃气舱中间监测线上，全断面土体向综合舱隧道方向移动，位移最大值为-2.04 mm。

图2-39为双孔顶管与三孔顶管施工完成时距始发位置45 m处土体水平位移云图，可见最大土体水平位移出现在顶管周围注浆区。双孔顶管施工完成时，由于电力舱与燃气舱间距较远，与单孔顶管施工完成情况一样，两顶管周围的土体水平位移呈放射状，管周上部与下部均向管道中心移动，而管道两侧土体向远离管道的方向移动，且电力舱引起的土体水平位

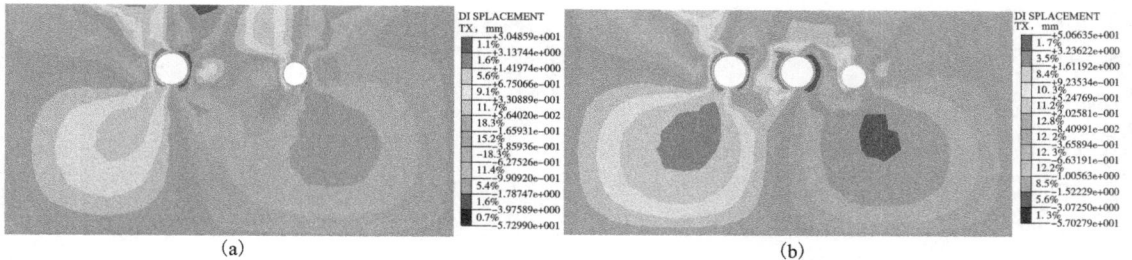

(a)   (b)

图2-39 三孔顶管依次完成时距始发位置45 m处土体水平位移云图

移明显大于燃气舱；三孔顶管施工完成时，由于综合舱的顶进，土体水平位移明显增大，电力舱与燃气舱周围的放射状位移变成了半放射状，即电力舱左侧与燃气舱右侧的上部与下部土体仍向管道中心移动，管道两侧土体向远离管道的方向移动，相邻两顶管间土体的水平位移较小且无明显规律，这是由于两顶管引起的土体水平位移相互抵消。

2.2.4　管片受力变形分析

三孔隧道均顶进 31 环管片，为消除模型的边界效应，取中间位置的管片即第 14、15、16 环管片进行分析。不同施工方案下管片受力与变形情况如表 2-7 所示。6 种方案下顶管的最大主应力、最小主应力、竖向变形与水平变形云图分别见图 2-40~图 2-43。

表 2-7　不同方案引起的顶管受力与变形比较

方案	电力舱				综合舱				燃气舱			
	拱顶沉降/mm	收敛/mm	拉应力/MPa	压应力/MPa	拱顶沉降/mm	收敛/mm	拉应力/MPa	压应力/MPa	拱顶沉降/mm	收敛/mm	拉应力/MPa	压应力/MPa
一	5.40	5.35	3.60	4.49	4.53	2.31	3.89	4.26	4.49	2.47	1.91	2.86
二	5.52	5.53	3.71	4.57	4.54	2.51	4.17	4.45	5.99	5.34	2.12	3.04
三	3.87	2.49	3.69	4.59	6.62	5.08	3.70	4.29	4.17	3.04	2.31	2.91
四	3.59	2.38	3.77	4.57	6.59	4.90	3.76	4.30	4.20	2.93	2.25	2.95
五	5.63	5.26	3.76	4.67	4.95	2.45	4.09	4.13	4.18	2.80	1.95	2.84
六	3.63	2.57	3.84	4.59	6.13	5.74	4.05	4.29	5.79	5.35	2.21	3.06

注：表中数据均为最大值。

由上述图表可知各方案施工完成后管片的最大应力值和最大变形值存在差异，所有方案中，电力舱所受最大拉应力在 3.60 MPa 至 3.84 MPa 范围内，所受最大压应力在 4.49 MPa 至 4.67 MPa 范围内，所发生的最大拱顶沉降在 3.63mm 至 5.63 mm 范围内，最大水平收敛在 2.38 mm 至 5.53 mm 范围内；综合舱所受最大拉应力在 3.70 MPa 至 4.17 MPa 范围内，所受最大压应力力在 4.13 MPa 至 4.45 MPa 范围内，所发生的最大拱顶沉降在 4.53 mm 至 6.62 mm 范围内，最大水平收敛在 2.31 mm 至 5.74 mm 范围内；燃气舱所受最大拉应力在 1.91 MPa 至 2.31 MPa 范围内，所受最大压应力在 2.84 MPa 至 3.06 MPa 范围内，所发生的最大拱顶沉降在 4.17 mm 至 5.99 mm 范围内，最大水平收敛在 2.47 mm 至 5.35 mm 范围内。因为后行管的掘进会对先行管产生附加影响，所以绝大部分方案中先行管的变形都要大于后行管。所有方案中，电力舱与综合舱所受应力相差不大，而燃气舱所受应力明显小于另外两顶管。其原因是燃气舱管径较小，受力面积也更小，承受较少的土压力。

最大拉应力出现在方案二施工顺序下的综合舱，为 4.17 MPa；最大压应力出现在方案五施工顺序下的电力舱，为 4.67 MPa；最大拱顶沉降出现在方案三施工顺序下的综合舱，为 6.62 mm；最大水平收敛出现在方案二施工顺序下的电力舱，为 5.53 mm。从最大值控制的方面考虑为最佳方案。

(a) 方案一

(b) 方案二

(a) 方案三

(b) 方案四

(a) 方案五

(b) 方案六

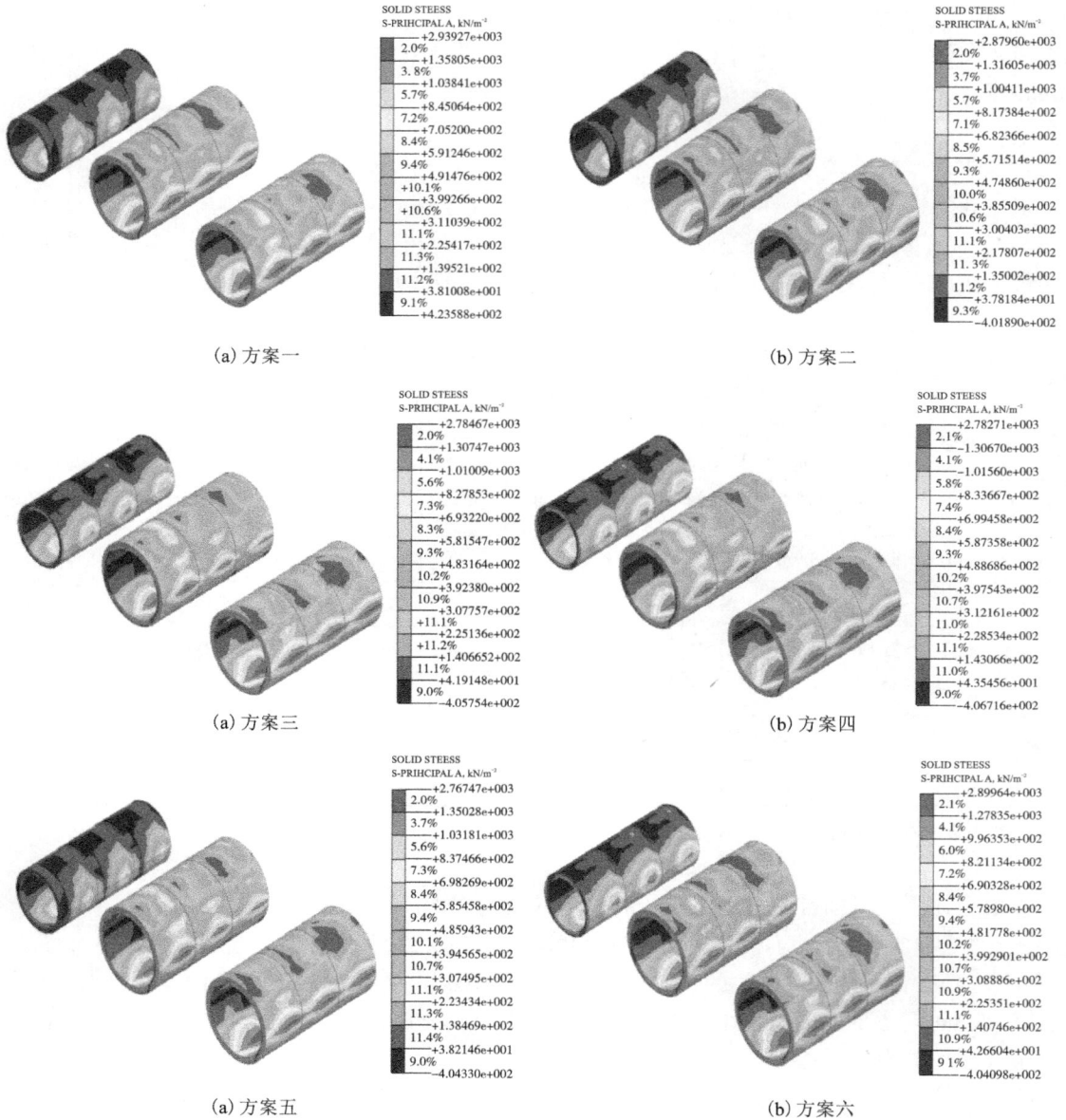

图 2-40 6 种施工方案引起的管片最大主应力云图

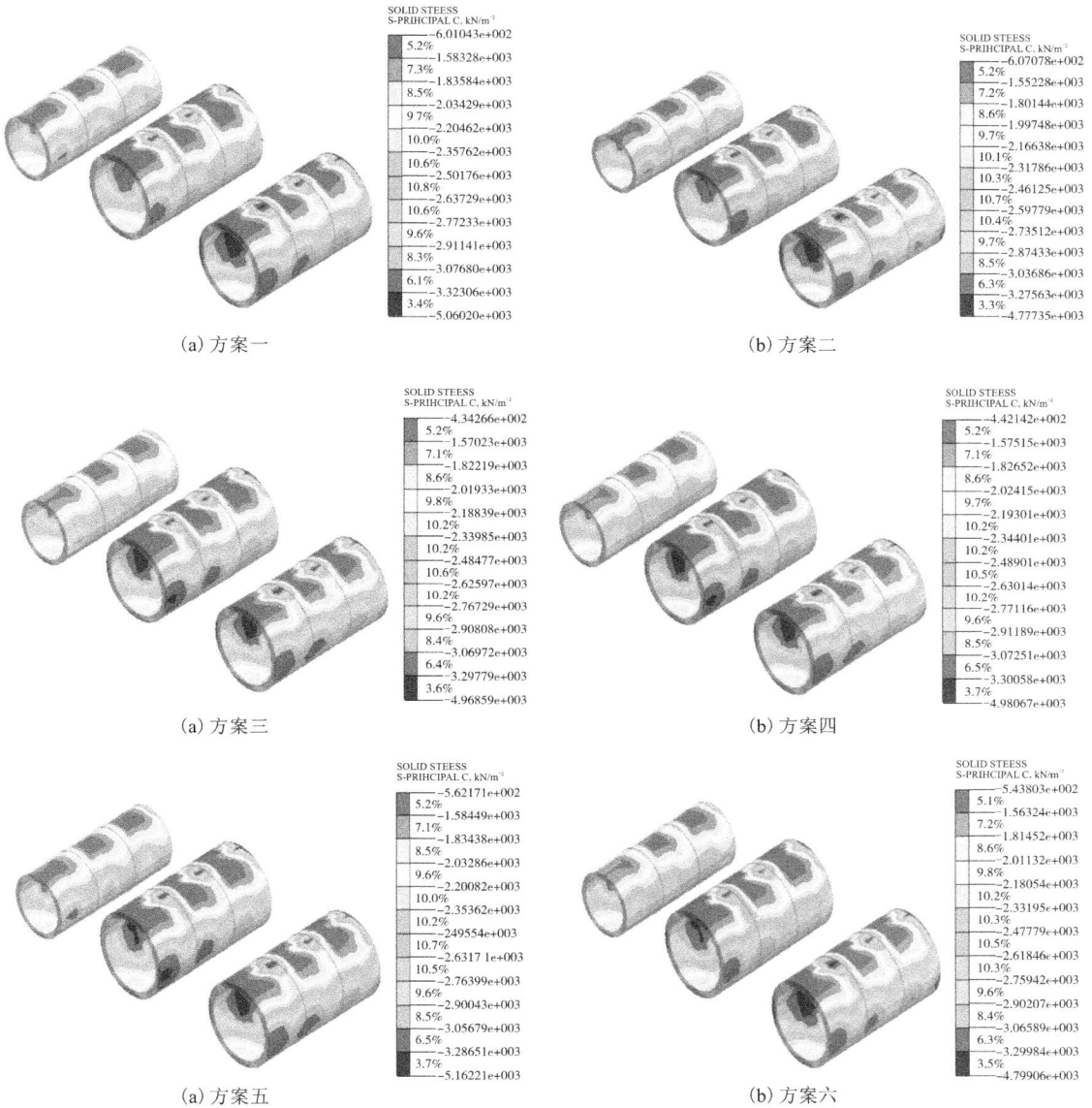

(a) 方案一

(b) 方案二

(a) 方案三

(b) 方案四

(a) 方案五

(b) 方案六

图 2-41　6 种施工方案引起的管片最小主应力云图

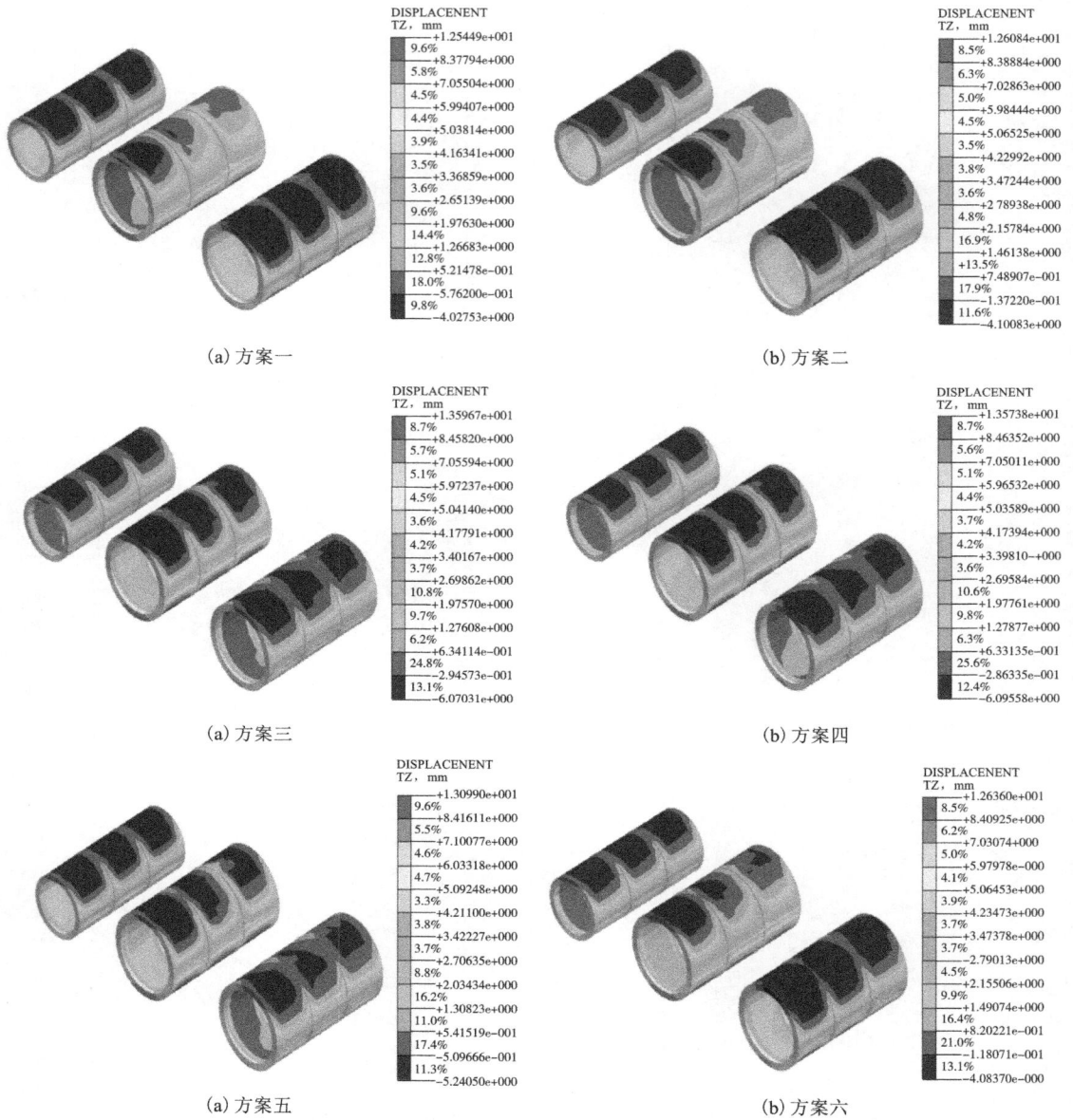

(a) 方案一

(b) 方案二

(a) 方案三

(b) 方案四

(a) 方案五

(b) 方案六

图 2-42　6 种施工方案引起的管片竖向变形云图

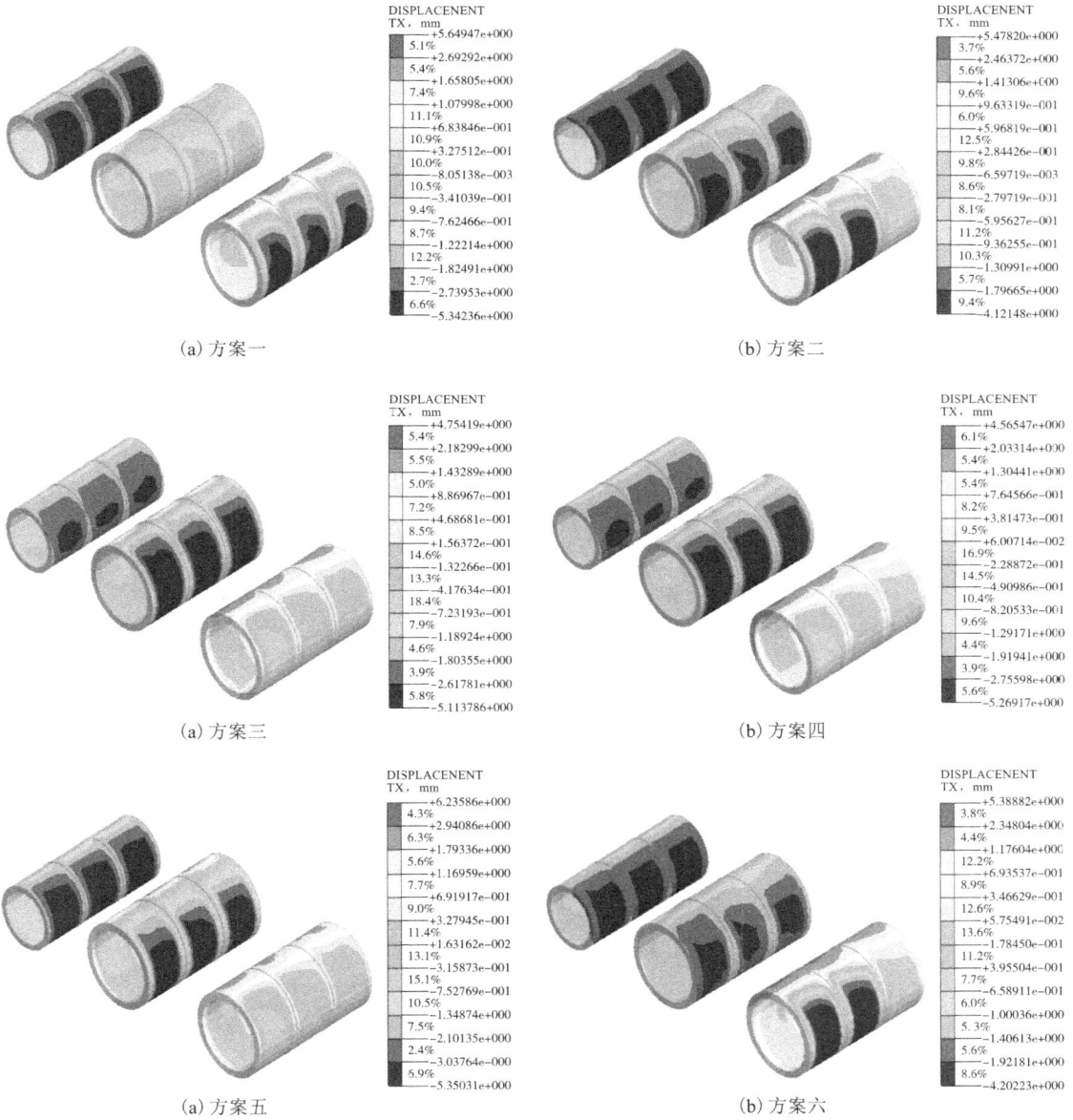

DISPLACENENT
TX，mm
+5.64947e+000
5.1%
+2.69292e+000
5.4%
+1.65805e+000
7.4%
+1.07998e+000
11.1%
+6.83846e-001
10.9%
+3.27512e-001
10.0%
-8.05138e-003
10.5%
-3.41039e-001
9.4%
-7.62466e-001
8.7%
-1.22214e+000
12.2%
-1.82491e+000
2.7%
-2.73953e+000
6.6%
-5.34236e+000

(a) 方案一

DISPLACENENT
TX，mm
+5.47820e+000
3.7%
+2.46372e+000
5.6%
+1.41306e+000
9.6%
+9.63319e-001
6.0%
+5.96819e-001
12.5%
+2.84426e-001
9.8%
-6.59719e-003
8.6%
-2.79719e-001
8.1%
-5.95627e-001
11.2%
-9.36255e-001
10.3%
-1.30991e+000
5.7%
-1.79665e+000
9.4%
-4.12148e+000

(b) 方案二

DISPLACENENT
TX，mm
+4.75419e+000
5.4%
+2.18299e+000
5.5%
+1.43289e+000
5.0%
+8.86967e-001
7.2%
+4.68681e-001
8.5%
+1.56372e-001
14.6%
-1.32266e-001
13.3%
-4.17634e-001
18.4%
-7.23193e-001
7.9%
-1.18924e+000
4.6%
-1.80355e+000
3.9%
-2.61781e+000
5.8%
-5.113786e+000

(a) 方案三

DISPLACENENT
TX，mm
+4.56547e+000
6.1%
+2.03314e+000
5.4%
+1.30441e+000
5.4%
+7.64566e-001
8.2%
+3.81473e-001
9.5%
+6.00714e-002
16.9%
-2.28872e-001
14.5%
-4.90986e-001
10.4%
-8.20533e-001
9.6%
-1.29171e+000
4.4%
-1.91941e+000
3.9%
-2.75598e+000
5.6%
-5.26917e+000

(b) 方案四

DISPLACENENT
TX，mm
+6.23586e+000
4.3%
+2.94086e+000
6.3%
+1.79336e+000
5.6%
+1.16959e+000
7.7%
+6.91917e-001
9.0%
+3.27945e-001
11.4%
+1.63162e-002
13.1%
-3.15873e-001
15.1%
-7.52769e-001
10.5%
-1.34874e+000
7.5%
-2.10135e+000
2.4%
-3.03764e+000
6.9%
-5.35031e+000

(a) 方案五

DISPLACENENT
TX，mm
+5.38882e+000
3.8%
+2.34804e+000
4.4%
+1.17604e+000
12.2%
+6.93537e-001
8.9%
+3.46629e-001
12.6%
+5.75491e-002
13.6%
-1.78450e-001
11.2%
+3.95504e-001
7.7%
-6.58911e-001
6.0%
-1.00036e+000
5.3%
-1.40613e+000
5.6%
-1.92181e+000
8.6%
-4.20223e+000

(b) 方案六

图 2-43　6 种施工方案引起的管片水平变形云图

虽然 6 种施工方案下顶管结构受力与变形均在安全范围内，但比较之下方案一管片的变形与所受的最大拉应力较其他方案要小，因此从结构安全性考虑，选取方案一较好。图 2-44、图 2-45、图 2-46 分别为方案一施工顺序下三孔顶管依次顶进时顶管的竖向变形、水平变形云图与最小主应力云图。

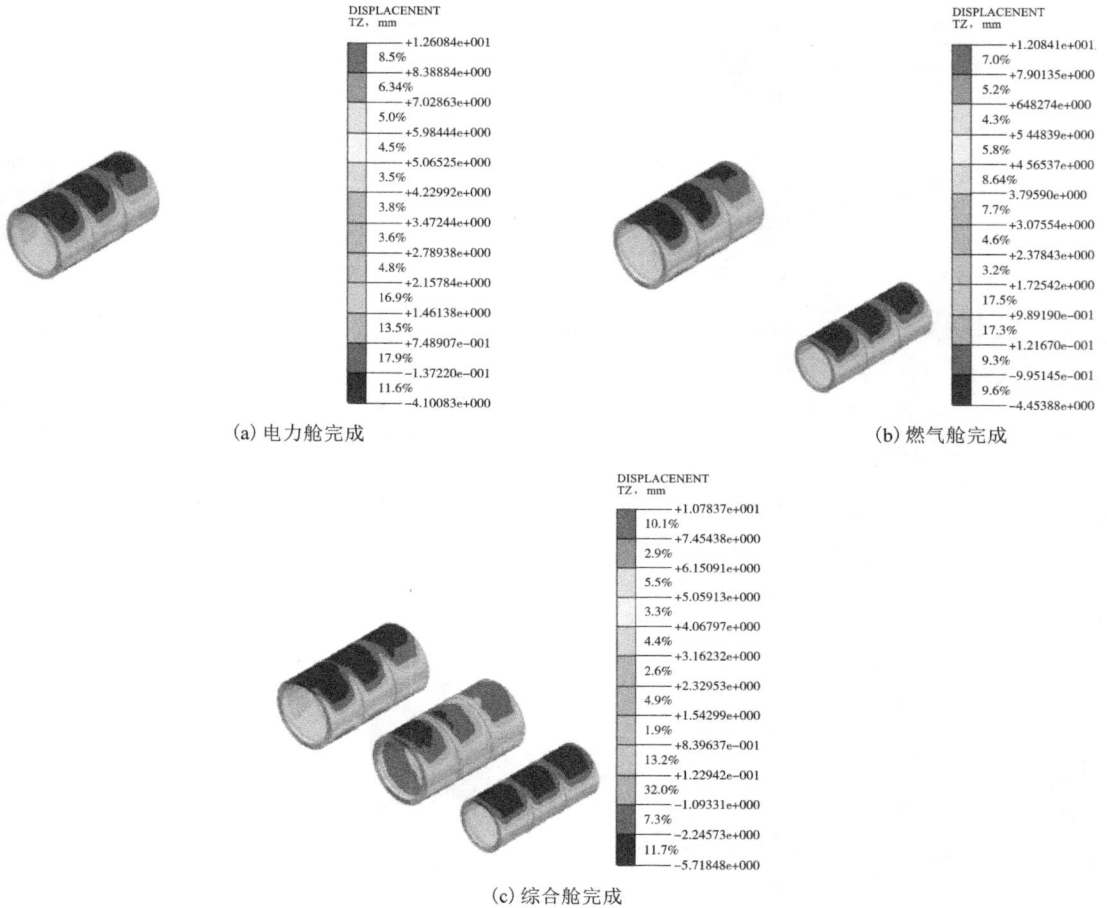

（a）电力舱完成

（b）燃气舱完成

（c）综合舱完成

图 2-44 方案一引起的管片竖向变形云图

由图 2-44 可知，电力舱完成时，电力舱管片的最大拱顶沉降为 3.65 mm。燃气舱完成时，电力舱管片的最大拱顶沉降为 4.29 mm，燃气舱顶进引起的电力舱拱顶附加沉降为 0.64 mm；综合舱完成时，电力舱管片的最大拱顶沉降为 5.40 mm，综合舱顶进引起的电力舱拱顶附加沉降为 1.11 mm。

由图 2-45 可知，电力舱完成时，电力舱管片的最大水平收敛为 4.49 mm。燃气舱完成时，电力舱管片的最大水平收敛为 4.58 mm，燃气舱顶进引起的电力舱附加水平收敛为 0.09 mm；综合舱完成时，电力舱管片的最大水平收敛为 5.35 mm，综合舱顶进引起的电力舱附加水平收敛为 0.77 mm。

由图 2-46 可知，电力舱完成时，电力舱管片所受的最大压应力为 4.78 MPa。燃气舱完

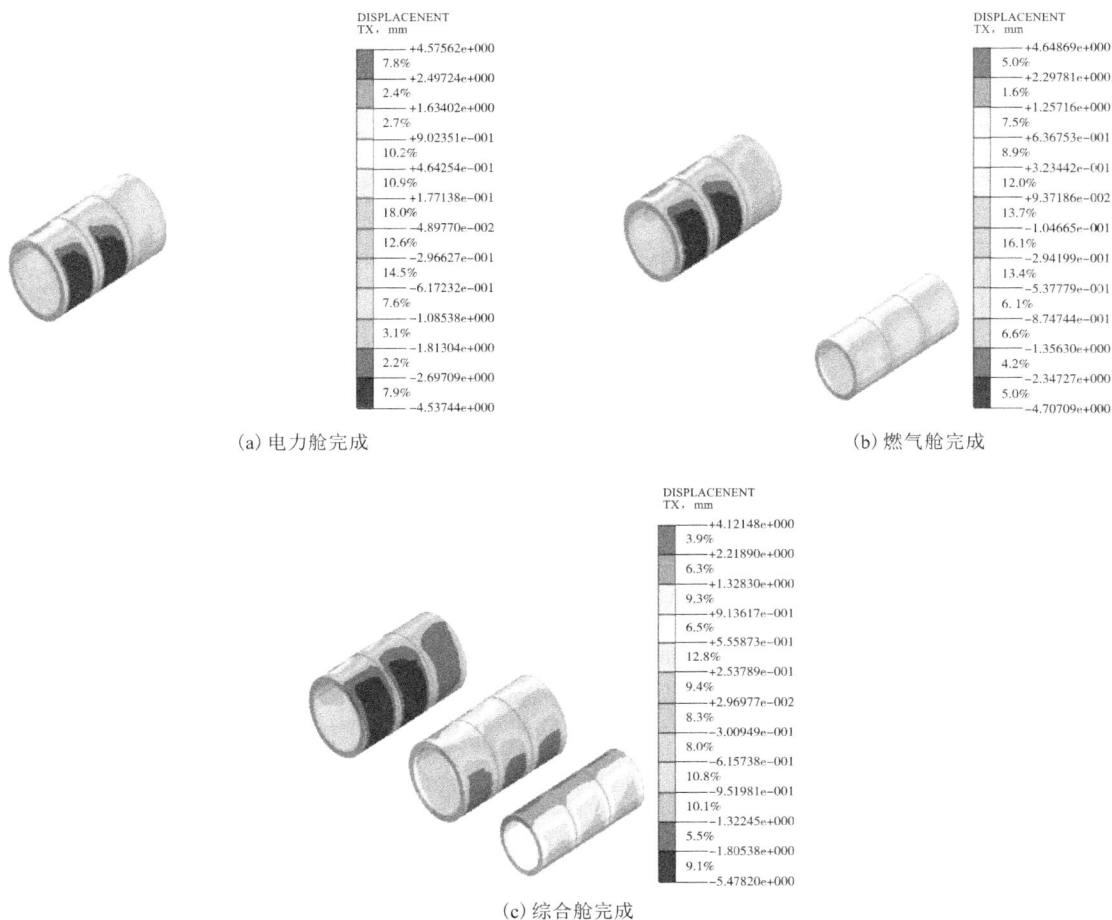

(a) 电力舱完成

(b) 燃气舱完成

(c) 综合舱完成

图 2-45　方案一引起的管片水平变形云图

成时，电力舱管片所受的最大压应力为 4.85 MPa，燃气舱顶进引起的电力舱附加压应力为 0.07 MPa；综合舱完成时，电力舱管片所受的最大压应力为 5.08 MPa，综合舱顶进引起的电力舱附加压应力为 0.23 MPa。

　　因为综合舱直径较大且更接近电力舱，其顶进对电力舱造成的附加影响明显要大于燃气舱。图 2-45 与图 2-46 中，随着三孔顶管依次顶进，电力舱的水平收敛与所受压应力逐渐变大，而电力舱管片靠近后行顶管一侧的水平收敛与压应力相较另一侧变大速率更快。这是由于后行顶管顶进会对先行顶管附近土层造成附加扰动，先行顶管靠近后行管一侧的土体受到的扰动较另一侧大，受到后行顶管的挤压作用也更强，因此会出现偏压现象，靠近后行顶管一侧的变形与受力会更大。

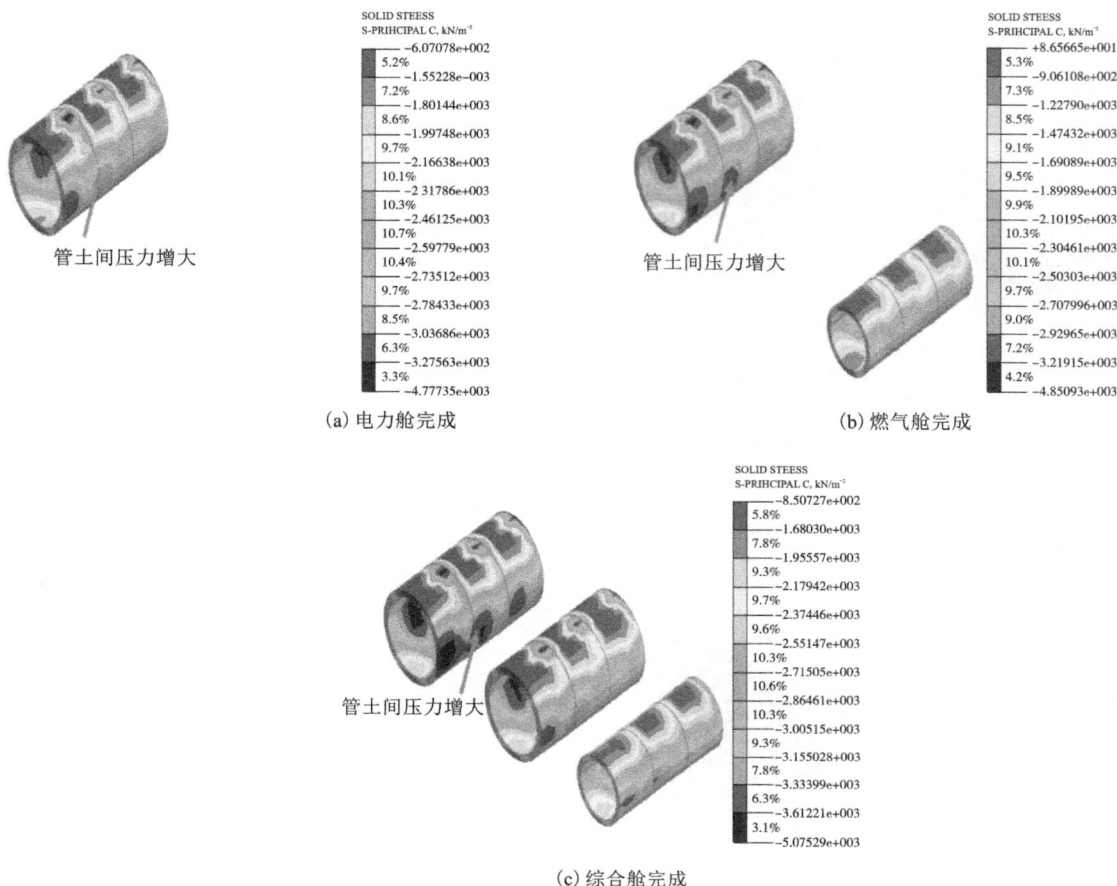

SOLID STEESS
S-PRIHCIPAL C, kN/m⁻²
+6.07078e+002
5.2%
−1.55228e−003
7.2%
−1.80144e+003
8.6%
−1.99748e+003
9.7%
−2.16638e+003
10.1%
−2 31786e+003
10.3%
−2.46125e+003
10.7%
−2.59779e+003
10.4%
−2.73512e+003
9.7%
−2.78433e+003
8.5%
−3.03686e+003
6.3%
−3.27563e+003
3.3%
−4.77735e+003

管土间压力增大

(a) 电力舱完成

SOLID STEESS
S-PRIHCIPAL C, kN/m⁻²
+8.65665e+001
5.3%
−9.06108e+002
7.3%
−1.22790e+003
8.5%
−1.47432e+003
9.1%
−1.69089e+003
9.5%
−1.89989e+003
9.9%
−2.10195e+003
10.3%
−2.30461e+003
10.1%
−2.50303e+003
9.7%
−2.707996e+003
9.0%
−2.92965e+003
7.2%
−3.21915e+003
4.2%
−4.85093e+003

管土间压力增大

(b) 燃气舱完成

SOLID STEESS
S-PRIHCIPAL C, kN/m⁻²
−8.50727e+002
5.8%
−1.68030e+003
7.8%
−1.95557e+003
9.3%
−2.17942e+003
9.7%
−2.37446e+003
9.6%
−2.55147e+003
10.3%
−2.71505e+003
10.6%
−2.86461e+003
10.3%
−3.00515e+003
9.3%
−3.155028e+003
7.8%
−3.33399e+003
6.3%
−3.61221e+003
3.1%
−5.07529e+003

管土间压力增大

(c) 综合舱完成

图 2-46　方案一引起的管片最小主应力云图

2.2.5　塑性区分析

6 种方案施工引起的塑性区变化如图 2-47 所示。从图 2-47 中可看出管道四周土体均有塑性区的分布，两边的土体塑性应变最大，往管道两侧伸出"耳朵"的形状。三个隧道之间土层形成了明显的贯通区域，可见三孔顶管施工对土体的塑性应变也存在相互影响，使得三孔顶管的塑性区趋向一个整体发展。燃气舱由于直径较小，引起的土体塑性应变与塑性区大小比其他两顶管小。

表 2-8 为各施工方案下最大土体塑性应变，由表 2-8 与图 2-47 可知，与地表沉降和深层土体水平位移类似，采用"间隔式"开挖的方案一、方案二对土体的扰动较小，其引起的土体塑性应变要小于连续施工相邻顶管的方案。所以从土体塑性区方面考虑，方案一为最佳施工方案。

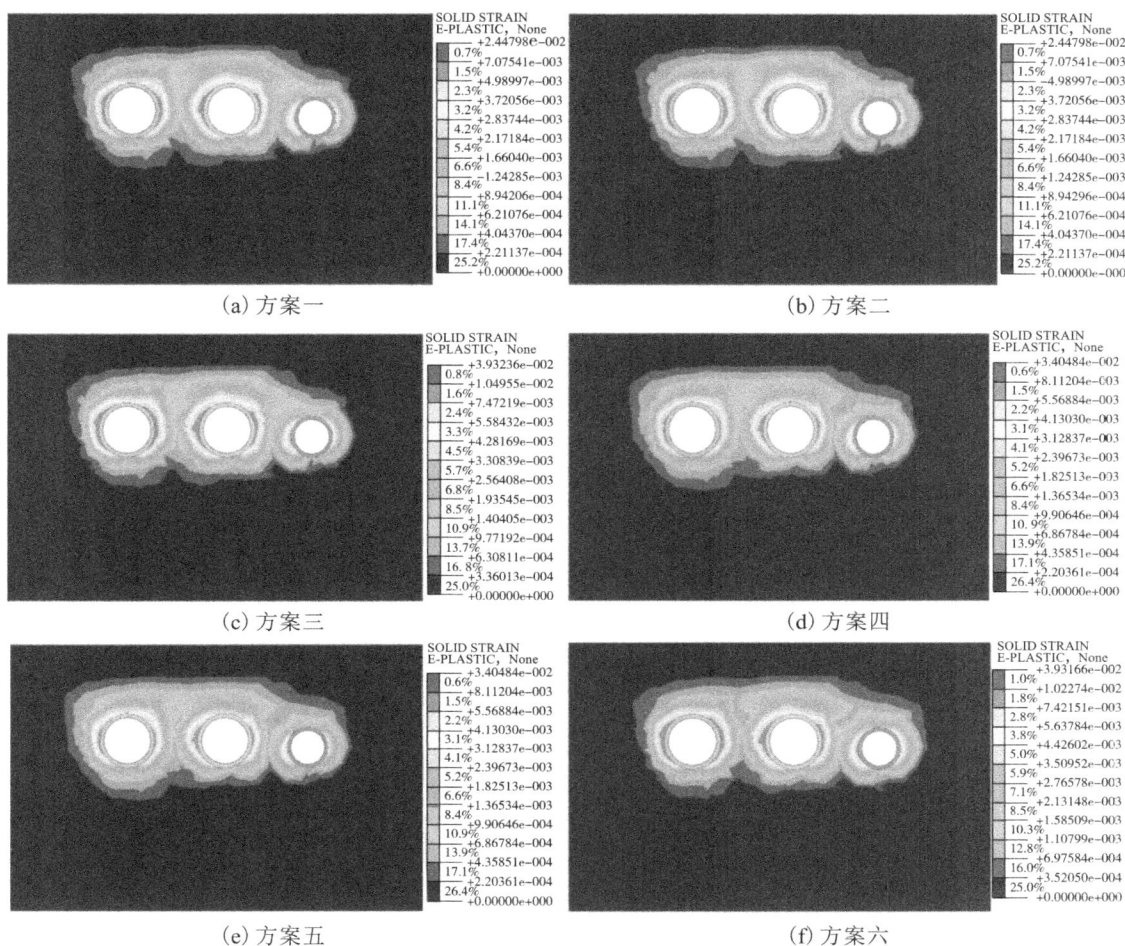

(a) 方案一 　　　　　　　　　　　　　　　　　　 (b) 方案二

(c) 方案三 　　　　　　　　　　　　　　　　　　 (d) 方案四

(e) 方案五 　　　　　　　　　　　　　　　　　　 (f) 方案六

图 2-47　6 种方案引起的土体塑性应变云图

表 2-8　各方案的最大塑性应变

施工方案	最大塑性应变
方案一	0.0245
方案二	0.0309
方案三	0.0393
方案四	0.0340
方案五	0.0340
方案六	0.0393

　　以方案一的施工顺序"电力舱→燃气舱→综合舱"为研究对象,研究三孔顶管依次顶进时土体塑性区的变化规律。图 2-48 为方案一三孔顶管依次顶进时土体塑性区的变化云图。

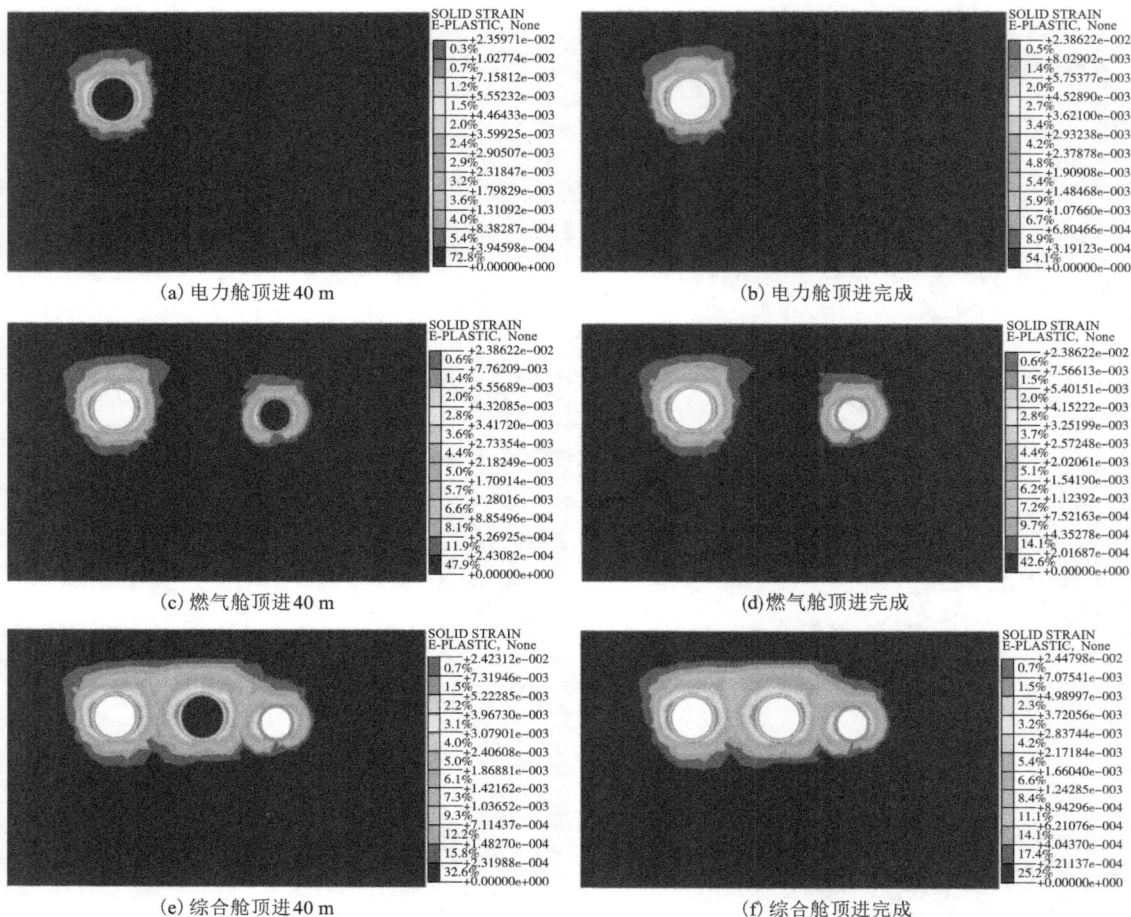

(a) 电力舱顶进40 m

(b) 电力舱顶进完成

(c) 燃气舱顶进40 m

(d) 燃气舱顶进完成

(e) 综合舱顶进40 m

(f) 综合舱顶进完成

图 2-48　方案一引起的土体塑性应变云图

选取了电力舱顶进 40 m、电力舱顶进完成、燃气舱顶进 40 m、燃气舱顶进完成、综合舱顶进 40 m、综合舱顶进完成这 6 个典型施工阶段。由图 2-48 可知，电力舱顶进 40 m 时，土体塑性应变最大值为 0.0236；电力舱顶进完成时，土体塑性应变最大值为 0.0239；燃气舱顶进 40 m 时，土体塑性应变最大值为 0.0239；燃气舱顶进完成时，土体塑性应变最大值为 0.0239；综合舱顶进 40 m 时，土体塑性应变最大值为 0.0242；综合舱顶进完成时，土体塑性应变最大值为 0.0245；三孔顶管依次顶进过程中，土体的塑性应变与塑性区范围不断增大，三孔顶管之间的塑性区明显贯通形成了一个整体。燃气舱的直径较小，开挖造成的土体塑性应变与塑性区范围都比其他两顶管小，且由于燃气舱离电力舱较远，其开挖对电力舱周围土体塑性区发展的影响较综合舱弱。

施工方案优选：

综合上述对 6 种施工方案的地表沉降、土体水平位移、管片位移进行的比较分析结果可知：不同施工顺序下土体与管片结构受扰动的程度明显不同，间隔式施工引起的扰动程度小于相邻顶管连续施工。而在间隔式施工方案中，先施工大直径顶管的方案一引起的扰动比先施工小直径顶管的方案二更小。6 种方案中，方案一的地表沉降、土体水平位移与管片位移均最小，故选其为最优施工方案，即"左顶管→右顶管→中顶管依次顶进"。

2.2.6　土拱效应分析

顶管顶进过程中会发生应力转移和土拱效应的演化，土拱效应使土体中的荷载得到合理分布，能提高土体的承载能力和稳定性。分析方案一施工顺序下的多孔顶管间土拱效应，图 2-49 与图 2-50 分别为方案一施工顺序下 Y45 断面处各顶管轴线上部土体的竖向应力-深度曲线与水平应力-深度曲线。图 2-49 中的初始值为土体初始竖向自重应力 σ_{V0}，即土层的重度 γ 乘以埋深 $H(\sigma_{V0}=\gamma \times H)$；图 2-50 中的初始值为土体初始水平自重应力 σ_{H0}，即竖向自重应力乘以静止侧压力系数 K_0。由图 2-49、图 2-50 可知，顶管到达 Y45 断面前，土体受顶管推力的作用，竖向应力与水平应力均轻微增大，此时断面上未形成土拱；顶管到达并逐渐通过 Y45 断面时，竖向应力-深度曲线与水平应力-深度曲线均呈非线性变化，竖向应力小于初始值，水平应力大于初始值，且偏差愈发变大。这是因为顶管掘进导致顶管上方出现松动区，为了减缓土体变形的发展，在松动区上方形成了土拱，土体竖向应力通过拱脚转移到周围土体中，使得竖向应力变小，水平应力增大；顶管继续顶进远离 Y45 断面，受扰动的土体逐渐达到新的应力平衡，竖向应力与水平应力均得到少量恢复。后行管顶进使先行管上方的土拱继续发展，竖向应力进一步减小，水平应力进一步增大。

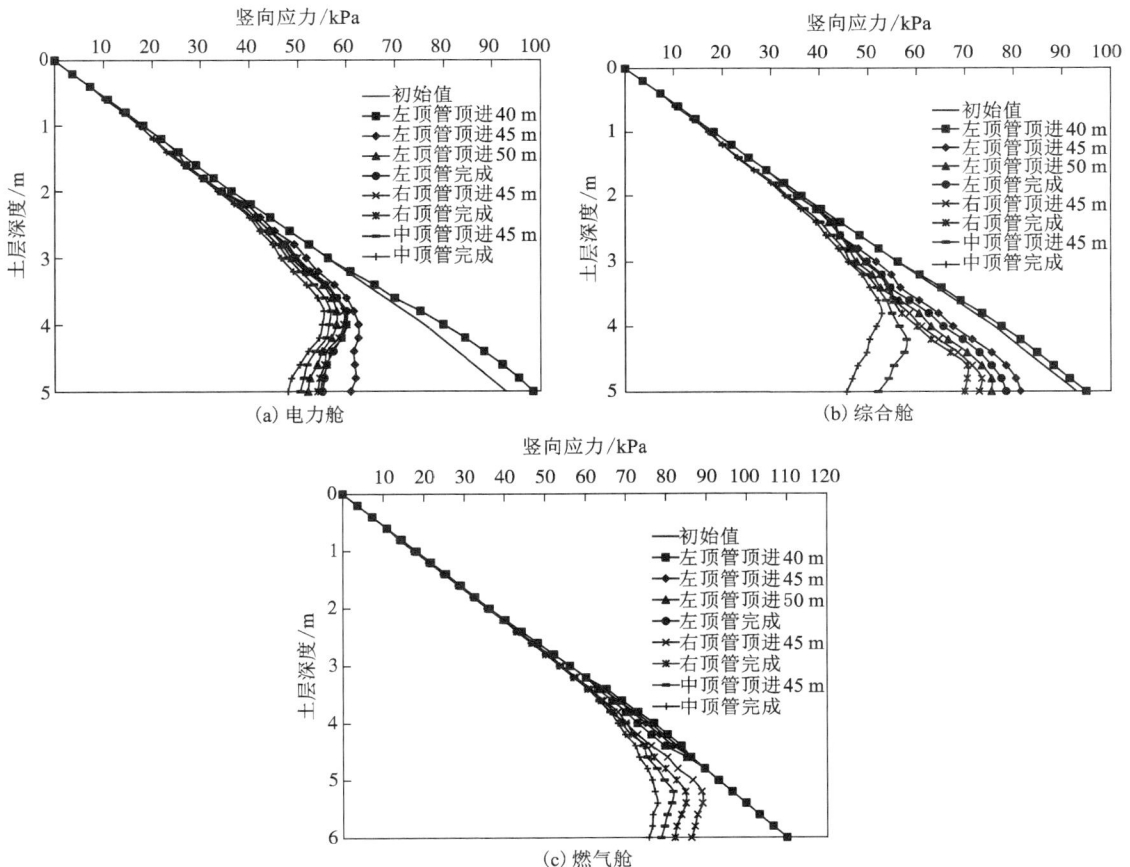

(a) 电力舱

(b) 综合舱

(c) 燃气舱

图 2-49　距始发位置 45 m 处顶管竖向应力-埋深曲线

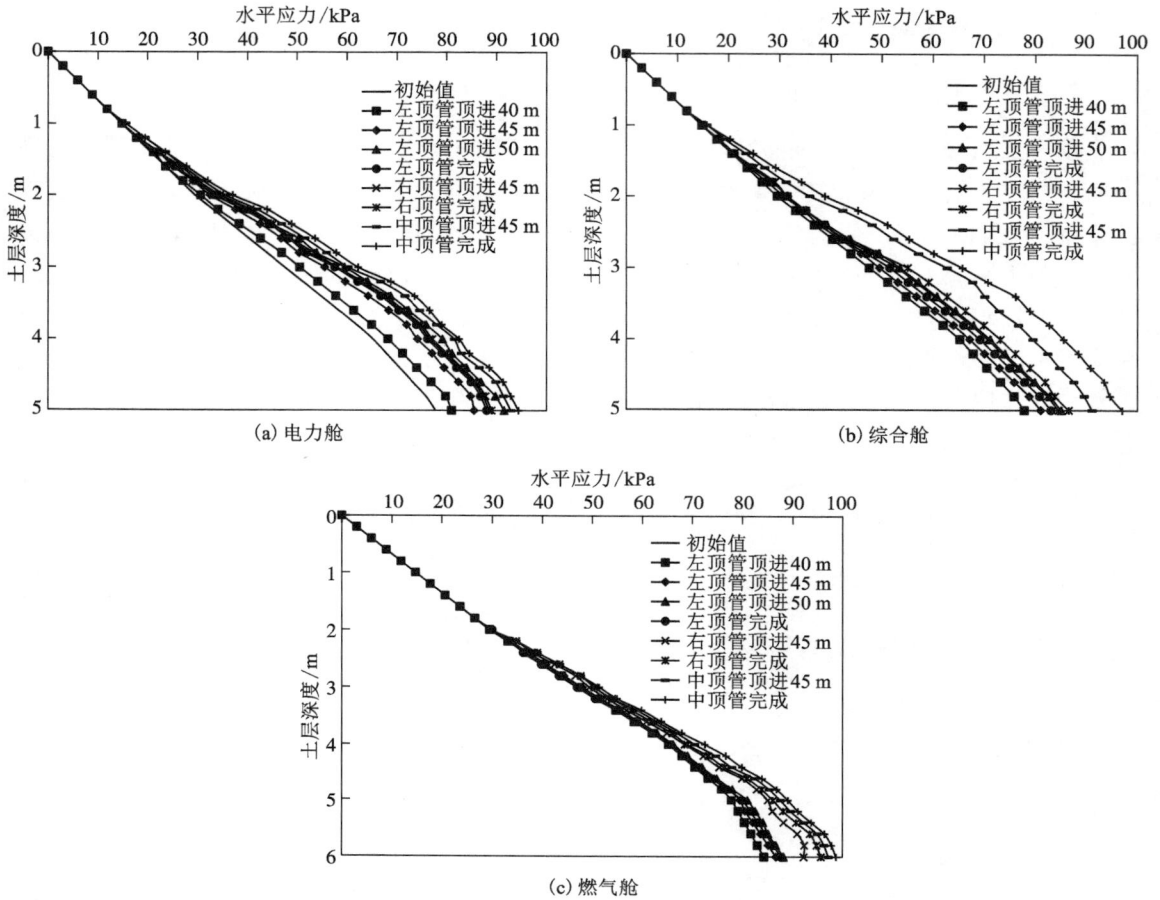

图 2-50 距始发位置 45 m 处顶管水平应力-埋深曲线

定义土拱强弱度 $=\sigma_V/\sigma_{V0}$（施工完成后的竖向应力与初始值之比），值越小代表土拱效应越强，由图 2-51 可知，顶管上方土拱效应强弱程度从大到小依次为中顶管>左顶管>右顶管，原因有以下两点。

①右顶管直径较小且埋深较大，相比其他两顶管，开挖对周围土体的影响较小，土体的应力分布较为均匀。

②中顶管位于另两顶管之间，周围土体受到的侧向约束作用较强，因此产生的土拱效应较明显。

土体之间的相对位移导致土体内部产生剪应力，发生移动的土体的应力通过剪应力转移到相邻不动区域，这种荷载转移机制就是土拱效应。剪切面通常出现在剪切应变较大的地方。图 2-52 为方案一施工顺序（电力舱→燃气舱→综合舱）下，三孔顶管依次顶进完成引起的最大剪切应变云图，可见发生剪切应变的范围与剪切应变的数值随着施工的进行均不断增大。最大剪切应变沿斜线从顶管底部延伸至地表，形成一个剪切面，即土拱的外边界。剪切面一侧土体处于稳定状态，称之为稳定区。另一侧由于发生了相对位移土体内部产生剪应力，这就是土拱区，由图 2-52 可知，顶管上方与两顶管之间的土体剪切应变均呈现明显的拱

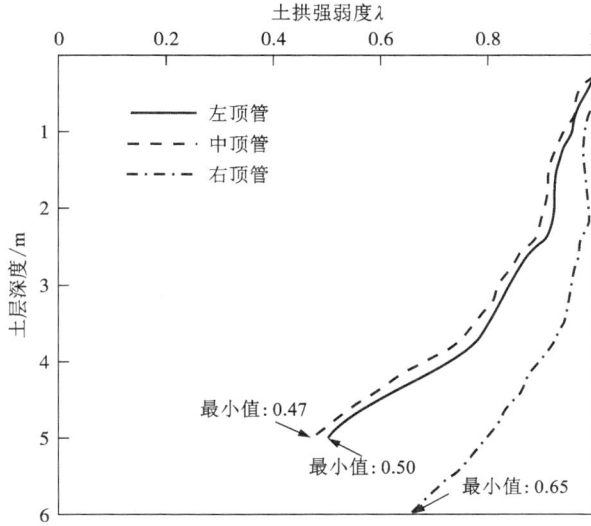

图 2-51　各顶管上方土拱强弱程度

形。隧道周围发生较大剪切应变的红色区域为松动区，该区域由于隧道开挖引起压力释放，土体发生膨胀与较大变形，产生了松动。

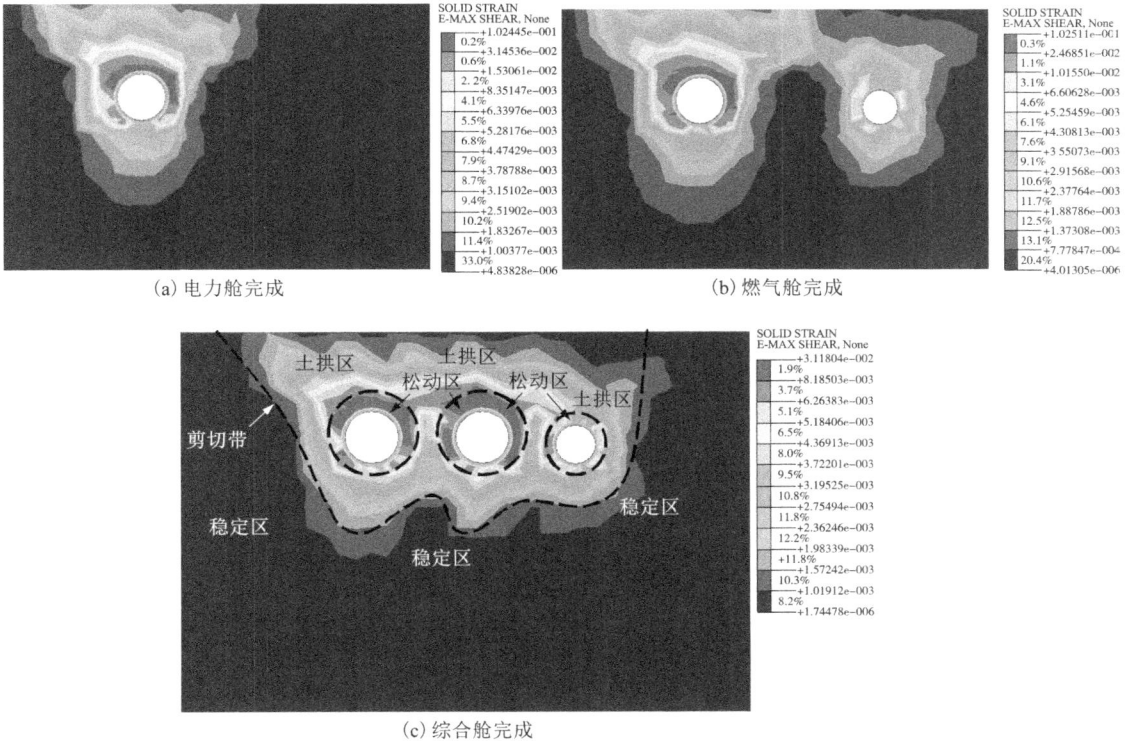

（a）电力舱完成

（b）燃气舱完成

（c）综合舱完成

图 2-52　方案一施工顺序下顶管依次顶进完成引起的土体最大剪切应变云图

图 2-53 为平行顶管开挖形成的土拱示意图，顶管开挖引起地层损失，导致隧道上方竖向应力减小，形成松动区。土体内部为了减小变形的发展，土体之间的摩阻力发挥作用，于是在松动区上方形成了土拱，其将松动区上方的竖向应力转移到顶管两侧（称之为稳定区），导致稳定区应力增大。而松动区内部由于卸载竖向应力明显减小。

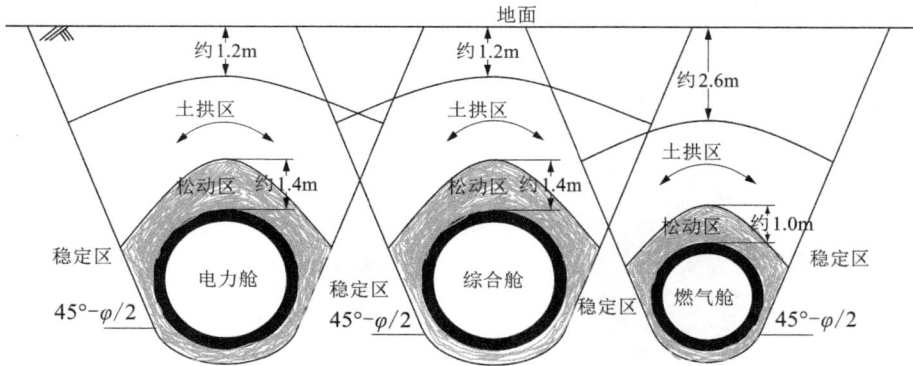

图 2-53 三孔平行顶管开挖引起的土拱示意图

2.2.7 扰动影响分区

1. 分区判别依据

本书采用地表沉降与结构位移作为砂砾地层三孔顶管施工影响分区的判别依据，地表沉降的控制值为 30 mm，管片位移的控制值为 10 mm，并结合砂砾地层土体较松散、易塌陷的特点，确定地表沉降 10 mm 为弱影响与中影响的分界线，24 mm 为中影响与强影响的分界线；管片位移 4 mm 为弱影响与中影响的分界线，8 mm 为中影响与强影响的分界线。具体的扰动影响分区判别阈值如表 2-9 所示。

表 2-9 扰动影响分区阈值 单位：mm

扰动影响分区	地表沉降	管片位移
强影响区	$[24, \infty)$	$[8, \infty)$
中影响区	$[10, 24)$	$[4, 8)$
弱影响区	$[0, 10)$	$[0, 4)$

在第 2 章所建模型基础上，改变顶管埋深 H（拱顶埋深）和管道净距 S，施工顺序选取方案一，计算如表 2-10 所示的 16 种模拟工况，其中 D 为 4.14 m。顶管相对位置见图 2-54，左顶管和右顶管与中顶管的净距 S 相同，三孔顶管的拱底在同一水平面上。

表 2-10　模拟工况

模拟工况	1	2	3	4	5	6	7	8	9	10	11	12	13	14	15	16
埋深 H	1.0D	1.5D	2.0D	2.5D	1.0D	1.5D	2.0D	2.5D	1.0D	1.5D	2.0D	2.5D	1.0D	1.5D	2.0D	2.5D
净距 S	0.5D				1.0D				1.5D				2.0D			

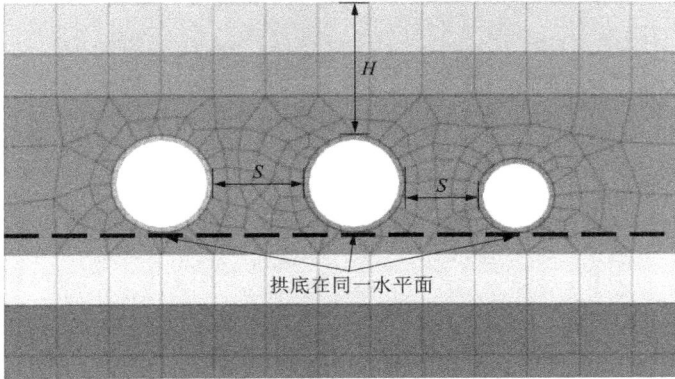

图 2-54　顶管相对位置

2. 分区计算结果

表 2-11 为根据表 2-10 计算所得的各工况的最大地表沉降。最大地表沉降与 H/D 和 S/D 的关系分别见图 2-55、图 2-56。

表 2-11　各工况的最大地表沉降

模拟工况	1	2	3	4	5	6	7	8	9	10	11	12	13	14	15	16
最大地表沉降/mm	36.8	26.1	17.4	14.2	26.2	18.2	12.7	10.9	21.6	14.9	10.8	9.3	18.1	13.2	9.6	8.4

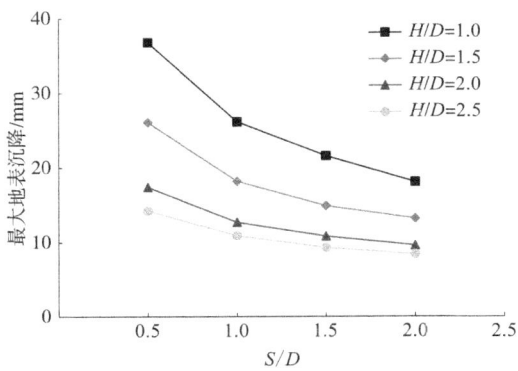

图 2-55　最大地表沉降-S/D 变化曲线

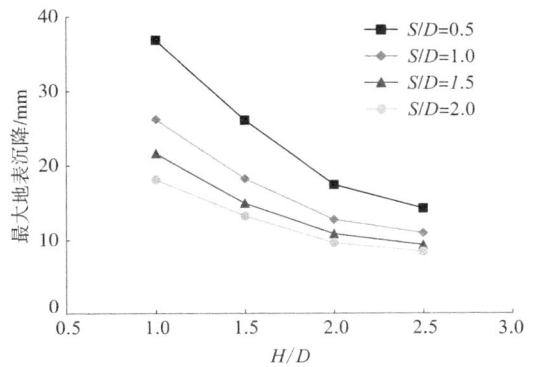

图 2-56　最大地表沉降-H/D 变化曲线

根据模拟计算结果，首先对不同管道净距 S 下的最大地表沉降与自变量 S/D 进行回归分析，设函数表达式为：

$$V = A(S/D)^B \tag{2-8}$$

式中：V 为最大地表沉降值；A 与 B 均为待定系数。

拟合得到不同 H/D 下 V 与 S/D 的回归公式，见图 2-57。然后将 H/D 与函数中的 2 个系数 A、B 再次进行回归分析，得到相应的回归曲线与公式，如图 2-58 所示。

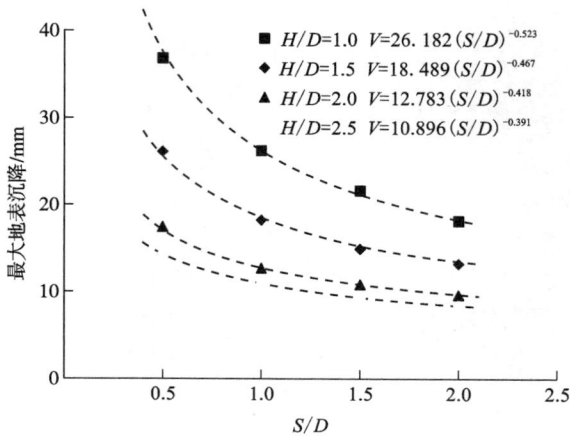

图 2-57　最大地表沉降与 S/D 的回归曲线

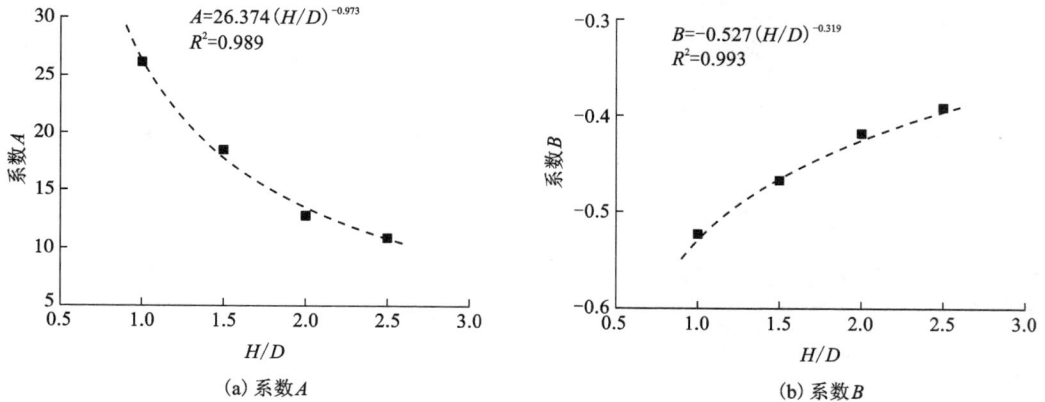

(a) 系数 A 　　　　　　(b) 系数 B

图 2-58　各系数与 H/D 的回归关系

由以上结果得到最大地表沉降 V 关于 S/D 和 H/D 的回归表达式：

$$V = 26.374(H/D)^{-0.973}(S/D)^{-0.527(H/D)^{-0.319}} \tag{2-9}$$

进而得到下式：

$$S/D = \left(\frac{26.374}{(H/D)^{0.973} V} \right)^{1.898(H/D)^{0.319}} \tag{2-10}$$

将 $V=24$ 与 $V=10$ 分别代入式（2-10）中，即可得到基于地表沉降的影响分区曲线，如

图 2-59 所示。

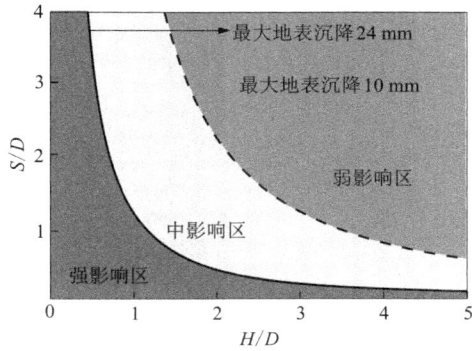

图 2-59　基于地表沉降的影响分区图

各工况的最大管片位移见表 2-12。最大管片位移与 H/D 和 S/D 的关系分别见图 2-60、图 2-61。

表 2-12　各工况的最大管片位移

模拟工况	1	2	3	4	5	6	7	8	9	10	11	12	13	14	15	16
管片位移/mm	8.2	5.8	4.4	3.6	6.2	4.5	3.5	2.9	5.3	4.0	3.1	2.7	4.8	3.7	2.8	2.5

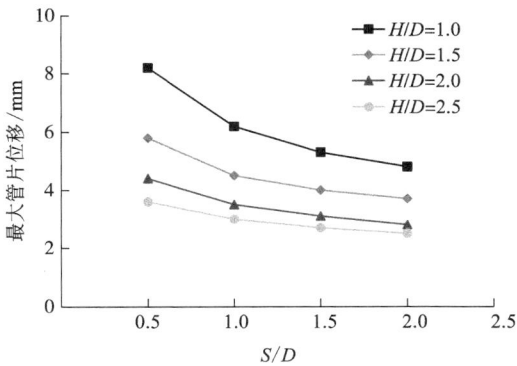

图 2-60　最大管片位移-S/D 变化曲线

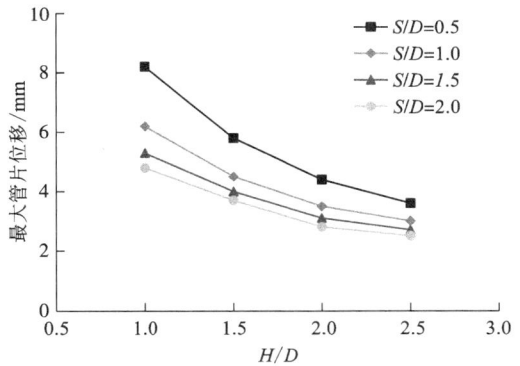

图 2-61　最大管片位移-H/D 变化曲线

按照同样方法，经回归分析能得到最大管片位移 U 关于 S/D 和 H/D 的回归表达式：

$$U=6.261(H/D)^{-0.811}(S/D)^{-0.393(H/D)^{-0.352}} \tag{2-11}$$

进而得到下式：

$$S/D=\left(\frac{6.261}{(H/D)^{0.811}U}\right)^{2.545(H/D)^{0.352}} \tag{2-12}$$

将 $U=4$ 与 $U=8$ 分别代入式(2-12)中，即可得到基于管片位移的影响分区曲线，如图 2-62 所示。

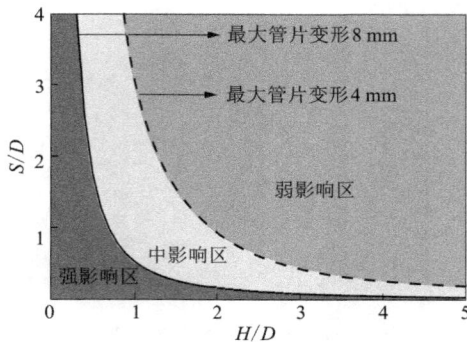

图 2-62　基于管片位移的影响分区图

2.3　多孔顶管掘进地层变形计算方法

顶管开挖过程中会造成地层变形，从而间接影响地表建（构）筑物的安全，特别是对于小间距多孔顶管施工，其引起的地层变形与单线顶管有较大区别。研究小间距多孔顶管施工的地层变形规律，有利于评估多孔顶管施工对地表和周围环境的影响，规避多孔顶管在施工过程中产生的重大风险事故。本节将从顶管施工引起的地层变形特征出发，探究小净距多孔顶管依次掘进引起的砂砾地层变形规律及其适用性，同时分析不同顶管施工参数对地层变形规律的影响，用三维有限元模拟与现场监测相结合的手段进行验证和分析。

2.3.1　地层沉降特征

土体由固、液、气三相组成，具有一定的流动性，其变形呈现非线性、弹塑性和剪胀性。在顶管隧道开挖时，地层的变形与地表的沉降并不是一瞬间完成的，而是随时间缓慢地变化，这称为地表沉降的时间效应。相应地，地表沉降的空间效应是指顶管隧道开挖后，地层的变形在空间中是多向的，既有沿着隧道开挖方向的纵向沉降，也有垂直于开挖方向的横向沉降。

1. 地表沉降的时间效应

顶管施工是一个不断持续的过程，地表沉降受到顶管施工的影响也呈现出随时间变化的现象。根据国内外学者的研究，结合工程实际监测数据，一般把地表沉降分为 5 个阶段：①先行沉降；②开挖面前沉降；③通过沉降；④机尾空隙沉降；⑤后续沉降。如图 2-63 所示。

（1）先行沉降

在顶管开挖达某一测量位置前，由于开挖面涌水或管片拼装问题，隧道地下水位下沉致使土层有效应力增加，等同于增加覆土层，致使顶管机到达前发生地表先行沉降。该沉降量相对较小，一般不容易被发现。

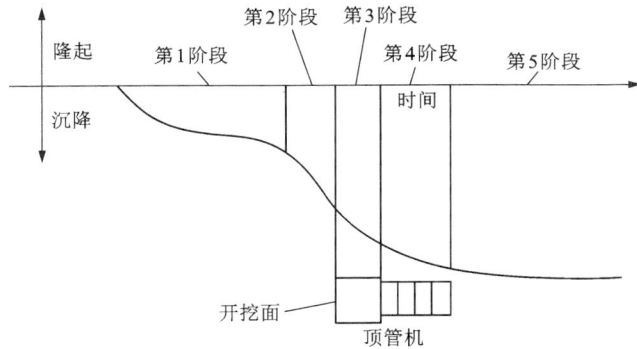

图 2-63　地表沉降阶段示意图

（2）开挖面前沉降

隧道开挖面岩体太小或压力太大易使岩体失去平衡，故开挖面的岩体压力要进行合理的控制，岩体的压力与刀盘的排土量和顶管机的掘进速度有关。当顶管开挖面部位的静止土压力与正面土压力保持一致时，岩体受顶管机掘进的影响比较小。千斤顶顶推力过大则会引起顶管机开挖面岩体隆起。如果千斤顶掘进推力过小，则开挖面的静止土压力大于正面土压力，就会引起顶管机开挖面土体下沉。如果开挖面的静止土压力与正面土压力差值很大，土层则转变成塑性变形。造成此时地表沉降的原因是开挖面土体的应力重分布和土体反方向作用力，以及顶管机周围土颗粒间的摩擦力等因素的综合作用。

（3）通过沉降

顶管机通过时，顶管机外壳与周围土体发生摩擦作用，形成滑动面。土层受扰动而改变了原本的应力状态，致使顶管机通过受扰动剪切破坏的土体，引发土体向顶管机后方移动，发生沉降。

（4）机尾空隙沉降

在顶管机推进经过测点正下方后，顶管机尾部产生建筑空隙，空隙的增加使得地表出现沉陷现象。主要是由于土体应力释放，土体密实度降低。在一般情况下，工程实际中顶管机外壳直径要大于隧道衬砌直径的 2%，基于此，管片外壁将会与周围土体间形成一定的建筑空隙，如果没有立即进行注浆处理，周围土体可能会涌进该空隙，造成土体应力的释放而造成地表沉降。

（5）后续沉降

顶管施工后期，地层因固结变形和蠕变而出现后续沉降，这种现象与工程的水文地质条件相关。但在顶管机的不断改造下，可将正面土压力控制在与水土压力相近的理想值域内及通过同步注浆技术来减少地表沉降。

地表各阶段沉降变形的原因和机理汇总如表 2-13 所示。

表 2-13　顶管施工引起地表沉降的原因及机理

沉降类型	主要原因	应力扰动	变形机理
先行沉降	土体受挤压而压密	孔隙水压力减小，有效应力增加	孔隙比减小，固结

续表 2-13

沉降类型	主要原因	应力扰动	变形机理
开挖面前沉降	开挖面处压力过大则隆起，过小则沉降	孔隙水压力增大，总应力增加	土体压缩产生弹塑性变形
顶管通过沉降	施工扰动，顶管机与土体间剪切错动，出渣	应力释放	弹塑性变形
机尾空隙沉降	土体失去顶管机支撑，机尾注浆不及时	应力释放	弹塑性变形
后续沉降	土体后续时效变形	应力松弛	蠕变压缩

2. 地表沉降空间效应

随着顶管施工的进行，地层变形呈现三维变化，主要表现在开挖方向上的纵向沉降和垂直于开挖方向的横向沉降。纵向变形不断发展，且横向变形的范围逐渐增加，沉降槽的宽度增大，这种地层变形的空间效应如图 2-64 所示。

地层变形在空间上主要表现出如下规律。

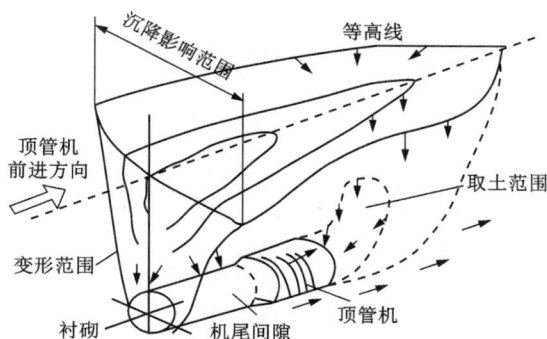

图 2-64　地层变形的空间形态

①地层的沉降变形在空间具有发散性。沉降从顶管机掘进面开始，向开挖掘进方向前方发散，其影响随距顶管机开挖面距离的增大而减小。

②在竖直方向上，地层的沉降变形随着距顶管机的距离增加而减小。在顶管衬砌管片处拱顶的沉降最大，越往上直至地表沉降越小。

③地表随顶管隧道推进的沉降曲线，在竖直方向上表现为二次曲线形态，在垂直于隧道轴线方向的沉降槽类似于正态概率分布函数形式。

④地表沉降的横向沉降槽在 $(i \sim 3i)$ 处，土体处于应力压缩状态；在隧道掘进方向，以顶管机开挖面处为分界点，开挖面前方土体处于应力拉伸状态，后方土体处于应力压缩状态。

2.3.2　单孔顶管地层沉降计算方法

顶管法与同为非开挖施工技术的盾构法的施工原理类似，引起的地层沉降计算方法主要有以下几种。

1. Peck 公式

1969 年，Peck 通过总结大量盾构施工中的实测数据，认为盾构开挖引起的地表横向沉降曲线呈正态分布，如图 2-65 所示。

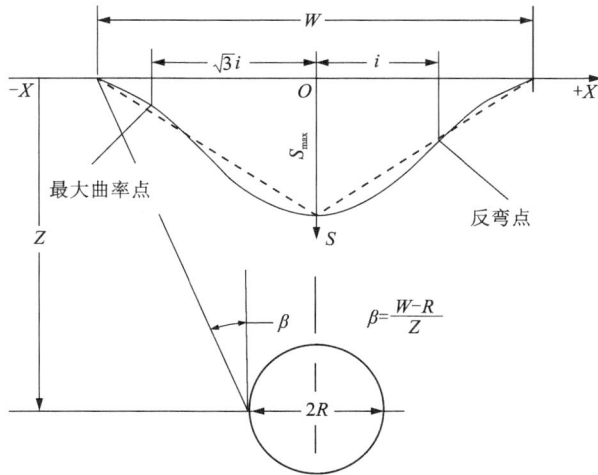

图 2-65　Peck 沉降曲线

并提出了著名的 Peck 公式:

$$S(x) = S_{max} \exp\left(-\frac{x^2}{2i^2}\right) \tag{2-13}$$

$$S_{max} = \frac{V_1}{\sqrt{2\pi}\,i} \tag{2-14}$$

$$i = \frac{z}{\sqrt{2}\,\pi \cdot tg\left(45° - \dfrac{\varphi}{2}\right)} \tag{2-15}$$

式中: $S(x)$ 为距隧道中轴线 x 距离处的地表沉降值, m; x 为在水平方向上与隧道中轴线的距离, m; S_{max} 为地表处的最大沉降值, m; i 为沉降槽宽度系数, m; V_1 为单位长度地层损失量, m³/m; Z 为隧道中轴线距地表深度, m; R 为隧道半径, m; φ 为土体内摩擦角, (°)。

使用 Peck 公式计算地表横向沉降值需要确定单位长度内的地层损失量 V_1 以及沉降槽的宽度系数 i 两个变量。自从 Peck 公式提出以后,众多学者根据各区域不同的地质条件,对沉降槽宽度系数进行了修正。

2. 刘建航公式

1975 年,我国院士刘建航将地层损失分为开挖面损失和盾尾损失两部分,并在 Peck 公式的基础上,针对地表沉降给出估算公式:

$$S(y) = \frac{V_{s1}}{\sqrt{2\pi}\,i}\left[\varphi\left(\frac{y-y_i}{i}\right) - \varphi\left(\frac{y-y_f}{i}\right)\right] + \frac{V_{s2}}{\sqrt{2\pi}\,i}\left[\varphi\left(\frac{y-y_i'}{i}\right) - \varphi\left(\frac{y-y_f'}{i}\right)\right] \tag{2-16}$$

$$y_i' = y_i - l \quad y_f' = y_f - l \tag{2-17}$$

式中: $S(y)$ 为地表纵向沉降量, m; V_{s1} 为开挖面处地层损失, m³/m; V_{s2} 为盾尾间隙处的地层损失, m³/m; y_i 为盾构推进起始点到坐标原点的距离, m; y_f 为盾构开挖面到坐标原点的距离，m；l 为盾构长度，m。

3. Sagaseta 公式

1987 年，Sagaseta 在研究隧道开挖引起地表沉降时，假定地层是均匀弹性半无限体，且土体不可无限压缩，是一种各向同性的弹性材料，并将土层的损失等效成均匀的圆柱体，从而得到三维的地表沉降公式。

$$S_{xo} = -\frac{V_s}{2\pi} \cdot \frac{x}{x^2+h^2} \cdot \left[1 + \frac{y}{(x^2+y^2+h^2)^{\frac{1}{2}}}\right] \tag{2-18}$$

$$S_{yo} = \frac{V_s}{2\pi} \cdot \frac{1}{(x^2+y^2+h^2)^{\frac{1}{2}}} \tag{2-19}$$

$$S_{zo} = \frac{V_s}{2\pi} \cdot \frac{h}{x^2+h^2} \cdot \left[1 + \frac{y}{(x^2+y^2+h^2)^{\frac{1}{2}}}\right] \tag{2-20}$$

式中符号意义同上。

4. Loganathan 公式

1998 年，Loganathan & Poulos 基于 Sagaseta 公式，提出针对黏性和砂性土层的"等效地层损失"参量。经不断的研究和修正，得到不考虑开挖过程中土体固结影响的地层位移公式。

$$u_x = xR^2 \left\{ -\frac{1}{x^2+(y-H)^2} + \frac{(3-4\mu)}{x^2+(y+H)^2} - \frac{4y(y+H)}{[x^2+(y+H)^2]^2} \right\} \cdot \frac{4gR+g^2}{4R^2} \exp\left\{ -\left[\frac{3.12x^2}{(R+H\tan\beta)^2} + \frac{0.69y^2}{H^2} \right] \right\} \tag{2-21}$$

$$u_z = R^2 \left\{ -\frac{z-H}{x^2+(z-H)^2} + (3-4\mu)\frac{z+H}{x^2+(z+H)^2} - 2z\frac{x^2-(H+z)^2}{[x^2+(z+H)^2]^2} \right\} \cdot \frac{4gR+g^2}{4R^2} \exp\left\{ -\left[\frac{3.12x^2}{(R+H\tan\beta)^2} + \frac{0.69y^2}{H^2} \right] \right\} \tag{2-22}$$

式中：g 为土层间隙参数；β 为土层沉降影响区角度。

5. 计算方法的适用性

针对目前常用的几种地表沉降计算公式，对其进行适用性评价，如表 2-14 所示。

表 2-14　地表沉降计算方法的适用性评价

计算公式	公式类型	计算范围	适用条件	特点
Peck 公式	经验公式	地表横向沉降	土体长期不排水	简单、直观
刘建航公式	经验公式	地表纵向沉降	各类土层	地层损失分为开挖面损失和盾尾后损失
Sagaseta 公式	理论解析式	地层三维沉降	泊松比为 0.5 的土层	地层损失等效成均匀的圆柱体
Loganathan 公式	理论解析式	地层三维沉降	黏性土和砂性土	初始状态易分析

2.3.3   多孔顶管地层沉降计算方法

1. 双孔顶管

Hunt 等引入沉降修正因子,并提出第 2 条隧道施工引起地层沉降的计算方法。如图 2-66 所示,基于每条隧道的移动边界不变的基本假定,当第 2 条隧道开挖完毕后修改两条隧道在地表沉降破面的"重叠区域",结合有限元分析及实测数据确定沉降修正因子大致范围,可快速经济、合理准确地预测计算第 2 条隧道开挖阶段引起的早期地层沉降。

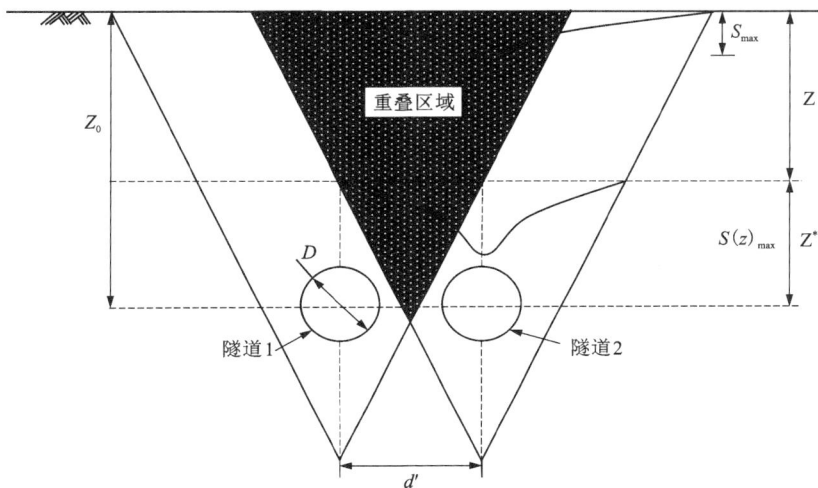

图 2-66   双隧道开挖重叠影响区示意图

该方法与 Addenbrooke 的研究结果基本一致,对于沉降修正因子有以下基本假定。

①沉降的最大相对增加发生在第 1 条隧道的中心线之上,并随着距离的增加而线性减少,在第 1 条隧道的运动边界处沉降值为零。

②第 2 条隧道沉降量没有相对减少。由此,第 2 条隧道上方地表沉降修正方程为:

$$S_{\text{mod}} = f(y) S_{\text{max}} \exp\left(-\frac{y^2}{2i^2}\right) \tag{2-23}$$

$$f(y) = 1 + M\left(1 - \frac{|d' + y|}{Ai}\right) \tag{2-24}$$

式中:S_{mod} 为第 2 条隧道施工时地表某点的沉降量修正值;$f(y)$ 为地表沉降修正函数;S_{max} 可由式(2-14)计算;M 为最大沉降量修正因子,一般介于 60% ~ 150%;d' 为两隧道中心间距;A 为沉降槽宽度参数的倍数,一般为 2.5 或 3.0。需要注意的是,最大沉降量修正因子 M 的值是基于有限元结果,增大间距可有效减小重叠区的尺寸,从而减小修正后的沉降槽尺寸,降低第 2 条隧道上方地表沉降。

第 2 条隧道上方的地表沉降在单一隧道最大沉降量和第 1 条隧道沉降共同作用下有较大增加,但对于地表下某一地层而言,随着深度的增加逐渐靠近隧道区域,地层最大沉降增加量有所减小。当该地层在靠近隧道区域时,沉降曲线与地表位置处沉降曲线基本相似。由此，Hunt 提出第 2 条隧道上方地层沉降修正方程为：

$$S(z)_{\text{mod}} = f(y, z) S_{\max} \exp\left(-\frac{y^2}{2(K_2 Z^*)^2}\right) \tag{2-25}$$

$$f(y, z) = 1 + M\left(1 - \frac{|d' + y|}{AK_1 Z^*}\right) \tag{2-26}$$

式中：$S(z)_{\text{mod}}$ 为第 2 条隧道施工时埋深 z 位置处地层沉降修正值；$f(y, z)$ 为地层沉降修正函数；K_1 和 K_2 分别为第 1 条与第 2 条隧道沉降槽宽度参数；Z_0 为隧道轴线埋深，Z^* 为该地层至隧道轴线竖向距离，其中 $Z^* = (Z_0 - Z)$。当隧道间距 d' 大于 Ai 或 $AK_1 Z^*$ 时，第 2 条隧道修正沉降量与第 1 条隧道无关，地表（层）沉降修正函数 $f(y)$ 或 $f(y, z)$ 可直接取为 1，沉降计算公式（2-23）与公式（2-25）就转变为式（2-13）。Hunt 认为，相比于单根隧道的地层沉降，修正后的双隧道地表沉降最大增加量通常在 60% 到 80% 之间。

2. 多孔顶管

小净距多孔顶管开挖造成的地层损失情况较为复杂，前一钢管顶进造成的地层损失影响后续钢管顶进时地层损失状态，前后管道相对位置的不同也会使地表地层沉降变化不同。而合理的管幕顶进顺序可有效降低土体累计变形，是控制地层沉降的重要措施。由于管幕群管顶进开挖过程较为复杂，因此必须引入地层损失理论对顶进顺序这一因素造成的地层沉降展开具体分析。

基于上文双隧道地层沉降计算方法，可得出多孔顶管顶进地层沉降预测公式。由于管间距较小，此时第 m 根钢管上方地层修正沉降方程为：

$$S(z)_{\text{mod}} = f_m(y, z) S_{\max} \exp\left(-\frac{y^2}{2(K_m Z^*)^2}\right) \tag{2-27}$$

$$f_m(y, z) = 1 + M\left(1 - \frac{|d' + y|}{AK_{m-1} Z^*}\right) \tag{2-28}$$

式中：K 为钢管沉降槽宽度参数；$f(y, z)$ 为地层（表）沉降修正函数。当处于地表时 $Z^* = Z_0$，此时 $KZ^* = i$，与 O'Reilly 和 New 提出的 i 与 Z^* 存在线性关系情况吻合。而对于管幕而言管道间距 d' 必小于 AKZ^*，此时已顶进的第 m 根钢管沉降修正函数可表示为：

$$f_m(y, z) = 1 + M\left(1 - \frac{|y - y_m|}{AK_m Z^*}\right) \tag{2-29}$$

式中：$f_m(y, z)$ 为第 m 根钢管施工后地层（表）的沉降修正函数；i_m 为该钢管沉降槽宽度；y_m 为该钢管 y 方向的坐标。由于顶入第 n 根钢管时不仅受到第 $n-1$ 根钢管影响，已顶入的 $n-1$ 根钢管地层总损失对第 n 根钢管开挖扰动产生叠加效应。具体表现为群管上方地层沉降函数 $F_n(y)$ 由已顶入的 $n-1$ 根钢管的沉降修正函数叠乘而得，管幕顶入地层总体沉降 $S(y, z)$ 由各钢管顶进引起的地层沉降叠加而得，具体可表示为：

$$\begin{cases} F_n(y) = f_1(y, z) f_2(y, z) \cdots f_{n-1}(y, z) \\ S(y, z) = \sum_{m=1}^{n} F_n(y) S_n(y, z)_{\max} \end{cases} \tag{2-30}$$

式中：$S_n(y, z)_{\max}$ 为顶入第 n 根钢管时未修正的最大地层沉降量。

2.3.4　沉降计算结果

本工程取电力舱与综合舱拱顶埋深为 5.2 m、燃气舱拱顶埋深 6.2 m，本工程顶管开挖土层主要为砂砾地层，根据过往参考资料研究文献可设定平均地层损失率 V_l 为 0.70%，根据上面推导的沉降公式，利用 Matlab 数学编程软件对上述 6 种施工方案三孔顶管依次施工完成时的地表沉降进行计算，结果如图 2-67 所示。图 2-68 为 6 种施工方案下最终地表沉降的对比。

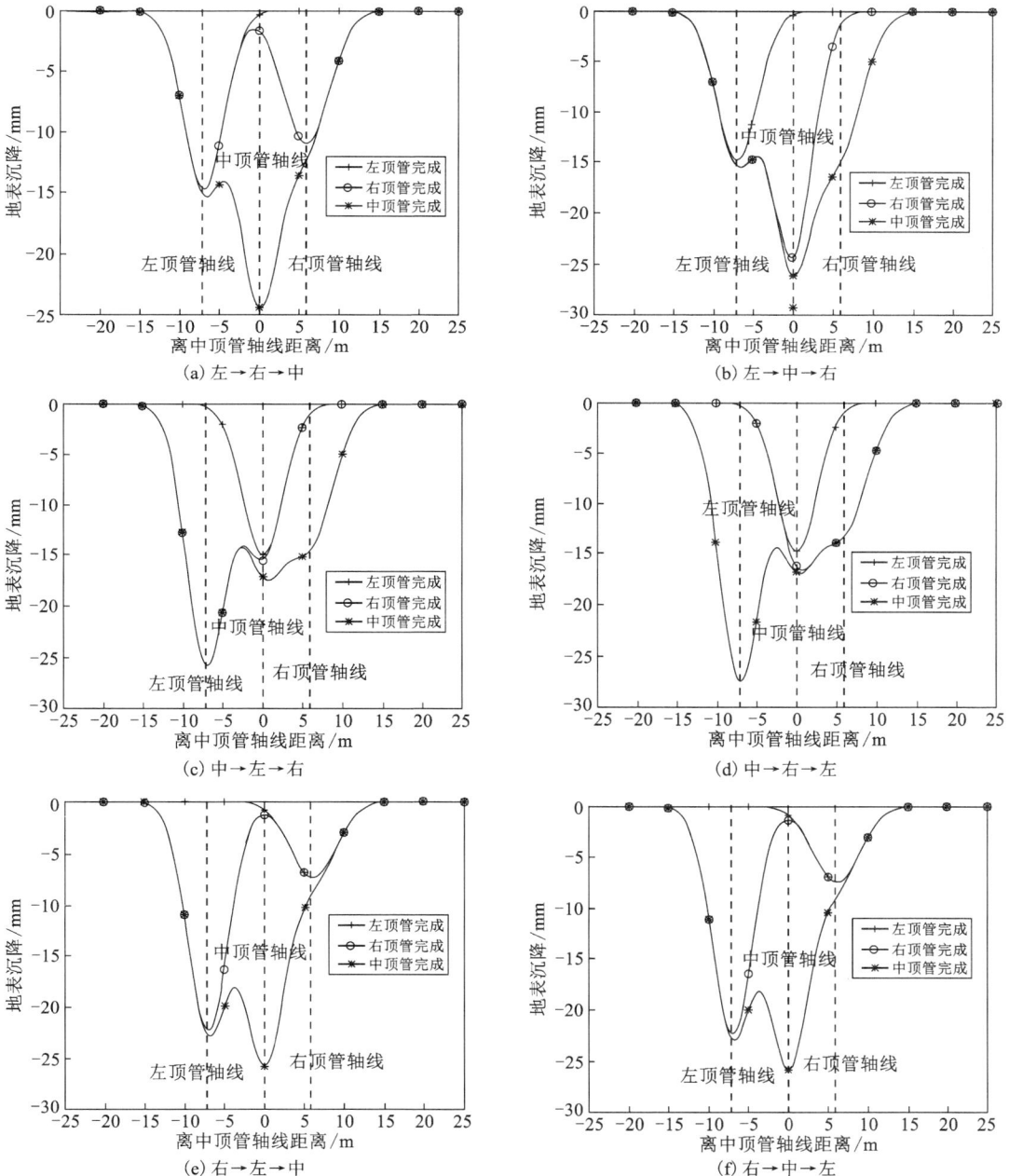

图 2-67　6 种方案顶管施工时地表沉降曲线

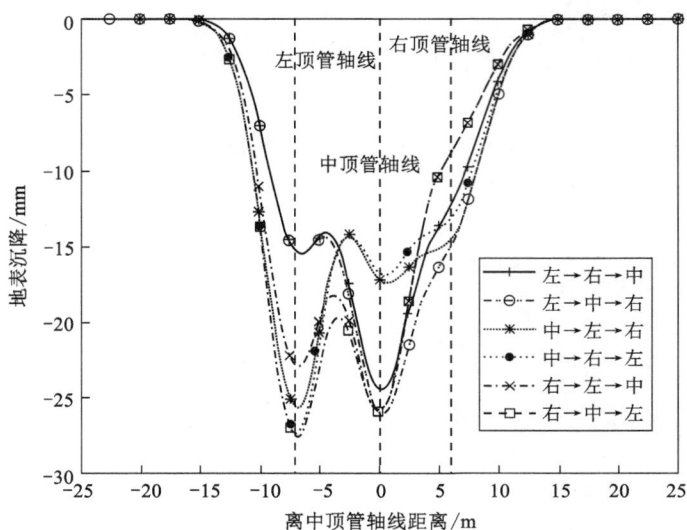

图 2-68　6 种方案顶管施工完成时地表沉降曲线

2.4　工程监测数据分析

2.4.1　监测方案

1. 监测目的

①指导实际施工：通过对施工现场进行监测，能够及时发现问题，控制施工进度。同时对施工过程的监测结果进行预测，对施工进行必要指导。

②校核数据与验证模拟：将监测数据与理论值和模拟值进行比较，可以推测设计值的安全性与可靠性。从而反过来指导和修正理论与设计。

③为理论的形成提供实践的支持：通过对大直径小净距平行多孔顶管顶进进行现场监测，为以后的顶管施工的理论提供实践的资料，也为以后类似的工程和设计提供必要的依据和借鉴。

2. 实际施工工况及监测断面布置

本工程实际施工顺序为电力舱→燃气舱→综合舱依次顶进，从 9 月 22 日电力舱始发至 10 月 21 日综合舱贯通共耗时 30 天。施工时注浆压力控制为 0.2~0.3 MPa，注浆厚度控制在约 0.2 m，掌子面压力控制在约 0.1 MPa，电力舱与综合舱的顶推力为 2.0~3.0 MPa，燃气舱的顶推力为 1.5~2.0 MPa。

如图 2-69(a)所示，监测断面设置在地铁 4 号线右线与青山湖西暗渠之间，距始发井约 45 m，距接收井约 32.5 m。共布置 10 个地表沉降测点，并通过钻孔埋设 18 个土压力盒、

9 个孔隙水压力计与 4 根长为 15 m 的水平测斜管，测点相对位置见图 2-69（b）。

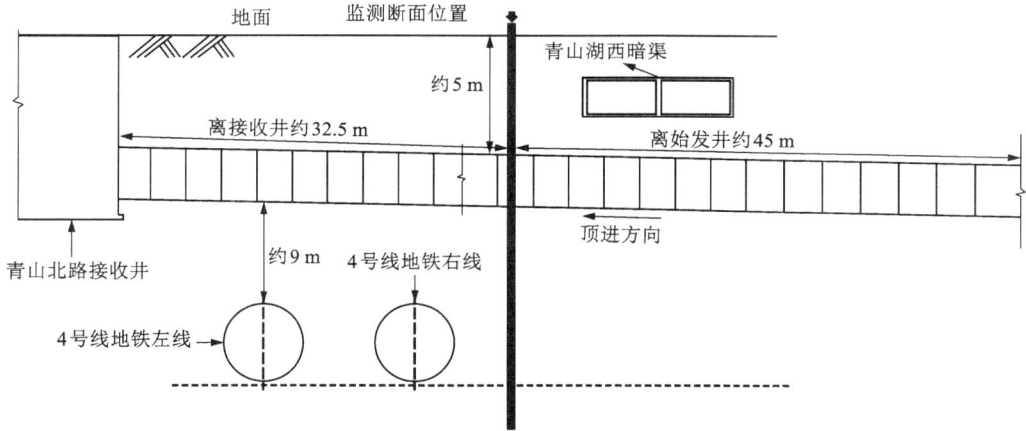

（a）监测断面相对位置

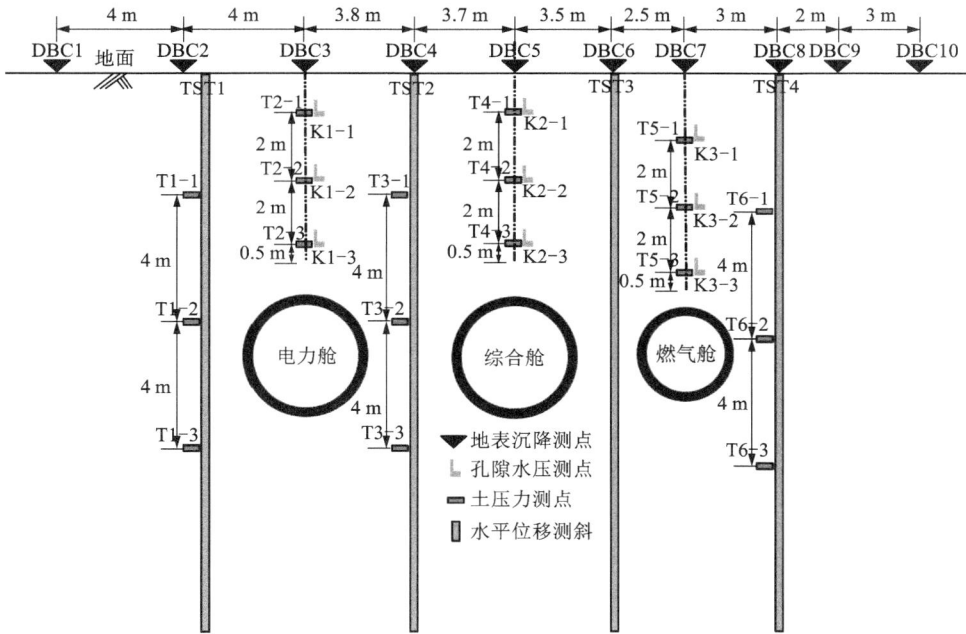

（b）监测点相对位置

图 2-69　监测断面及监测点相对位置图

2.4.2　监测结果分析

本次现场监测主要是分析多孔圆形顶管在顶进过程中的地表沉降规律、深层土体水平位移变化规律以及土层中的土压力与孔隙水压，本书只对实测数据中的地表沉降与深层土层水平位移进行探究。工程实际施工顺序采用方案一，即电力舱→燃气舱→综合舱依次顶推。

1. 地表沉降结果

图 2-70 为监测断面上横向地表沉降的模拟值与实测值对比，可见整个断面的沉降趋势基本一致，在三孔顶管依次施工过程中，地表沉降的峰值几乎都在顶管轴线附近。数值模拟地表最大沉降值为-20.91 mm，实际监测地表沉降最大值为-24.24 mm，均位于综合舱轴线上。可见实测值大于模拟值，原因可能是施工现场顶管掘进地层主要为富水的砂砾层，土体稳定性差，容易出现超挖现象，引起地层损失率增大导致地表产生较大沉降；而数值模拟的掌子面仅在正常开挖条件下顶进施工，且对于顶管复杂的受力情况和施工工况都进行了简化，因此数值模拟表现出的地表沉降是均匀变化的。两者虽然存在差异，但相差不大，且变化规律基本相同，各个测点的实测结果和有限元模拟结果都很好地表现了地表沉降的变化规律。

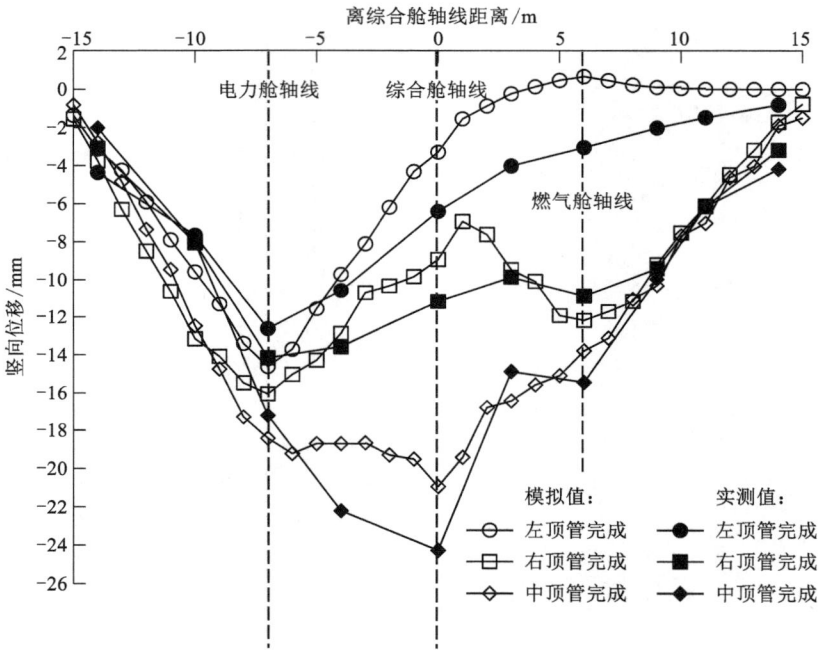

图 2-70　地表竖向位移模拟值与实测值比较

2. 深层土体水平位移结果

考虑到实际监测数据的完整性，取三孔顶管最边缘的水平测斜管 TST1、TST4 与有限元模拟中的 SA、SD 这两根监测线进行数据对比分析，如图 2-71 所示，测斜管 TST1 上的最大值为 3.65 mm，SA 上的最大值为 2.99 mm；测斜管 TST4 上的最大值为-3.13 mm，SD 上的最大值为-2.61 mm。可见实测数据的峰值要大于模拟值，且模拟数据的变化较为平缓，不会产生较大突变，原因是数值模型中土层的力学参数取值单一，且未充分考虑地下水的影响，而实际现场土层与地下水的分布具有随机性，使得数值模拟结果与实测结果有些许的偏差。但两者的分布规律大致相同，顶管周围上部与下部土体均向靠近管道的方向移动，而顶管两侧土体由于受到较大的注浆压力与挤压力的作用，向靠近管道移动产生的位移较小或者会产生背离管道的位移。此实测结果验证了数值模拟的正确性。

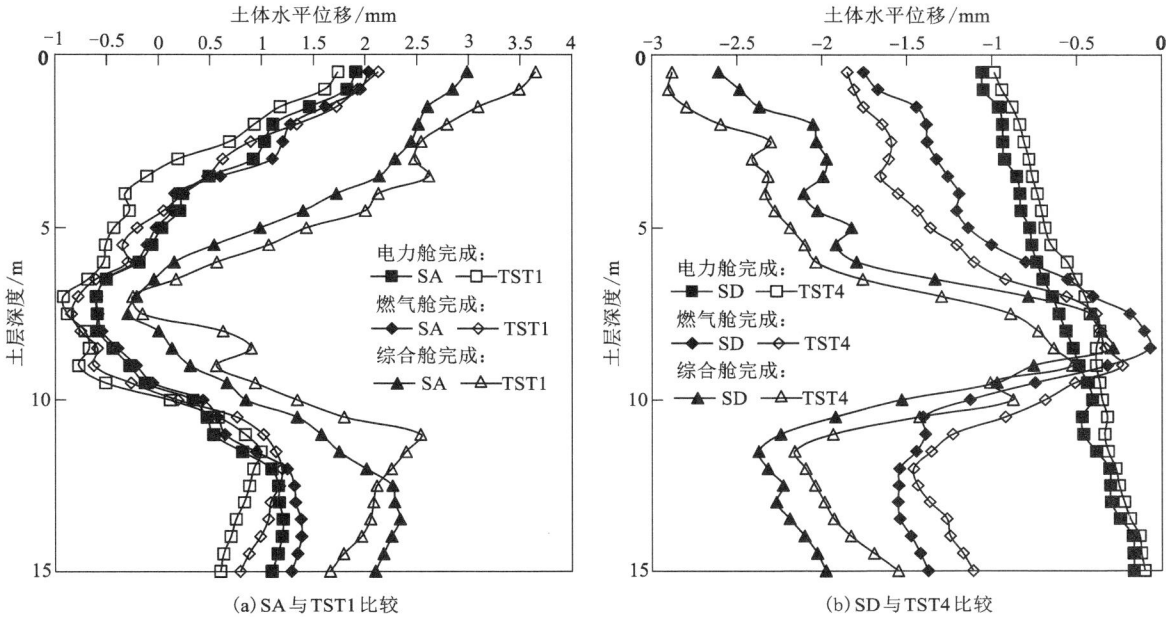

（a）SA与TST1比较　　（b）SD与TST4比较

图 2-71　土体水平位移模拟值与实测值比较

3. 土压力监测结果

顶管上方的土压力实测结果如图 2-72 所示，土压力盒 T2-3 因损坏未有数据。由图 2-72 可见，随着顶管机逐渐接近并通过监测断面，土压力会经历缓慢增大、急剧增大、骤减至低于初始值、缓慢恢复至初始值的过程。测点离顶管越近，受顶管机推力作用越大，土压力增幅（相较初始值，下同）越大，同时受施工引起的应力释放与土拱效应作用越强，顶管机通过时土压力降幅也越大。土压力最大增幅为 69.5%，最大降幅为 40.9%，均位于测点 T4-3 上。顶管上方 4.5 m 的测点 T2-1、T4-1、T5-1 在顶管机经过时土压力仅轻微减小，说明顶管上方 4.5 m 以上土体几乎不受应力释放与土拱效应的影响。

4. 孔隙水压力监测结果

各测点的孔隙水压力实测结果如图 2-73 所示。孔隙水压力的变化趋势与土压力相似，顶管机逐渐接近监测断面，引起前方土体产生超孔隙水压力并不断增大；顶管机通过监测断面后，超孔隙水压力消散并逐渐恢复到原来的水平。

测点 K1-3、K2-3、K3-3 因为距顶管较近且位于渗透性较好的砂砾地层，孔隙水压力受施工影响较敏感，上升速度快，消散的速度也快，其孔隙水压力变化幅度与峰值远大于其他测点。孔隙水压力最大增幅约为 125%，位于测点 K2-3 上。

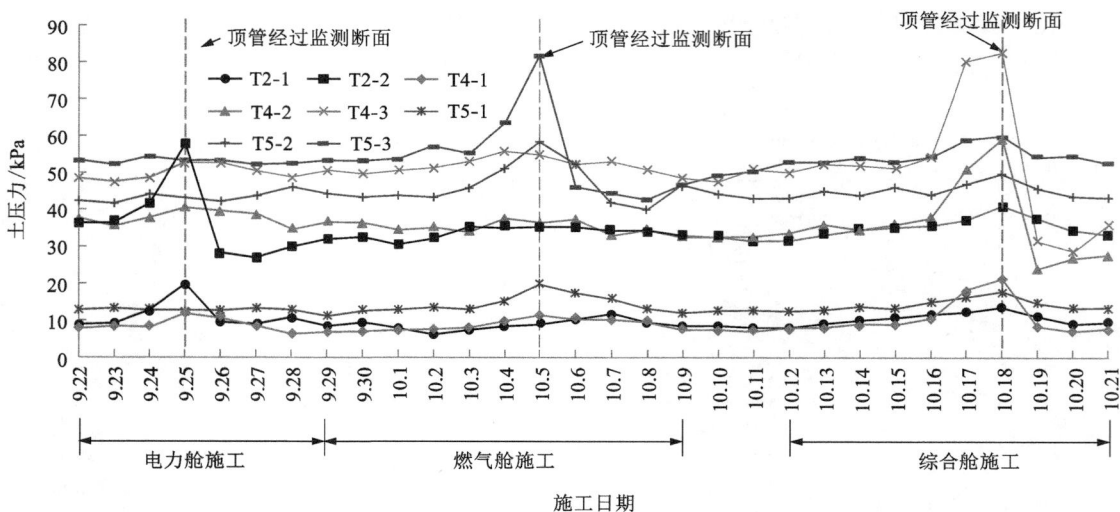

图 2-72 实测土压力-时间变化曲线

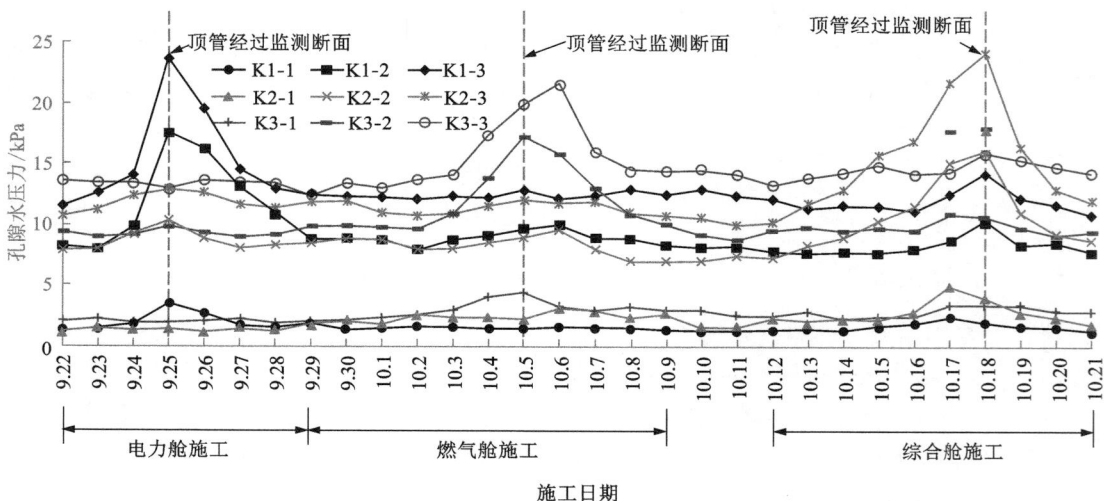

图 2-73 实测孔隙水压力-时间变化曲线

2.5 本章小结

研究平行多孔顶管施工对地层与管片的扰动机理及变形发展规律，对于市政管道建设和地下空间的开发利用，具有重要的指导作用。本章针对砂砾地层小间距三孔平行顶管施工，进行了如下研究。

①从顶管施工的原理及施工流程出发，研究顶管施工对砂砾地层的扰动力学机理，其内

在原因是顶管开挖引起土体初始应力状态发生变化；基于顶管施工对地层的扰动效应，从顶管掘进方向和垂直于该方向将土体扰动区域分为纵向扰动区域和横向扰动区域，其中纵向扰动区域主要包括挤压扰动区、剪切扰动区和卸荷扰动区，横向扰动区域根据土体应力状态和变形状态对应有不同的划分方式。

②介绍了平行顶管施工引起的各扰动区范围的判定与计算方法；并分析了顶管施工造成扰动的影响因素，主要包括开挖面附加推力、顶管机摩擦力、同步注浆压力、地层损失率、管间距、管道直径与管道埋深等。

③针对砂砾地层小净距三孔顶管实际工程，使用有限元软件 Midas GTS NX 建立三维地层–结构模型对先两侧后中间、先中间后两侧、依次从左至右、依次从右至左等 6 种施工顺序进行了模拟计算。综合分析了地表沉降、深层土体水平位移、塑性区与管片受力和变形这几个方面的变化情况，进而比选出最优施工顺序；采用"间隔式"开挖的方案比连续施工相邻顶管的方案造成的附加扰动小，综合考虑之下推荐选择方案一，即"电力舱→燃气舱→综合舱"的施工顺序，能保证现场施工安全进行。

④在最优施工顺序基础上，对三孔顶管顶进引起的土拱效应进行了研究，后行管顶进会使先行管上方的土拱继续发展，中间顶管上方的土拱效应程度最强；同时，基于数值模拟数据与已有扰动影响分区的判别依据，建立了地表沉降、管片位移分别与管径、管净距、埋深的经验关系，给出了砂砾地层多孔顶管施工的强、中、弱影响分区界限。

⑤研究了顶管施工造成地表沉降的时空效应特征；分析了常见的 4 种地表沉降计算方法的主要内容，并对各个方法进行了适用性评价；基于 Mindlin 解提出了不同顶管施工参数下的地表纵向变形计算公式，并结合本工程区间隧道实测数据验证了方法的可靠性，同时以该方法分析了不同施工参数对地表变形的影响。

⑥通过对比施工现场监测数据与数值模拟数据，发现两者的地表沉降值与深层土体水平位移值存在一定偏差，但相差不大且两者的分布规律基本一致，证明所做的数值模拟有较高正确性。实测得到的土压力最大增幅与最大降幅分别为 69.5% 和 40.9%，顶管上方 4.5 m 以上土体几乎不受应力释放与土拱效应的影响；砂砾地层中孔隙水压力变化幅度较大，最大增幅约为 125%。

第3章

受限条件下多孔大直径顶管安全进出洞控制技术

在复杂城市环境中,多孔大直径顶管施工往往面临空间受限、地质条件复杂、周边建筑物密集等挑战,尤其是在进出洞阶段,施工风险显著增加。进出洞作为顶管施工的关键环节,其安全直接关系到整个工程的成败。如何在受限条件下实现多孔大直径顶管的安全进出洞,成为当前工程实践中亟待解决的技术难题。本书针对受限条件下多孔大直径顶管施工的特点,结合工程实例,系统研究进出洞阶段的安全施工技术与关键控制技术,提出一套科学、可行的施工方法,为类似工程提供理论依据和技术支持。

3.1 顶管始发、出洞安全施工技术

3.1.1 施工安全准备工作

1. 毒气检测

由于顶管是在地下工作,地层中可能有许多有毒或可燃性气体,在施工中,这些气体可能会从管道的缝隙处渗入管道内,危及施工人员的安全。为此,在每次下井前,必须由安全员用气体检测仪对管道内进行检测,确保安全后才能进行施工。

最低限度应检测下列三项:氧浓度(应在 19.5% 至 23.5% 范围内)、易燃可燃气体浓度(应<最低爆炸极限的 10%)、一氧化碳浓度(应<25 ppm)。未经检测合格,严禁作业人员进入有限空间。检测的时间不得早于作业开始前 30 分钟。在作业环境条件可能发生变化时,应对作业场所中危害因素进行持续或定时检测。实施检测时,检测人员应处于安全环境,检测时要做好检测记录,包括检测时间、地点、气体种类和检测浓度等。

2. 通风设置

有限空间作业应严格遵守"先通风换气、再检测评估、后安排作业"的原则。要采取措施,保持有限空间空气流通良好。存在自然通风局限时,须采取机械强制通风,通风次数不得少于 3~5 次/h。作业时适宜的新鲜风量应为 30~50 m³/h。有限空间应充入氧气或含氧量

高于 23.5% 的空气。为保证管内通风空气清新，本工程采用 2 台功率为 7.5 kW 的鼓风机，风量为 2250 m³/h，在工作井内用两个弯头将长 300 mm 的人造革风管接到管口，在顶管内接 200 mm 硬 PVC 管送风，在工作人员进管前半小时进行通风。

3. 清点施工工具及材料

工作人员进入受限空间作业完成离开时应清点作业工具、材料的数量并全部带出，不准留在有限空间。

4. 照明和防护措施

在缺氧、有毒环境中，工作人员应佩戴正压式空气呼吸器，有条件者可以使用长管压缩空气呼吸器；在易燃易爆环境中，应使用防爆型低压电器灯具及不发生火花的工具，穿戴防静电等防护服装。进入有限空间作业者应使用安全电压和安全行灯。在检查井口明显位置悬挂"有人工作、注意安全"警示牌，必要时派专人监护。应搭设安全梯或安全平台，必要时由监护人用安全绳拴住作业人员进行施工。

在有限空间作业过程中，不能抛掷材料、工具等物品，要防止落物伤害作业人员。有限空间外要备有必要的、充足的安全防护用品、消防器材和清水等相应的应急物资。

5. 监护

作业监护人员应熟悉作业区域的环境和工艺情况，有判断和处理异常情况的能力，懂急救知识。作业监护人员在作业人员进入有限空间作业前，负责对安全措施落实情况进行检查，发现安全措施落实不到位或安全措施不完善时，须阻止作业。作业监护人员应清点出入有限空间作业人员人数，并与作业人员验证或者确定联络信号，在检查井口处保持与作业人员的联系，严禁离岗。当发现异常情况时，应及时制止作业，并立即采取救护措施。

作业监护人员在作业期间，不得离开现场或做与监护无关的事。必要时，进入有限空间作业人员应系上安全绳，以便紧急时进行拖曳施救。发生有限空间事故，救护人员应在确保做好自身防护后，方可进入有限空间实施抢救。

3.1.2　顶管机始发、出洞施工要点

顶管机穿越加固体进入接收井的过程称为进洞。进洞施工要点如下。

（1）土体加固

由于顶管机进洞姿态难以确定，对于接收井一般不采用洞口止水装置，因此进洞措施要做得更为完善。对接收井洞口一般采用地基加固措施，并用扇形板将首管与接收井预埋钢法兰焊接。首管为特殊管，外壁包一层钢板，顶管机进入接收井时，坑内应计算好标高并安放引导轨。

（2）顶管机位置姿态的复核

在顶管机进洞前应复核其位置及姿态，以使顶管在进洞施工中始终按预定的方案实施，以良好的姿态进洞，准确就位在顶管机接收基座上。数据确定无误后，按测量数据及时调整顶管机的姿态，将其向洞门中心位置推进。严格控制顶管机姿态，正确进入穿墙洞。

（3）基座安装

根据顶管机姿态在接收井内放置接收架并固定（图3-1），接收架标高比顶管机标高略低，并适当设置纵向坡度。基座位置和标高应与顶管机靠近洞门时的姿态相吻合，以防机头磕头。

（4）管节连接

为防止顶管机进洞时正面压力的突降而造成前几节管节间的松脱，宜将顶管机直到第五节管节的相邻接口全部连接牢固，以防磕头。

图3-1 基座安装

（5）封门拆除

顶管机靠近洞口时，应降低正面土压力的设定值，同时控制顶进速度与出泥量的平衡。如果是砖封门，进洞时可用顶管机直接把砖封门挤倒或用刀盘慢慢将砖封门切削掉。

（6）洞口封堵

顶管机进洞后，洞圈和顶管机、管节间的建筑空隙是泥水流失的主要通道。封门拆除后，顶管机以最快速度切入洞口，当顶管机切口伸出洞门后，顶管机与穿墙洞的间隙采用环形钢板临时封堵。当顶管机通过穿墙洞后，再安装一道环形钢板与进洞的钢管节牢固焊接，同时通过管道内注浆孔向外压注水泥浆，填充穿墙洞处空隙。

顶管机由工作井内穿越封门进入待开挖土体的过程称为出洞。顶管出洞施工要点如下。

（1）封门

封门有外封门和内封门。对埋深小于10 m的沉井，可以在沉井的洞门外侧预先设置钢板桩外封门，随沉井一起下沉。在洞门内可以砖砌封堵洞口，当顶管机出洞时，拆除砖砌墙，顶管机入洞以后再拔起钢板桩外封门，如图3-2所示。

对埋设深度较深的工作井，由于设置外封门的起拔比较困难，因此主要考虑洞门外土体加固。另外在洞口填黄黏土并设置内钢封门。洞口封门还应该根据土质条件、封门的拆除及顶管机的形式来选定。既要考虑打开洞门时

图3-2 钢板桩封门

的安全，又不能忽视封门的拆除和顶管机对出洞过程的适应性。

（2）土体加固

为保证出洞口施工顺利进行，可采用对洞口土体进行加固的措施。工作井的出洞段土体加固应严格按照专项施工方案执行，控制加固土体的均匀性和强度。必要时在出洞口的管道两侧采用降水法疏干地下水，以稳定土体。

（3）洞口止水装置

在工作井预留孔的内侧预埋钢法兰和钢筒，顶进前在钢法兰上焊接安装洞口止水装置，

可采用钢丝编织橡胶法兰板和扇形钢压板,也可采用盘根止水的形式(图 3-3)。要确保该装置与基坑导轨上的管道同心。

(4)轴线控制

在基坑导轨、主顶油缸架、承压壁、出洞口处应严格控制好设计轴线,保证其安装精度高,确保牢固稳定。

(5)封门拆除

封门拆除前工程技术人员应详细了解现场情况及封门图纸,确定拆除的顺序和方法。

图 3-3　洞口止水钢环

对于外封门的情况,当顶管机出洞时,应先把砖封门拆除。由于在洞门外已经采取了必要的土体加固措施,又有外钢封门挡住,土体不会向洞内涌进来。但是对有地下水的粉砂地层,预先做好降水技术措施是很有必要的。将顶管机推进到洞口内时,洞口止水圈已能发挥作用,把头露在地面上的槽钢一块块拔起,顶管机就能安全出洞。

对于内封门的情况,一般顶管埋设深度较深,由于没有外封门的安全屏障,因此打开内封门之前,必须确认封门外的土体处于稳定状态。同时封门拆除和顶管机出洞的过程应尽快完成,以免发生不必要的工程风险。

(6)出洞的姿态控制

机头出洞推进时,要将机头和前几节管节的上端用拉杆连接好,并调整好主顶油缸编组,以防机头出洞入土后磕头。出洞时,顶管机的姿态控制对后续的顶进非常重要,尤其是对于钢管顶进更应该进行严格控制。出洞的顶管机姿态控制要点:一是基坑导轨的安装精度要高,轴线与设计值应一致。二是要保持开挖面土体稳定,只有稳定的开挖面才能使顶管机的导向正确。三是应注意出洞的顶管机姿态控制主要是通过调整主顶油缸的编组实现的。四是出洞过程应尽可能做到连续慢速顶进。

3.1.3　顶管机进出洞安全施工技术

1. 进出洞口土体加固措施

进出洞作为顶管施工中极其重要的一项关键工序,标志着顶管施工的开始与结束。软土地层由于土层薄弱,受施工扰动影响更大。顶管机一般重量比较大,在施工时尤其是进出洞时对土体的扰动最为明显,因此经常出现"叩头"的现象,不利于施工和安全。针对这种现象,需要采用高压旋喷桩等加固措施对洞口外土体进行固化,使其能达到顶管进出洞所需的强度,并且当洞口封门拆除以后土体不能出现塌缩的情况。此外,洞口外加固土体应当具有良好的止水效果,避免因为洞口敞开泥沙涌入工作井造成的施工风险。

2. 进出洞口深井降水措施

为减少顶管进出洞口涌水、涌砂发生,采用深井降水的方法,在进出洞前及时将水头高度降至顶管底以下 2 m,确保顶管进出洞安全。顶管进洞之前还需进行探孔以确定地层的含水量及高压旋喷桩的加固质量,根据实际需要在井外增设降水井及补注浆加固,以确保顶管进出洞安全。

3. 洞口密封措施

工作井洞口密封质量关系到顶管工程能否正常施工，本工程顶管覆土较深（深度为18～21 m不等），地下水压力较大。如洞口漏水，泥砂会涌入工作井，淹没设备，工程将无法进行，同时地面出现沉陷，后果严重，因此洞口的密封是极其重要的。背景工程洞口止水装置采用帘布橡胶板，将其在工厂内加工后运至现场拼装。

4. 工具管初始顶进防止后退措施

由于出洞口深度达到27 m，在工具管初始顶进阶段，工具管周围的摩擦阻力远小于其正面水土压力，因此在管道拼接时千斤顶在缩回前必须将已顶进部分的管道与井壁进行固定，否则管道将会发生后退，从而导致洞口止水装置受损，发生严重的渗漏水情况及威胁人员的生命安全。

土力学公式为 $P_0 = \gamma h \cdot K_0$。其中，P_0 为静止土压力；γ 为土的天然重度；h 为深度；K_0 为静止土压力系数。由于1#井出洞口侧土层为中粗砂，则 $K_0 = 0.95 - \sin \varphi'$。那么静止土压力为170.55 kPa，工具管正面后退力为536 kN，摩阻力防后退距离为17 m。因此，应在初始顶进阶段适当调整头部泥水舱压力。另外在千斤顶退回前将已顶进的管道与沉井壁进行固定，直至工具管正面水土压力小于管道外壁摩阻力。

5. 工具管进出洞"叩头"问题及措施

在顶管施工中，工具管进出洞是其中一个关键工序，应确保工具管从非泥水平衡状态向泥水平衡状态平顺地过渡，同时防止工具管头部出现"叩头"现象，以达到控制地面沉降，保证人工岛安全的目的。

本工程采用外径为2 m的工具管，在工具管出洞的过程中，由于其外部土体在下沉过程中经过扰动，且水土压力还未形成，因而工具管出洞以后在运行振动下会发生"叩头"的现象。如果不采取相应的措施，工具管的姿态将无法控制；工具管进洞阶段，由于土体反力逐渐卸载，开门洞后浮力大幅衰减，同样会产生"叩头"现象。

针对上述问题，必须采取相应措施，满足工具管进出洞口时需具备的最基本的工程条件：洞门外土体强度好，地下水控制情况良好（不出现涌水、涌砂等现象），与此同时，采用合理的洞口止水装置进一步提高工具管进出洞过程中外部水土的稳定性；针对顶管进洞，除采取必要的洞口加固及封堵措施以外，还需在进洞阶段结合实际情况及时安装限位装置。

3.2 富水砂砾地层顶管进出洞涌水涌砂预防控制技术

3.2.1 高水位砂砾地层条件下顶管施工时面临问题

在高水位砂砾地层条件下，进行顶管施工时，经常会面临以下三类问题。

1）当开挖工作坑时，土体中的含水层经常会被切断，工作坑周围土体中的地下水会从基坑壁中渗出，然后流入工作坑内，影响工作坑的开挖及下一步的施工。

2）和承压水上部隔水层顶板距地面的距离相比，当工作坑开挖深度比较小时，工作坑开挖可能会造成工作坑突涌破坏、结构物上浮等问题。具体如下：

①结构物上浮：在承压水地层条件下进行顶管施工时，当工作坑的降水工程及结构物施工结束后，因原来水土之间的平衡遭到破坏，如果结构物的自重加上基础底下土的重量之和，小于土层下部水的压力，水会顶着土层及结构物上移，发生结构物上浮现象。

②工作坑突涌：随着工作坑的不断开挖，工作坑底下面的土层厚度不断减小，当下面水的压力大于剩余土层的承受强度时，工作坑底下剩余的土层就会被水冲破，形成工作坑突涌。

3）和承压水上部隔水层顶板底部距地面的距离相比，当工作坑开挖深度较大时，随着工作坑的不断开挖，承压含水层上部的隔水层逐渐被挖穿，如果工作坑周围的支护结构质量不合格或者使用方法不当，可能会造成工作坑四周土体的流砂或者管涌，进一步引起工作坑失稳等。常见的问题表现为工作坑周围地面发生变形、工作坑周围土体水土流失、工作坑管涌等。具体表现如下：

①工作坑周围土体变形：在含水层地层条件下进行工作坑开挖施工时，对工作坑中的承压含水层采取措施进行减压降水后，随着工作坑开挖处水位的降低，承压含水层中水位发生变化，水位从四周向施工中心逐渐下降，形成漏斗形状，进而引起工作坑四周地面变形。

②工作坑的围护结构开裂、空洞，自身施工质量不高等原因引起的土体流失问题：在顶管施工开挖工作坑时，如果遇到含水的砂层等透水性较好的地层条件，当工作坑四周的止水帷幕等支护结构发生开裂、空洞等质量问题，大量的地下水会夹带砂粒透过止水帷幕等支护结构涌入工作坑，从而使工作坑四周土体发生水土流失。

3.2.2　顶管穿越砂砾层预防涌水涌砂的技术控制措施

砂砾层透水性强稳定性差，当砂层富水、顶管机推进时机尾几乎直接受到水压力的作用而很容易发生机尾漏水、漏砂情况，存在涌水、涌砂的危险。泥水平衡顶管在砂土层中掘进施工时，因土的摩阻力大，渗透系数高，地下水丰富，一般单靠掘削土提供的被动土压力常不足以抵抗开挖面的土、水压力，加之土体流动性差，在密封舱内充满砂质土体后，原有的顶推力和刀盘扭矩常不足以维持正常掘进切削的需要，密封舱内的渣土也不易流入螺旋输送机并被排出，而引起超挖。另外在砂层中一旦要进行开仓换刀，其作业过程是十分危险的。

1. 针对性措施

①做好对顶管机的维修保养。特别是对机尾刷要常进行检查和更换，同时充分压注机尾油脂，以防止泥水砂土从机尾冒出。

②改良土法。土压平衡式顶管机的工作原理：由刀盘切削下来的土体进入土仓后由螺旋输送机输出，在螺旋输送机内形成压力梯降，保持土仓压力稳定，使开挖面土层处于稳定。顶管向前推进的同时，螺旋输送机排土，使排土量等于开挖量，即可使开挖面的地层始终保持稳定。而砂层自稳能力差，顶管机掘进如果处理不当会造成不同程度的地面沉陷，甚至是塌方。为防止工作面坍塌和地面沉陷，必须选择合适的添加剂对砂层进行改良。根据改良后的土渣应具有一定和易性的要求和工程经验，尽量使用添加剂和膨润土来改良土渣，使改良

后的土渣既有止水效果又有塑流性，以避免喷涌发生导致地面沉陷。

③加强同步注浆。既要控制好注浆的压力，又要控制实际的注浆量，切实做到注浆及时和充足。注浆的顺序为先上后下，必要时调整砂浆的配合比，增加水泥用量，缩短砂浆的初凝时间，使建筑空隙所注的砂浆真正起到填充堵塞的作用。必要时可进行二次注浆，可采用双液浆，每隔 7~8 环打一道环箍，主要起止水作用，使隧道纵向形成间断的止水隔离带。

④尽量快速通过。加快掘进速度有利于控制地表变形和隧道的稳定沉降。这是因为在顶管机壳体上方的土体在注浆和有一定压力泥水的作用下，稳定时间一定时，顶管机掘进越快，越能够及早为管片注浆创造条件，注浆起到的作用也快。当注浆初凝时间小于等于土体的稳定时间时，土体的沉降变形就小了。

⑤控制好顶进的姿态。不同的地层组合对顶进姿态的要求不同，一种情形是上部为砂层，下部为较硬的土体或岩石，属于上软下硬的地层，应严防顶管机上偏；另一种情形是顶管机下方仍是砂层或较软土层，要防止顶管机下栽。

⑥平衡开挖面水土压力。由于砂层有一定的水压，可加入适当压力的压缩空气，确保土仓的压力与正面水土压力平衡，达到减少地面沉降的目的。

⑦加强沉降观测，及时反馈信息，指导施工。

⑧顶管穿过砂层时，出现管片上浮的现象时有发生，因此在富水的砂层中进行顶管掘进必须采取必要的预防措施。除了以上所述的同步注浆使浆液能及时充填建筑空隙和二次注浆加强止水效果措施外，加强隧道隆沉监测是防止上浮的积极措施，施工人员可及时了解隧道上浮量，以便及时采取相应措施。

2. 防止顶管穿越砂层后机尾发生漏水、漏砂的技术措施

①定期、定量、均匀地压注机尾油脂。

②合理控制同步注浆压力，避免机尾密封装置被击穿，导致浆液进入机尾和土体中的水漏入隧道。

③严格控制顶管顶进的纠偏量，尽量使管片四周的机尾间隙均匀一致，减轻管片对机尾刷的挤压程度。

④控制顶进姿态，严格控制管片组装时千斤顶的伸缩量，避免顶管产生后退。

3. 隧道防塌方、涌水、涌泥的应急预案

开挖掌子面应始终备有钢筋网、锚杆、管棚、钢格栅、注浆设备、喷射机等抢险物资，一旦开挖掌子面或隧道上方出现冒顶、涌砂、涌水，可采取以下抢救措施。

①隧道内其他掌子面立即停止作业，所有人员立即撤至竖井外等待命令。

②立即对掌子面挂网、喷射砼，当出水较大时应集中引排水，及时架设格栅，对坍体进行封堵和反压。

③从封堵墙位置搭设超前大管棚，大管棚采用 ϕ108 的钢管制作，长度为 25 m，间距为 0.6~0.8 m，并从大管棚钢管中注水泥、水玻璃双液浆来加固周围土体。

④如果隧道冒顶到地面，则采用 C15 片石混凝土或碎石土分层夯实，从地面将塌陷处进行回填，回填至地面处平整顺畅，在其上铺设一层彩条布，并做好地面排水以防雨水进入塌陷处。

⑤破除封堵墙上台阶，开挖掘进隧道上台阶部分，架设格栅钢架，形成初期支护。如果仍有坍方、涌水、涌泥现象，紧跟打设超前小导管进行超前预注浆，再按照隧道正常掘进方法进行掘进，开挖下台阶，支护紧跟。

4. 始发井与接收井的防水抗渗

如图 3-4 所示，本工程的始发井和接收井都设计为钢筋混凝土矩形探井，始发井净空尺寸为 50 m×21 m×16.3 m，井壁厚 1.3 m，底板厚 1.3 m；接收井净空尺寸为 6 m×21 m×14.3 m，井壁厚 1.3 m，底板厚 1.0 m，混凝土均为 C30。始发井封底混凝土厚 2.0 m，接收井封底混凝土厚 1.45 m，强度等级为 C20。

(a) 始发井　　　　　　　　　　　　　　　(b) 接收井

图 3-4　顶管工作井

由于沉井施工低于地面，下沉时应砌筑 370 mm 厚挡土墙防止雨水、杂物进入井中。始发井和接收井施工采用组合式定型钢模板，由 U 形卡连接。在预留洞、井壁底板位置等特殊部位采用木模，在沉井插筋部位用木板间隔拼装，拼装的木模表面应刨光，拼缝严密平整不漏浆。围擦立筋采用 ϕ50 mm 钢管或 8# 槽钢，拉杆螺栓采用 ϕ16 mm 圆钢，中间设置尺寸为 50 mm×50 mm、δ=3 mm 的止水片，周边焊拉杆螺丝，设置水平间距 75 cm，垂直间距 60 cm。为防止浇筑混凝土时爆模板，应加强支撑及模板接缝处检查，所有拼缝及模板接缝处要逐个检查嵌实。

本工程采用商品混凝土，由搅拌车送至施工点。混凝土浇筑时自由倾落高度不大于 2 m，对称平衡进行，采用分层平铺法，分层厚度为 30 cm 左右，振捣时应防止漏振和过振现象，以确保混凝土的质量。每次浇筑混凝土前应充分做好准备工作，搅拌车到达现场及时测试混凝土坍落度，每次浇筑混凝土时，根据规范做好抗渗、抗压的试验工作。施工中严格控制层差，杜绝冷缝出现，混凝土振捣时振捣器应插入下层混凝土 10 cm 深左右，注意不漏振、过振，钢筋密集处加强振捣，分区分界交接处要延伸振捣 1.5 m 左右，确保混凝土外光内实。

施工缝处理：在沉井上、下节井壁间设置施工缝，凿除施工缝表面混凝土松散部分，并用水冲洗，充分湿润，但不得有积水。在井壁宽度内设置凸槽作为施工缝，宽度约为井壁厚度的 1/3。沉井接高前，将施工缝凿毛冲洗干净，使骨料外露，灌注 10 mm 厚 1∶2 水泥砂浆或水泥浆。新混凝土要在砂浆初凝前浇筑，浇完后要注意保养，经常洒水保持表面潮湿，养护时间不少于 14 d。

本工程沉井均采用不排水下沉法，沉井下沉至设计标高并观测若在 8 h 内累计下沉量不大于 10 mm 或沉降率在允许范围内，沉井下沉已经稳定，则可进行沉井封底。工作井与接收井采用 C20 水下混凝土封底，厚度分别为 2000 mm 与 1450 mm。

封底时，要求将井底浮泥清除干净，新老混凝土接触面用水冲刷干净，并铺碎石垫层。封底混凝土用导管法水下封底混凝土。在封底混凝土达到所需要的强度后（一般养护 7 d，方可从沉井中抽水），按干封底法施工上部钢筋混凝土底板。封底混凝土达到一定强度后，可从沉井中抽水，进行底板施工。在浇筑钢筋混凝土底板前，应将新旧混凝土接触面凿毛，并洗刷干净，钢筋混凝土底板钢筋与井壁预留钢筋宜采用电焊接头，沉井底板应对称一次浇筑完成。混凝土浇筑前 24 h 内对垫层进行洒水湿润，采用"一个坡度、分层浇筑、循序推进、一次到顶"的斜面分层法浇筑。混凝土浇筑要连续，一气呵成，不留冷缝。为了控制板面标高及平整度，在内衬壁的预留钢筋上要做好板面标高标识，并焊上十字筋。振捣密实后用刮尺修平，初凝后为了防止板面出现收缩裂缝，再用灰匙压抹表面，底板养护不少于 14 d。

5. 管线顶进中的止水防渗

（1）穿堵进出洞

顶管进出洞是整个施工过程中的关键环节之一，进出洞成功相当于整个顶管工程成功了一半。该工程采用地下预埋钢盒作为预留进出洞口，在进出洞口安装可拆式止水钢环，再在钢圈上安装止水胶圈（图 3-5），达到止水效果。

在出洞前先割掉预埋钢盒外侧钢板，并将止水钢环焊接到预埋钢盒的外侧，再将止水橡胶圈安装在止水钢环上。在准备出洞时，再将钢盒内侧挡土钢板割掉，清理预留孔内的杂物后立即将工具头推进预留孔，缩短停顿时间，这时止水橡胶圈紧抱工具头外壳，发挥止水作用。

图 3-5　洞口止水钢环

顶管出洞的施工环节相当关键，顶管穿墙时要防止工具头下跌，在穿墙的初期，因入土较小，工具头的自重仅由 2 点支承，其中一点是导轨，另一点是入土较浅的土体。因此，工具头穿墙时，要带一个向上的初始角（约 5°），且穿墙管下部要有支托，并且应加强管段与工具管、管段与管段之间的连接。此外，工具管的推进一定要迅速，穿墙管内的土体暴露时间不宜太长。

（2）正常顶进

顶管机的作用是切削土体并将其搅拌均匀和控制顶进的方向。穿墙止水环具有防止地下水、泥砂和触变泥浆从管节与止水环之间的间隙流到工作井的作用。穿墙止水圈的组成部分为预埋钢板环、橡胶圈、钢压板、钢压环、螺栓。止水环结构采用钢法兰加压板，中间夹装 20 mm 厚的橡胶止水环（图 3-6）。该橡胶环具有较高的延伸率（大于 300%）和耐磨性，硬度为 45~55，永久性变形不大于 10%，借助管道顶进带动安装好的橡胶板形成逆向止水装置。

安装固定后，预埋钢环板与混凝土墙接触面处采用水泥砂浆堵缝止水。

（3）顶入接收井

顶管机顶入接收井是关键施工环节之一。在顶进接近接收井前，先将接收井施工好等待顶管机的接收。当顶进到接收井边 3 排搅拌桩时，须放慢顶进速度，等顶管机慢慢切削搅拌桩体，形成一个较完整的止水孔，否则会因推进过快预留孔前的搅拌桩体被破坏，而不能形成止水孔，严重时顶管机受损或顶力剧增，

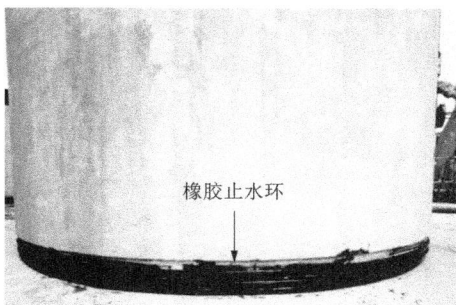

图 3-6　橡胶止水环

使管节破裂而无法完成接收顶管机。必须先复测本段管道的长度，判断与设计长度是否相符，然后通过测量得到顶管机出口的具体位置，将接收井工具头出洞位置的混凝土护壁凿除。当顶管机进入接收井边时，顶管机要快速顶进，直至顶管机完全顶出接收井。如遇地下水丰富，用棉纱堵塞住管和洞口间的空隙，等顶管机完全出洞后即用水玻璃或水泥浆压住止水。

管道埋深较深时，水压力大，而且洞口周边为流塑状淤泥，承载力低，在深层做水泥搅拌桩出洞止水效果不是很理想且费用高。针对此情况，我们改进穿墙止水环的结构，在接收井施工时，先预埋喇叭形钢盒，上圆（背土）直径比管径大 20 cm，下圆（靠土）直径比管径大 60 cm，采用单边封板（上圆口），内填质量比为 1 : 5 的水泥黄黏土拌和料。为了增加钢盒内填充物与环向钢板的黏结力，在环向钢板上用钢筋焊上 2 道竹片压板。为达到止水防流砂效果，在压竹片的同时也压上稻草和膨胀土，然后与拌和料一起填充。当顶管机穿越预留孔时，顶管机外壳带到穿墙钢合内的土体及周边的土体往喇叭口挤压而被管壁与预留口间的缝隙挤实，可防止泥水从缝隙喷涌。穿墙是顶管施工中的一道重要工序，要防止井外的泥水大量涌入井内，严防塌方和流砂，因此必须做好洞口止水环节。首先在预埋钢盒上焊接钢套环（法兰），然后在套环上安装 25 mm 厚橡胶法兰，用 10 mm 厚钢压板通过 M20 螺栓压紧。当发现有地下水和泥砂流入工作井内时，可以收紧橡胶法兰和压板上的螺栓，达到止水效果。

（4）结语

该项目顶管工程钢管直径大，穿越地层主要为中砂层，地下水丰富，具有一定的施工难度。在工作井与接收井的沉井施工及管线顶进施工过程中采取了止水、防渗技术措施，确保了工程施工的顺利进行。该工程的止水、防渗技术可为其他同类工程的设计与施工提供参考。

3.3　顶管工作井端头加固数值模拟分析

本章将加固范围、工作面平衡压力作为单一变量进行分析，研究 MJS 工法桩最优加固范围、工作面平衡压力范围；与此同时，将未加固模型的地表沉降、既有端头工作井局部变形和不同加固方式进行对比，揭示不同加固方式对地表变形和既有围护结构变形的影响规律，为类似的工程提供参考。

3.3.1 不同加固技术对端头地表竖向位移及隧道变形影响

建立顶管始发加固区间数值模型，分别采用 MJS 工法桩、三轴搅拌桩对端头区域土层进行加固，研究这两种加固方式对既有结构变形、地表位移的影响，通过模型进行敏感性的拓展分析，评价不同工作井端头加固方式的效果。图 3-7 和图 3-8 分别为 MJS 加固顶管始发段示意图和三维模型示意图。

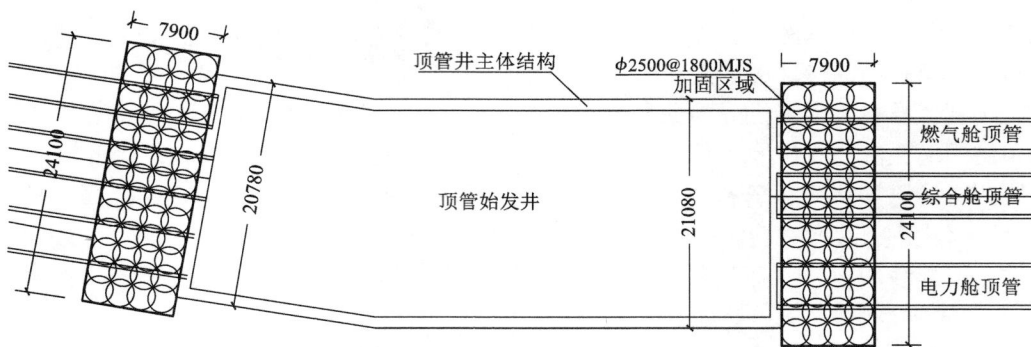

（a）MJS工法桩加固平面图

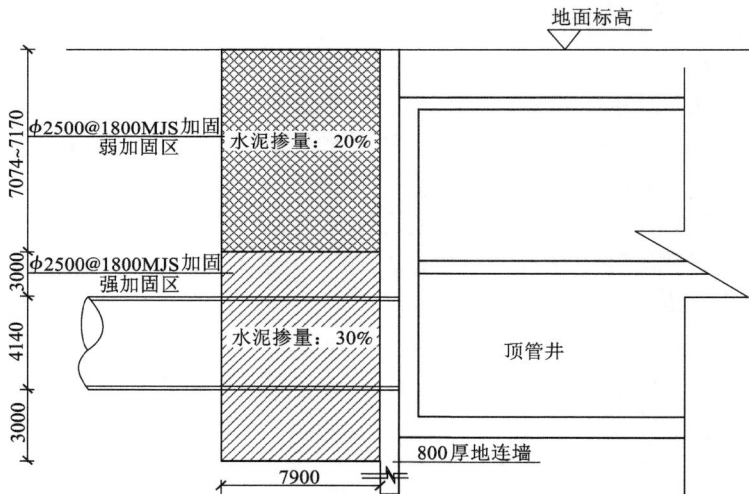

（b）MJS工法桩加固断面图

图 3-7　MJS 注浆加固示意图（单位：mm）

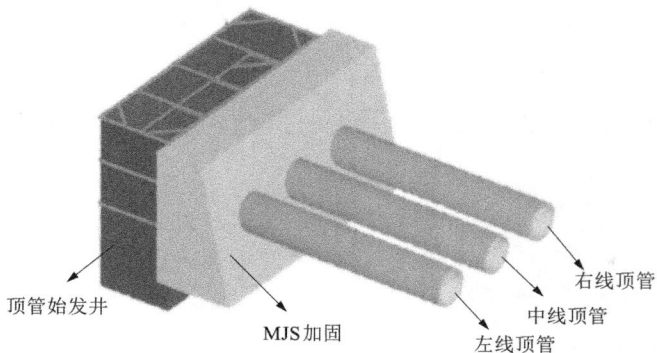

图 3-8　MJS 注浆加固模型示意图

根据 MJS 工法桩技术施工要求,水泥浆液流量设定为 130 L/min,为了达到其加固软弱土层的效果,根据现场土层分布情况和顶管机结构特点,将桩径设计为 2.5 m,转速设为 3～6 r/min,水灰比设为 1.2,主空气压力设为 28 MPa,侧吸空气压力设为 0.7 MPa,水泥浆压力设为 40 MPa。不同加固方式的主要工艺参数如表 3-1、表 3-2 所示。

表 3-1　MJS 工法桩工艺参数

项目	技术参数	项目	技术参数
水泥浆液流量/(L·min⁻¹)	130	桩径/m	2.5
水灰比	1.2	主空气压力/MPa	28
转速/(r·min⁻¹)	3～6	水泥浆压力/MPa	40
侧吸空气压力/MPa	0.7		

表 3-2　三轴搅拌桩施工主要工艺参数

项目	参数	项目	参数
水灰比	1:1	下沉注浆水泥占用量/%	60～70
泥浆比重	1.5±0.05	注浆流量/(L·min⁻¹)	45～250
注浆压力/MPa	0.8～1	下沉速度/(m·min⁻¹)	≤0.8
搅拌速度/(r·min⁻¹)	30～50	提升速度/(m·min⁻¹)	≤0.9

图 3-9 为 MJS 工法桩加固、三轴搅拌桩加固、未加固三种工况下土体的竖向位移云图,由图 3-9 可知,在 MJS 工法桩加固情况下土体竖向位移量小于三轴搅拌桩加固。

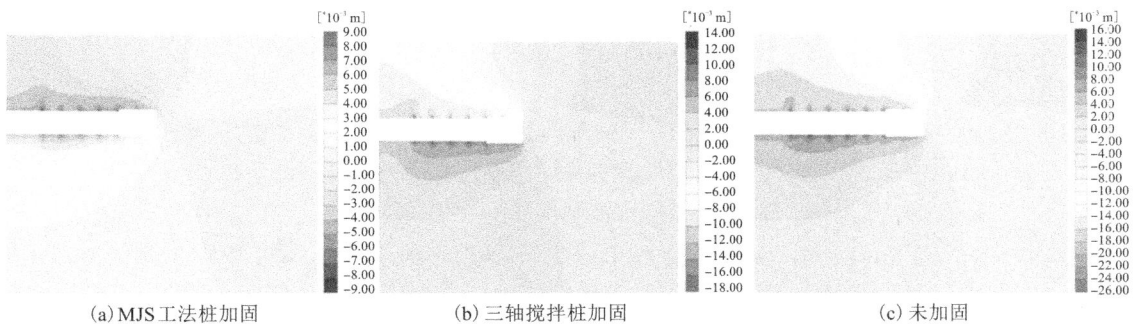

(a) MJS 工法桩加固　　　　(b) 三轴搅拌桩加固　　　　(c) 未加固

图 3-9　不同加固方式下土体竖向位移云图

图 3-10 和 3-11 分别为不同加固方式下地表横断面和纵断面的竖向位移曲线图。

由图 3-10、3-11 可知,在这三种工况下,地表横断面及纵断面沉降规律保持一致,从纵断面看,未加固土体时地表最大沉降量为 12 mm,MJS 工法桩加固时地表最大沉降量为

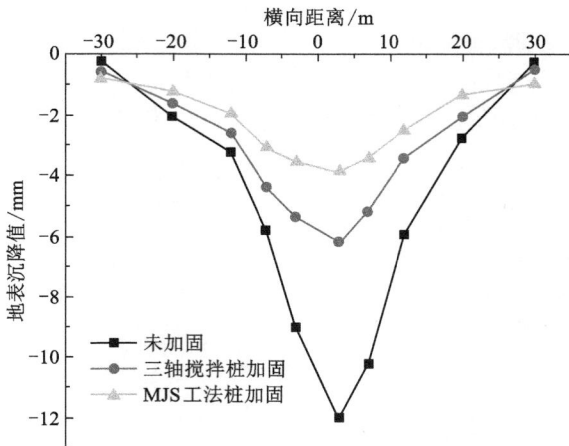

图 3-10　不同加固方式下地表横断面竖向位移图

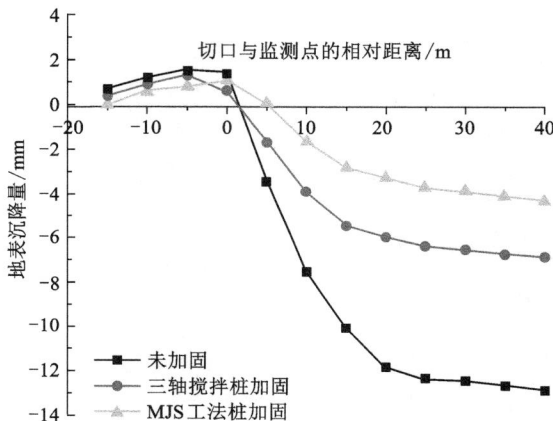

注：距离"-"代表顶管通过前，"+"代表顶管通过后。

图 3-11　不同加固方式下地表纵断面竖向位移图

3.9 mm，为未加固时的 32.5%；三轴搅拌桩加固时地表最大沉降量为 6.2 mm，为未加固时的 51.7%，由此可见 MJS 工法桩加固比三轴搅拌桩加固效果更加显著。

由图 3-12、3-13 可知，未采取加固措施时，土体地表沉降、隧道拱顶沉降、隧道水平收敛最大值分别为 12 mm、11.6 mm、8.3 mm，采用三轴搅拌桩加固时其最大值分别为 6.2 mm、6.9 mm、5.3 mm，采用 MJS 工法桩加固时其最大值分别为 3.9 mm、5.3 mm、4.5 mm。

分析图 3-13 可知，采用三轴搅拌桩加固时地表沉降、隧道拱顶沉降、隧道水平收敛最大值分别为未加固情况下的 51.7%、59.5%、63.9%，采用 MJS 工法桩加固时地表沉降、隧道拱顶沉降、隧道水平收敛最大值分别为未加固情况下的 32.5%、45.7%、54.2%，说明相较于三轴搅拌桩加固，本工程砾砂地层选用 MJS 工法桩加固可更好地控制土体及隧道变形。

结合上述分析，当顶管区间为砾砂土层段时建议采用 MJS 工法桩加固方式，当顶管区间环境不适宜时，可采用三轴搅拌桩加固的方案，以达到控制土体及隧道位移变形的目的。

94

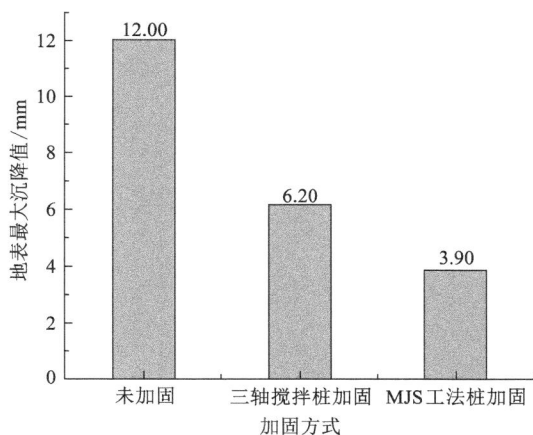

图 3-12 不同加固方式下地表最大沉降量

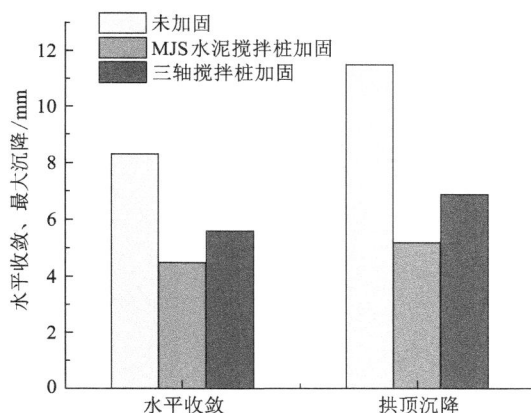

图 3-13 不同加固方式下隧道的水平收敛及
拱顶沉降最大位移

3.3.2 MJS 工法桩加固范围对顶管顶进地表竖向位移及隧道变形的影响

结合工程实际,对土体进行加固能有效提高隧道底部的地基承载力,且加固范围越大效果越好,但加固范围过大又会造成浪费,因此需对 MJS 工法桩加固范围优化进行研究。MJS 工法桩加固范围对地表变形及隧道变形的影响可分为短桩不同加固宽度和深度及短桩与长桩桩长的比值对其的影响。确定以下数值模拟的敏感性参数:固定短桩加固深度设定为隧道顶部以上 $0.5D$(D 为隧道直径)至隧道底部以下 $0.5D$,短桩长桩比值为 $1:2$,横向加固宽度分别取三排顶管左右两侧 $0.4D$、$0.6D$、$0.8D$、$1D$;固定隧道两侧短桩加固宽度为 $0.5D$,短桩长桩比值为 $1:2$,短桩纵向加固深度分别取隧道底部以下 $0.3D$、$0.6D$、$0.9D$、$1.2D$;固定隧道两侧短桩加固宽度为 $0.5D$,加固深度 $0.5D$,短桩与长桩比值分别取 $1:1$、$1:1.5$、$1:2$、$1:3$ 进行计算。

1. 加固宽度对地表竖向位移及隧道变形的影响

分析图 3-14 得出,在加固深度为隧道顶部以上 $0.5D$ 至隧道底部以下 $0.5D$ 的情况下,加固宽度由未加固的 $0.4D$ 增加到 $0.6D$ 时,地表沉降量减小明显;加固宽度从 $0.6D$ 增加到 $1D$ 后,增加加固宽度对地表沉降最大值影响开始减小;当加固宽度达到 $1D$ 后再继续增加加固宽度时,地表最大沉降值不变。因此适宜的加固宽度应设置在隧道两侧 $0.6D$ 至 $1D$ 之间。

分析图 3-15 可知,在未加固土体时地表最大沉降量为 12 mm,土体由未加固到加固宽度为 $0.6D$ 时,地表沉降量减少至 5.2 mm,为未加固时的 43.3%,由此可见 MJS 工法桩加固效果明显。当加固宽度从 $0.6D$ 增大到 $1D$ 时,地表最大沉降值减少至 2.1 mm,是未加固土层地表沉降的 17.5%。

由此可见适当增大加固宽度可有效减小地表沉降,且当加固宽度达到 $0.6D$ 后再继续增加加固宽度时地表沉降减少量变小。因此恰当的加固宽度应设置在地铁隧道两侧 $0.6D$ 处。

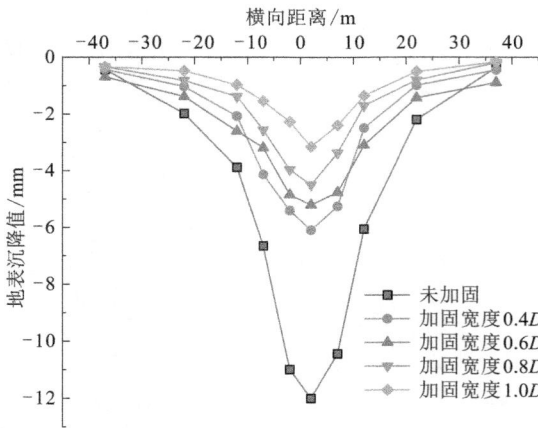

图 3-14 不同加固宽度对地表横断面
竖向位移的影响

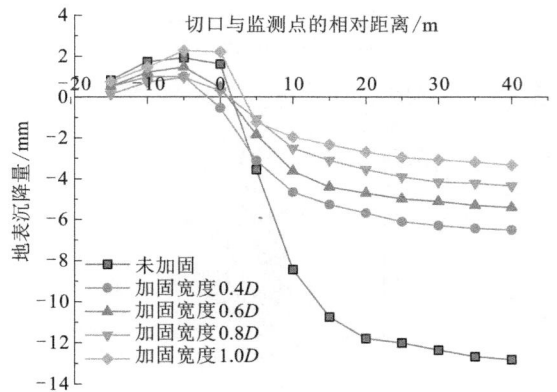

图 3-15 不同加固宽度对地表纵断面
竖向位移的影响

  图 3-16 表示不同加固宽度与地表最大沉降量之间的关系曲线，由图 3-16 可知随加固宽度的增加地表沉降最大值逐渐减小并趋于稳定，在加固宽度大于 0.6D 时，沉降曲线逐渐平缓并趋于某一确定值，地表最大沉降值变化不大。综上所述，同时考虑地表变形和工程经济性，MJS 工法桩的加固宽度应设置在隧道两侧 0.6D 处。

  由图 3-17 可知，隧道水平收敛和拱顶沉降受不同加固宽度的影响，随着加固宽度的增大，水平收敛和拱顶沉降逐渐减小。对比未加固和加固宽度为 0.4D 的情况，隧道水平收敛和拱顶沉降减小明显，变化幅度在 50% 左右；当加固宽度从 0.4D 增大到 0.6D 时，隧道变形进一步减小，变化幅度在 20% 左右；当加固宽度从 0.6D 增大到 1.0D 时，隧道有微小变形但变化幅度很小。

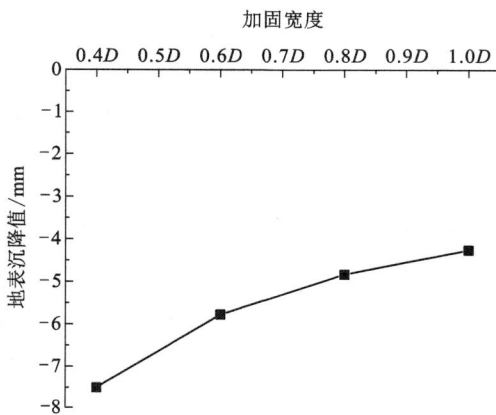

图 3-16 不同加固宽度下地表最大沉降量

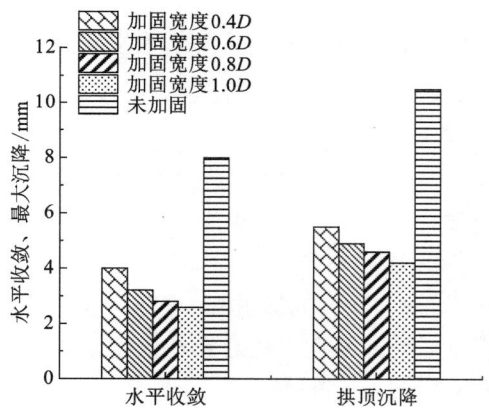

图 3-17 不同加固宽度下隧道的水平收敛及
拱顶沉降最大位移量

2. 加固深度对地表竖向位移及隧道变形的影响

图 3-18 为不同加固深度情况下地表横断面沉降变化折线图，总体上曲线偏向中轴线的右侧，其原因在于右线隧道管径大于左线，右侧隧道土体受到的影响更大。从图 3-18 可知，随着加固深度的增加，地表横断面沉降曲线基本符合 Peck 曲线形状。当加固深度为 $0.3D$ 时，地表沉降值为 7.8 mm，是未加固时的 65%，这是因为加固深度较小，加固体抵抗土体变形能力不足，对隧道和地表的竖向位移约束影响较小。当加固深度增大到 $0.9D$ 时，横断面地表沉降最大值为 5.1 mm 左右，是未加固时的 42.5%，此时对隧道横断面的变形控制效果明显。当加固深度由 $0.9D$ 增加到 $1.2D$ 时，地表沉降值为 2.8 mm，减少率仅为 8.3%，可知在隧道加固深度达到一定值时，继续增加其深度对地表沉降的影响不明显。

图 3-19 表示不同加固深度情况下地表纵断面沉降值的变化曲线，从图 3-19 可知，不同加固深度纵断面地表竖向位移曲线基本呈下降趋势，最终趋于平稳。当土体由未加固变为加固深度为 $0.3D$ 时，地表沉降值为 7.8 mm，是未加固时（12.8 mm）的 60.9%，此时地表沉降仍然较大，这是因为加固深度 $0.3D$ 较小，对土体沉降影响不足。在加固深度从 $0.3D$ 增大到 $0.9D$ 时，地表沉降值为 5.2 mm，减小了 33.3%，减小量较大，在加固深度从 $0.9D$ 增大到 $1.2D$ 时，拱顶沉降继续减小。综上所述，随着加固深度的增加，地表沉降量逐渐减小，沉降曲线走势趋于平稳，隧道加固深度达到 $1.2D$ 后，继续增加加固深度对地表沉降值的影响很小。

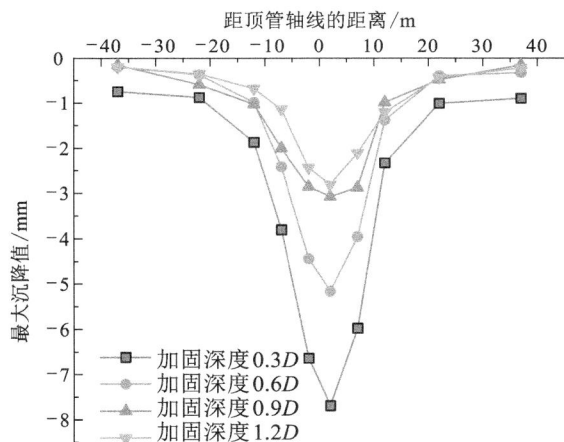

图 3-18 不同加固深度下地表横断面竖向位移

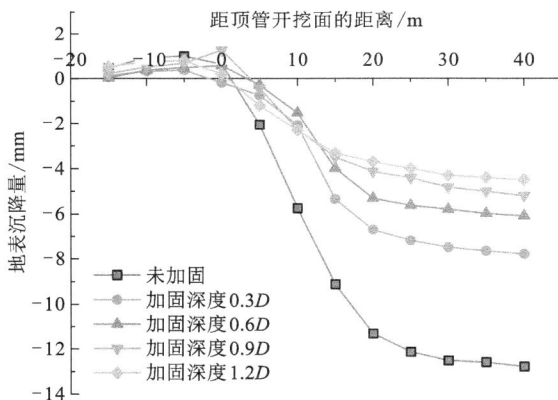

图 3-19 不同加固深度下地表纵断面竖向位移

图 3-20 表示地表最大沉降量随着加固区深度增大而变化的曲线图，从图中可知，加固深度从 $0.3D$ 增大到 $0.9D$ 时，地表沉降值迅速减小，此后加固深度继续增大，地表沉降值虽有减小但并不明显，沉降曲线逐渐趋于稳定。

综合对比图 3-16 和图 3-20 发现，加固区深度对土体加固的影响大于加固区宽度，即地表沉降对加固深度的敏感性大于加固宽度。

由图 3-21 得出，隧道水平收敛和拱顶沉降受加固深度的影响，随着加固深度的增大，水平收敛和拱顶沉降逐渐减小，且拱顶沉降的变化更大，这表明加固深度对拱顶沉降的影响更大。其原因在于水泥土桩体加固深度越大，其对土体的竖向位移影响越大，控制效果越好，隧道竖向位移也随之减小。

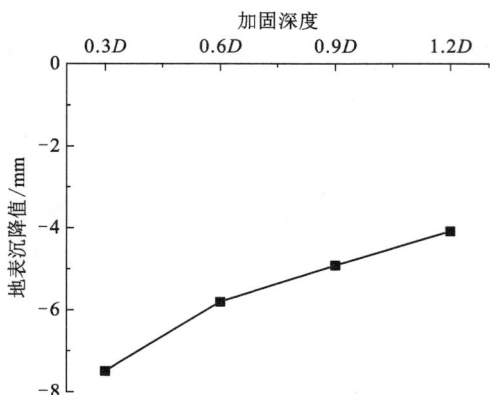

图 3-20　不同加固深度下地表最大沉降量

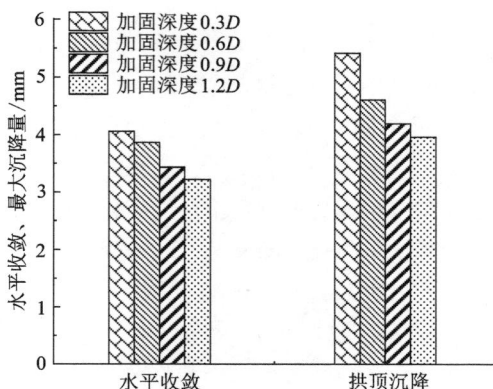

图 3-21　不同加固深度下隧道的水平收敛及拱顶沉降最大位移

3. 不同桩长比对地表竖向位移及隧道变形的影响

图 3-22 表示地表横断面竖向位移随桩长比变化而变化的曲线图，从图 3-22 可知，当短桩与长桩比值为 1∶1 时，地表沉降量为 5.92 mm；当桩长比为 1∶3 时，地表沉降量为 4.61 mm，减小了 28.4%；当桩长比为 1∶4 时，地表沉降值为 4.09 mm，此时的变化幅度减小，仅为 11%。综上可知，随着桩长比的增加，地表沉降值逐渐减小，且变化幅度逐渐减小，这表明桩长比达到一定值后，再增大桩长比对地表变形的影响较小。

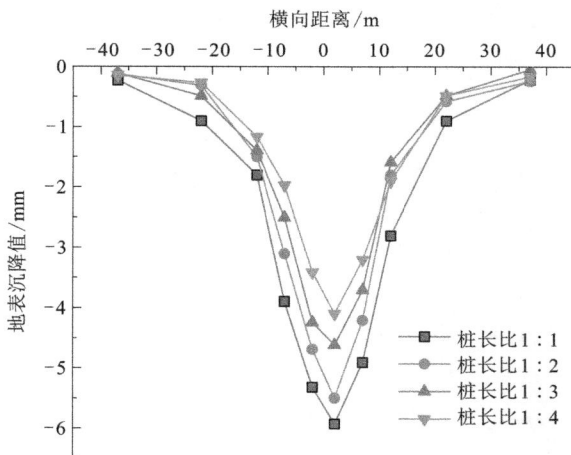

图 3-22　不同桩长比下地表横断面竖向位移

由图 3-23、图 3-24 可知，桩长比为 1∶1 时，地表最大沉降量为 6.36 mm，桩长比变为 1∶3 时，地表最大沉降为 4.84 mm，为桩长比 1∶1 时的 76%；当桩长比为 1∶4 时，地表最大沉降值为 4.23 mm，仅减少 0.61 mm。综上可知，随着桩长比的增大，地表最大沉降值逐渐减小，且变化幅度也逐渐变小，当桩长比增大到 1∶3 后，地表沉降量减少明显，因此桩长比控制在 1∶3 较为合适。

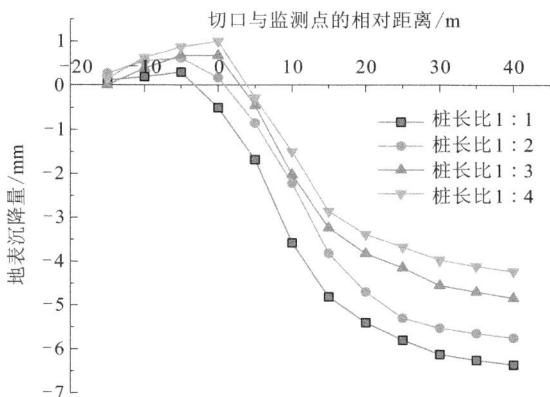

图 3-23　不同桩长比下地表纵断面竖向位移

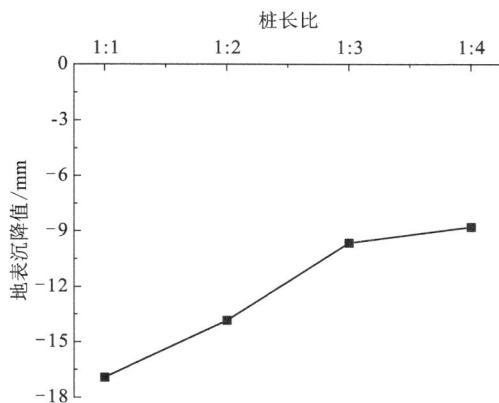

图 3-24　不同桩长比下地表最大沉降量

由图 3-25 得出，隧道水平收敛和拱顶沉降受桩长比的影响，随着桩长比的增大，水平收敛和拱顶沉降逐渐减小，这表明在实际工程中适当增加桩长比可以有效控制隧道的竖向变形。

综上所述，使用 MJS 工法桩对地层进行预加固后，地表沉降和隧道拱顶沉降明显减小，加固效果良好。综合考虑加固效果和经济因素，应严格控制 MJS 工法桩的加固范围、加固深度和桩长比，其中短桩加固宽度应控制在隧道两侧 $0.6D$ 至 $1D$ 之间，短桩加固深度应该控制在隧道拱顶 $0.9D$ 以上到隧道拱底 $0.9D$ 以下，短桩与长桩桩长比值应控制在 1∶3 较为合理。

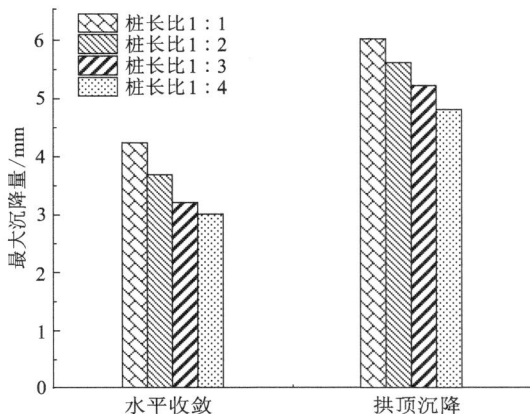

图 3-25　不同桩长比下隧道的水平收敛及拱顶沉降最大位移

3.3.3　掌子面平衡压力对掘进周围土体变形的影响

根据平衡压力 $p_{ref} = 20000$ kN，分别取平衡压力为 $0.5p_{ref}$、$1p_{ref}$、$2p_{ref}$、$3p_{ref}$ 建立数值模型。图 3-26 表示隧道中心在推进方向上的位移与掌子面压力的关系曲线。

由图 3-26 可知，掌子面平衡压力为 $0.5p_{ref}$ 时，顶管掘进引起的周围土体变形量为 75 mm，此时掌子面平衡压力远小于土体侧向土压力，顶管掘进导致周围土体发生崩塌；当掌子面上的平衡压力为 $1p_{ref}$ 时，顶管掘进引起的周围土体位移量为 20 mm，仍为正值，说明掌子面平衡压力仍小于前方土体的侧向土压力，且变形量较小；当掌子面上的平衡压力达到 $2p_{ref}$ 时，顶管掘进引起的周围土体位移量变为负值，说明前方土体的侧向土压力已小于工作面上的平衡压力；当工作面上的平衡压力达到 $3p_{ref}$ 时，顶管掘进导致周围土体发生较大位移，且周围土体发生崩塌，因此工作面理论平衡压力为 $1p_{ref} \sim 2p_{ref}$ 较为合理。

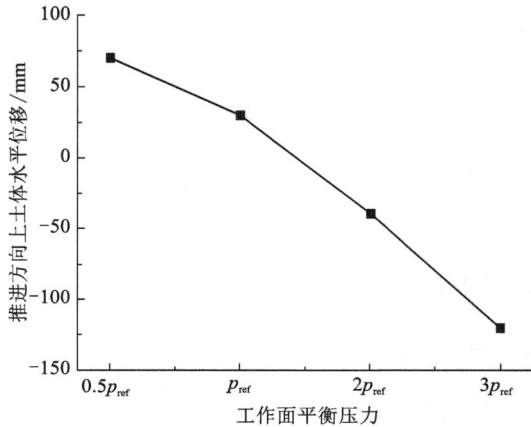

图 3-26　掌子面平衡压力与推进方向上土体水平位移关系曲线

图 3-27 表示地表变形最大处掌子面平衡压力与横断面地表竖向位移关系曲线。由图 3-27 可知，顶管中轴线上地表竖向位移量最大，距离顶管中轴线越远，地表竖向位移量逐渐减小；随着平衡压力的增大，刀盘前方地表变形由沉降转变为隆起，当平衡压力为 $1p_{ref} \sim 1.5p_{ref}$ 时，刀盘前方地表沉降/隆起量较小，当平衡压力达到 $2p_{ref}$ 时，刀盘前方地表产生较大隆起，最大隆起量达 6.1mm。因此工作面平衡压力应控制在 p_{ref} 至 $1.5p_{ref}$ 内，顶管掘进对刀盘前方地表竖向位移影响最小。

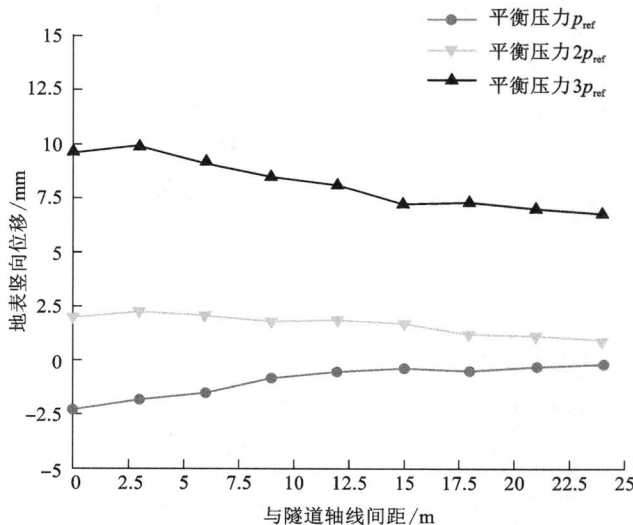

图 3-27　地表变形最大处掌子面平衡压力与横断面地表竖向位移关系曲线

3.4　小净距多孔平行顶管双向快速顶进施工方法

3.4.1　工艺流程及操作要点

1. 工艺流程

小净距多孔平行顶管先后顶进施工工艺流程如图 3-28。

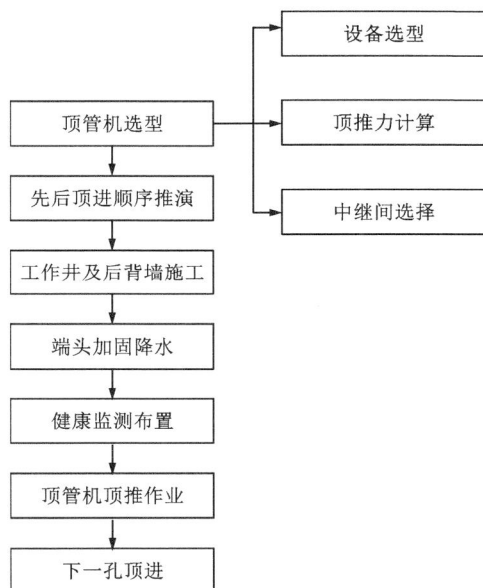

图 3-28　小净距多孔平行顶管先后顶进施工工艺流程图

2. 顶管布置形式

本工程为小净距双向多孔平行顶管，包含 3 口顶管工作井和三孔平行顶管隧道，孔间净距均不足一倍管径。采用 3 台顶管机同步施工，总体施工顺序为先施做两边，再顶进中间。顶管机分别由中间始发井往两侧顶进，每台顶管机分别顶进两条顶管隧道。施工示意图见图 3-29、图 3-30。

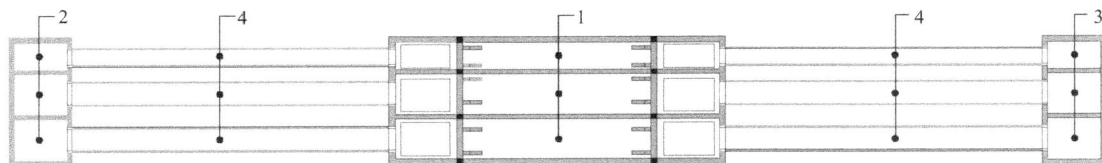

1—顶管始发井；2—1#顶管接收井；3—2#顶管接收井；4—多孔顶管。

图 3-29　小净距双向多孔平行顶管平面图

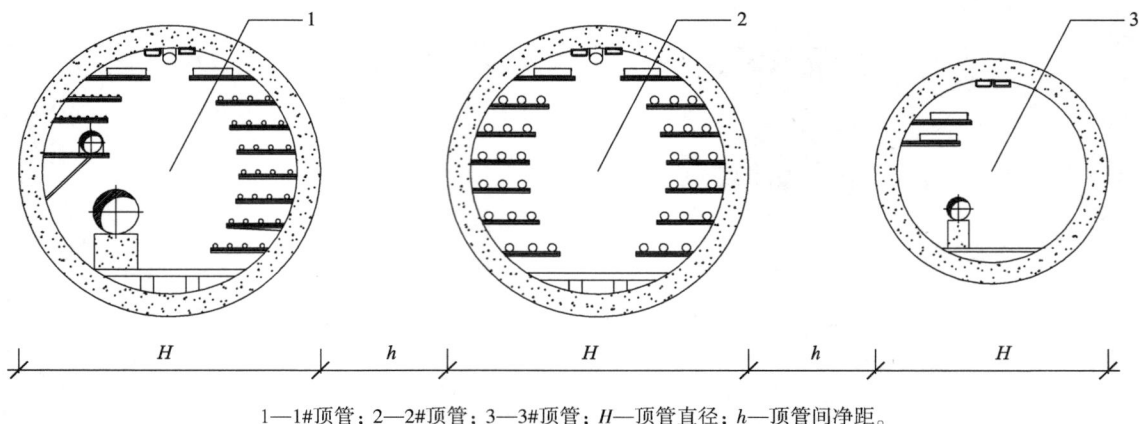

1—1#顶管；2—2#顶管；3—3#顶管；H—顶管直径；h—顶管间净距。

图3-30 小净距双向多孔平行顶管剖面图

3. 先后顶进顺序推演

根据多孔圆形顶管相对位置关系，通过有限元软件 MIDAS GTS NX 建立三维地层-结构模型，如图3-31所示。建立三种施工工况：①先顶一侧两条再顶边侧；②先顶两边再顶中间；③先顶中间再顶两边。分别对三种工况条件下的地表沉降、管节位移进行建模分析。通过数值模拟计算分析，采用先顶两边再顶中间(第二种顶推顺序)的方案引起的地表沉降和管片变形等均小于先顶一侧两条再顶边侧(第一种顶推顺序)的方案和先顶中间再顶两边(第三种顶推顺序)的方案，采用第二种方案即先顶两边再顶中间为首选方案。

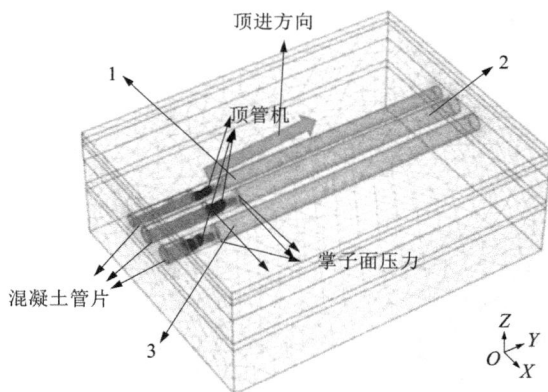

1—左边孔；2—中间孔；3—右边孔。

图3-31 多孔平行顶管推进示意图

4. 工作井及后背墙施工

本工程双向顶进后背体系结构包括由钢筋混凝土筑成的肋板式后背墙及其背部斜撑(图3-32、图3-33)。在该体系中，双向顶进后背墙互为独立式结构，后背墙横向连接工作井中隔墙及侧墙，竖向锚入工作井结构底板，反向设置钢筋混凝土斜撑与后背墙连接成整体，后背墙及斜撑结构设计厚度依据顶管总推力进行受力验算。顶管机推进系统安装前，在后背墙上安装钢套箱进行反力均匀作用在后背墙上，防止单个主顶油缸反力造成后背墙开裂。钢套箱与后背墙之间缝隙采用细石混凝土填充密实。

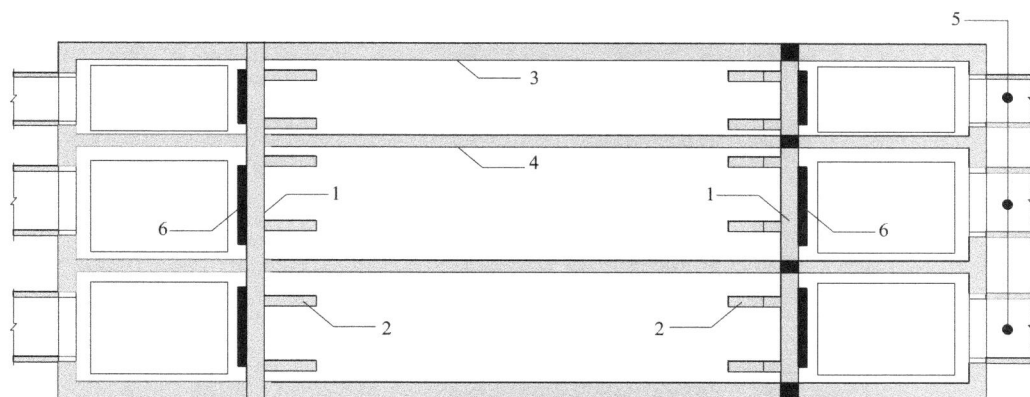

1—后背墙；2—斜撑；3—工作井侧墙；4—工作井中隔墙；5—多孔顶管；6—钢套箱。

图 3-32　顶管后背体系平面布置图

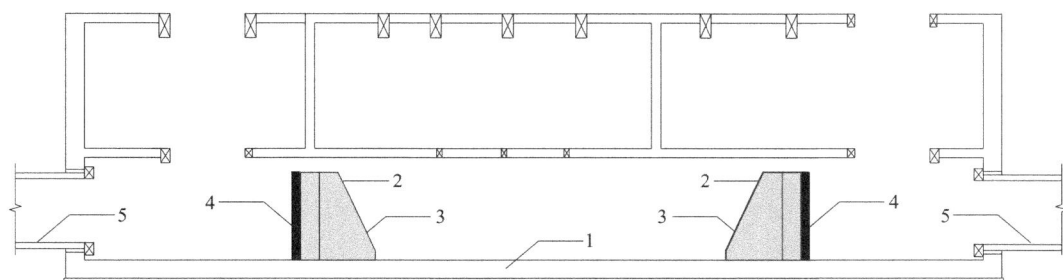

1—工作井结构；2—后背墙；3—斜撑；4—钢套箱；5—多孔顶管。

图 3-33　顶管后背体系断面布置图

5. 工作井端头加固降水

为了保证顶管机的始发、接收安全及满足洞口的止水要求，在顶管始发、接收前对一定范围内的土层进行加固止水。端头加固方案采用 MJS 超高压旋喷桩地层加固（图 3-34、图 3-35）。加固体应具有良好的自立性，强加固区无侧限抗压强度为 0.8~1 MPa，水泥掺量不小于 30%；弱加固区无侧限抗压强度为 0.5~0.8 MPa，水泥掺量不小于 20%；且应具有良好的均质性，渗透系数 $k \leqslant 1 \times (7~10)$ cm/s。顶管机始发区加固土体须达到设计所要求的强度、渗透性、自立性等性能指标，经检测达到设计要求后，方可进行下步作业。在顶管始发、接收端头加固范围需设置 4 口降水井，以降低顶管始发及接收端头地下水位至洞门以下 1 m，确保顶管始发安全。

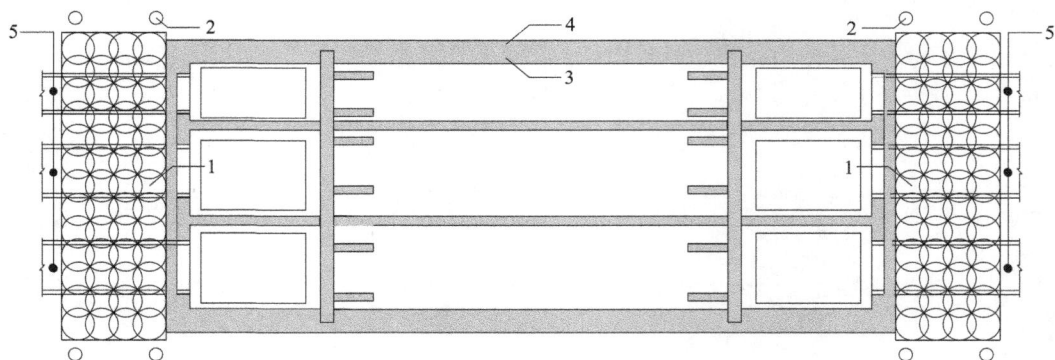

1—MJS超高压旋喷桩；2—降水井；3—工作井结构；4—围护结构；5—多孔顶管。

图3-34 顶管端头加固平面示意图

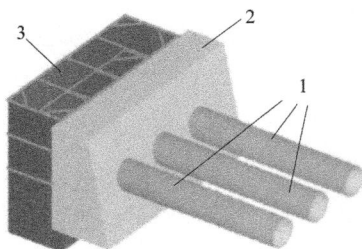

1—多孔顶管；2—MJS超高压旋喷桩；3—工作井。

图3-35 顶管端头加固立体示意图

6. 健康监测布置

为明确顶管的工作性状，对顶管施工过程中顶推作业的设计控制参数进行反演分析，了解不同工况条件下的理论设计值与实际情况之间的关系。

在管节制作过程中，分别埋设针式位移计、钢筋计、压力盒等健康监测元器件。主要监测管片所受监测方向的变形量，监测管片接头部位的开合情况，监控管片的安装、工作性状（图3-36~图3-39）。顶管在推进过程中所受的地层覆土压力、顶推免阻力、管壁四周摩阻力以及顶管机后推前进作用力需保持平衡。为了解顶管顶推时的设计推进力、摩阻力参数的选取合理性，对顶管四周的覆土压力进行监测。

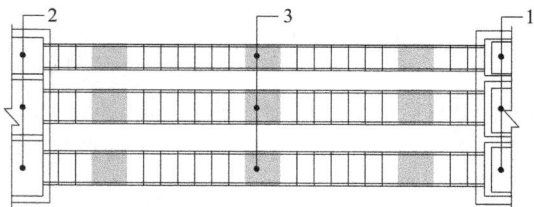

1—始发井；2—接收井；3—监测管节。

图3-36 多孔顶管管节监测平面图

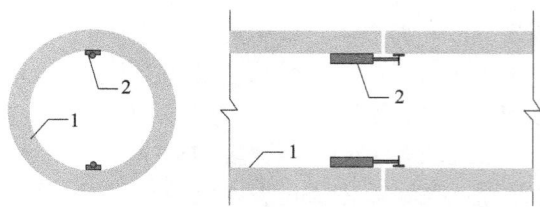

1—管节；2—位移计。

图3-37 管节预埋位移计

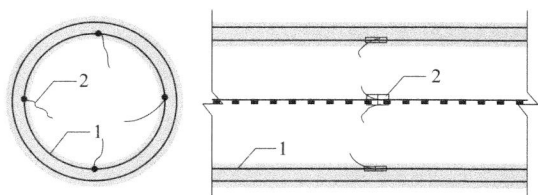

1—管节钢筋；2—钢筋计。

图 3-38　管节预埋钢筋计

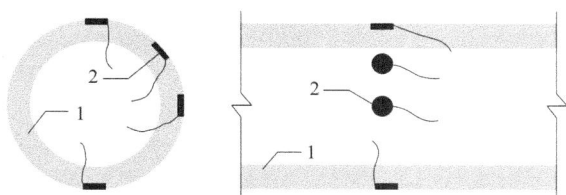

1—管节；2—土压力盒。

图 3-39　管节预埋土压力盒

顶管在顶推施工作业过程中会对地层产生不可避免的扰动，改变了原始地层应力平衡，并且顶推压力作用改变了地层的相对位移静止状态，通过对断面地层应力、水平位移和地表沉降进行监测，了解顶管作业地层相应空间效应。地面沉降测点数按断面三孔顶管影响范围考虑，地面沉降测点布设的左右跨度超出埋深 $1.5H$ 的范围，测斜管底部应低于隧道管片底部 3.0 m，共布置 10 个地面位移监测点、3 个分层沉降计、4 根测斜管。

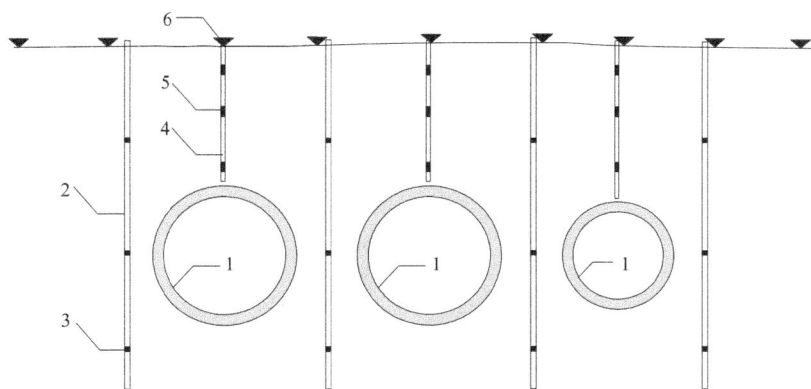

1—顶管管节；2—测斜管；3—土压力盒；4—分层沉降计；5—孔压计；6—地表沉降点。

图 3-40　多孔顶管断面监测点布置图

7. 顶管机顶推作业

本工法为小净距双向多孔平行顶管，采用 3 台泥水平衡顶管机同步施工（图 3-41）。根据先后顶进顺序建模分析结论，总体施工顺序为先施做两边再顶进中间。顶管机分别由中间始发井往两侧顶进，在接收井出洞后吊装转场至始发井继续顶进，每台顶管机分别顶进两条顶管隧道。

（1）始发基座及导轨安装

顶管机组装前，根据工作井底板至洞门底部高度，定制始发钢结构基座，并安装导轨，满足顶管机和管节按设计高程和方向前进要求，导轨上部涂抹黄油减阻。

（2）顶管机吊装及调试

顶管机吊装前，因编制吊装安全专项施工方案。吊装前对吊装设备器具进行详细检查，确保吊装设备器具安全可靠，配备专业施工人员进行指挥、操作。吊装前对有关人员进行详

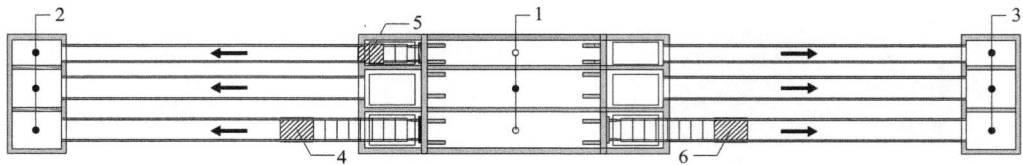

1—始发井；2—1#接收井；3—2#接收井；4—1#顶管机；5—2#顶管机；6—3#顶管机。

图3-41　多孔顶管顶推平面布置图

细的技术及安全交底教育。

顶管刀盘、壳体、顶进系统、泥水管路系统、主驱动系统、配电系统、配套设备在工作井内安装，在顶管机准确定位后，必须进行反复调试，在确定顶管机运转正常后，方可进行顶管始发和正常顶进工作。

（3）顶管顶进

顶管机从始发井始发（图3-42），刀盘切口环进入洞门帘布橡胶密封止水装置后，应立即建立泥水压力，控制顶进速度和出渣量，不断根据数据的反馈进行参数调整，及时摸索出正面土压力、出浆量、顶进速度、注浆量和压力等各种施工参数最佳值。

为减少土体与管壁间的摩阻力，向管道外壁压注一定量的触变泥浆（图3-43），变固固摩擦为固液摩擦，以达到减小总顶力的效果，防止顶管机卡顿和抱死。宜选择黏度较高、失水量小、稳定性好的材料，优选顶管专用钠基膨润土，渗透系数较大时应另加化学稳定剂。

图3-42　顶管正常顶进示意图

图3-43　触变泥浆注浆示意图

（4）贯通浆液置换

顶管外形成10~20 mm间隙，其间充填泥浆，为控制地基沉降，需对管壁外侧的触变泥浆进行置换，浆液为素水泥浆，选用P. O. 42.5水泥和相关配料。浆液由触变注浆孔注入，相邻两侧出浆孔安装限制阀，排出泥浆，待水泥浆流出时关闭，达到设计压力时停注，再由相邻孔注浆，依次类推。

顶管机转场顶推下一孔：顶管机顶推出洞后，顶管机和推进系统分别采用吊车吊装转场至下一孔再次组装调试，再次顶进作业直至多孔顶管全线贯通。

3.4.2 施工质量控制标准与措施

1. 质量控制标准

施工时，工程质量控制与验收应严格按照《顶管技术规程》（CSTT）、《给水排水工程顶管技术规程》（CECS 2006）、《城镇给水预应力钢筒混凝土管管道工程技术规程》（CJJ 224—2014）、《给水排水管道工程施工及验收规范》（GB 50268—2008）、《给水排水构筑物工程施工及验收规范》（GB 50141—2008）、《混凝土结构工程施工质量验收规范》（GB 50204—2015）执行。

2. 管节进场验收控制措施

管节及管件的规格、性能应符合国家有关标准的规定和设计要求，进入施工现场时其外观质量应符合下列规定。

①内壁混凝土表面平整光洁；承插口钢环工作面光洁干净。

②管内表面出现的环向裂缝或者螺旋状裂缝宽度不应大于 0.5 mm（浮浆裂缝除外）；在距离管的插口端 300 mm 范围内出现的环向裂缝宽度不应大于 1.5 mm；管内表面不得出现长度大于 150 mm 的纵向可见裂缝。

③管端面混凝土不应有缺料、掉角、孔洞等缺陷。端面应齐平、光滑，并与轴线垂直。

④管节内外保护层不得出现空鼓、裂缝及剥落现象。

3. 顶管顶进控制措施

①在洞门凿除过程中，应铺设木胶板保护洞门密封帘布橡胶圈，防止破损导致洞门漏浆。

②顶进机就位后，将机头垫高 5 mm，保持始发时顶进机有一向上的趋势，预防始发时顶进机因自重而下磕现象。

③为防止始发管道后退现象，在井底板安装止退支撑架，在管节推到位置时，主推千斤顶退回前，将插销插进止退支撑架固定孔和管节吊装孔上，使混凝土管固定在止退支撑架上，防止管节后退，直至混凝土管外壁摩阻力大于顶进机正面水土压力为止。

④顶进过程中周围土质的变化、纠偏的影响及管内设备的不均匀性会造成推进时管道发生不同程度的扭转，直接影响到施工质量。因此在顶进过程中，应及时进行监测，通过数据分析及时调整顶进姿态。

⑤每顶进一环，测量一次顶管机轴线及标高偏差情况。及时通知顶管机操作员通过铰接油缸和推进系统进行顶管姿态纠偏，每次纠偏角度要小，纠偏角度变化值一般不大于 0.5°。

3.4.3 安全施工措施

1. 吊装安全施工

①顶管机及钢筋混凝土管节较重，应合理配置吊装设备，根据吊装方案要求配置专业吊装人员。

②吊装管节不得强行起吊，以防止造成管节破坏。

③起重作业严格按照《建筑机械使用安全技术规程》(JGJ33-86)和《建筑安装工人安全技术操作规程》规定的要求执行。

④吊运机具设备正式使用前必须组织试吊、试运行，经监理工程师认为合格后方可进行吊装作业。吊装作业严禁超载。起重作业人员要严格执行《起重作业安全操作规程》，确保施工作业人员的安全。

⑤吊运过程中可采用牵引绳引导管节准确就位，牵引绳长度需满足施工要求。

2. 顶管安全保证措施

①作业人员严格执行国家颁布的有关安全生产制度和安全技术操作规程。认真进行安全技术教育和安全技术交底。施工过程中，对安全防范的关键部位进行重点检查，及时排除不安全因素和事故隐患。

②仔细研读岩土工程勘察报告，查清沉井范围内的地质、水位情况，对存在的不良地质条件采取针对性的技术措施，防止顶管在顶进过程中发生不正常情况，以确保施工的安全。

③做好顶管期间的井内外排水工作，并设置可靠电源，以防止始发、接收出现大量涌水现象，避免造成淹井事故。

④施工井位进行全线围挡，并配备大门，沉井口周围设置安全防护栏杆，并有防止坠物的措施。围挡上粘贴反光条，沿道路围挡设置爆闪灯；井下作业人员应戴安全帽，穿胶鞋。下井应设安全爬梯，并有可靠的应急措施。

⑤顶管施工通过道路时，应限制交通。主要出入口配备专人看护，进行交通引导。

⑥顶管过程中需对邻近建筑物、地下管线及道路路面进行沉降、位移、倾斜等检测，发现异常立即停止施工及时采取措施。

3.5 受限场地内顶管机快速组装施工与转场技术

3.5.1 低净空条件下地下连续墙施工技术

在城市地下结构建设过程中，往往受正上方高压架空线和构(建)筑物高度限制的影响，必须在低净空条件下进行地下连续墙施工作业。本工程在低净空条件下设封网保护控制安全距离，采用低净空成槽机+低净空双轮铣槽机组合工艺成槽和钢筋笼整体制作分节吊装施工工艺，能快速高效地解决低净空条件下地下连续墙施工问题。

低净空条件下地下连续墙施工流程见图3-44。

1. 管线封网保护

地下连续墙基坑正上方若有高压架空线，应按照《中华人民共和国电力法》和《电业安全工作规程》的有关标准规定：高压架空线正下方作业，应满足安全保护距离，设置安全警示网防护。经结构受力验算分析，在高压架空线与地下连续墙之间设封网保护，封网保护结构由钢筋混凝土扩大基础+角钢铁塔立杆及横梁+迪尼玛绳组成(图3-45、图3-46)，封网高度应大于10 m，满足低净空铣槽机施工条件，且封网与高压架空线距离需满足规范要求的安全保护距离。

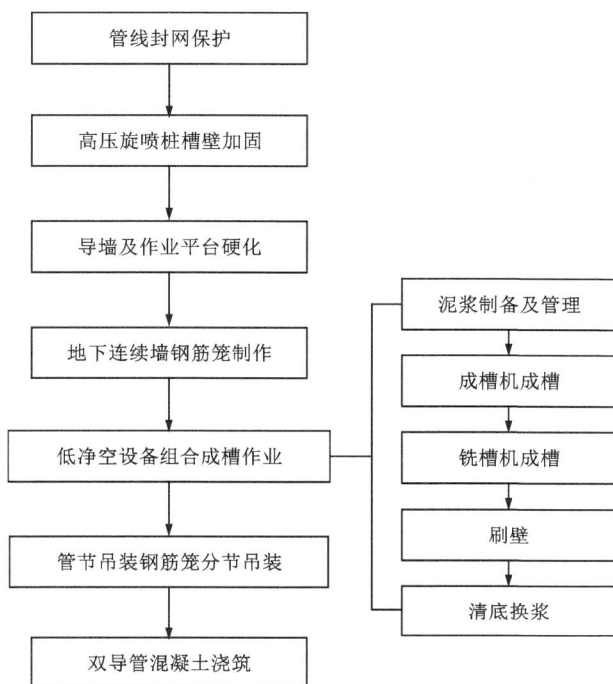

图 3-44　低净空条件下地下连续墙施工流程图

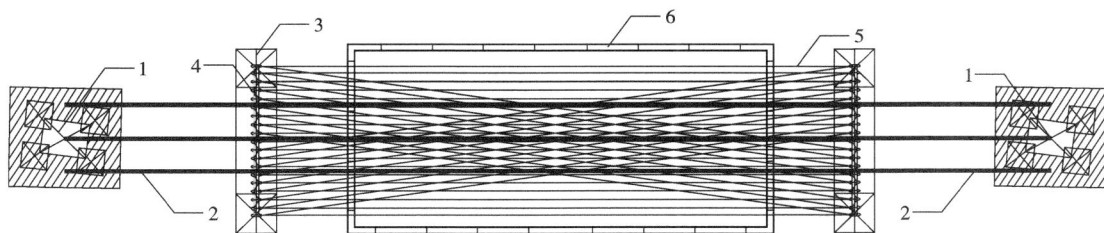

1—高压铁塔；2—高压架空线；3—封网保护铁塔；4—横梁；5—迪尼玛绳；6—地下连续墙。

图 3-45　高压架空线封网保护平面图

2. 高压旋喷桩槽壁加固

根据地质勘察报告，基坑范围地层上部约 8 m 为杂填土(局部夹杂粉煤灰土)，地下连续墙成槽期间易造成槽壁坍塌。受基坑正上方高压架空线高度影响，三轴搅拌桩槽壁加固设备不具备施工条件，宜采用 $\phi600@400$ mm 双排高压旋喷桩进行地下连续墙内外侧槽壁加固方式，加固深度至杂填土下 1 m，加固体强度为 0.8 MPa，如图 3-47 所示。

3. 导墙及作业平台硬化

为了保证低净空铣槽机和成槽机安全作业，防止槽顶坍塌，确保成槽质量，沿地下连续墙中心线设置钢筋混凝土导墙，导墙外侧施做钢筋混凝土作业平台，导墙与作业平台钢筋连

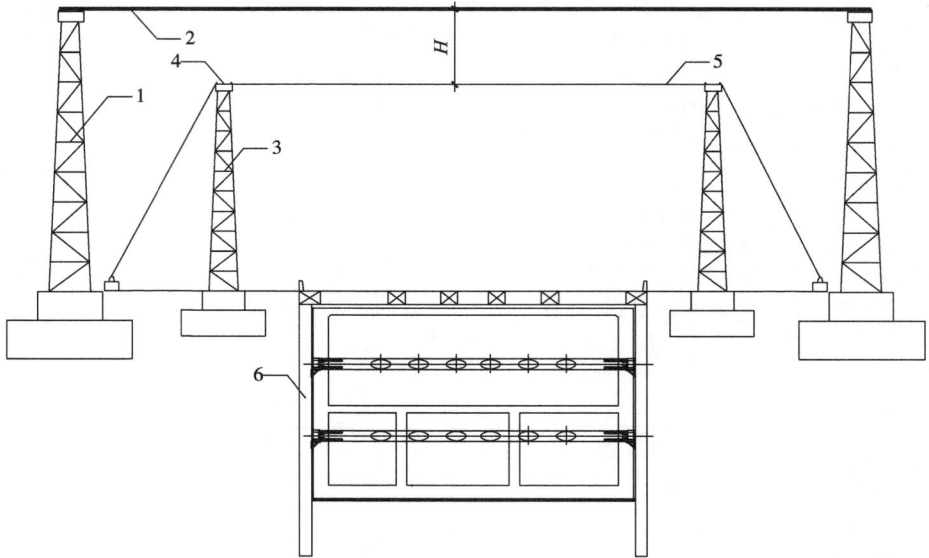

1—高压铁塔；2—高压架空线；3—封网保护铁塔；4—横梁；5—迪尼玛绳；6—地下连续墙；H—安全距离。

图 3-46　高压架空线封网保护断面图

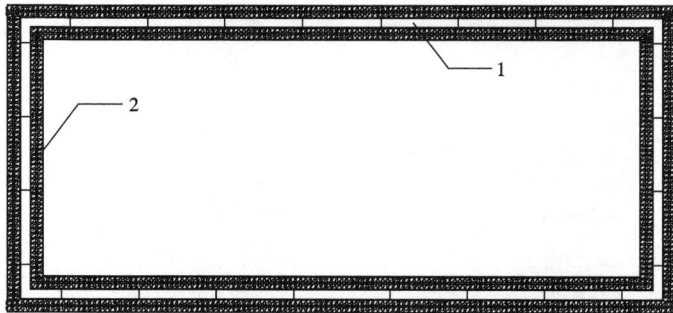

1—地下连续墙；2—高压旋喷桩。

图 3-47　高压旋喷桩槽壁加固

接成整体，防止导墙坍塌造成机械设备倾覆。导墙采用放坡方式开挖土方，钢筋笼制作完成后，安装内侧立模，放坡区域采用素砼回填。导墙混凝土强度达到设计要求后，采用木撑支护，及时回填土，防止导墙变形造成槽壁宽度不足（图 3-48、图 3-49）。

4. 地下连续墙钢筋笼制作

因工作井正上方既有高压架空线，故地下连续墙钢筋笼长度受架空线高度限制。根据高压线封网高度计算确定钢筋笼分节吊装高度，结合地下连续墙设计深度，明确钢筋笼分节长度。

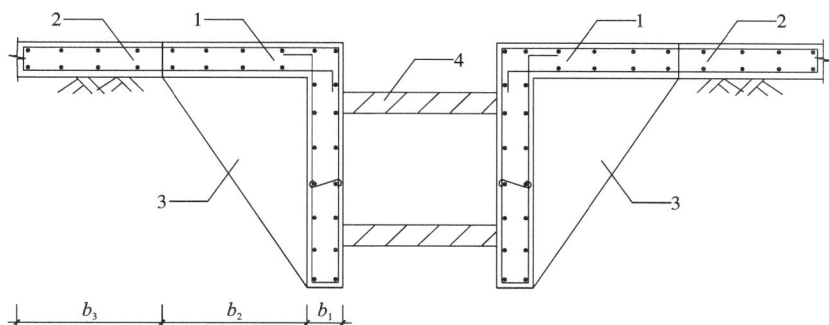

1—导墙；2—作业平台；3—素砼回填；4—木撑；b_1—立墙宽度；b_2—翼板宽度；b_3—作业平台宽度。

图 3-48　地下连续墙导墙及平台剖面图

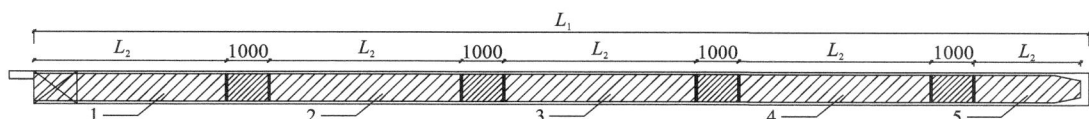

1—第一节；2—第二节；3—第三节；4—第四节；5—第五节；L_1—连续墙长度；L_2—分节长度）

图 3-49　地下连续墙导墙及平台平面图

（1）上下节钢筋笼丝扣控制

为避免钢筋笼分节加工导致主筋对接出现偏差，钢筋笼采用整体制作分节吊装的方法。制作时上下节钢筋笼连接主筋提前套正反丝，下节钢筋笼套全丝，上节钢筋笼套半丝。吊装前将上下节连接套筒全部旋入下节钢筋笼，将整体制作钢筋笼拆分开，分节吊装至地下连续墙槽口后，再利用全丝扣套筒将主筋对接成整体(图 3-50)。钢筋笼分节部位主筋相邻接头50%错开，错开长度 1 m。H 形钢接头也采用整体制作成型，吊装前，在分节部位切割断开，分节吊装至地下连续墙槽口后，再利用二保焊接成整体下放。

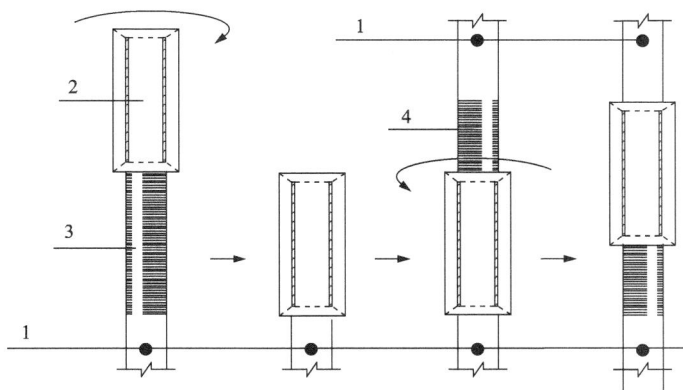

1—连续墙钢筋；2—套筒；3—全丝扣；4—半丝扣。

图 3-50　上下节钢筋笼主筋对接示意图

（2）吊点桁架筋布置

为满足双机抬吊翻身要求，钢筋笼制作时，要确保每节钢筋笼至少有三道横向桁架筋，经过计算确定纵向桁架的布置位置，将吊点布置在纵横向桁架相交位置（图3-51）。

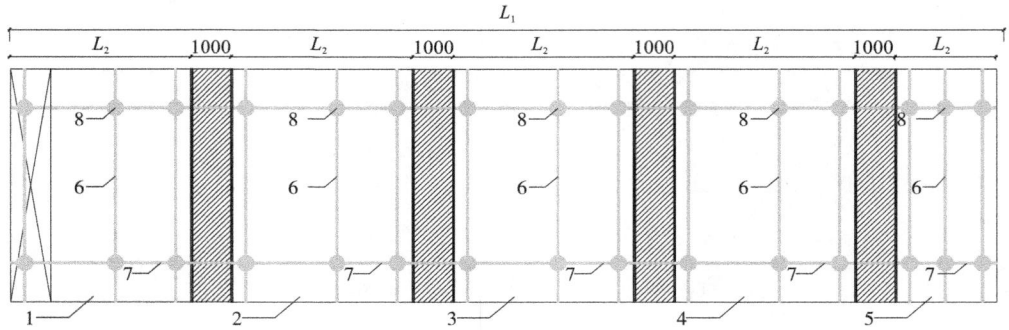

1—第一节；2—第二节；3—第三节；4—第四节；5—第五节；6—横向桁架筋；7—纵向桁架筋；8—吊点。

图3-51　钢筋笼分节桁架筋布置图

5. 低净空设备组合成槽作业

因工作井正上方既有高压架空线，地下连续墙成槽高度受限，普通液压抓斗成槽机作业高度约18 m，且墙底深入中风化岩层，故无法满足低净空和深入岩成槽要求。高压架空线封网保护高度为10 m，地下连续墙选用低净空成槽机配合低净空双轮铣槽机进行组合成槽施工，其中低净空成槽机工作净高6 m，双轮铣槽机工作净高7.35 m。

（1）泥浆制备及管理

制备泥浆的主要材料有：优质膨润土（复合钠基膨润土）、泥浆用水（自来水）。采用旋流立式搅拌机拌制泥浆。膨润土泥浆以膨润土、CMC、纯碱（Na_2CO_3，分散剂）、水制备，采用的重量配合比为：水：膨润土：CMC：纯碱＝1000：80：1：10。泥浆制备完成后，静置时间应不少于24 h，以使膨润土颗粒充分膨化，确保泥浆性能指标满足要求。现场设泥浆池或者泥浆箱来保证充足的成槽泥浆量。成槽作业过程中，槽内泥浆液面应保持在不致泥浆外溢的最高液位，并且必须高出地下水位0.5 m以上，成槽作业暂停施工时，泥浆面不应低于导墙顶面0.5 m。在清槽过程中应不断置换泥浆。清槽后，槽底0.2～1 m处的泥浆比重应小于1.15 g/cm³，含砂率不大于7%，黏度不大于25 s。泥浆性能指标见表3-3。

表3-3　泥浆性能指标质量控制一览表

泥浆性能指标	新配制泥浆		循环泥浆		检验方法
	黏性土	砂性土	黏性土	砂性土	
相对密度/(g·cm⁻³)	1.04～1.05	1.06～1.08	<1.15	<1.25	比重计
黏度/s	20～24	25～30	<25	<35	漏斗黏度计
含砂率/%	<3	<4	<4	<7	洗砂瓶
pH	8～9	8～9	>8	>8	试纸

续表 3-3

泥浆性能指标	新配制泥浆		循环泥浆		检验方法
	黏性土	砂性土	黏性土	砂性土	
胶体率/%	>98	>98	—	—	量杯法
失水量/[mL·(30 min)$^{-1}$]	<10	<10	<20	<20	失水量仪
泥皮厚度/mm	<1	<1	<2.5	<2.5	

（2）成槽机成槽

首先采用低净空成槽机开挖地下连续墙槽段上部 5 m 土方，双轮铣槽机泥浆泵达到循环状态时即可采用铣槽机开挖至槽底。成槽前，利用车载水平仪调整成槽机的平整度。成槽过程中，利用成槽机上的垂直度仪表及自动纠偏装置来保证成槽垂直度，成槽垂直精度不得低于设计要求，接头处相邻两槽段的中心线任一深度的偏差均不得大于槽深×垂直度的 1/300 的结果数值。每幅槽段分三抓施工，为防止成槽机成槽过程中土体的偏压导致槽段垂直度失控，单幅标准槽段先抓两侧，再抓中间。同时根据导墙标高控制挖槽的深度，以保证其不小于 5 m，确保后续低净空铣槽机能正常泥浆循环。

（3）铣槽机成槽

铣槽机是一个带有液压和电气控制系统的钢制框架，底部安装有 3 个液压马达，水平向排列，两边马达分别带动两个装有铣齿的滚筒。铣槽时，两个滚筒低速转动，方向相反，其铣齿将地层土层和围岩铣削破碎，中间液压马达驱动泥浆泵，通过铣轮中间的吸砂口将掘出的渣土与泥浆排到地面泥浆站进行集中处理后返回槽段内，如此反复循环，直至终孔成槽。开挖至槽底上 0.5 m 时，应用测绳测深，防止大量超挖和少挖。成槽至标高后，连接幅、闭合幅、刷壁，保证接头基本无夹泥。检查槽位、槽深、槽宽及槽壁垂直度合格后，进行清槽换浆。

（4）刷壁

槽段成槽质量检测完成后，开始进行槽段接头刷壁施工。刷壁器必须紧贴 H 形钢腹板从下至上刷壁，每使用一次，用清水将刷壁器冲洗干净，对闭合幅段及连接幅段应进行接头处理，用刷壁器刷壁，刷壁往复次数应不少于 30 次，且时间不少于 30 min，直至刷壁器钢丝刷无泥为止（图 3-52）。

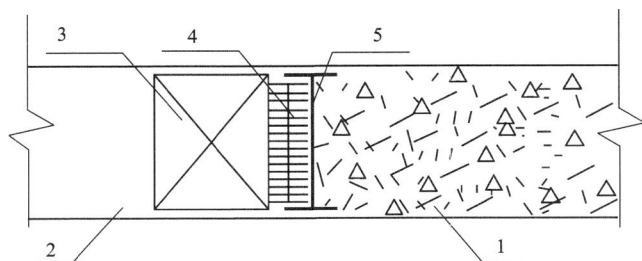

1—已浇筑槽段；2—待浇筑槽段；3—刷壁器；4—钢丝刷；5—H 形钢腹板。

图 3-52　连续墙刷壁示意图

（5）清底换浆

地下连续墙成槽完成后，泥浆内含有大量的泥砂，静置过程中易发生沉淀，造成槽底大量堆积泥渣，影响地下连续墙的施工质量。因此刷壁完成后应进行清底换浆作业，通过不断的泥浆循环，降低泥浆内的含砂率，减少泥砂沉淀，最终使槽段内泥浆比重、含砂率等指标达到规范要求的范围，槽内沉渣厚度不大于 10 cm。

6. 钢筋笼分节吊装

低净空地下连续墙钢筋笼采用整体制作分节吊装方法。根据钢筋笼理论重量进行吊力验算，采用主、副双机进行抬吊。钢筋笼吊装前应进行试吊，钢筋笼水平吊起脱离地面后，需静置保持 5 min，然后升主吊、放副吊，将钢筋笼凌空吊直，完成钢筋笼的空中翻转。依次将第一节钢筋笼吊入槽口，并用实心钢扁担将第一节钢筋笼暂时固定在槽口，待第二节钢筋笼起吊至槽口边后，将钢筋笼对接形成整体，然后下放第二节，再起吊第三节与第二节对接，依此类推，直至整个钢筋笼全部对接下放完成。上下节钢筋笼对接分四步，第一步对接接头工字钢，第二步对接两道纵向桁架对应的 4 根主筋，第三步对接剩余纵向主筋，第四步布置接头范围内横向水平分布筋与勾筋（图 3-53）。具体步骤如下。

①第一步对接接头工字钢，将上下两节段工字钢腹板及翼板对齐，用 10 mm 厚缀板将上下节腹板及翼板焊接连接。

②第二步对接纵向桁架对应的 4 根主筋，上下接头对准后，将预先旋入下节钢筋笼主筋的钢套筒向上旋入上节钢筋笼主筋，拧紧后采用扭矩扳手检测扭矩值。

③第三步对接剩余纵向主筋，主筋采用机械连接接头，当机械套筒连接确有困难时可采用同等规格的主筋帮焊，帮焊时通过调整帮条钢筋长度错开接头，焊缝长度均采用单面焊 10 d，且焊缝质量满足规范要求。

④第四步布置接头段横向水平分布筋和勾筋，上下节钢筋笼全部对接完成后，将钢筋笼下放至钢扁担上，扁担放在导墙上，起吊下段钢筋笼再次进行对接，直至整个钢筋笼全部对接下放完成。

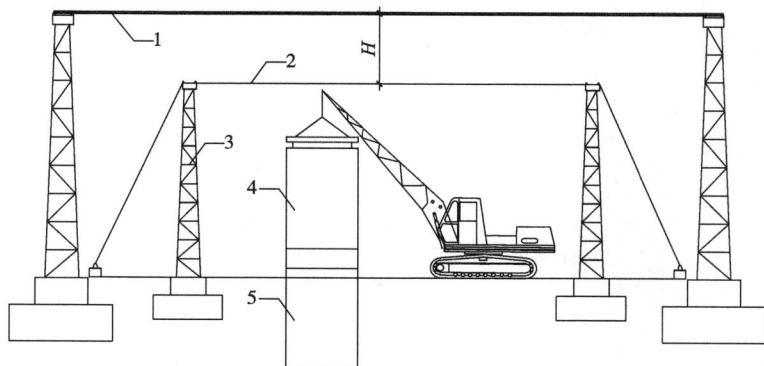

1—高压架空线；2—封网保护；3—铁塔；4—上节钢筋笼；5—下节钢筋笼；H—安全距离。

图 3-53　连续墙钢筋笼分节吊装示意图

7. 双导管混凝土浇筑

钢筋笼下放后进行二次清槽,泥浆比重及沉渣厚度合格后半小时内必须灌注混凝土。混凝土浇筑采用双导管法作业。导管安装前,需进行水密性试验、接头抗拉试验,试验合格后方可投入使用。采用吊车将导管吊放至槽段导管仓位置,由上至下依次安放,接头安装密封橡胶垫,导管底部应插入到离槽底标高 30~50 cm 处,导管顶部安装漏斗,容积不低于 0.8 m³。混凝土浇筑前,应计算首灌方量,导管埋深为 2~5 m,并进行混凝土试验检测,满足规范要求后浇筑混凝土。混凝土浇筑应连续进行,不得中断超过 30~40 min,混凝土浇筑高出设计墙顶 50 cm 时停止浇筑。

3.5.2　空间受限情况下顶管机整体平移施工技术

本工程顶管始发井电力舱上方受 220 kV 高压架空线影响,无法进行吊装作业。始发基座及顶管机由综合舱吊装下井,整体平移至电力舱(图 3-54~图 3-57)。始发井吊装孔范围结构底板铺设钢板,钢板顶部涂抹黄油减阻,吊装始发基座、顶管机至综合舱内,利用千斤顶横向接力顶推平移至电力舱区域,再调整始发基座及加固完成顶管始发。

空间受限情况下顶管机整体平移施工方法,包括如下步骤。

①施作顶管工作井底板,底板钢筋绑扎后预埋 20 张等间距 10 mm 厚钢板,并在底板上预埋中隔墙直螺纹接驳器,顶部标高需与底板顶标高齐平。

②施作顶管工作井中板,预埋中隔墙直螺纹接驳器,便于后期中隔墙浇筑时进行钢筋连接。

③施作顶板,并在顶板吊装孔洞周边增设一圈钢筋混凝土挡土墙,兼做洞口临边防护,防止施工时人员、物体坠落。

④将顶管机整体平移所需钢板焊接固定于提前预埋的 20 张钢板上,并在钢板上均匀涂抹黄油;安装始发基座,保证导轨轴线与坡度要求,并在始发基座两侧安装钢支座+千斤顶限位装置,防止安装顶管时滑移;采用 400 t 汽车吊将顶管机吊入工作井始发导轨上,吊装时需注意上部与高压线的安全距离。

⑤借助钢支座提供反力进行顶管机与始发基座的整体平移,单次递进 2.5 m,直至到达指定位置。

⑥进一步固定始发导轨,并调试顶管机,使之正常顶进。

⑦恢复顶管工作井中隔墙及吊装口。

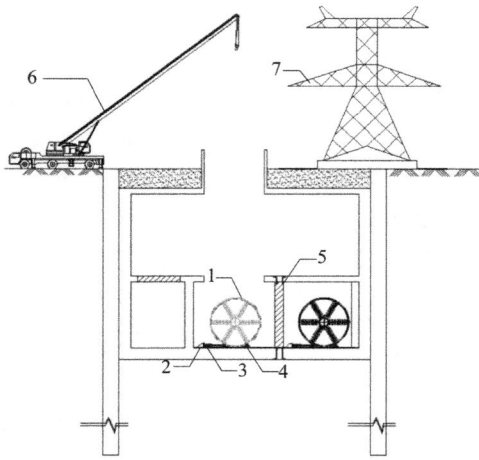

1—顶管机；2—钢支座反力架；3—千斤顶；4—始发基座；
5—钢筋直螺纹接驳器；6—汽车吊（400 t）；
7—高压电塔及高压线。

图 3-54　顶管机整体平移与吊装示意图

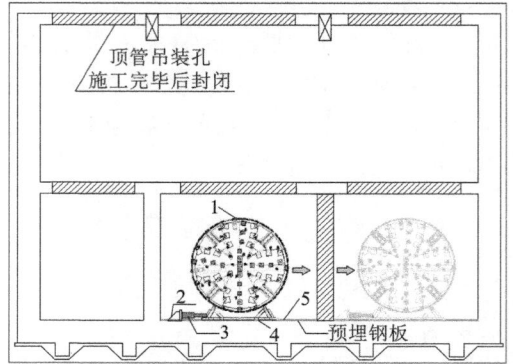

1—顶管机；2—钢支座反力架；3—千斤顶；
4—始发基座；5—表面涂刷黄油。

图 3-55　顶管机整体平移横断面图

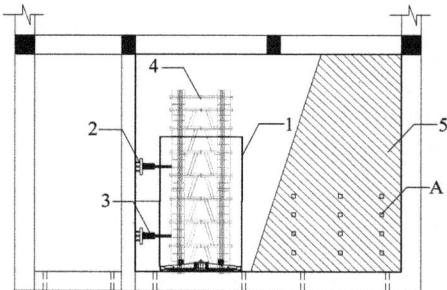

1—顶管机；2—钢支座反力架；3—千斤顶；4—始发基座；
5—表面涂刷黄油；A—200 mm×200 mm×10 mm 钢板。

图 3-56　顶管机整体平移平面示意图

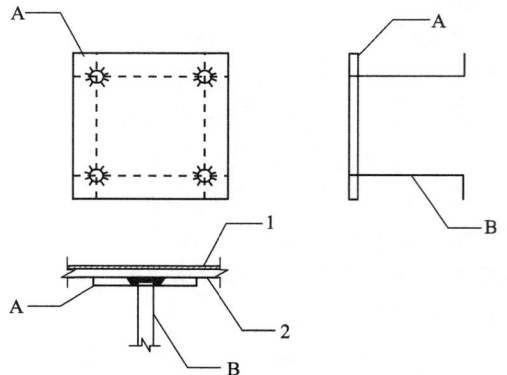

1—表面涂刷黄油；2—整体大钢板基面；
A—200 mm×200 mm×10 mm 钢板；B—φ25 螺纹钢。

**图 3-57　底板预埋 200 mm×200 mm×10 mm
钢板大样图及整体大钢板基面连接示意图**

3.6　本章小结

　　顶管机始发、进出洞、接收、平移是目前隧道施工中必不可少的环节，针对南昌市丹霞路综合管廊三孔顶管工程中砂砾层、高水位、施工场地受限等情况，对顶管始发和出洞安全施工，高水位砂砾地层隧道涌水、涌砂危害，受限场地下的顶管双向顶进、快速组装与转场施工进行了研究，形成了一系列施工控制技术。同时用 FLAC 3D 有限元软件对端头加固顶管施工过程进行模拟，研究了 MJS 工法桩最优加固范围、工作面平衡压力范围，揭示了不同加固方式对地表变形和既有围护结构变形的影响规律，得出如下结论。

①由于顶管施工大都是在地下进行作业，因此施工前要做好毒气检测、场地通风、照明设备等的安全准备工作；对于软弱富水地层，顶管进出洞前都需做好土体加固工作，且安装好洞口止水装置，本工程采用止水钢环与钢套筒相结合的方式。在高水位砂砾地层中进行顶管施工时务必控制好顶进速度、参数与姿态，加强沉降和地下水的监测，顶管管片接头需安装环箍与止水胶环，并用水泥砂浆堵缝。本工程工作井还采用 370 mm 厚挡土墙防止雨水、杂物进入井中。

②采用三轴搅拌桩加固土体时，地表沉降、隧道拱顶沉降及隧道水平收敛最大值分别为未加固情况下的 51.7%、59.5%、63.9%，而采用 MJS 工法桩加固时地表沉降、隧道拱顶沉降及隧道水平收敛最大值分别仅为未加固时的 32.5%、45.7%、54.2%，采用 MJS 工法桩加固土体时，其变形约为三轴搅拌桩加固的 1/2~3/4，说明该砾砂地层选用 MJS 工法桩加固可更好地控制土体及隧道变形。在考虑施工和经济成本的情况下，需要合理控制 MJS 工法桩的加固范围。短桩加固的宽度应该控制在隧道两侧 0.6D 之间，短桩加固的深度应该控制在隧道拱顶 0.9D 以上到隧道拱底 0.9D 以下，短桩与长桩的桩长比例应该控制在 1∶3 左右。

③为缩短建设工期，同时保证施工安全与工程质量，采用能同时满足顶管双向顶进的后背体系结构。该体系中，双向顶进后背墙互为独立式结构，后背墙横向连接工作井中隔墙及侧墙，竖向锚入工作井结构底板，反向设置钢筋混凝土斜撑与后背墙连接成整体，后背墙及斜撑结构设计厚度依据顶管总推力进行受力验算。顶管机推进系统安装前，在后背墙上安装钢套箱进行反力均匀作用在后背墙上，防止单个主顶油缸反力造成后背墙开裂。钢套箱与后背墙之间缝隙采用细石混凝土填充密实。同时，在管节上分别埋设针式位移计、钢筋计、压力盒等健康监测元器件。主要监测管片所受监测方向的变形量，监测管片接头部位的开合情况，监控管片的安装、工作性状。

④在低净空条件下设封网保护控制安全距离，采用低净空成槽机+低净空双轮铣槽机组合工艺成槽和钢筋笼整体制作分节吊装施工工艺，能快速高效地进行低净空条件下地下连续墙施工。由于本工程始发井电力舱上方受 220 kV 高压架空线影响，无法进行吊装作业，因此始发基座及顶管机由综合舱吊装下井，整体平移至电力舱。始发井吊装孔范围结构底板铺设钢板，钢板顶部涂抹黄油减阻，吊装始发基座、顶管机至综合舱内，利用千斤顶横向接力顶推平移至电力舱区域，再调整始发基座及加固完成顶管始发。

第4章

多孔顶管顶进姿态及管节对接施工控制技术

随着多孔顶管工程的日益增多，其施工过程中顶进姿态的精确控制和管节对接的高精度要求逐渐成为技术难点。多孔顶管涉及多个孔洞的同步或者先后顶进，顶进姿态的偏差容易导致管节错位、接口渗漏等问题，严重影响工程质量和施工安全。因此，研究多孔顶管顶进姿态的精准控制及管节对接施工技术，对于提高施工效率、保障工程质量具有重要意义。本书依据实际工程的特点，系统分析包含顶管机选型、管片上浮控制、管节拼装、姿态控制与顶推力计算方法的多孔顶管施工影响因素与控制技术，以期为类似多孔顶管施工提供理论支持和技术指导。

4.1 砂砾地层浅覆土顶管机选型及施工方法

4.1.1 砂砾地层浅埋顶管施工存在的问题

本工程顶管掘进地层主要为砂砾土层，且地下水丰富，顶管埋深最浅处仅为 5 m，略大于一倍管径高度，因此施工会存在以下难点及风险点。

1. 后靠土体稳定性差

由于砂砾土地层中砂体自稳性能很差，因此工作井形成较难，再加之顶管所需要的总推力要通过后背墙传递给后靠土体，而后靠土体属于无黏性的松散砂土，往往会引起后靠土体滑动和坍塌而产生大幅度位移，使后靠土体缺乏稳定性，导致顶管工作井无法形成。

2. 进出洞土体不能满足工具管进出洞要求

砂土层顶管进出洞时，由于砂土层中土体属粒状结构，颗粒之间无黏性，呈松散性、流动态，且砂砾土地层一般地下水丰富，因此一方面工具管很难进入土体，另一方面大量的砂土与水会漏入工作井，导致洞口周围地表大面积沉陷，造成顶管工具管无法正常进出工作井和接收井。

3. 挖掘面坍塌

在顶管施工过程中，由于工具管前挖掘面的土体坍塌、流砂，因此工具管头部正常需要的挖土空间很难形成，一方面造成顶力加大，另一方面造成头部的流砂堆积。并且由于土体缺乏顶管所必需的导向力，因而顶管过程中的关键环节纠偏工作难以进行。并且因为出土量大，地面出现沉陷，造成顶管无法正常进行工作，缺乏安全性、可靠性。

4. 上部结构变形破坏

本工程长距离、大断面的三孔顶管施工共有 6 次始发和 6 次接收；15 次下穿敏感建 (构)筑物及河流，拱顶最小净距 2.67 m；3 次上跨地铁 4 号线区间隧道，垂直净距 9.34 m。管节埋深浅，土质稳定性差，长距离顶进过程中存在"背土"效应，沉降控制风险高，若施工不当易造成既有结构破坏。

4.1.2　顶管机选型及施工技术要点

1. 顶管机选型原则

顶管机选型涉及多个方面和多个因素，主要包括如图 4-1 所示的几点。

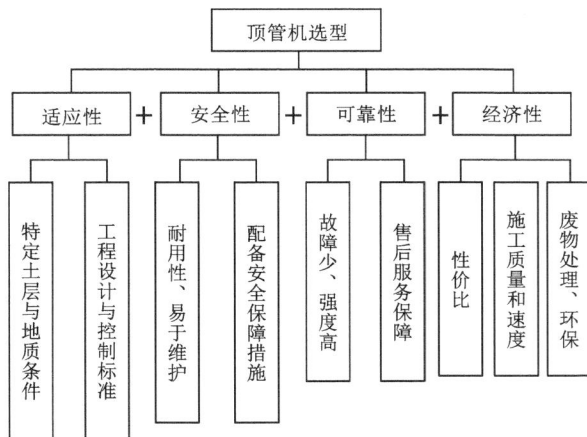

图 4-1　顶管机选型主要考虑因素

2. 顶管机比选

对于顶管工程来说，针对不同的水文地质情况选用不同的顶管机机型是很关键的，直接关系到顶管施工的成功与否。现有顶管掘进机可分为泥水平衡式顶管机、土压平衡式顶管机、气压平衡式顶管机及多功能顶管机等。以下对目前常用的两种机型进行对比分析。

（1）泥水平衡式顶管掘进机

用水力切削泥土以及虽然采用机械切削泥土但是采用水力输送弃土，同时利用泥水压力来平衡地下水压力和土压力的这类顶管形式都称为泥水式顶管。泥水加压平衡式掘进机由主机、纠偏系统、进排泥系统、主顶系统、压浆系统和洞口止水圈、基坑道轨等组成。

根据对泥浆压力控制方式的不同，泥水平衡顶管又分为直接控制型和间接控制型两大类。直接控制型泥水平衡顶管的泥水仓压力，可通过调节进排浆泵转速或调节控制阀的开关来实现；间接控制型泥水平衡顶管通过配置气压仓等压气设备，保持气压仓压力与开挖面周围的静水压力及土压力平衡，维持开挖仓内的压力来保证开挖面的稳定。

泥水平衡式顶管掘进机的优点：适用的土质范围比较广，如在地下水压力很高以及变化范围较大的条件下，它也能适用；可有效地保持挖掘面的稳定，对顶管周围的土体扰动比较小，特别是采用泥水平衡式顶管掘进机施工引起的地面沉降也比较小；与其他类型顶管掘进机比较，泥水顶管施工时的总推力比较小，尤其是在黏土层则表现得更为突出，所以适宜于长距离顶管；工作坑内的作业环境比较好，作业也比较安全，由于采用泥水管道输送弃土，不存在吊土、搬运土方等容易发生危险的作业，因此工人劳动强度低；由于泥水输送弃土的作业是连续不断地进行的，因此作业进度比较快。

泥水平衡式顶管掘进机的缺点：采用水力切削容易使掘进机前方产生损失；弃土的运输和存放比较困难，运输成本较高；所需作业场地大，设备成本高；口径越大，泥水处理量也就越多，因此仅适用于小口径管道；采用泥水处理设备往往噪声很大，对环境造成污染；由于泥水顶管施工的设备比较复杂，一旦出现了故障就要全面停止作业；如果遇到覆土层过薄或渗透系数特别大的沙砾、卵石层，作业容易受阻。

（2）土压平衡式顶管掘进机

主要特点是在顶进过程中利用土仓内的压力和螺旋输送机排土来平衡地下水压力和土压力，排出的土可以是含水量很少的干土或含水量较多的泥浆。与泥水平衡式顶管掘进机相比，其最大特点是排出的土或泥浆一般都不需要进行泥水分离等二次处理。

土压平衡式顶管掘进机的优点：土压平衡顶管掘进机一般用来进行中、大口径的管道施工；能在覆土比较浅的状态下正常工作，最浅覆土深度仅为 0.8 倍掘进机外径，这是其他形式的顶管掘进机无法做到的；适用的土质范围广，是全土质的顶管掘进机；能保持挖掘面的稳定，可以使地面变形极小；弃土的运输、处理都比较方便、简单，没有泥水平衡式顶管掘进机那样的泥水处理装置等；操作方便、安全，不需要泥水循环系统。

土压平衡式顶管掘进机的缺点：由于出土的不连续性，加上注浆减摩所产生的注浆压力，土压平衡式顶管掘进机对管道周围土体造成的挤压力非常大；土压式掘进机引起的深层土体水平位移较大；在沙砾层和黏粒含量少的沙层中施工时，必须采用添加剂对土体进行改良。

（3）本工程顶管机选择

综合比较上述两种顶管机的优缺点，并结合南昌市丹霞路新建综合管廊工程所处地的水文地质条件，主要考虑到泥水平衡式顶管机在地下水压力很高及变化范围较大的情况下也适用，本工程选用两台直径分别约为 4300 mm、3300 mm 的泥水平衡式顶管机，施工现场顶管机吊装见图 4-2。

3. 泥水平衡式顶管机施工流程

泥水平衡式顶管机施工工艺流程见下图 4-3。

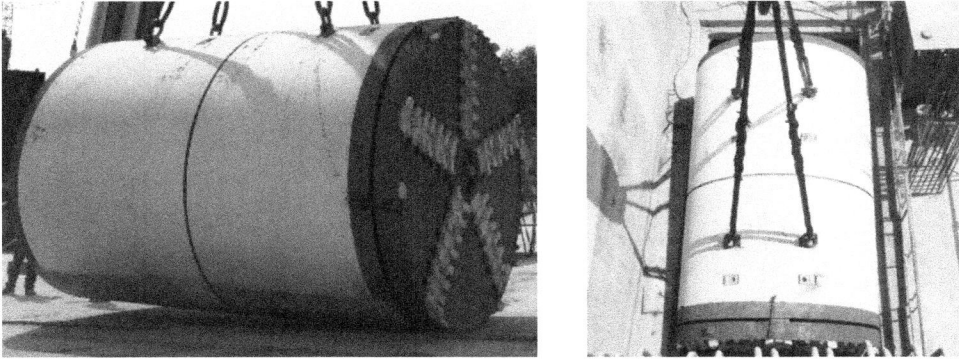

图 4-2　本工程所选泥水平衡式顶管机吊装施工图

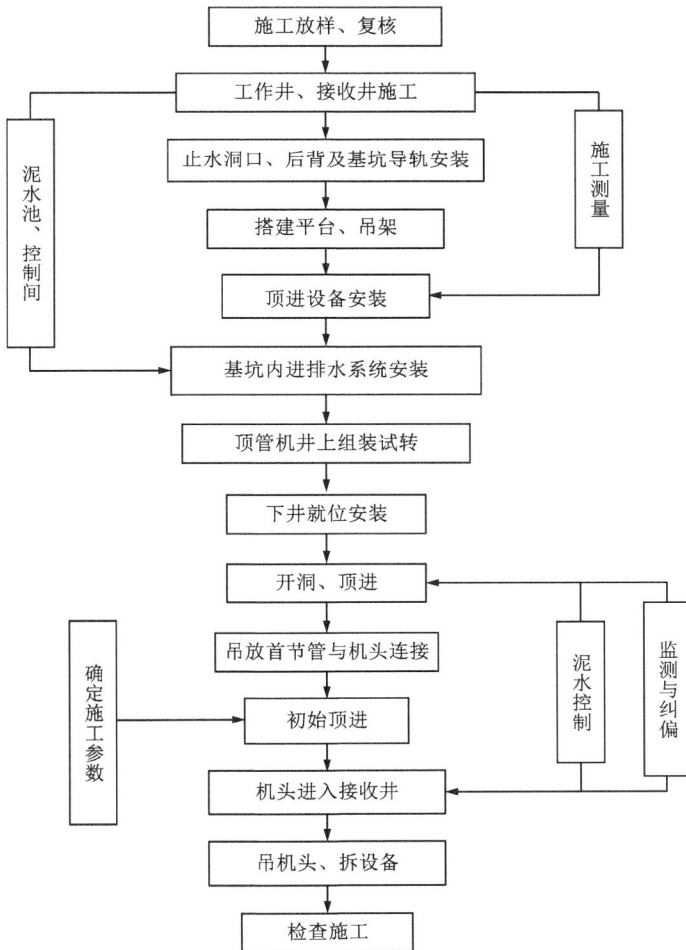

图 4-3　泥水平衡式顶管机施工流程

4.2 浅覆土水下隧道顶管管片结构上浮机理及控制技术

4.2.1 顶管管片上浮机理

1. 顶管隧道管片上浮产生的原因

①当地下水、注浆浆液、泥浆等包裹管片而产生的上浮力大于管片自重及上覆土荷载时，管片会局部上浮。

②注浆产生的动态上浮力作用使管片上浮。

③施工中千斤顶造成的管片纵向偏心荷载，致使管片纵向发生弯曲变形。

④隧道开挖卸荷导致的地基回弹作用，也可能造成顶管隧道局部或整体上浮。

⑤已经成型的上浮管片对相邻的脱出顶管机尾管片的作用也会产生较大的力。

鉴于千斤顶偏心荷载及顶管机上抬的偶然性，相邻管片对管片产生的力也较难分析且在施工中可以通过技术措施控制，本书主要围绕上述①、②、④三个常态的上浮原因展开分析。

2. 静态上浮力产生机理

依据顶管工法特性，管片脱离机尾后，机尾空隙宽一般为 8～16 cm，周围土体暂处于无支护状态，需要进行同步注浆填补机尾空隙，并尽快形成强度，以防引起上部地层下沉或管片上浮。机尾空隙可能会被各种液体包裹，因而形成的上浮力主要有以下几种：①顶管在透水性较好的饱和土层中掘进时，整个隧道都被水包裹，很容易形成浮力；②泥浆顶管施工尤其是大断面顶管施工，以泥水平衡式顶管机居多，需要用较大的泥水压力与切口处的水（土）压力保持平衡，这些泥浆在遇到透水性好的地层、超挖较大或者小曲率拐弯的时候，可能向后方流窜，充斥整个机尾空隙，从而产生较大的泥浆浮力；③当管片脱离机尾时，若同步注浆的浆液不能达到初凝状态和一定的早期强度，隧道被包围在壁后注浆的浆液中，从而承受浆液形成的浮力。

3. 动态上浮力产生机理

壁后注浆浆液扩散过程是一个复杂的过程，与周围土质、施工工艺、浆液性质、注浆压力、地下水等多种因素有关。考虑到其在一定条件下总是以某种流动形式为主，本书将浆液在机尾管片壁后的扩散方式归纳为图 4-4 所示的理想化扩散模型。

①充填阶段，浆液充填未被周围土体挤压填实的机尾间隙。管片脱离机尾后，周围土体会向管片方向移动，注浆充填范围与土体位移量的大小此消彼长。同时，充填范围还与注浆压力的大小及浆液的流动性有关，注浆压力大、浆液流动性好，充填范围就大。

②渗透阶段，主要发生于颗粒和孔隙率较大的砂性土中。机尾间隙被浆液充满以后，随着浆液的持续注入，颗粒间的空气和水将被挤出，而被浆液取代。有注浆管的点源注浆，浆液常呈球面。

③压密阶段，用较高压力将浓度较大的浆液注入土层，在注浆管底部附近形成"浆泡"，

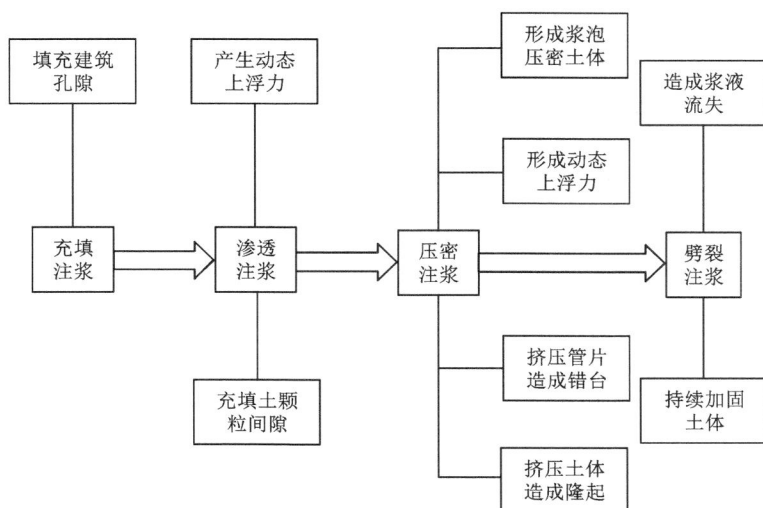

图 4-4　顶管隧道壁后注浆扩散过程

使注浆点附近的土体挤密，它主要发生于颗粒和孔隙率较大的砂性土中。

④劈裂阶段，在压力作用下浆液使地层中原有裂隙或孔隙张开，形成新的裂隙和孔隙，促使浆液注入并增加其可注性和扩散距离。其特点是会引起土体结构扰动和破坏，注浆压力相对较高。

动态上浮力主要由注浆过程引起，浆液的种类、配比、注浆压力、注浆位置等都会对管片上浮产生一定影响。事实上，该力并不一定是真正意义上的浮力，它有可能是一集中力，也可能是分布力，有可能作用在管片环底部，也可能作用在管片环注浆孔附近位置。

4. 土体卸载后的回弹上浮

土体在顶管隧道通过的过程为一个卸荷后的回弹变形过程，尤其对具有压缩性的土体，其变形更为明显，并造成管片上浮。土体受力的过程大致分为三个阶段。顶管通过以前土体在原来的自重荷载下，产生内部作用力和变形。此时，土体处于一个相对稳定的阶段，但存在一定的应力，应力的大小可以通过土力学的公式计算出来，主要和土体的埋深、土体的容重等因素有关，计算公式简化为：$\delta = \gamma h$。顶管开挖范围的土体自重为 $Q = L\gamma\pi d^2/4$，管片的自重可以通过设计文件查找，本区间管片自重为每米约 10 t，远小于每米的土体自重荷载变形。

4.2.2　浅覆土富水地层管片上浮控制技术

丹霞路顶管区段主要位于富水砂砾地层，顶部覆土最浅的位置拱顶埋深仅 5.2 m 左右，上覆土为杂填土、粉质黏土、淤泥及砂砾层，富水性、渗透性较好，造成地层含水量大；顶管机开挖直径分别为两孔 4140 mm，一孔 3120 mm，理论上管片与土层的间隙为 150 mm，同步注浆不可能做到及时凝固；管片本身为中空结构，且此段覆土浅，包裹约束力不足，抗浮性能较差。综合以上几个因素，给管片上浮创造了时间与空间。针对上述情况，提出了相应的管片上浮控制措施。

1. 掘进参数及姿态的控制

①顶管机过多的蛇形运动必然造成频繁纠偏，纠偏过程就会使管片环面受力不均。所以必须控制好顶管机姿态，发现偏差时应逐步纠正，避免突然纠偏而造成管片环面受力严重不均。在上坡段掘进时，适当增大顶管机下部油缸的推力；在下坡段掘进时，适当增大顶管机上部油缸的推力；在左转弯曲线段掘进时，适当增大顶管机右部油缸的推力；在右转弯曲线段掘进时，适当增大顶管机左部油缸的推力；在直线段掘进时，尽量消除各组千斤顶的推力差。在均匀的地质条件下，保持所有油缸推力一致，在软硬不均匀的地层掘进时，根据不同地层在断面的具体分布情况，遵循硬地层一侧推进油缸的推力和速度适当加大，软地层一侧推进油缸的推力适当减小的原则。

②要合理调整各区域千斤顶油压，油压差不宜过大，与顶管中心线相对称区域的千斤顶油压差应小于 5 MPa，其伸出长度差应小于 12 cm。同时要跟踪测量管片法面的变化，及时利用环面粘贴石棉橡胶板纠偏，粘贴时上下呈阶梯状分布。同步注浆过程中，为使浆液及时有效地固结，应适当控制顶管掘进速度，一般以缓推为宜，推进速度不大于 3 cm/min。

③在顶管推进中，根据管片拼装后上浮经验值，将顶管机推进轴线高程降至设计轴线下一定数值，以此来抵消管片衬砌后期的上浮量。当发现管片上浮速率偏大时，应停止推进，减小推力亦即减小上浮的分力 F_1，使之小于管片的自重力，并利用管片的自重力使管片下沉，可作为控制管片上浮的首选措施。

2. 同步砂浆性能调整

注浆材料主要有单液型浆液和双液型浆液。单液型又可分为惰性浆液和硬性浆液。惰性浆液中没有掺加水泥等胶凝物质，早期强度和后期强度均很低。硬性浆液在浆液中掺加了水泥等胶凝物质，具备一定早期强度和后期强度。双液型浆液的胶凝时间通常较短，按凝结时间来分，又可分为缓凝型、可塑型、瞬凝型三种类型。解决管片上浮问题实质上是同步注浆稳定管片，理想的情况是注浆浆液完全充填施工间隙并快速凝固形成早期强度，隧道与周围土体形成整体构造物从而达到稳定状态。就浆液性能而言，唯有选择双液瞬凝型浆液能解决管片上浮问题，因其时效特点在隧道位移控制上具有优势；但双液型浆液随着温度变化，同种配比浆液化学凝胶时间因时而异，且极易发生堵管，故施工中仍然多采用惰性浆液。

浆体应满足以下要求：①具有能充分填满间隙的流动性；②注入后必须在规定的时间内硬化，一般以在硬土地层凝固时间控制在 3~4 h 内为好；③保证管片与周围土体共同作用，减少地层扰动；④具有一定的强度，浆体 28 d 抗压强度应为 2 MPa 以上；⑤产生的体积收缩小；⑥受到地下水稀释作用不引起材料的离析等。

3. 二次注浆控制

①控制注浆压力。在注浆过程中，靠增加注浆压力来提高注浆加固效果应慎重，因为在增大注浆压力的同时也大大增加了对管片的压力而极易引起上浮，所以压力一般应控制为 0.2~0.4 MPa。

②控制注浆时间。在相同注浆压力下，浆液扩散半径及对管片的压力均随注浆时间的增长而增加，相比之下，对管片的压力增长更快。在施工中为防止注浆时间过长对管片产生不

利影响，往往待浆液初凝后再继续注浆。

③控制浆液黏度。在相同的注浆压力与注浆时间条件下，随着浆液黏度的增大，浆液的扩散半径与对管片的压力均随之减小。在施工中常通过控制浆液黏度和注浆压力来控制浆液扩散半径。浆液黏度不能过大。

④注意渗透系数影响。土体渗透系数越大，浆液扩散半径越大，对管片产生的压力也越大。说明在顶管掘进中，应该随土性的变化调整注浆施工参数和浆液参数，在大断面顶管隧道施工中，同一横断面不同注浆点处的土性参数也会不同，也应区别对待。

4. 其他辅助性控制措施

①利用槽钢和管片螺栓对上浮的管片进行管片纵向连接，使其整体受力，防止错台过大造成破损及渗漏水，对整体抗浮性也能起到积极的作用。

②对上浮严重区段，对管片底部进行开孔处理，看是否有水流，有水的把水放掉，顶部二次注浆，待管片稳定后，再封堵吊装孔。

③加大管片监测频率，每隔 5 环或 6 h 监测一次，对上浮量大的管片采取相关处理措施；并对圆曲线上浮段，加大导向系统检查及姿态复核频率，发现问题，及时换站及复核。

④加强螺栓复紧次数，正常掘进施工，管片螺栓复紧次数为 3 次，管片上浮区段，螺栓复紧次数为 5 次，可更好地控制管片间的密贴。

⑤上覆土对隧道有很好的抗浮作用，应充分发挥。特别是对于浅埋隧道或隧道穿越江河，必要时应改良上覆土体的性能，对隧道顶部土体进行注浆加固，或者增加覆土厚度。隧道注浆时还应依据上覆土特性，验算浆液扩散范围，使浆液不通过土体间隙流出地表或流入水中，并避免造成上覆土的隆起。

4.3　管节吊装与接头防水技术

4.3.1　管节吊装安全技术

1. 管节拼装前安全检查

在进行管节拼装前，必须对工程现场进行全面安全检查。首先要保证工地现场、施工设备和人员的安全，检查内容包括：施工作业场地的固定和平整，必要时铺好防滑物；管片、螺栓、操作平台等必须经过质量检查和合格认证；周围的墙壁、顶部和顶板的稳定性和固定状态需要进行安全评估；钢丝绳、吊环等吊装工具要经过检查并予以标识；准备好相应的管片拼装材料和工具，并设置固定位置。

2. 管节拼装时的安全措施

管片拼装是一个复杂的工程过程，必须遵守以下的安全规定。

（1）拼装环节

①管片拼装应根据设计要求和工艺要求进行操作，一定要严格按照拼装顺序进行。

②在管片拼装时，管片接头必须严密相连接，不得有空隙，管片的连接部位要特别注意。

③管片和内壁滑轮必须经过预先灰尘处理，避免系统磨损，防止有碎石或其他物品带入管道。

（2）吊装环节

①吊装前，要验明钢丝绳是否达到标准、吊环是否松动、吊具是否牢固等。

②吊装时，管片必须保持水平且位置固定，以确保管片拼装的一致性。

③操作现场必须有专人指挥和监控吊放过程，并根据实际调整钢丝绳长度和高度，防止操作失误。

3. 管节拼装后的安全措施

管片拼装后，需要进行相关的安全检查。对连接部分进行严密检查，确保拼缝无空隙、无漏水现象；管片拼装后的操作平台则应据实包装，确保其稳定，并清理现场杂物；在管片拼装完毕后，将能进入管墙的人员数控制在最低限度，且进入人员必须采取个人防护措施；对工作场地进行全面清理，保证安全通道的畅通。

4.3.2　管片接头防水技术

防水防渗是地下施工、地下结构物必须重视的一点，特别是本工程施工地点位于青山湖西岸旁，地下水丰富，水位较高，且顶管掘进地层为富水砂砾地层。对于管节接口防水密封的要求更高。

1. 材料选择

顶管接头防水需要选择合适的材料，常用的有以下几种：

①突出部分：一般采用橡胶垫圈或软管进行密封。

②端头接口：一般采用聚氨酯弹性密封膏或聚氨酯防水涂料进行处理。

③管体接口：一般采用密封垫、硅橡胶密封条、PVC 密封条、聚氨酯弹性密封膏等进行密封。

2. 顶管接口防水措施

如图 4-5 所示，管口用"F"形套环接口，接口处用 1 根齿形橡胶圈止水。"F"形接口管是最为常用的一种管节。将其"T"形钢套环的前面一半埋入混凝土管中就变成了"F"形接口。为防止钢套环与混凝土结合面渗漏，在该处设了一个遇水膨胀的橡胶止水圈。

①钢筋混凝土"F"形钢承插管以楔型橡胶止水圈作为首要防水线，其材质为氯丁橡胶。当接口插入时，于无钢套环管节端头基面上有高强黏结剂的橡胶止水圈受到钢套环的挤压，与钢套环紧密相贴，起到防水止水的作用；其中设计正确的橡胶止水圈压缩比是技术关键，压缩比指止水圈压缩后高度与压缩前高度之比。

②考虑到钢套环与管节混凝土温差收缩不一致，两者之间可能存在渗水通道，在与混凝土相接触的钢套环环面上设置兜绕成环的遇水膨胀橡胶条或注射遇水膨胀型密封胶（挤出型）。另外，钢套环管节端头预留沟槽，灌注低模量聚氨醋密封胶（应在管节预制场内完成）。通过上述两项措施来达到钢套环与混凝土之间防水的目的。

③当整条顶管隧道施工完毕后，管节接头之间的嵌缝沟槽内嵌填高模量聚氨酯密封胶，从而最后于管节接头处形成封闭的防水密封圈。

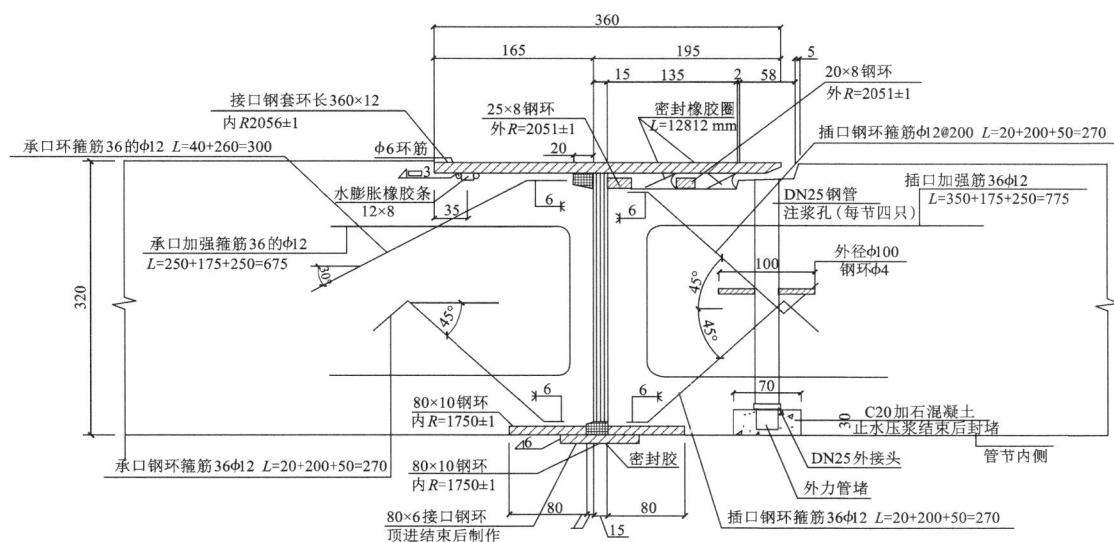

图 4-5　顶管管节接口横断面图

图 4-6 为本工程管片接头现场施工图，图中木垫板主要是为了在管与管之间传递纵向力而设置的。在顶进过程中，木垫板能发生一定塑性变形而同时又不会变硬，可以补偿管端不平整度，而且木垫板弹性并不大，千斤顶卸载时的回弹导致推顶的损失很小。

该接头的防水密封采用双重形式。第一道密封通过在一节管子的细端与另一节管子的钢套环之间夹置一个橡胶胀圈来实现，橡胶胀圈坚固又有弹性，而且耐压。橡胶圈装置同时还保证不会由于推顶时的纵向力和横向力

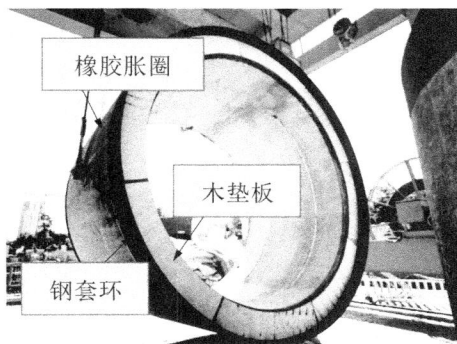

图 4-6　管片接头现场施工图

而改变位置和发生损坏，采用的方法是在管子的细端开出一条环形槽沟，用以装入橡胶胀圈。第二道密封位于管子端面之间。为此目的，需事先留出相应的空间，亦可在推顶完毕后将木垫板的内圆凿 2~3 cm 深的缝，然后在这样形成的缝处填塞石棉水或填塞膨胀水泥砂浆来处理永久性接口。

4.4 管节顶进参数优化与姿态控制及纠偏技术

4.4.1 顶进参数设置与优化

1. 顶管姿态的影响因素、顶进测量及控制

如图 4-7 所示，为了使成型顶进轴线拟合设计轴线，在顶进施工过程中由安装在始发井内的激光经纬仪按照设计轴线发出激光束，激光束打在顶管机布置的光靶上，从监控器内观察实际轴线偏差，就可随时测量机头位置及偏差。施工时还需利用联系三角形法对测量控制点进行复核，保证测量精准度。

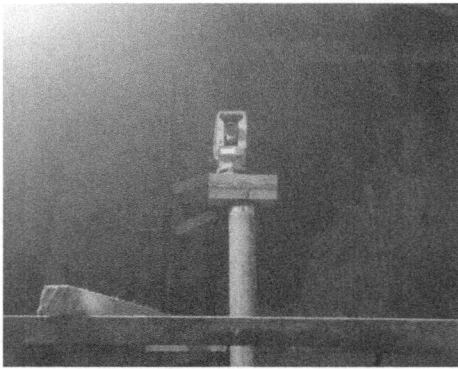

图 4-7 激光经纬仪布置图

2. 顶管掌子面及管节压力监测

为随时掌握顶管掌子面土压力及管节顶推力变化，分别在顶管机掌子面上、中、下位置，沿线每隔 30 节管节处布置 1 组 4 个土压力盒。当顶管机土仓内填充压力发生变化时，土仓隔板上的压力计同时感受到应力的变化，土压力计感应板受力发生弹性形变，形变传导到振弦即转变为应力变化，应力变化产生振动频率，振动频率信号通过传输线传输给信号转换设备，即可测量出土仓填充物的压应力值。土压力盒埋设便于顶管施工过程中对掌子面及管节压力的监测，施工过程中一旦发现压力不正常，则应暂停顶进施工，待查明原因后进行处理。

4.4.2 顶进姿态控制与纠偏技术

1. 顶管姿态的影响因素

（1）地质变化

顶管在上软下硬地层顶进时，刀盘扭矩随着刀盘转速的增加而增大，推进速度随刀盘转速和推力的增加也相应增大，而推进速度增加时刀盘扭矩也相应增大。为了避免刀具损坏，减少刀盘与刀具磨损，降低刀具与硬岩接触时的瞬时冲击力，顶进参数设置应遵循"低速度、低转速、低扭矩、小推力、低贯入"的原则。

当顶管在软硬不均地层顶进时，推力和扭矩变化较大，顶管主机有着向地层较软一侧偏移的惯性，易出现顶管姿态偏差。应根据地层分布状况以及地层分界面的变化情况，合理进行顶进参数设置，并根据顶进参数变化情况及时优化调整。

（2）顶进操作

顶管操作是影响顶管姿态的重要因素之一。在顶管顶进操作过程中，需根据顶管姿态的变化，通过合理控制推进系统各区域推进油缸的使用数量、推进油压及速度，正确选择刀盘正、反转模式等手段来调整顶管姿态。

2. 姿态控制和调整

顶管采用自动导向系统和人工测量辅助方式进行顶管姿态监测。该系统（图4-8）配置了导向、自动定位、顶进程序软件和显示器等工具，能够全天候在顶管主控室动态显示顶管当前位置与设计轴线的偏差以及趋势。随着顶管推进导向系统后视基准点需要调整位置，为保证推进方向的准确性和可靠性，根据顶进里程和姿态变化情况，可及时进行人工测量，以校核自动导向系统的测量数据并复核顶管的位置、姿态，确保顶管顶进方向的正确。

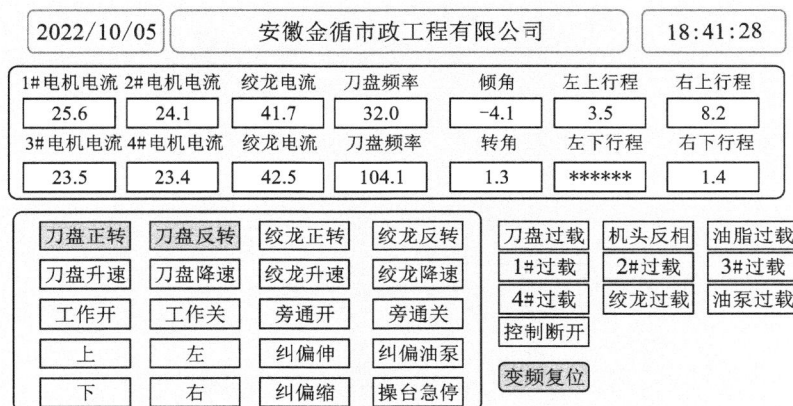

2022/10/05	安徽金循市政工程有限公司				18:41:28	
1#电机电流	2#电机电流	绞龙电流	刀盘频率	倾角	左上行程	右上行程
25.6	24.1	41.7	32.0	-4.1	3.5	8.2
3#电机电流	4#电机电流	绞龙电流	刀盘频率	转角	左下行程	右下行程
23.5	23.4	42.5	104.1	1.3	******	1.4

刀盘正转	刀盘反转	绞龙正转	绞龙反转		刀盘过载	机头反相	油脂过载
刀盘升速	刀盘降速	绞龙升速	绞龙降速		1#过载	2#过载	3#过载
工作开	工作关	旁通开	旁通关		4#过载	绞龙过载	油泵过载
上	左	纠偏伸	纠偏油泵		控制断开		
下	右	纠偏缩	操台急停		变频复位		

图 4-8　顶管自动纠偏与控制系统

（1）姿态调整

通过分区操作顶管的推进油缸来控制顶进方向。上坡段顶进时，适当加大顶管下部油缸的推力；在下坡段顶进时则适当加大上部油缸的推力；在左转弯曲线段顶进时，适当加大右部油缸推力；在右转弯曲线顶进时，适当加大左部油缸的推力；在直线平坡段顶进时，尽量使所有油缸的推力保持一致。

在相对均一地层顶进时，推进油缸的推力应基本保持一致；在软硬不均地层中顶进时，应根据不同地层在断面的具体分布情况，遵循硬岩地层一侧推进油缸的推力适当加大、软岩地层一侧油缸的推力适当减小的原则来操作。

（2）滚动纠偏

刀盘切削土体产生的扭矩主要是靠顶管壳体与洞壁之间形成的摩擦力矩来平衡，当摩擦力矩无法平衡刀盘切削土体产生的扭矩时将引起顶管机本体的滚动。顶管机滚动偏差可通过转换刀盘旋转方向来实现。

顶管允许滚动偏差≤1.5°，当超过1.5°时，顶管操作系统报警，提示操作者必须切换刀盘旋转方向，进行纠偏。

（3）竖直方向纠偏

当顶管姿态出现下俯时，可加大下侧推进油缸的推力；当顶管姿态出现上仰时，可加大上侧推进油缸的推力来进行纠偏。同时考虑刀盘前面地质因素的影响进行综合调节，从而达到一个比较理想的控制效果。

（4）水平方向纠偏

与竖直方向纠偏的原理一样，左偏时加大左侧推进油缸的推进压力，右偏时加大右侧推进油缸的推进压力，并兼顾地质因素。

3. 姿态控制与纠偏注意事项

①顶管机进洞前应验收导轨高程、中线，调整好顶管机进洞姿态，并记录初始值。

②每顶进一节管节应测量一次顶管机的姿态偏差，在出洞进洞以及纠偏过程中应加大测量频次。

③施工过程中每次纠偏角度不应大于 0.5°。

④在切换刀盘转动方向时，保留适当的时间间隔，避免切换速度过快造成管材受力状态突变而使管材损坏。

⑤滚动纠偏：根据掌子面地层情况及时调整顶进参数，调整顶进方向时设置警戒值与限制值。当顶管姿态达到警戒值时则实行纠偏程序。

⑥同步注浆的质量、顶管自重以及顶进速度大小等因素，也是影响顶管姿态发生偏移的重要原因。当顶进方向发生较大偏移时，要遵循"少纠、勤纠"的原则，必要时可利用顶管中盾与尾盾的铰接油缸来纠正顶管姿态，避免纠偏过猛引起顶管蛇形前进，造成刀具磨损和管材拼装困难、接口密闭性受损等问题。

⑦加强对推进油缸油压的调整控制，避免造成管材局部破损甚至开裂。

⑧顶管始发、到达时的方向控制极其重要，按照始发、到达顶进的有关技术要求，做好测量定位工作。

⑨管材拼装时，要确保接口处的平整度，使成段管材的轴线与顶进轴线重合，以免影响顶管姿态。

4.5 砂砾地层多孔平行顶管顶推力计算方法

4.5.1 顶力计算模型的建立

顶管施工是一种在一定距离内借助一个顶推力将管片压入土层中的施工方式。在顶进过程中，顶进管片会受到包括自身重力、管周土压力以及顶推力、掌子面压力、管土侧摩阻力的作用。顶管机头直径略大于管身，后方产生的空隙处采用注入泥浆的方式进行补偿，如图 4-9 所示。

图 4-9 中，F 为顶管机施加的顶推力，F_n 为掌子面压力，f 为单位长度管土侧摩阻力，q 为管周土压力，G 为管身自重。在不考虑额外施加外力的一般情况下，正常顶进过程中的顶推力等于掌子面压力与管土侧摩阻力之和。因此有：

$$F = \int_0^L f \mathrm{d}l + F_n \tag{4-1}$$

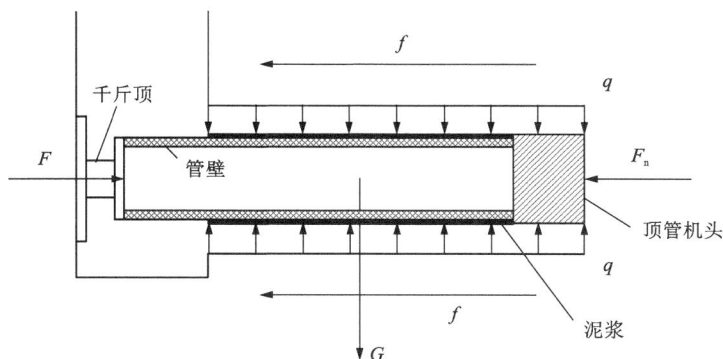

图 4-9　简化计算模型示意图

其中,掌子面压力 F_n 分布作用于顶管机头的整个顶进正面上。管土侧摩阻力 f 分布于管壁四周,随管片顶进深度的变化而变化。本书假定:

①管片土体为均匀的线弹性半无限体。

②采用刚性管片模型,即不考虑管片变形。

③管片为圆环体,顶管机近似为圆柱体。

④泥浆层厚度为机头半径与管片外半径之差。

⑤顶推力均布作用于顶管圆环形截面上,掌子面压力均布作用于顶管机头。

⑥顶管机及后续管片与周围土体之间的摩擦力呈均匀分布。

4.5.2　掌子面压力计算公式

1. 单个管片掌子面压力计算公式

顶管前端结构与受力如图 4-10 所示,其中顶管机头外半径略大于管壁外半径,出于简化考虑将二者视为相等,均为管片外径 D 的一半。根据相关岩土力学理论及研究成果,可得砂砾层中单个顶管掌子面压力的计算公式:

$$F_n = \frac{1}{4} n \pi D^2 (\eta f_1 + f_2) \tag{4-2}$$

式中:n 为纠偏系数(不发生偏移时取 1);η 为切削刀盘开挖覆盖率;f_1 为切削刀盘的单位面积阻力;f_2 为作用在掌子面上的土压力。

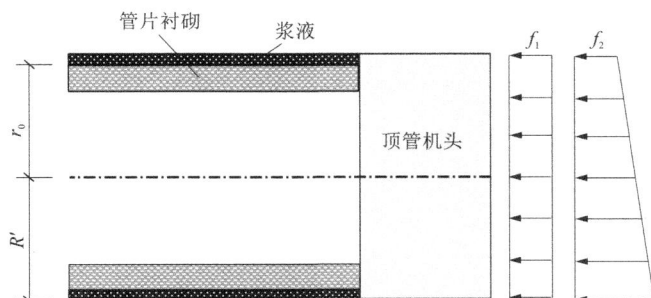

图 4-10　顶管前端结构与受力

一般地，砂砾 f_1 取 0.30 MPa。由于管壁周围泥浆层的影响，四周土体向内挤压，产生主动土压力，对于在浅层土体中埋设的管片，可采用朗肯土压力公式计算 f_2，在不考虑地下水影响时有：

$$f_2 = \gamma_s H \tan^2\left(\frac{\pi}{4} - \frac{\varphi}{2}\right) - 2c \tan\left(\frac{\pi}{4} - \frac{\varphi}{2}\right) \quad (4\text{-}3)$$

式中：γ_s 为土体重度；H 为覆土厚度；φ 为土体内摩擦角；c 为土体黏聚力。

受土拱效应影响，对于埋设于一定深度以下的顶管结构，其上覆土体并不会全部对顶进阻力产生影响，而是只需计入在土拱范围内的土体。根据普氏卸荷拱理论，当覆土厚度 H 与卸荷拱高 h 满足 $H > (2.0 \sim 2.5)h$ 时可在土层中形成卸荷拱，如图 4-11 所示。卸荷拱的宽度 a、高度与土体内摩擦角 φ、顶管外径 D 有关，即

$$a = \frac{D}{2} + D\tan\left(\frac{\pi}{4} - \frac{\varphi}{2}\right) \quad (4\text{-}4)$$

$$h = \frac{a}{\tan\varphi} = \frac{D\left[1 + \tan\left(\frac{\pi}{4} - \frac{\varphi}{2}\right)\right]}{2\tan\varphi} \quad (4\text{-}5)$$

本书定义满足普氏卸荷拱适用深度条件的管片为深埋管片，反之为浅埋管片。

由于土拱范围外的土体对掌子面不产生影响，基于上述理论对式(4-3)进行修正，得到深埋顶管的切削面上的压力计算公式：

$$f_2 = \frac{\gamma_s D K^2}{2\tan\varphi}(1 + K + \tan\varphi) - 2cK \quad (4\text{-}6)$$

其中：$K = \tan\left(\frac{\pi}{4} - \frac{\varphi}{2}\right)$；$a$ 为卸荷拱半宽。

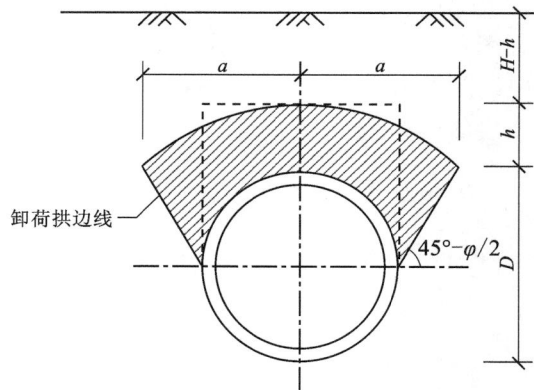

图 4-11　顶管卸荷拱示意图

2. 多孔管片掌子面压力计算公式

对于多孔平行顶管，在进行整体总顶力分析时，当相邻管片的卸荷拱发生重叠，管片相互扰动产生的影响将不可忽视，如图4-12所示。当管片处于相同埋深时，可采用式(4-7)判断是否产生相互扰动。

$$L < a_1 + a_2 = (D_1 + D_2)(K + 0.5) \tag{4-7}$$

当式(4-7)成立时,需考虑管片相互扰动的影响,在计算总顶力时不能简单地将各管片单独计算得出的顶力值相加。

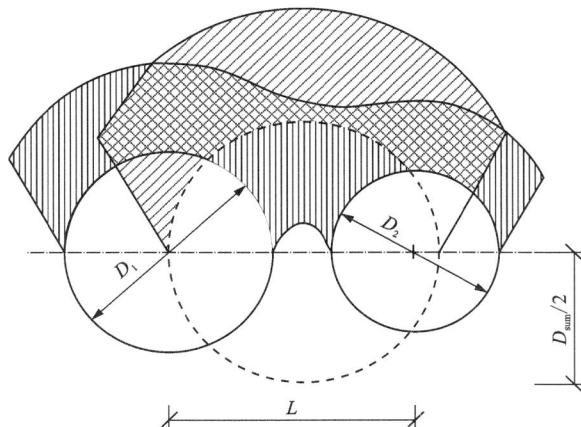

图 4-12　管片相互作用下的土拱分布与等效模型

如图 4-12 所示,当相邻管片卸荷拱重叠时,对整体土拱区域面积的计算较为困难。由于管片所处土体环境相似,为尽可能简化计算,在保证简化后土拱面积与实际面积大小近似相等的情况下,将各相邻卸荷拱影响区域等效为一个,令 L_w 为两侧管片中心线间距,则总面积近似为:

$$A = \frac{\sum_{i=1}^{n}(h_i + \frac{D_i}{2})}{n} \cdot (L_w + \frac{D_1 + D_n}{2}) \tag{4-8}$$

另得:

$$D_{sum} = \sqrt{\sum_{i=1}^{n} D_i^2} \tag{4-9}$$

由此可得多孔顶管掌子面总压力:

$$\sum F_n = \frac{\pi}{4} n \left[f_1 \eta \sum_{i=1}^{n} D_i^2 + D_{sum}^2 \left(\gamma_s \sqrt{\frac{A}{2\tan\varphi}} K^2 - 2cK \right) \right] \tag{4-10}$$

4.5.3　管壁侧摩阻力计算公式

1. 管壁侧摩阻力的组成与管土阻力

如图 4-13 所示,管壁所受侧摩阻力包括底部产生的管土阻力 F_{f1} 和周围与泥浆接触面上产生的管浆阻力 F_{f2},计算公式可表示为:

$$F_f = F_{f1} + F_{f2} \tag{4-11}$$

其中管土阻力 F_{f1} 包括管土接触摩擦阻力和管土黏聚力,前者由管土摩擦系数 μ_1(通常取 0.1~0.3)与管土压力 N_1 相乘而得。在不考虑泥浆对管土接触影响的情况下,管土接触压

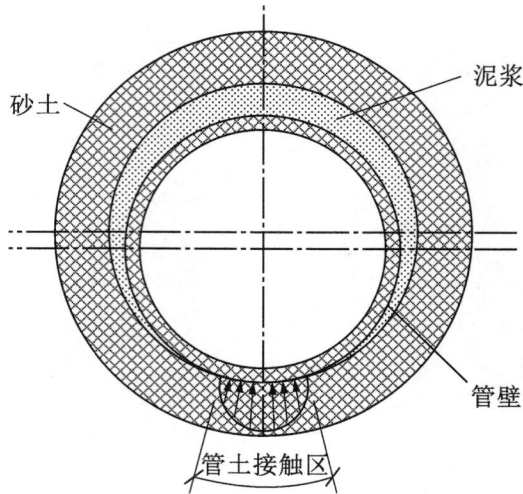

图 4-13 管-浆-土相对位置示意图

力等于管片重力与所受浮力之差, 即有:

$$F_{f1} = \frac{\pi}{4}\mu_1 L\left[\gamma\left(2Dd-d^2\right)-\gamma_w D^2\right]+C \qquad (4-12)$$

式中: γ 为管片材料重度; γ_w 为水重度; d 为衬砌管片厚度; L 为单次顶进长度。管土黏聚力 C 在泥浆润滑较好条件下可忽略不计。

2. 浅埋管片的管浆阻力计算

管浆阻力 F_{f2} 由泥浆压力 N_2 与管浆摩擦阻力系数 μ_2 得到, 后者由四周土压力传导而来。对于浅埋管片, 由于其上方不能形成稳定的卸荷拱, 因此考虑上部全部土体的作用, 采用土柱理论计算泥浆压力, 如图 4-14 所示。

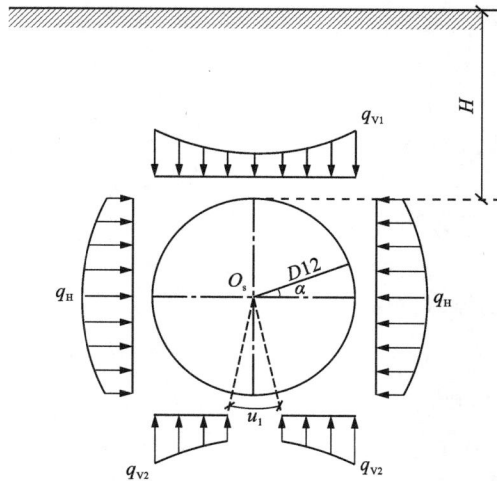

图 4-14 浅埋管片侧压力计算图示(作用于环上)

根据土柱法计算公式，土体中任意一点的竖向土压力为：

$$q_v = \gamma_s h \tag{4-13}$$

如图 4-14 所示，取与几何中心 O_s 连线倾角为 a 处的管壁微元 ds，由土柱理论得：

$$q_{v1} = q_{v2} = \gamma_s \left(H + \frac{D}{2} - \frac{D}{2} \sin \alpha \right) \tag{4-14}$$

$$q_H = K^2 \gamma_s \left(H + \frac{D}{2} - \frac{D}{2} \sin \alpha \right) \tag{4-15}$$

积分有：

$$N_{v1} = 2 \int_0^{\frac{\pi}{2}} q_{v1} \sin \alpha \cdot \frac{D}{2} \cdot d\alpha \tag{4-16}$$

$$N_{v2} = 2 \int_{\frac{3\pi}{2} + \frac{u_1}{D}}^{2\pi} q_{v2} \sin \alpha \cdot \frac{D}{2} \cdot d\alpha \tag{4-17}$$

$$N_H = 4 \int_0^{\frac{\pi}{2}} q_H \cos \alpha \cdot \frac{D}{2} \cdot d\alpha \tag{4-18}$$

则泥浆压力 N_2 的计算公式为：

$$N_2 = N_{v1} + N_{v2} + N_H = \gamma_s D \left[2K^2 \left(H + \frac{D}{4} \right) - \left(H + \frac{D}{2} \right) \sin \frac{u_1}{D} - \frac{\pi}{8} D \left(1 + \frac{\pi}{2} - \frac{u_1}{D} - \frac{1}{2} \sin \frac{2u_1}{D} \right) \right] \tag{4-19}$$

由于砂土的土体刚度较大，管土接触区较小，近似于点接触，此时式（4-19）可简化为：

$$N_2 = \gamma_s D \left[2K^2 \left(H + \frac{D}{4} \right) - \frac{\pi}{8} D \left(1 + \frac{\pi}{2} \right) \right] \tag{4-20}$$

浅埋管片的管浆阻力 F_{f2} 计算公式为：

$$F_{f2} = \mu_2 N_2 \tag{4-21}$$

由于泥浆的触变性，当顶管正常连续顶进施工时，管片与泥浆套之间发生较大的相对位移，泥浆在管片剪切力作用下黏度减小，呈流体状态[19]。对于管浆摩擦阻力系数，Danish 等人[20]通过采用阿多米安分解法提出了计算层流下的摩擦阻力系数的方法，如式（4-22）所示。

$$\mu_2 = \frac{K_1 + \dfrac{4K_2}{\left[K_1 + K_1 K_2 / (K_1^4 + 3K_2) \right]^3}}{1 + \dfrac{3K_2}{\left[K_1 + K_1 K_2 / (K_1^4 + 3K_2) \right]^4}} \tag{4-22}$$

式中：$K_1 = \dfrac{16}{Re} + \dfrac{8He}{3Re^2}$；$K_2 = -\dfrac{16He^4}{3Re^8}$；$Re$ 为雷诺数；He 为赫德数。

3. 深埋管片的管浆阻力计算

对于深埋管片，由普氏卸荷拱理论，结合式（4-5）、式（4-21）得：

$$F_{f2} = \mu_2 \gamma_s L \frac{D^2 \left[1 + \tan \left(\dfrac{\pi}{4} - \dfrac{\varphi}{2} \right) \right]}{2 \tan \varphi} \tag{4-23}$$

将式（4-12）、式（4-23）代入式（4-11），可得在满足普氏卸荷拱使用条件的情况下，单

个深埋顶管的管壁侧摩阻力计算公式:

$$F_f = \frac{\pi}{4}\mu_1 L\left[\gamma(2Dd-d^2)-\gamma_w D^2\right] + \mu_2\gamma_s L\frac{D^2(1+K)}{2\tan\varphi} + C \tag{4-24}$$

对于距离较近的多孔管片,考虑到卸荷拱重叠,采用等效面积法对管浆阻力 F_{f2} 进行修正,得到如下计算公式:

$$\sum F_{f2} = \mu_2\gamma_s D\sqrt{\frac{A}{2\tan\varphi}} \tag{4-25}$$

其中:D 由式(4-9)得到。结合式(4-12)、式(4-24)可得多孔顶管管壁侧摩阻力计算公式:

$$\sum F_f = \sum_{i=1}^n F_{f1i} + \sum F_{f2} \tag{4-26}$$

砂砾地层中顶管顶力计算公式如下。

综合上述分析,结合式(4-2)、式(4-11)可得单个顶管顶力计算公式:

$$F = \frac{\pi}{4}nD^2(\eta f_1 + f_2) + F_{f1} + F_{f2} \tag{4-27}$$

式中各参数的定义同前述,f_2 和 F_{f2} 的计算公式根据是否满足普氏卸荷拱适用条件选用。

对于多孔管片,浅埋或管片间距较大时总顶力等于各管片计算顶力之和,即

$$\sum F = \sum_{i=1}^n F_i \tag{4-28}$$

距离较近[当式(4-7)成立时]的深埋多孔平行顶管顶力计算公式如下:

$$\sum F = \sum F_n + \sum F_f \tag{4-29}$$

考虑到实际施工时不能做到及时注浆减阻,从而原本应为管浆接触面变为管土接触面造成侧摩阻力增大,且顶进过程中机头掌子面的不规则活动表面也会起到增大阻力的作用。因此可结合实际情况,对计算结果进行增大修正。具体计算方法见下节。

4.5.4 计算实例

1. 概况

根据现场实测数据,南昌市丹霞路三孔顶管下穿青山北路方向顶推长度约 90 m,所处土层为砂砾,覆土深度取 9 m,壁厚 300 mm,单次顶进管片长度为 2.5 m。为简化计算起见,假设上覆土层均为砂砾。顶推力计算所需材料参数如表 4-1 所示。

表 4-1 相关材料参数

材料	$\rho/(kg\cdot m^{-3})$	E/MPa	μ	C/kPa	$\varphi/(°)$
砂砾	2250	20	0.3	110	37
泥浆	1800	0.10	0.28	—	—
管壁[20]	25000	38000	0.20	—	—

根据本书给出的相关计算公式,η 取 97%,μ_1 取 0.3,μ_2 取 0.1,$L=2.5$ m,在正常顶进

不发生偏移的情况下,可通过以下步骤得出顶推力计算结果。

2. 计算步骤示例

(1)判断是否满足普氏卸荷拱适用条件

取最大管片外径 $D=4.1$ m,由式(4-5)计算得

$$h_1 = \frac{4.1 \times [1 + \tan(45° - 37°/2)]}{2 \times \tan 37°} = 4.08 \text{ m}$$

覆土深度 $H=9$ m$>2h_1=8.16$ m,因此本工程为深埋管片,适用普氏卸荷拱条件。

(2)计算管片掌子面压力

由式(4-2)、式(4-6)计算单个管片的掌子面压力。得到该土层中 $K=0.50$,取 $f_1=0.3$ MPa,分别计算 $\phi2600$ mm 和 $\phi3500$ mm 两种规格管片掌子面压力,结果如表4-2所示。

表 4-2 单个管片掌子面压力计算结果

管片直径/mm	外径 D/m	f_2/MPa	F_n/kN
2600	3.2	0.083	3077.89
3500	4.1	0.076	4845.33

对于多孔管片掌子面总压力 $\sum F_n$,可通过式(4-10)进行计算。首先采用等效面积法计算得到等效卸荷拱面积:

$$A = \frac{(3.18+1.6)+2\times(4.08+2.05)}{3} \times \left(13.85 + \frac{3.2+4.1}{2}\right) = 298.2 \text{ m}^2$$

另得 $D=6.62$ m,代入公式(4-10)得 $\sum F_n = 8901.67$ kN。

(3)计算管片侧摩阻力

首先由式(4-12)计算管土接触压力 F_{f1},接着由式(4-23)计算管浆阻力 F_{f2},代入式(4-11)即得单个管片的管壁侧摩阻力值。计算结果如表4-3所示。

表 4-3 单个管片管壁侧摩阻力计算结果

管片直径/mm	D/m	F_{f1}/kN	F_{f2}/kN	F_f/kN
2600	3.2	264.04	56.13	320.17
3500	4.1	341.93	92.14	407.07

对于多孔管片管壁侧摩阻力 $\sum F_f$,可通过式(4-26)进行计算。首先由式(4-25)计算修正后的管浆合阻力,得 $\sum F_{f2} = 205.42$ kN,接着将单个管片的管土侧摩阻力相加并代入公式,最终得到 $\sum F_f = 1153.32$ kN。

（4）计算总顶力

由上述计算可得管片单独顶进情况下的顶力，结果如下表 4-4 所示。

表 4-4　单独顶进下的顶力计算结果

管片编号	直径管片/mm	F_n/kN	F_f/kN	F/kN
①	2600	3077.89	320.17	3398.06
②	3500	4845.33	407.07	5252.40
③	3500	4845.33	407.07	5252.40
合计		12768.55	1134.31	13902.86

同时顶进情况下的总顶力计算结果如表 4-5 所示。

表 4-5　同时顶进下的顶力计算结果

管片编号	$\sum F_n$/kN	$\sum F_f$/kN	$\sum F$/kN
①、②、③	8901.67	1153.32	10054.99

3. 实测数值对比与修正系数确定

为验证本书计算公式的可行性，将计算结果与本依托工程实测数据进行对比。除去实测数据中因地层内部岩土分布不均导致的部分异常数据后，单次顶进 2.5 m 时单个管片顶力数据如图 4-15 所示（图中水平线为理论计算值）。

由以上实测数据可知，在对最终结果进行增大修正前，单独顶进时 φ2600 mm 管片顶推力平均值为 4400.09 kN，φ3500 mm 管片顶推力平均值为 6206.60 kN，分别较理论计算值偏大 29.49% 和 18.17%。取修正系数 $\xi=1.2$，得到修正后顶力计算值分别为 4077.67 kN 和 6302.88 kN，可见本书的理论计算公式对于单个顶管管片的顶推力计算是行之有效的。

本工程同步顶进多孔管片时现场实际采用的顶管机总顶力为 12500 kN，较 $\xi=1.2$ 时的计算值偏大 3.60%，可见本书的理论公式对于多孔平行顶管的顶推力计算也有一定的参考价值。这部分误差同样主要来源于注浆不及时等因素。

根据上述分析及相关误差与修正系数方面的研究成果[21]，综合考虑认为，在砂砾地层中进行顶管施工时，宜取 $\xi=1.0\sim1.2$ 对理论计算结果进行增大修正。

4. 与其他理论计算公式对比

目前小间距平行顶管工程中的土压力计算仍参考既有单管顶进规范来进行，未能反映出相邻管片间的相互作用。考虑到实际工程所需计算结果的精确度，现行规范采用的是考虑四周均布侧摩阻力、顶力由端阻力和侧阻力共同分担的简便计算方法[22]，如式（4-30）所示。

$$F = \pi DL f_k + \frac{\pi}{4} HD^2 \gamma_s \tag{4-30}$$

式中：f_k 为综合摩擦阻力，根据土类与管材类别从规范表格中选取经验值。

(a)φ2600 mm燃气舱顶力实测值

△ 综合舱　×电力舱　——理论计算值

(b)φ3500 mm综合舱、电力舱顶力实测值

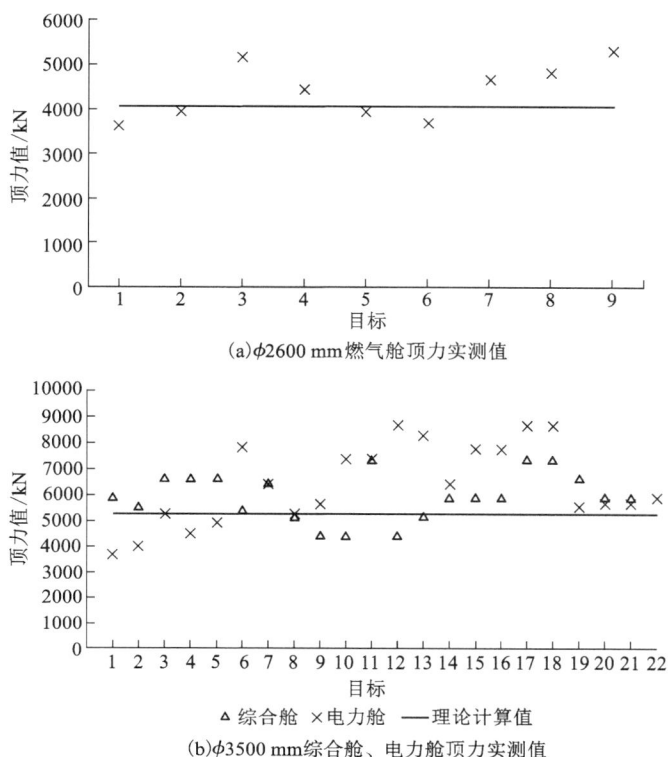

图 4-15　单独顶进时各管片顶力实测值

现选取部分典型计算方法与本书所述方法进行对比，其中文献[23]中的公式适用于一般的土压平衡式顶管工程的顶进力计算。计算结果如表 4-6 所示。

表 4-6　不同顶推力计算公式计算结果对比

计算公式	总顶力计算值/kN	与实测值误差/%
本书修正值计算公式	12065.99	3.47
本书原始值计算公式	10054.17	19.57
规范建议公式	7953.83	36.37
文献[2]公式	6733.88	46.13
文献[23]公式	13562.00	8.50

由表 4-6 可知，相比其他顶推力计算公式，本书上限值与实测平均值最接近，误差在 5%以内，可以用来准确估算多孔平行顶管施工时的总顶力。现有计算方法大都未考虑到管间相互作用和现场施工等因素的影响，对于距离较近的多孔平行顶管顶推力的计算结果与实际值存在一定偏差。在实际应用过程中，为减小上述误差，可在计算时视实际场地、材料与机器情况适当调整管浆摩阻力系数，并在施工过程中及时进行充分注浆。

4.6　触变泥浆减阻机理与施工技术

4.6.1　触变泥浆减阻机理

1. 触变泥浆概况

触变泥浆是一种混合材料，其混合制备成型后呈一种胶凝状或溶胶状介于液体与固体之间的胶体状态。其主要合成材料为膨润土，膨润土的最大特性就是在没有外界干扰时呈胶凝状态，而只要有外界轻微扰动，立刻由胶凝状态液化成蓬松的液态，通过瞬态的物理变化可达到减阻的效果。基于膨润土的这种特性，结合工程应用实际工况，在顶管工程中，管节在不断向前行进中，会逐渐遭遇强大的土体压力抵抗，使得管节进入土层越多，顶进越困难。在该工况下，顶管作业会出现较多质量问题和安全问题：首先，管节受到来自土体的压力不断增大，而其自身抗力是固定不变的，随着土压持续加大，管节将无法平衡抗力而发生变形，造成顶进失败；其次，由于顶进需要足够的顶力作为支撑，而顶力是由液压千斤顶提供的，其反力由其背板提供，因此这个机构在顶力增加到一定程度时就会产生节点偏位的现象，如果前方土体的压力情况没有明显改善，就将造成液压系统甚至千斤顶顶杆发生弯曲变形，出现安全事故。从原理上来说，需要顶管机及其油缸提供更大的顶进推力顶管才可以继续顶进。因此，膨润土因其天然的液化工效，可用于管节和土体之间，起到减阻作用，从而减轻顶进过程中土体给管节带来的土体压力。为了最大化地发挥膨润土效功能，在膨润土中掺入化学处理剂等掺合料，可使其功能更强大，同时使其状态更稳定，形成更具稳定性、护壁性和触变性的触变泥浆。因此，触变泥浆的配制与如何注入就是其在顶管施工中应用的关键技术点。

2. 管壁减阻的原理

管壁减阻是指通过在管壁上形成一层低摩阻的涂层，减少管壁与泥浆之间的摩擦力。触变泥浆可以在管壁上形成一层均匀且稳定的薄膜，使管壁表面光滑，减少与泥浆之间的接触面积，从而减少摩擦力。触变泥浆减阻管壁的原理可以归结为以下两个方面。

①形成薄膜：触变泥浆中的聚合物和颗粒可以在管壁上形成一层均匀的薄膜，使管壁表面光滑，减少与泥浆之间的接触面积，从而减少摩擦力。

②降低黏度：触变泥浆在低剪切速率下黏度较高，可以有效地减少管壁与泥浆之间的摩擦力。

3. 影响减阻效果的因素

减阻管壁的效果受到多种因素的影响，主要有以下几个。

①泥浆成分：触变泥浆的成分对减阻效果有着重要影响。聚合物和颗粒的类型、浓度和粒径等都会影响泥浆的黏度和流变性质，从而影响减阻效果。

②剪切速率：触变泥浆的黏度随着剪切速率的变化而改变。在低剪切速率下，触变泥浆

的黏度较高，减阻效果较好；而在高剪切速率下，触变泥浆的黏度会明显降低，减阻效果减弱。

③温度：触变泥浆的性质受温度的影响较大。温度升高会使触变泥浆的黏度降低，减阻效果减弱；而温度降低则会使触变泥浆的黏度增加，减阻效果增强。

④管壁材料：不同材料的管壁表面粗糙度和亲水性不同，对减阻效果有一定影响。光滑的管壁表面和亲水性较好的管壁材料可以增强减阻效果。

4.6.2　触变泥浆制备

1. 触变泥浆性能要求

工程上用到的触变泥浆性能指标有很多，包括比重、pH 等。但对顶管隧道施工影响较大的主要有以下三个指标。

①黏度。反映泥浆的流动性，单位是秒(s)，顶管施工中要求触变泥浆的黏度≥30 s。试验中采用漏斗黏度计配合秒表测量泥浆黏度。

②失水量。泥浆在压力差作用下，浆液中的部分水分渗入土体内部，称为泥浆的失水性。顶管施工中要求触变泥浆的失水量≤25 $cm^3/30$ min。试验中采用打气筒滤失仪来测量泥浆的失水量。

③析水率。泥浆制成 24 h 内从浆液中离析出来的水分与原泥浆体积的比值称为析水率，该指标主要反映泥浆的稳定性。顶管施工要求触变泥浆析水率为零。试验中采用量筒和玻璃板来测量泥浆的析水率。

2. 触变泥浆的配制技术

触变泥浆的制备是顶进施工中重要的工序。其配制的泥浆性能直接影响顶管顶进过程中工效的高低和顶进土体阻力的大小。对其进行合理配制，最大限度地发挥触变泥浆的润滑减阻作用。该项目的浆液配制表见表 4-7，施工前根据膨润土质量情况现场进行试验，监测部分指标，按试验结果调整配合比。配制出一份性能优良的触变泥浆对整个顶管施工能起到提高工效和减少工期的双重效果。

表 4-7　触变泥浆配制表(1 m^3)　　　　　　　　　　　　　单位：kg

膨润土	Na$_2$CO$_3$	羧甲基纤维素钠（CMC）	水
100	5	1.2	550

膨润土的含量决定触变泥浆质量的好坏。在配合比一定时，增大膨润土含量，将显著提高触变泥浆的整体润滑和减阻能力；而当膨润土增大到触变泥浆整体质量的 6% 时，泥浆性能不再有显著性提高，基本保持不变。这个结论说明：在配制触变泥浆时，应当始终保证膨润土含量在 6% 以内。一是可以有效控制触变泥浆的物理性能；二是可有效控制泥浆制备的成本。此外，碳酸钠(即纯碱) 含量的变化也会不同程度地影响触变泥浆的性能。通过工程反复试验，知纯碱含量为 0.3% 时最合适，能够提高泥浆的性能，含量太高或太低都将影响触变

泥浆的析水性能变化。

　　工程现场施工(图 4-46)结果显示:膨润土、Na_2CO_3(即纯碱)、羧甲基纤维素钠(CMC)会不同程度地影响触变泥浆的工作性能。建议重点对膨润土和纯碱进行参量控制。

图 4-16　触变泥浆现场施工

4.6.3　触变泥浆施工应用技术

1. 注浆原则

注浆原则如下。

①触变泥浆的注入需要合理布设注浆孔位,尽量使注入的膨润土掺和润滑泥浆在顶管管节管道外形成连续致密的泥浆套体。压浆须坚持"先压后顶、随顶随压、及时补浆"的原则,压浆泵和输出压力控制在 0.2~0.3 MPa,过大的压力值会顶坏管节。

②对触变泥浆的配制质量需要反复实验确定。通过试验结论,找出最适合现场土层条件和顶管物理条件的最佳泥浆配合比设置值。

③触变泥浆在注入和配制过程中需对一系列技术参数进行控制和调整,需要通过试验进行,并在实际顶管施工中调整数据,使施工顺利完成。

2. 触变泥浆的注入控制技术

配制好的触变泥浆需要及时注入顶管管周与土层接触部位,并应做到伴随顶进施工的进行而持续注浆。

图 4-17 为触变泥浆注入工作原理,通过触变泥浆的润滑,顶管管壁与周边土体的间隙被全部封住,大大减小了摩擦系数,使顶进施工能够顺利进行;同时顶管的管节也能完好无损地进入预定顶进轴线,不会发生管节破损等不良工况。触变泥浆在注入过程中还需要不断地平衡两侧土体。泥浆注入后,将土体凌空部位填充密实,在该应力分布状态下,左右两侧的泥浆填充如果不统一,就会造成应力的重分布,即可能出现土体向应力较小一侧偏斜的情况,影响顶进施工。这点在实际工程中需要重点控制。

注入触变泥浆按照以下 4 点进行质量控制。

①将配制好的触变泥浆注入管外壁,不断注入,随顶随注。

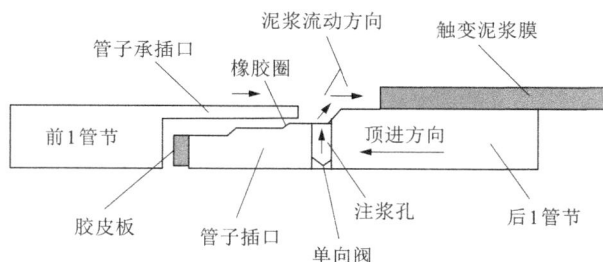

图 4-17　触变泥浆施工原理图

②顶管的注浆量需要依据管节和整个顶管施工段的长度确定，注浆的实际注入量取理论计算净量的 1.5~2 倍，本工程实际采用的是 ϕ3500 mm、ϕ2600 mm 的两种管材，其外径分别长 4140 mm 和 3120 mm，单边空隙宽 6~8 mm，实际顶进距离为 232.5 m。ϕ3500 mm 的管材每顶进一节管，就需要压入 2.97~3.96 m^3 的触变泥浆。ϕ2600 mm 管材每顶进一节管，就需要压入 2.25~3.0 m^3 的触变泥浆。

③在长距离顶管注浆过程中，由于距离越顶越长，因此所需的注浆压力也会越来越大。在这种情形下，需要分段接力顶进，故需在整个顶管作业段内，设置多处注浆接力点，进行泥浆接力输送。多处设泵的好处自然是可提高压浆质量和同步注浆的效果，能够使管段内各种泥浆相对均匀散布，不致聚集在一处，而出现别处无浆液的情况。

④触变泥浆在长时间顶管作业中，其润滑效果将逐渐衰减，其配合比中的各项成分发挥的物理性能将不断减弱。因此需要进行泥浆置换，根据现场实际施工经验，配制出一种高效的泥浆，即可以满足顶进施工作业的要求，又能够对后续泥浆接续起到良好连接效果的"惰性触变泥浆"。这种泥浆可以自行流入土体中空隙，并能够起到膨胀拉伸效果，使管节作用段土体不会失稳下沉。配比见表 4-8。

表 4-8　"惰性触变泥浆"配合比表

材料	水	细砂	粉煤灰	膨润土	消石灰	减水剂
用量/(kg·m^{-3})	530	800	400	60	70	3

触变泥浆注浆分为同步注浆和二次注浆。同步注浆的目的是形成良好的触变泥浆套，根据工程地质条件和隧道断面等情况，确定同步注浆的范围为顶管机及其后方的 4 环管节。二次注浆是为了防止触变泥浆套在地层中失水、固结以及顶进施工扰动等作用造成泥浆套的破坏，确保泥浆套在顶进施工时完好。二次注浆的范围为拼装完成的整条顶管隧道，在掘进过程中循环进行补充注浆，每掘进 10 ~ 15 m 需进行一次二次注浆，如图 4-18 所示。

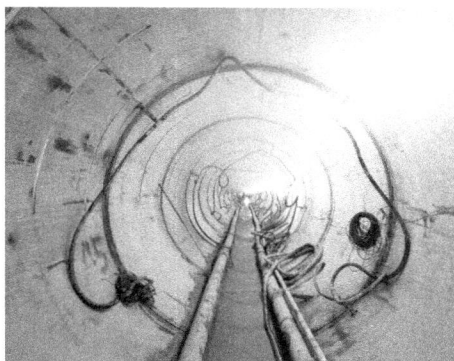

图 4-18　施工现场二次注浆

4.7　本章小结

针对砂砾地层的顶管施工，对顶管机选型、顶管管片上浮机理及控制、管节顶进参数优化、姿态控制及纠偏与管节拼接防水技术进行了系统的介绍与研究。同时，结合土拱效应理论与泥浆触变性，提出了砂砾地层多孔平行顶管顶推力计算公式。且对触变泥浆减阻机理、触变泥浆制备与施工技术进行了探究，得出如下结论。

①本工程顶管掘进地层主要为富水砂砾地层，顶管埋深最浅处仅深 5 m，施工时易出现后靠土体稳定性差、进出洞土体塌陷与液化、上部建筑物沉降破坏等问题。秉持舒适性、安全性、可靠性、经济性的原则，对土压平衡顶管机与泥水平衡顶管机进行了比选，最终选择了更适合本工程地质条件的两台直径分别约为 4300 mm、3300 mm 的泥水平衡式顶管机。

②研究了顶管管片上浮的机理，对主要影响顶管管片上浮的静态上浮力、动态上浮力与土体卸载后的回弹上浮进行了全面分析。继而基于丹霞路三孔顶管施工实际工程，提出了富水砂砾地层管片上浮控制技术。

③本章从管片拼装前、拼装时、拼装后三个阶段介绍了管片拼装安全控制技术与防护措施，并结合工程实际情况，研究了管片接头防水技术，主要是采用"F"型钢套环进行防水密封并灌注低模量聚氨酯密封胶。同时，对顶管顶进参数优化与姿态控制及纠偏控制进行了系统性研究，施工现场主要布置了激光经纬仪与自动导向系统对顶管顶进时的参数与姿态进行监测与控制。

④针对砂砾地层中的多孔平行顶管，通过建立顶推力简化计算模型，结合土拱效应理论与泥浆触变性分别对掌子面压力和管壁侧摩阻力计算公式进行推导，对于距离较近的多孔管片，可采用等效面积法将相邻两卸荷拱影响区域等效为一个掌子面压力与管浆阻力进行计算，管土阻力可分别计算后直接相加，得出单独分别顶进与同时顶进时的管片总顶力计算公式。并发现工程案例实测平均顶推力与本公式计算值相对误差最小，表明在砂砾地层中该多孔平行顶管顶推力计算公式更具实用性。

⑤全面介绍了触变泥浆及其减阻机理，触变泥浆减阻管壁的原理可以归结为在管壁上形成光滑薄膜与降低泥浆黏稠度两个方面。触变泥浆的黏度、失水率、析水率对顶管施工影响较大，结合这几项指标，同时基于触变泥浆施工原理，对触变泥浆的制备与其在工程实际中的应用进行了系统分析。

第5章

多孔顶管近距离下穿混凝土渠道变形控制技术

随着城市化进程的加快与顶管工程逐渐向多孔布置的方向发展，多孔顶管近距离穿越城市中既有建（构）筑物的工程案例逐渐增多。本章首先深入分析多孔顶管施工对既有渠道变形的影响机理，建立科学合理的结构变形控制指标体系；其次，针对实际工程中多孔顶管下穿既有河流渠道的场景，开展三维数值模拟研究，并制定相应的施工组织方案、管理措施及安全控制技术；最后，结合现场监测数据，对施工过程中的变形规律及控制效果进行综合分析与评估，以期为类似工程提供理论依据和技术支持。

5.1 顶管施工引起既有渠道变形机理

5.1.1 概况

1. 区间概况

顶管隧道区间于 K0+818～K0+843 处依次下穿截污箱涵、青山湖西暗渠，上穿既有地铁 4 号线，隧道坡度约为 2.29%。隧道三线均采用顶管法施工，顶进长度为 77.5 m，截污箱涵距离顶管始发井约 10 m，青山湖西暗渠离顶管始发井约 30 m。隧道与既有渠道具体相对位置如图 5-1 所示。

电力舱与综合舱管片外径为 3.5 m，管壁厚 0.32 m，燃气舱管片外径为 2.6 m，管壁厚 0.26 m，每环管片宽度为 2.5 m。燃气舱与综合舱净距为 2.57 m、综合舱与电力舱净距为 3.21 m。

2. 既有渠道情况

青山湖西暗渠与截污箱涵均为钢筋混凝土结构（C30 混凝土）。青山湖西暗渠走向紧贴青山北路西侧，宽约 13 m，高 3.5 m，为两孔结构，钢筋混凝土板厚约 0.2 m。暗渠底部到电力舱与综合舱隧道顶部距离为 3.91 m，到燃气舱隧道顶部距离为 5.1 m。三孔隧道与青山湖西暗渠的夹角约为 85°。

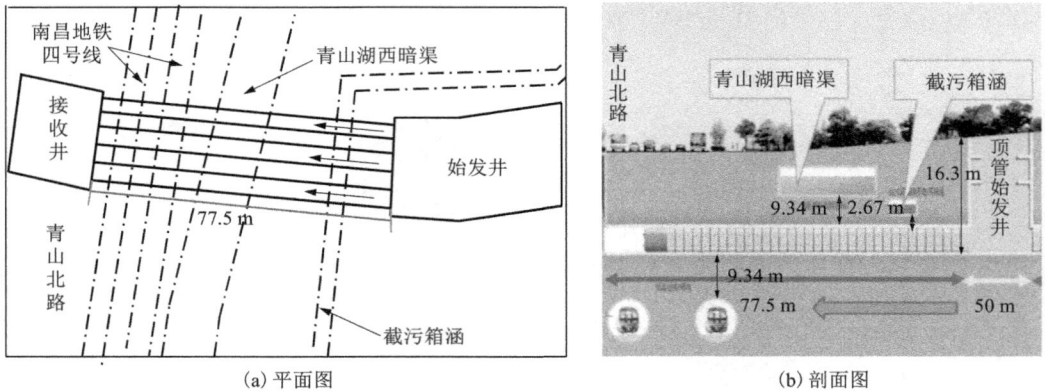

(a) 平面图　　　　　　　　　(b) 剖面图

图 5-1　顶管与既有渠道位置关系

截污箱涵主要负责收集北玉带河沿线区域污水和截流倍数以内的初期雨水，其服务面积为 9.09 km²，断面尺寸为 $B \times H = 3.2$ m×1.7 m，钢筋混凝土板厚约为 0.2 m。箱涵底部到电力舱与综合舱隧道顶部距离为 2.67 m，到燃气舱隧道顶部距离为 3.87 m。三孔隧道几乎垂直下穿截污箱涵。

3. 工程地质与水文地质

顶管穿越既有渠道地段的土层自上而下主要有杂填土、粉质黏土、砂砾土、泥质粉砂岩与中风化粉砂岩，顶管隧道穿行于砂砾地层，覆土埋深为 5.2~14 m。工程所在区域主要水系包括青山湖、青山湖电排站引水渠及青山湖上游玉带河，地下水类型主要为上层滞水、第四系松散岩类孔隙潜水和基岩裂隙水三种类型。青山湖湖底平均高程为 15.20 m，常水位为 16.23 m，控制水位为 17.23 m。地下稳定水位埋深为 0.5~6.1 m，水位动态变化约为 2.0~4.0 m。土层透水性及湿度环境类型属于 Ⅱ 类。

5.1.2　下穿既有渠道变形传递机理

在顶管下穿既有渠道施工前，地层-渠道两部分处于一个共同作用的体系中，两者之间相互影响、相互作用，直至形成最终的稳定平衡状态。隧道开挖后该平衡被打破，先是隧道开挖引起周围地层沉降，且隧道上方土体下沉最严重，地层的沉降变形自下而上传递，逐步传递到渠道底，在传递过程中沉降变形逐渐减小，渠道底土体的变形又引起渠道的沉降变形，继而引起渠道周围建(构)筑物的变形，并产生附加内力。如果产生的附加变形超过其容许值，渠道周围建(构)筑物的安全会受到威胁，其输水能力受影响。

顶管隧道开挖过程中地层-渠道-建(构)筑物之间的相互作用关系图 5-2 所示，即新建隧道开挖—使周围地层变形并向外传递—传递至渠道使其产生变形—对渠道周围建(构)筑物产生影响。

顶管隧道开挖产生的地层变形在向上传递过程中，出现明显的衰减，顶管开挖先引起隧道拱顶位置沉降，这种沉降逐渐传递至渠道，再由渠道传递至建(构)筑物并引起建(构)筑物沉降，沉降变形的发展路径如图 5-3 所示。

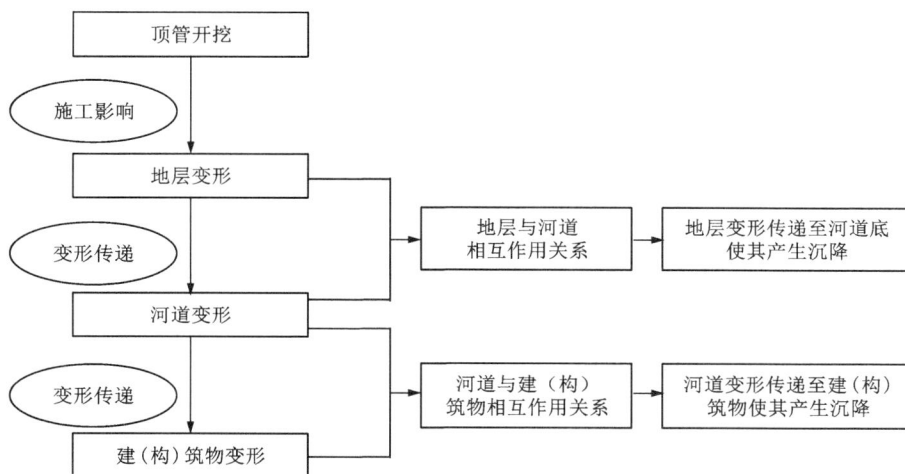

图 5-2　地层−渠道−建（构）筑物相互作用关系示意图

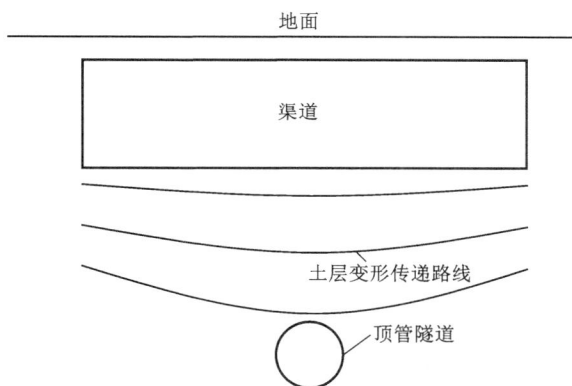

图 5-3　变形传递路径示意图

从上述分析可以看出，地层变形是顶管隧道下穿既有渠道施工的核心影响要素。只要能够合理地对地层的变形进行控制，截断地层变形的传递路径，就能满足渠道安全蓄水的需要。

5.2　既有渠道变形控制标准

5.2.1　控制标准的制定原则

1. 安全有效和科学合理

穿越工程施工对既有渠道的安全运行构成威胁，渠道中的水体也会对新建隧道的施工产生影响，穿越工程涉及多个部门和多个单位，对各单位所属建筑物的影响不一。控制标准用于判断既有和新建隧道施工安全状况,首先应遵循安全原则,近年来我国的地下隧道施工发生了多起严重的事故,安全问题应引起高度重视。穿越工程所处的地理环境各不相同,例如对于人口稀少地区,控制标准可以适当放宽,对于人口稠密地区,标准的控制需要更严格。以安全有效为原则的控制标准包括以下2点。

①控制标准的制定要有科学的依据,要有计算结果作为凭据。

②实施的控制标准要满足既有渠道安全使用的要求,还要考虑当前施工技术水平的实际情况,并充分借鉴已有工程实践经验。

2. 双重指标、综合控制的技术原则

对既有渠道沉降变形的控制和安全状况的判定,必须以渠道结构不破坏并能保证其安全使用为前提,并结合不同部门的管理规定和使用等级,分别制定相应的控制标准和控制原则。为做到合理有效控制,保证既有渠道的安全使用,对于变形控制总指标,特别是对于渠道结构的变形控制指标(主要包括沉降、隆起、差异沉降、水平位移)应结合典型施工工序,采取双重指标、综合控制的技术方针,即采用总沉降值和沉降速率控制。为进一步加强风险控制,对于每一控制指标,针对不同情况,采用预警值、报警值、控制值作为相应于不同状况下的警示值。控制值即指控制标准,预警值是指采取警戒措施的起始值,报警值是指提出报警的起始值,预警值取控制值的70%,报警值取控制值的80%。

3. 方便养护维修的原则

既有渠道结构变形允许极限值主要取决于市政部门的养护维修管理规定和养护维修指南。市政部门日常维护主要是采用开挖加固等方法控制线路的沉降变形。由于渠道承载城市防洪排水与供居民生活用水的特殊功能,施工期间均列为非常时期,管理维修部门必须每天对渠道进行检查和保养。在顶管隧道下穿施工期间,轨道结构产生的变形一般包括由下穿施工引起的结构变形和由水流磨损引起的变形。因此,确定下穿施工期间渠道日变形控制值时应该减去水流磨损引起的变形值。但是考虑到若变形量过大每天维修保养工作量将会大大增加,为便于保养维护,一般可取渠道结构累计变形控制值的30%～50%作为日变形控制值,以做到维修可用。

5.2.2　渠道变形标准值与控制值

本工程中的截污箱涵与暗渠均为南昌市城市生活污水和雨水排放的主要管道,水流量较大,属于一级排水管道。因此在顶管多次近距离下穿工程中,需严格控制渠道的变形。水渠变形控制值如表5-1所示。

表 5-1　渠道变形控制指标

变形	控制标准值/mm	报警值/mm	变化速率控制值/(mm·d^{-1})
地表沉降	30	24	2
水渠沉降	10	8	2
水渠水平变形	10	8	2

5.3　顶管下穿既有渠道的变形受力数值分析

近年来,我国各大城市都在大规模修建地铁与市政管道,地铁或管道穿越既有渠道的情况也越来越多。在顶管隧道穿越既有河流渠道施工过程中,渠道不可避免会产生一定的沉降,进而产生结构破坏。当在小范围内出现较大的沉降时,混凝土结构可能会发生剪切破坏,严重影响渠道的储水蓄水与运水功能。

通过现场实地考察,综合管廊(青山北路—江纺路段)受引水渠及各类箱涵影响,均无法改道绕行,无法采用明挖顺作法施工工艺,需采用顶管施工工艺,如此大断面顶管施工,在江西省市政工程中尚属首次,因此顶管机选型与地质适应性分析较难。大断面圆形顶管先后5次浅覆土(仅1~3 m)、连续下穿现状青山湖西暗渠、现状青山湖西截污箱涵、青山湖电排站、引水渠、青山湖东暗渠溢流堰,箱涵对沉降、隆起极为敏感,极易使箱涵形成隆起或沉降,混凝土箱涵结构对沉降、隆起极为敏感,青山湖东暗渠溢流堰为环保部门重点督查对象,箱涵一旦变形破坏,将大面积污染青山湖,环保污染引起的后果将不堪设想。

利用有限元软件对不同工况下顶管下穿既有河流渠道等结构的变形规律及动力响应影响进行深入的研究,以最大限度地减小下穿施工对渠道结构的影响,确保渠道安全使用,并为实际施工和变形控制提供借鉴和参考具有十分重要的理论和实践意义。

5.3.1　下穿施工三维模型建立

1. 三维有限元模型

根据三孔顶管与既有渠道相对位置关系,通过有限元软件 MIDAS GTS NX 建立三维地层-结构模型。基于尺寸效应考虑,模型尺寸设为 50 m×29.5 m×77.5 m,即隧道前进方向长度为 77.5 m,地层深度为 29 m,电力舱与综合舱的覆土深度为 8.5 m,燃气舱的覆土深度为 9.7 m。模型顶面无任何约束,侧边添加水平位移约束,底部添加竖直方向约束,如图 5-4 所示。模型网格共划分 134534 个单元,78768 个节点,岩土体的网格尺寸为 2,隧道与既有渠道的网格尺寸为 1,岩土体采用摩尔-库仑本构模型,管片与既有渠道采用线弹性本构模型。管片混凝土强度等级为 C50,既有渠道混凝土强度等级为 C30,结合现场地勘资料,模型物理力学参数具体见表 5-2。

表 5-2　模型物理力学参数

材料名称	厚度/m	重度/(kN·m⁻³)	弹性模量/MPa	黏聚力/kPa	内摩擦角/(°)
杂填土	2.5	18.2	10	8	8
粉质黏土	3.0	19.9	29.2	24.1	15.8
砂砾层	12	20	69	3	38

续表 5-2

材料名称	厚度/m	重度/(kN·m⁻³)	弹性模量/MPa	黏聚力/kPa	内摩擦角/(°)
泥质粉砂岩	3.0	20.5	35.7	32	19
风化岩	9.0	20.9	54	34	30.5
渠道混凝土	—	25	30000	—	—
混凝土管片	—	27	34500	—	—
顶管机壳	—	80	23000	—	—
注浆加固体	2.0	23	50	40	25

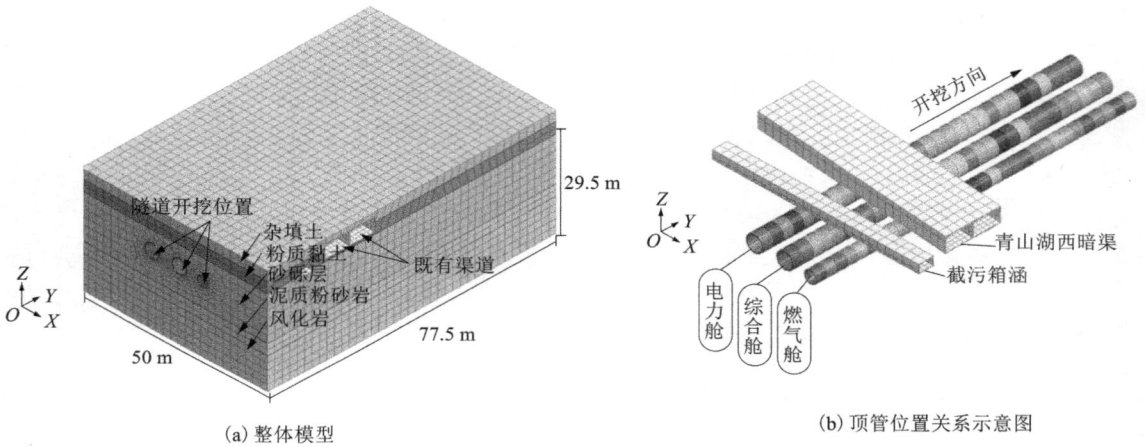

(a) 整体模型　　　　　　　　(b) 顶管位置关系示意图

图 5-4　三维有限元模型

2. 监测断面与线布置

由于工程施工范围和影响区域较大，难以对整个模型进行受力与位移的分析，现对既有渠道选取典型监测线，以便于进行受力与位移的分析。截污箱涵设置 4 条三维变形监测线：分别位于箱涵顶板(1 条：Az1)、箱涵底板(1 条：Az2)、箱涵侧墙(2 条：Ax1、Ax2)，长度均为 50 m，均分为 50 段，即每 1 m 取一次数据；青山湖西暗渠设置 10 条三维变形监测线：分别位于暗渠顶板(3 条：Bz1、Bz3、Bz5)、暗渠底板(3 条：Bz2、Bz4、Bz6)、隧道中墙(2 条：Bx2、Bx3)、暗渠侧墙(2 条：Bx1、Bx4)，长度约为 50 m，均分为 50 段，即约 1 m 取一次数据；地面设置 7 条沉降监测线，Cs1、Cs2、Cs3 分别位于电力舱、综合舱与燃气舱轴线上地面，长度为 77.5 m，As 位于截污箱涵中心线上地面，长度为 50 m，Bs1、Bs2、Bs3 分别位于青山湖西暗渠的侧板与中板上方地面，长度约为 50 m；为了研究既有渠道附近土体的水平位移，在离始发位置 12.5 m 的断面(位于截污箱涵与青山湖西暗渠之间)设置一个监测断面 Ds。总共设置 21 条监测线，1 个监测断面，所有监测线都与地面平行，监测断面与监测线布置如图 5-5 所示。

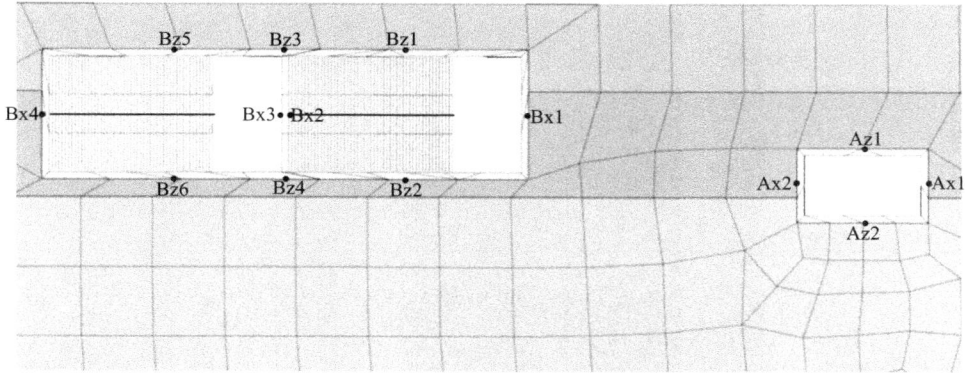

(a) 既有渠道变形监测线

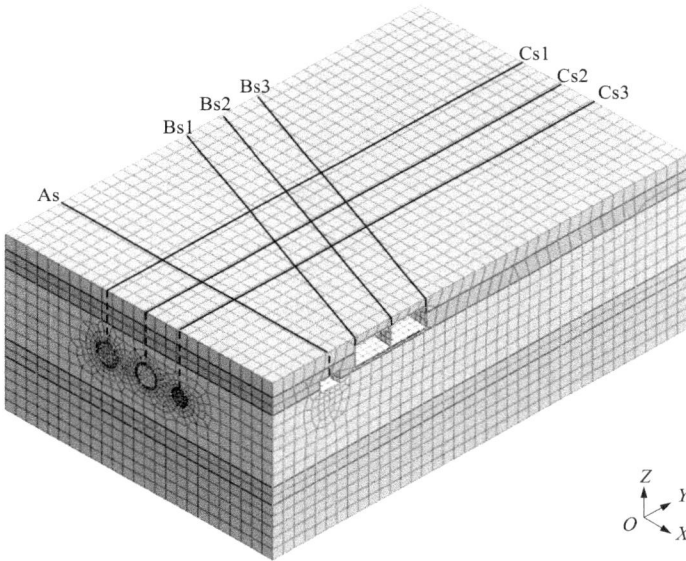

(b) 地表沉降及土体水平位移监测线

图 5-5　数值模型监测线布置

5.3.2　模拟施工工况及步骤

1. 施工过程模拟

根据实际顶管施工速度,确定一个开挖步长为 2.5 m(1 环管片长度),顶管机的长度为 5 m。模型初始应力场只考虑自重应力,实际施工顺序为电力舱→燃气舱→综合舱,具体模拟施工步骤如下。

第 1 步:地应力平衡,计算模型初始应力场,并对土体的位移与既有渠道的变形清零。确保既有渠道的变形是由顶管开挖引起的

第 2 步:激活垂直于开挖土体表面的均布荷载,以模拟顶管开挖时掌子面上推力。

第 3 步：钝化上一步的掌子面推力与开挖土体，同时激活顶管机壳单元与下一开挖土体上的掌子面推力。

第 4 步：掘进两个开挖步后，钝化顶管机尾的顶管机壳单元，激活管片单元与注浆层单元，同时激活管壁上的注浆压力。

第 5 步：重复第 2 步~第 4 步直至电力舱管道贯通。

第 6 步：重复第 2 步~第 5 步直至三孔顶管全部贯通。

2. 施工工况设置

为了研究顶管隧道开挖时加固措施和施工参数对既有渠道变形的影响，本书设置了 4 种不同的工况进行分析，具体工况如下。

工况 1：地层无加固措施，顶管施工掌子面推力为 0.2 MPa，注浆压力为 0.1 MPa。

工况 2：地层无加固措施，顶管施工掌子面推力为 0.3 MPa，注浆压力为 0.1 MPa。

工况 3：地层无加固措施，顶管施工掌子面推力为 0.2 MPa，注浆压力为 0.2 MPa。

工况 4：地层采用等强加固，注浆体材料参数见表 3-2，加固范围在隧道上方与既有渠道之间，如图 5-6 所示。顶管施工掌子面推力为 0.2 MPa，注浆压力为 0.1 MPa。

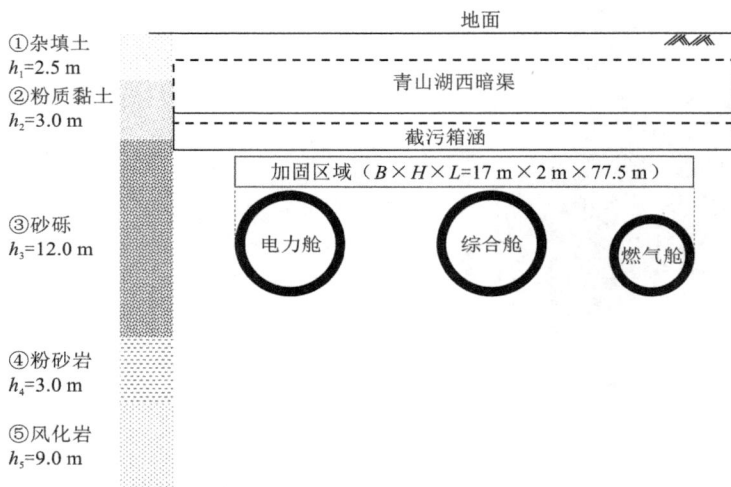

图 5-6　工况 4 地层加固范围

5.3.3　模拟结果分析

整个三孔顶管隧道施工阶段数目较多，对所有阶段都进行受力与位移的分析工作量较大且不必要，仅对如下 15 个最具代表性的施工阶段进行分析。

电力舱开挖 7.5 m（隧道开始下穿截污箱涵）、电力舱开挖 12.5 m（隧道完全穿过截污箱涵）、电力舱开挖 25 m（隧道位于河西暗渠中心下部）、电力舱开挖 32.5 m（隧道完全穿过河西暗渠）、电力舱开挖 77.5 m（电力舱施工完成）；燃气舱开挖 7.5 m（隧道开始下穿截污箱涵）、燃气舱开挖 12.5 m（隧道完全穿过截污箱涵）、燃气舱开挖 25 m（隧道位于河西暗渠中心下部）、燃气舱开挖 32.5 m（隧道完全穿过河西暗渠）、燃气舱开挖 77.5 m（燃气舱施工完成）；综合舱开挖 7.5 m（隧道开始下穿截污箱涵）、综合舱开挖 12.5 m（隧道完全穿过截污箱涵）、综合舱开挖 25 m（隧道位于河西暗渠中心下部）、综合舱开挖 32.5 m（隧道完全穿过河西暗渠）、综合舱开挖 77.5 m（综合舱施工完成）。

本数值模型假设在顶管隧道开挖前既有渠道处于静力平衡状态，没有位移与变形产生，因此渠道结构所产生的位移与变形均是顶管隧道开挖所引起。模拟顶管施工 15 个主要阶段的示意图如图 5-7 所示。

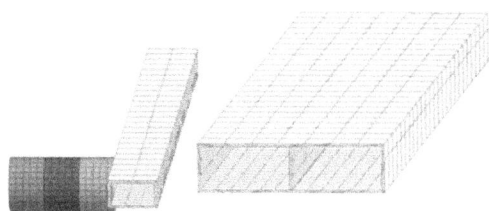

(a) 电力舱开挖 7.5 m

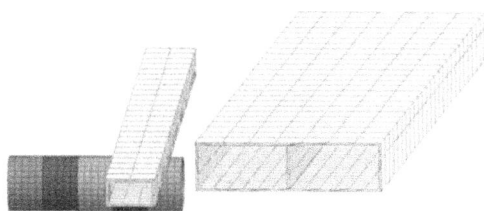

(b) 电力舱开挖 12.5 m

(c) 电力舱开挖 25 m

(d) 电力舱开挖 32.5 m

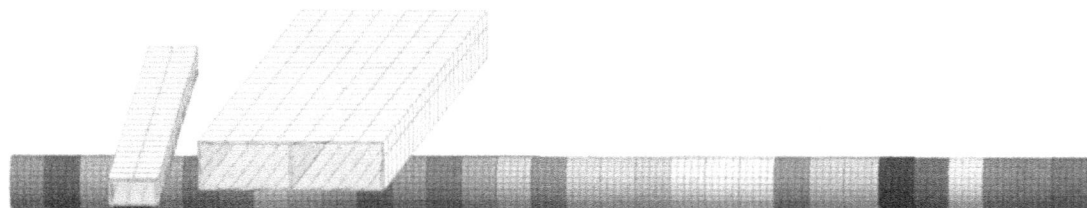

(e) 电力舱开挖 77.5 m

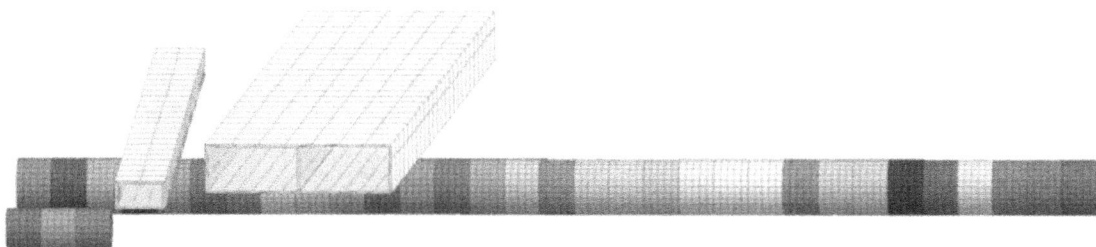

(f) 燃气舱开挖 7.5 m

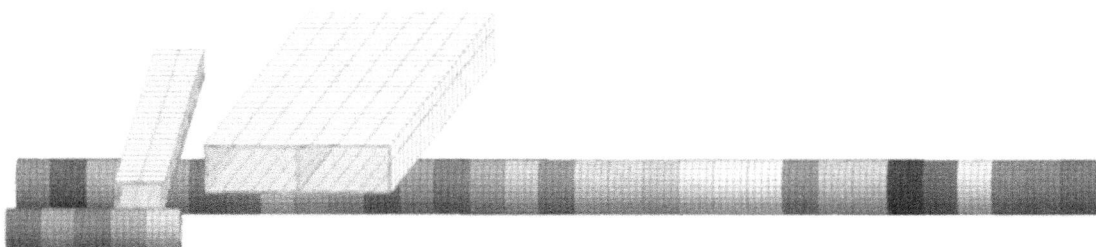

(g) 燃气舱开挖 12.5 m

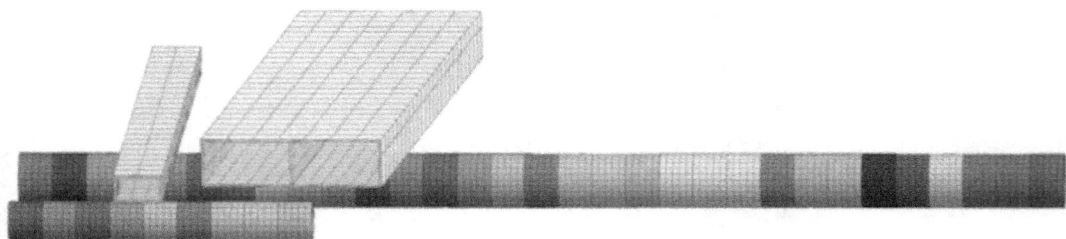

（h）燃气舱开挖25 m

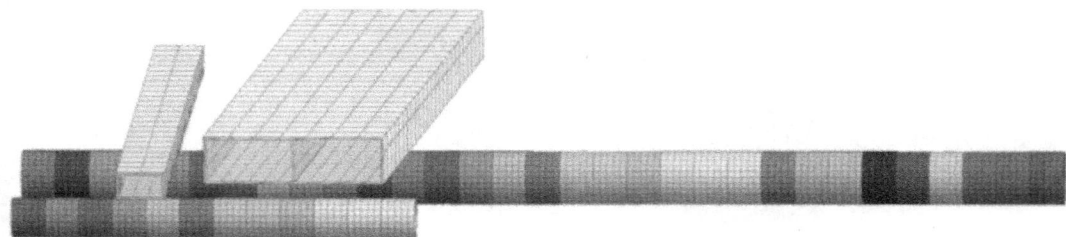

（i）燃气舱开挖32.5 m

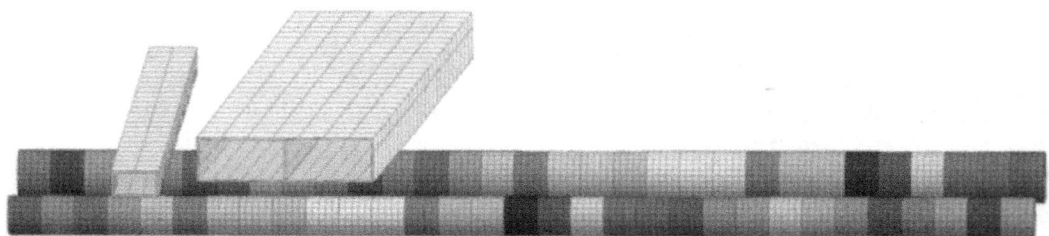

（j）燃气舱开挖77.5 m

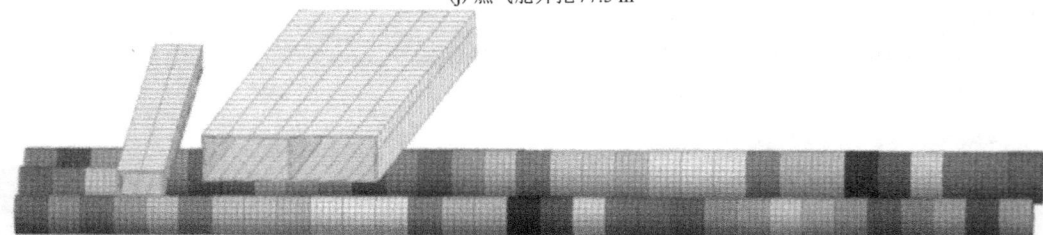

（k）综合舱开挖7.5 m

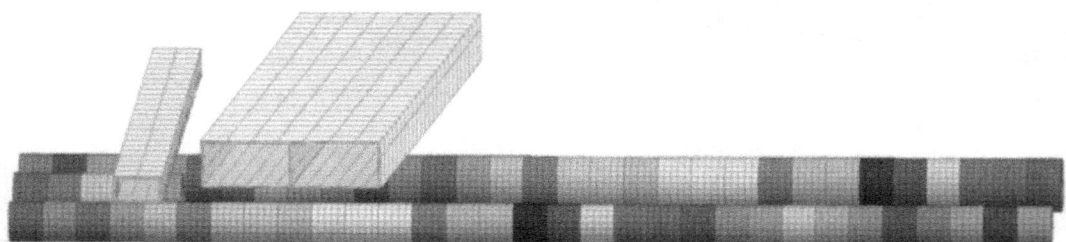

（l）综合舱开挖12.5 m

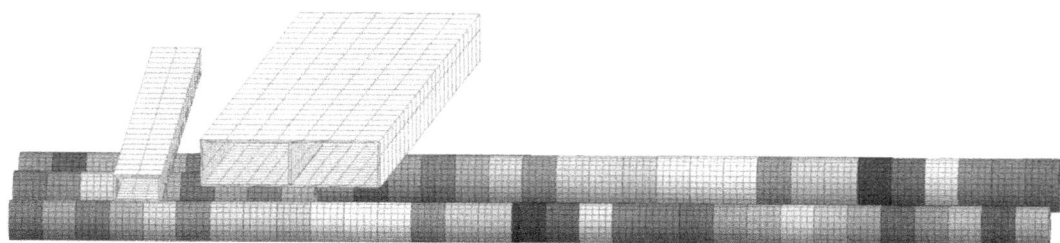

(m) 综合舱开挖 25 m

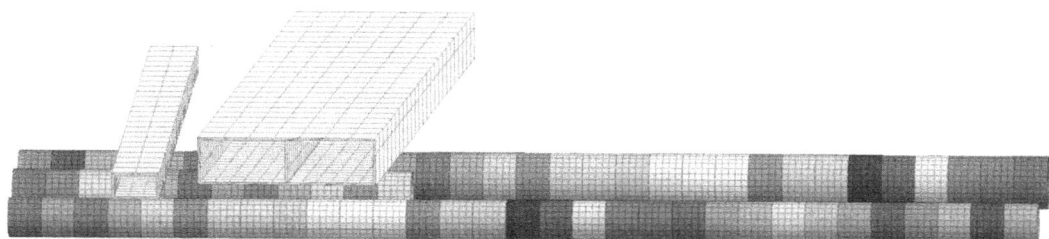

(n) 综合舱开挖 32.5 m

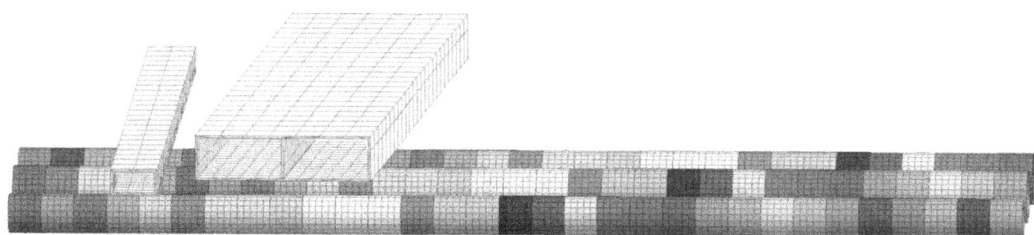

(o) 综合舱开挖 77.5 m

图 5-7　主要施工阶段示意图

1. 地层竖向变形分析

工况 1 下各个典型阶段的地层竖向变形如图 5-8 所示。从图 5-8 中可知，地层变形主要集中在隧道的四周，其中隧道拱顶土层主要表现为沉降，隧道底部地层主要表现为隆起。地层变形范围与地层变形最大值在三孔顶管施工过程中不断增大，且后行顶管的顶进会对先行顶管周围土体产生附加扰动，使其产生附加变形。电力舱施工完成时，地层沉降最大值为 23.45 mm，隆起最大值为 23.71 mm，位于电力舱隧道周围；燃气舱施工完成时，地层沉降最大值为 23.71 mm，隆起最大值为 23.76 mm，均位于电力舱隧道周围，燃气舱施工引起的电力舱附近土体的附加沉降为 0.26 mm，附加隆起为 0.05 mm；综合舱施工完成时，地层沉降最大值为 29.53 mm，隆起最大值为 26.04 mm，位于综合舱隧道周围。

图 5-9 是 4 种工况下三孔顶管开挖完成后的地层竖向变形云图。从图 5-9 中可以看出，4 种工况下，地面都是发生沉降变形，由于模型的边界效应，地表沉降最大值均位于始发位置。由于既有渠道的弹性模量与刚度远远大于土体，会抑制其上方土体的沉降变形，因此既有渠道上方的地表沉降要远小于隧道上方地表的沉降。工况 1 中地层最大沉降值为 −29.53 mm，最大隆起值为 26.04 mm；工况 2 中地层最大沉降值为 −30.05 mm，最大隆起值

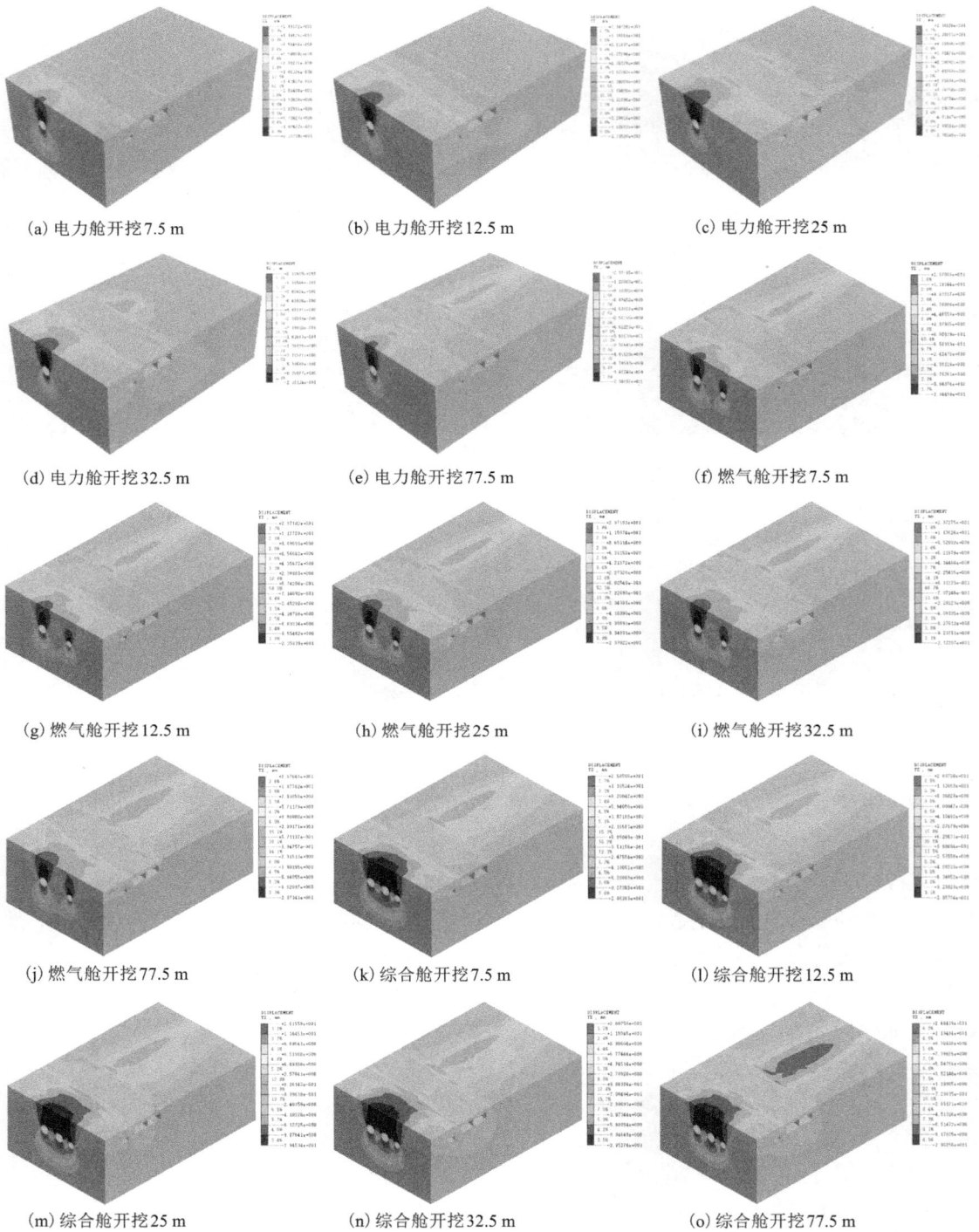

(a) 电力舱开挖7.5 m

(b) 电力舱开挖12.5 m

(c) 电力舱开挖25 m

(d) 电力舱开挖32.5 m

(e) 电力舱开挖77.5 m

(f) 燃气舱开挖7.5 m

(g) 燃气舱开挖12.5 m

(h) 燃气舱开挖25 m

(i) 燃气舱开挖32.5 m

(j) 燃气舱开挖77.5 m

(k) 综合舱开挖7.5 m

(l) 综合舱开挖12.5 m

(m) 综合舱开挖25 m

(n) 综合舱开挖32.5 m

(o) 综合舱开挖77.5 m

图 5-8　地层竖向变形云图

为 25.34 mm；工况 3 中地层最大沉降为-29.41 mm，最大隆起为 26.11 mm；工况 4 中地层最大沉降为-20.39 mm，最大隆起为 30.89 mm。可见，工况 4 引起的地层沉降明显小于其他几种工况，因此在顶管施工前对其上方土体进行区域注浆加固有重要意义，施工更为安全。

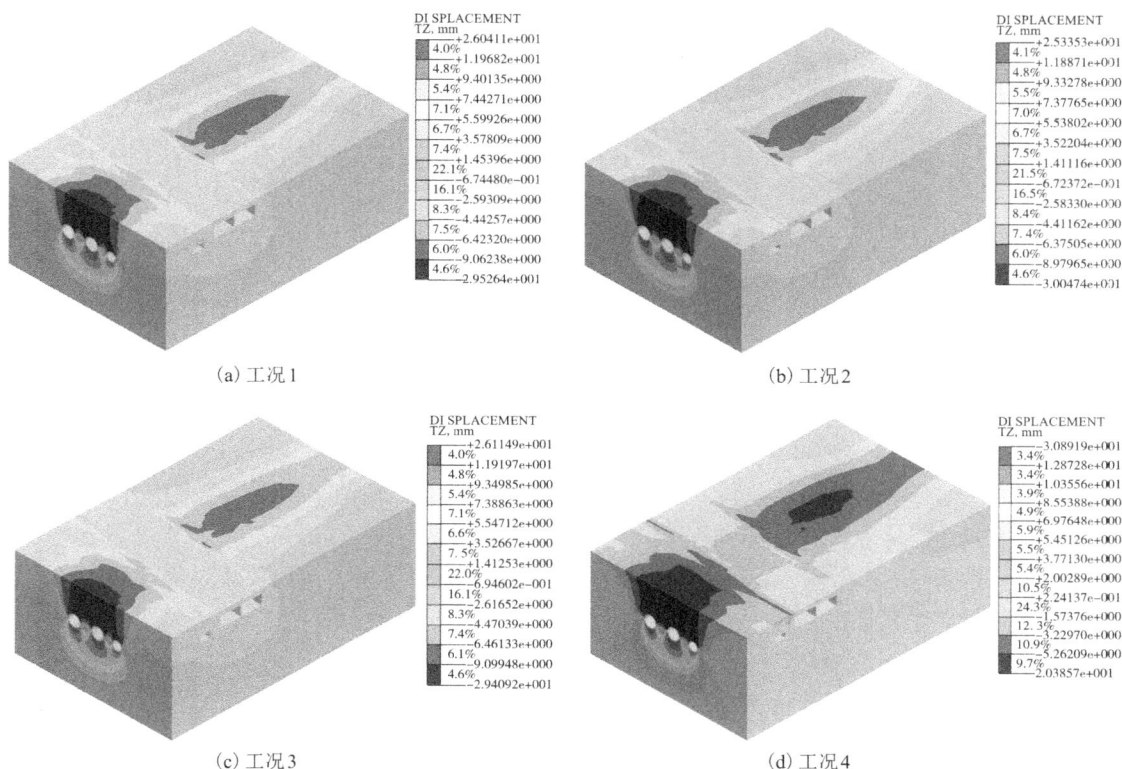

(a) 工况 1

(b) 工况 2

(c) 工况 3

(d) 工况 4

图 5-9　不同工况地层竖向变形云图

2. 隧道轴线上地表沉降变化

选取模型中分别位于电力舱轴线上、综合舱轴线上、燃气舱轴线上的监测线 Cs1、Cs2、Cs3 的数据进行分析，工况 1 下施工完成时，各监测线上地表沉降如图 5-10 所示。

三孔顶管施工完成时 4 种工况下不同监测线上地表沉降曲线如图 5-11 所示。

由图 5-10、图 5-11 可知，当三孔顶管施工完成时，所有监测线上均发生沉降变形，位于燃气舱上的监测线 Cs3 的地表沉降值最小，位于综合舱上的监测线 Cs2 的地表沉降值最大，其原因在第二章中已指出，即顶管直径越小，其施工引起的土层变形也越小，先行顶管顶进引起的压力释放会使后行顶管所在土层的稳定性与强度降低，后行顶管顶进时引起的土层变形会变大。虽然数值存在差异，但 3 条监测线上地表沉降变化规律一致。由于模型边界效应，越靠近始发位置，地表沉降越大，在青山湖西暗渠所在范围内，地表沉降急剧减小且呈一条直线，这是因为既有渠道的钢筋混凝土刚度要远远大于土体，其能抑制土体的竖向变形。通过湖西暗渠所在范围后，地表沉降又急剧增大并趋于稳定。

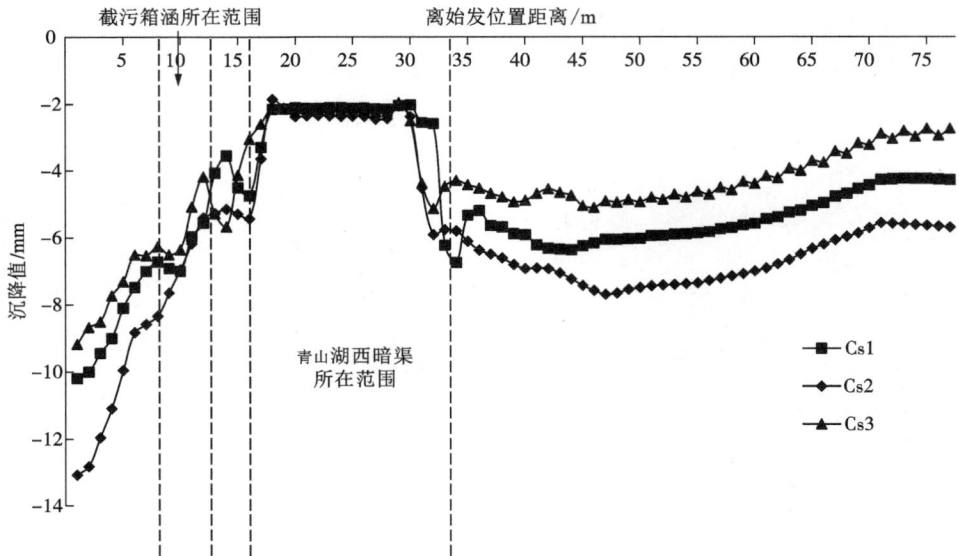

图 5-10　工况 1 下施工完成时竖向位移云图

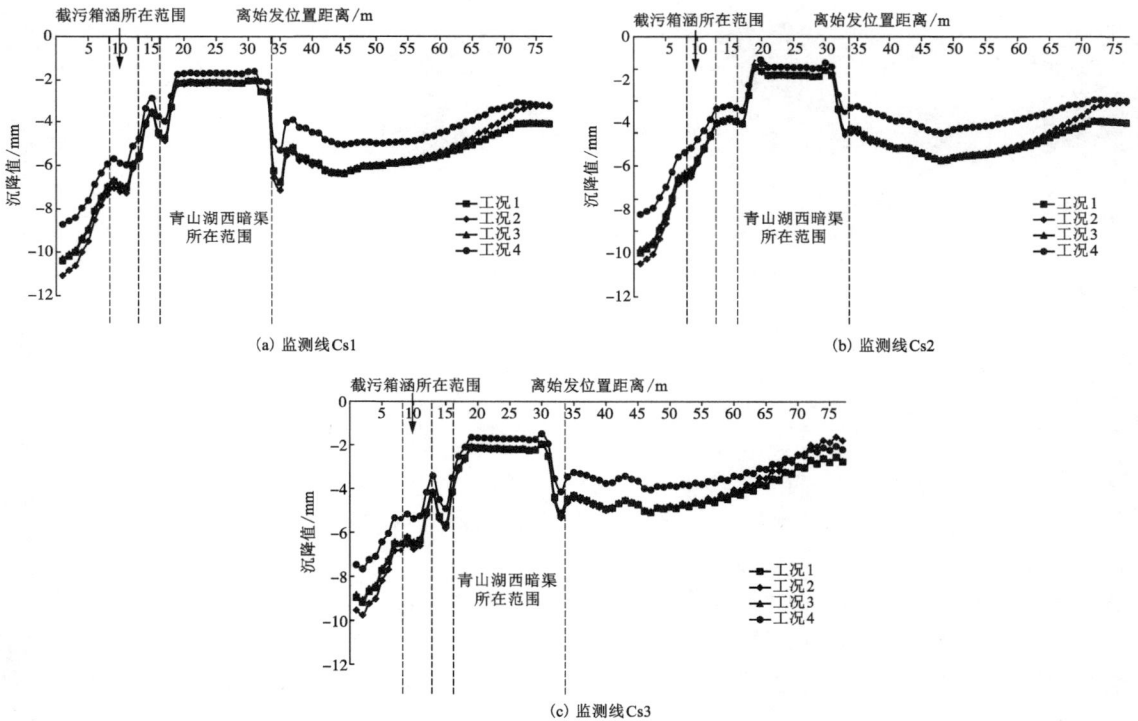

(a) 监测线 Cs1

(b) 监测线 Cs2

(c) 监测线 Cs3

图 5-11　不同工况下施工完成时竖向位移云图

　　以电力舱隧道上的监测线 Cs1 为对象研究三孔顶管下穿既有渠道施工时地表纵断面的竖向变形规律。图 5-12 为电力舱顶进过程中,其纵断面竖向变形云图,由图 5-12 可知:电力舱顶进过程中,隧道上方主要发生沉降变形,隧道下方主要发生隆起变形,且离顶管隧道越近,变形值越大;隧道上方,开挖面后方的地表主要发生沉降变形,而开挖面前方土体由于受到顶管顶推力的挤压作用,造成较大扰动,扰动区延伸至地表导致地表产生隆起变形。随着顶管的掘进不断深入,开挖面后方的地表沉降逐渐增大且趋于平缓,开挖面前方的地表隆起也轻微变大,电力舱顶进完成时,地表隆起消失,全断面都产生沉降变形。既有渠道周围土体的竖向变形要远远小于相同深度下其他土体,而且对比截污箱涵与湖西暗渠周围土体的竖向变形,可以得出结论:相同建筑材料下,渠道尺寸越大,对土体的竖向变形的抑制作用越强。

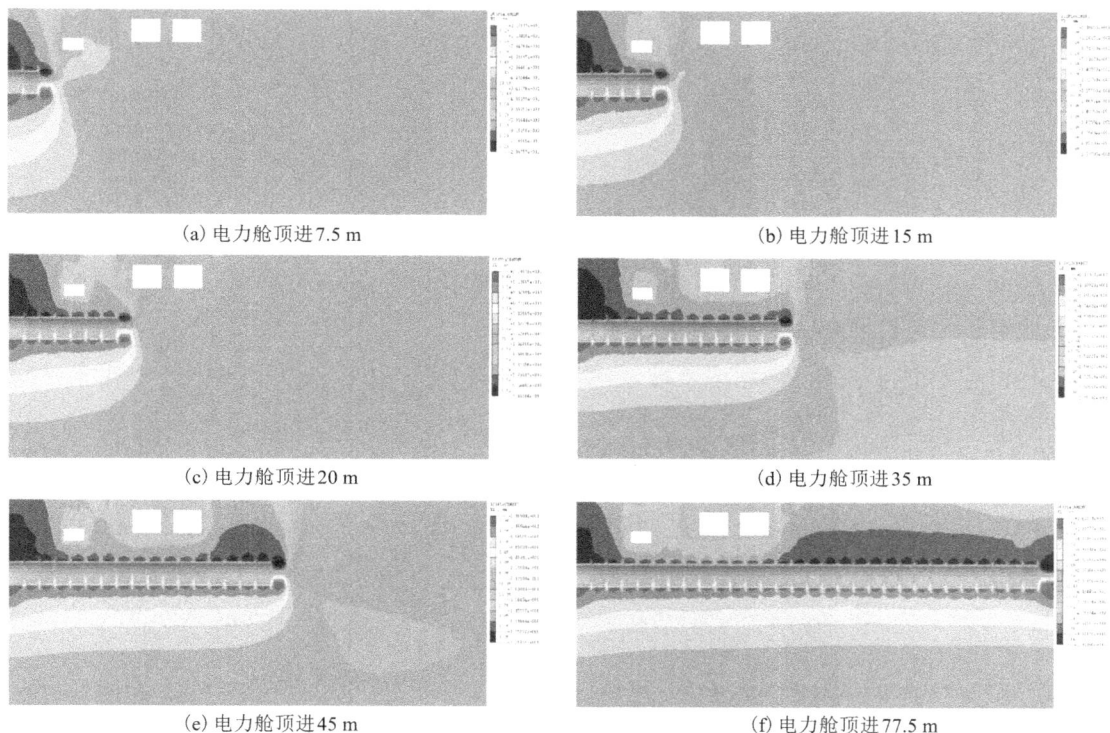

(a) 电力舱顶进 7.5 m

(b) 电力舱顶进 15 m

(c) 电力舱顶进 20 m

(d) 电力舱顶进 35 m

(e) 电力舱顶进 45 m

(f) 电力舱顶进 77.5 m

图 5-12　电力舱纵断面竖向位移云图

图 5-13 为三孔依次顶进过程中,电力舱上监测线 Cs1 的地表竖向变形变化曲线图。从图 5-13 中可见,随着施工的进展,地表竖向变形值不断增大,电力舱顶进 7.5 m、15 m、20 m、35 m、45 m 时,地表最大沉降值分别为 6.95 mm、7.28 mm、7.35 mm、7.52 mm、7.53 mm,地表最大隆起分别为 0.51 mm、0.54 mm、0.6 mm、0.83 mm、0.98 mm。当电力舱施工完成时,地表隆起变形消失,全断面都是沉降变形。后行燃气舱、综合舱顶进对先行电力舱顶管周围土体产生附加扰动,使其产生附加沉降。电力舱顶进完成时,监测线 Cs1 上最大沉降为 7.38 mm;燃气舱顶进完成时,监测线 Cs1 上最大沉降为 8.01 mm,产生的附加沉降为 0.63 mm;综合舱顶进完成时,监测线 Cs1 上最大沉降为 10.4 mm,产生的附加沉降为 2.39 mm。综合舱由于直径较大,且距离电力舱较近,其施工对电力舱周围土体产生的附加沉降要大于燃气舱。

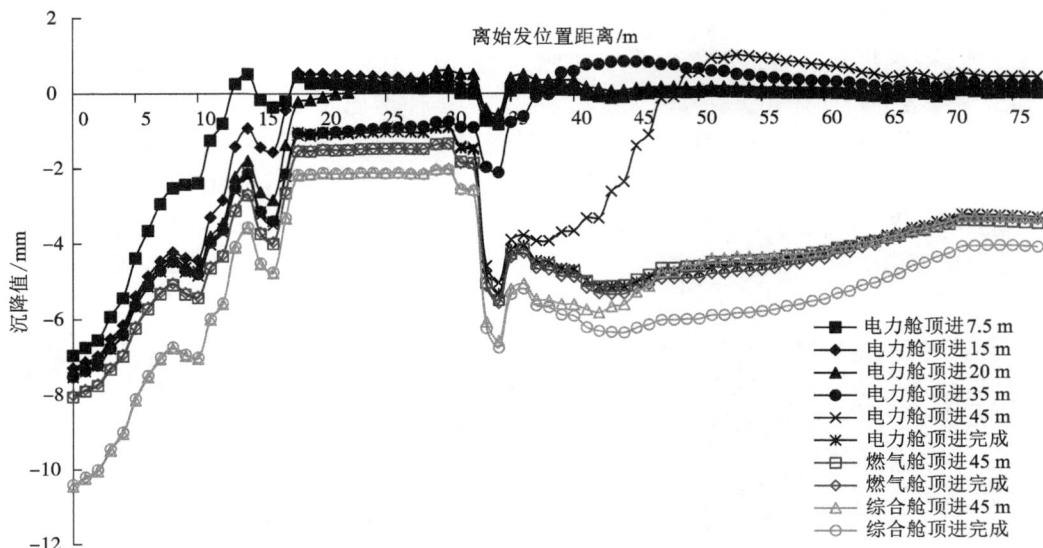

图 5-13 不同施工阶段地表纵断面竖向变形曲线图

3. 既有渠道上方地表沉降变化

三孔顶管依次施工完成时，位于截污箱涵上的地表监测线 As 与位于湖西暗渠上的地表监测线 Bs1、Bs2、Bs3 的地表沉降变化曲线如图 5-14 所示。

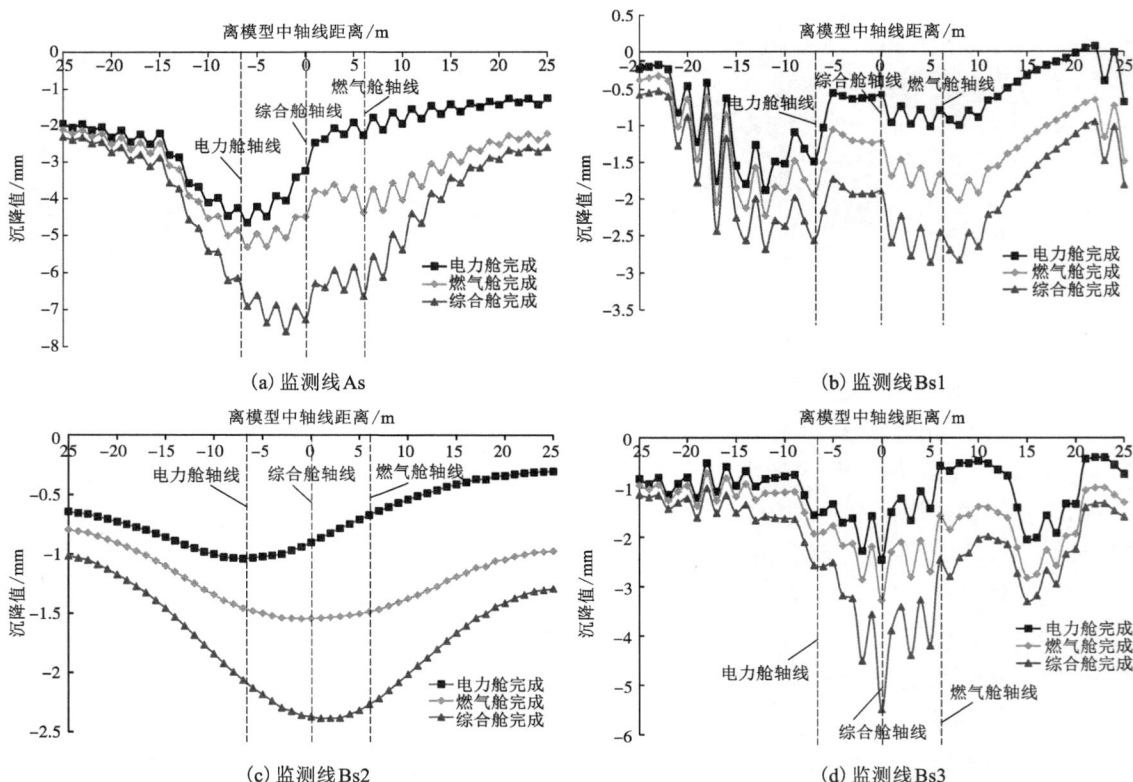

(a) 监测线 As

(b) 监测线 Bs1

(c) 监测线 Bs2

(d) 监测线 Bs3

图 5-14 既有渠道上监测线变形曲线图

由图 5-14 可知，随着施工的进行，渠道上地表的沉降不断增大，电力舱完成时，监测线
As 上最大沉降为 4.65 mm，监测线 Bs1 上最大沉降为 1.88 mm，监测线 Bs2 上最大沉降为
1.04 mm，监测线 Bs3 上最大沉降为 2.46 mm；燃气舱完成时，监测线 As 上最大沉降为
5.3 mm，监测线 Bs1 上最大沉降为 2.23 mm，监测线 Bs2 上最大沉降为 1.54 mm，监测线
Bs3 上最大沉降为 3.27 mm；综合舱完成时，监测线 As 上最大沉降为 7.59 mm，监测线
Bs1 上最大沉降为 2.86 mm，监测线 Bs2 上最大沉降为 2.38 mm，监测线 Bs3 上最大沉降为
5.49 mm。离顶管轴线越近，地表沉降值越大，且 4 根监测线上的最大沉降都发生在最后顶
进的综合舱附近，且截污箱涵上方地表沉降远大于湖西暗渠上方地表沉降。

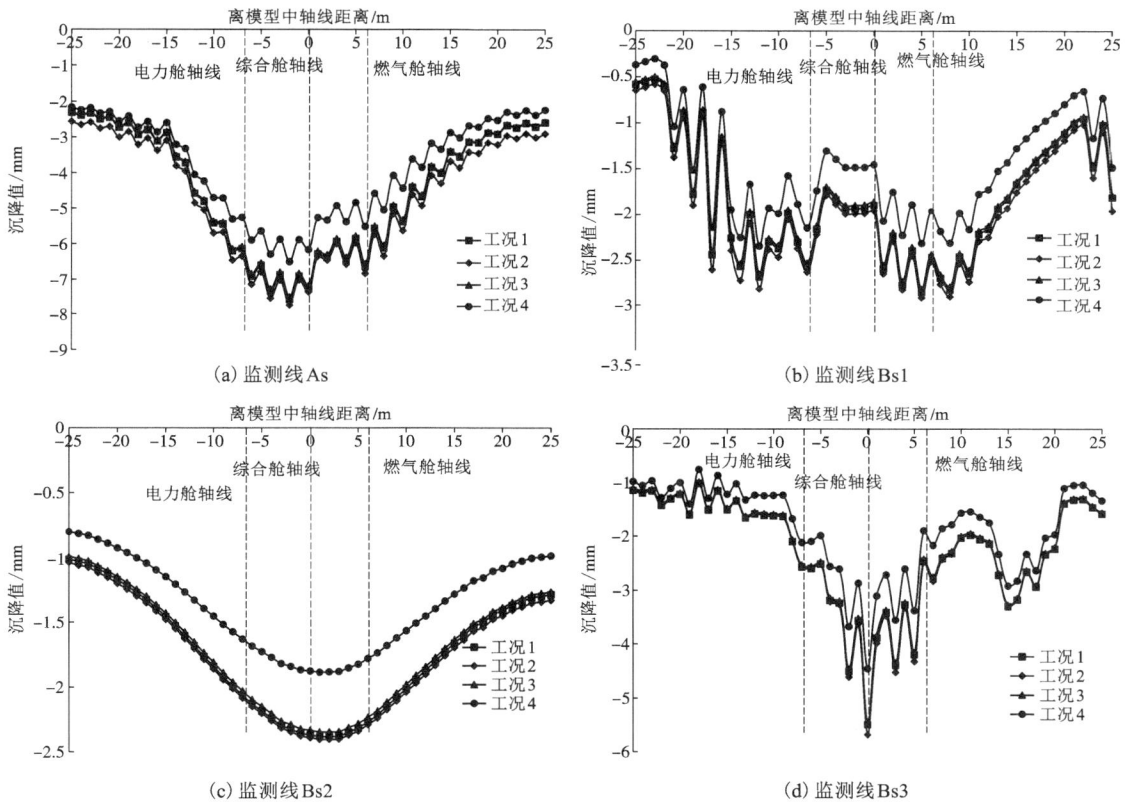

图 5-15　不同工况下各监测线地表沉降变形曲线

三孔顶管完成时，4 种工况下各监测线上地表沉降曲线如图 5-15 所示，7 条地表沉降监
测线上的最大沉降值如表 5-3 所示。由上可知，4 种工况下的变形曲线形状基本一致，说明
既有渠道上方地表沉降变化规律相同。工况 4 为采用区域注浆加固的情况，地表沉降明显要
小于其他 3 种工况，说明其能有效抑制地表沉降。

表5-3　不同工况下地表监测线上的最大沉降值　　　　　　　单位：mm

工况	Cs1	Cs2	Cs3	As	Bs1	Bs2	Bs3
1	−10.4	−13.33	−9.18	−7.59	−2.86	−2.38	−5.49
2	−11.08	−13.99	−9.75	−7.72	−2.92	−2.41	−5.69
3	−10.3	−13.12	−9.05	−7.51	−2.82	−2.35	−5.48
4	−8.72	−10.96	−7.67	−6.5	−2.34	−1.89	−4.46

4. 既有渠道变形分析

（1）竖向（Z方向）变形分析

图5-16与图5-17分别为顶管施工过程中既有渠道竖向变形云图与曲线图。从图5-16、图5-17中可知，随着施工的进行，既有渠道的竖向变形逐渐增大，电力舱开挖完成时，渠道最大竖向变形为−2.7 mm；燃气舱开挖完成时，渠道最大竖向变形为−3.3 mm；综合舱开挖完成时，渠道最大竖向变形为−5.4 mm；渠道最大变形位置也会随着顶管顶进而改变，主要发生在顶管轴线附近，且截污箱涵的竖向变形大于青山湖西暗渠。实际施工时应重点关注此处的变形。

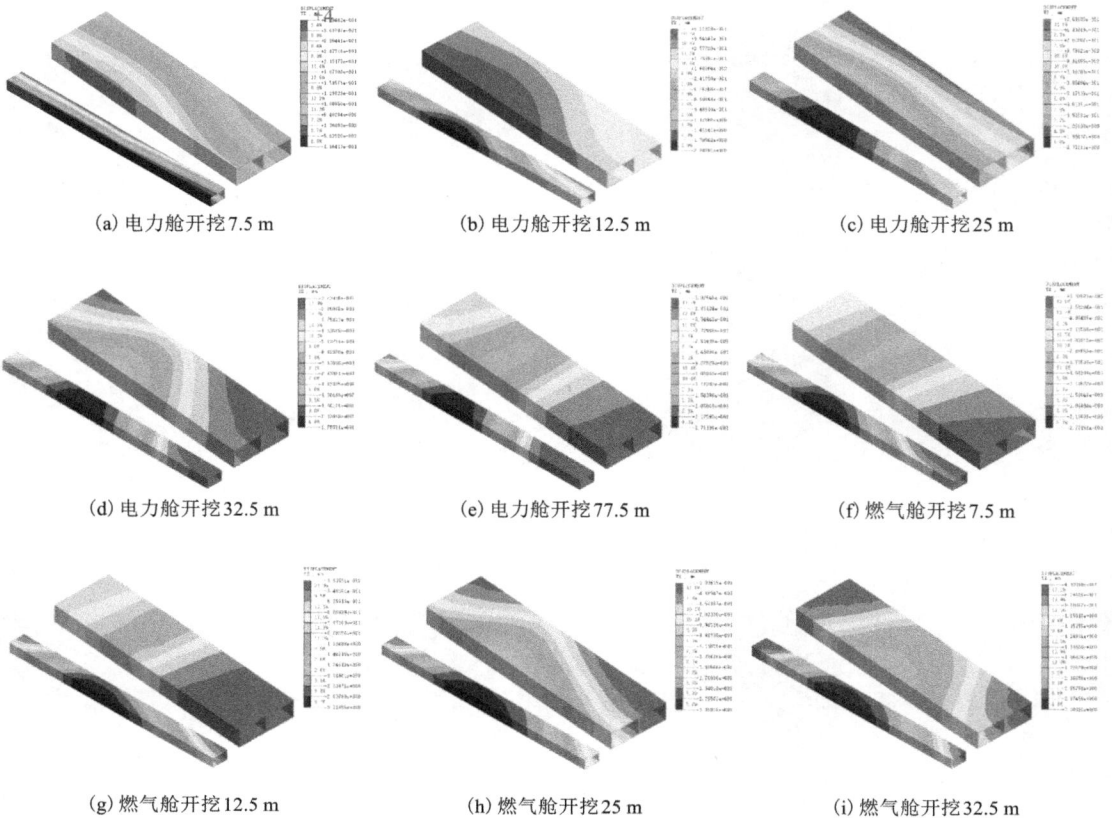

(a) 电力舱开挖7.5 m　　　　(b) 电力舱开挖12.5 m　　　　(c) 电力舱开挖25 m

(d) 电力舱开挖32.5 m　　　　(e) 电力舱开挖77.5 m　　　　(f) 燃气舱开挖7.5 m

(g) 燃气舱开挖12.5 m　　　　(h) 燃气舱开挖25 m　　　　(i) 燃气舱开挖32.5 m

(j) 燃气舱开挖 77.5 m　　　　　(k) 综合舱开挖 7.5 m　　　　　(l) 综合舱开挖 12.5 m

(m) 综合舱开挖 25 m　　　　　(n) 综合舱开挖 32.5 m　　　　　(o) 综合舱开挖 77.5 m

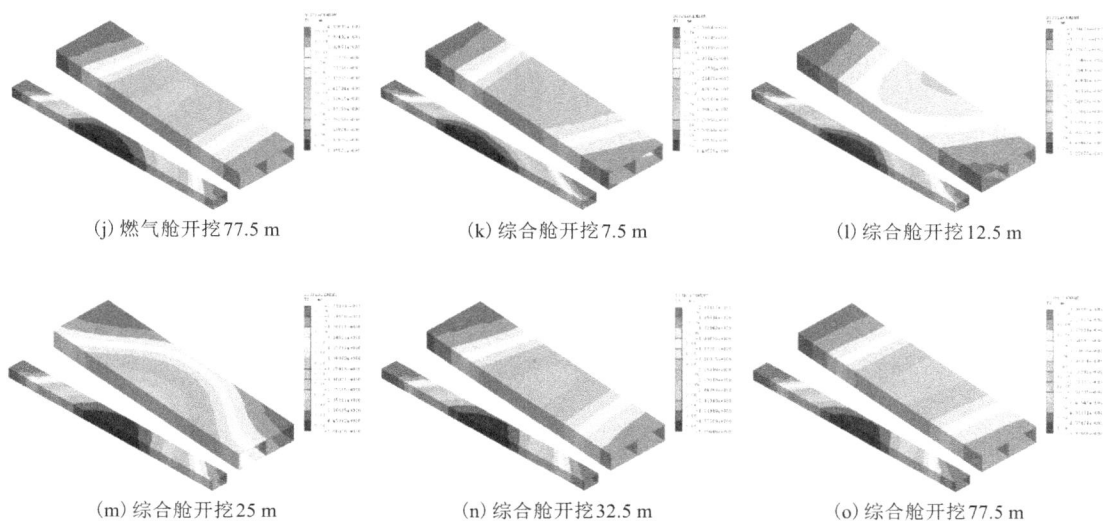

图 5-16　既有渠道竖向(Z 方向) 变形云图

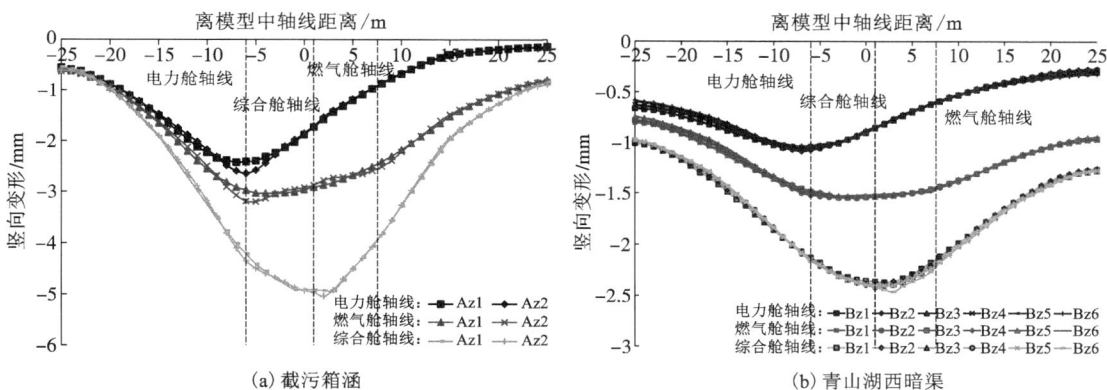

(a) 截污箱涵　　　　　　　　　　　　　　(b) 青山湖西暗渠

图 5-17　既有渠道上监测线竖向变形曲线图

图 5-18 为不同工况下三孔顶管完成时, 既有渠道变形云图。由图 5-18 可知, 工况 1、工况 2、工况 3、工况 4 的渠道最大竖向变形分别为 -5.4 mm、-5.3 mm、-5.3 mm、-4.5 mm。调整注浆压力与掌子面压力对既有渠道变形的影响弱于对地层进行注浆加固。工况 4 中对地层进行注浆加固使得渠道最大竖向变形减小了 16.7%。所有工况的渠道最大变形均发生在截污箱涵中部, 实际施工时应重点关注此处的变形。图 5-19 为既有渠道监测上最大变形随施工进行变化的曲线图, 可知, 顶管在下穿既有渠道前, 渠道受到挤压力发生轻微隆起变形, 下穿施工后, 逐渐发生沉降变形且不断变大最终趋于稳定。

(2) 水平(X 方向) 变形分析

各个典型阶段既有渠道的水平(X 方向) 变形云图如图 5-20 所示。由图 5-20 可知, 顶管开挖引起的既有渠道水平(X 方向) 变形远小于其竖向变形, 电力舱开挖完成时, 渠道最大水

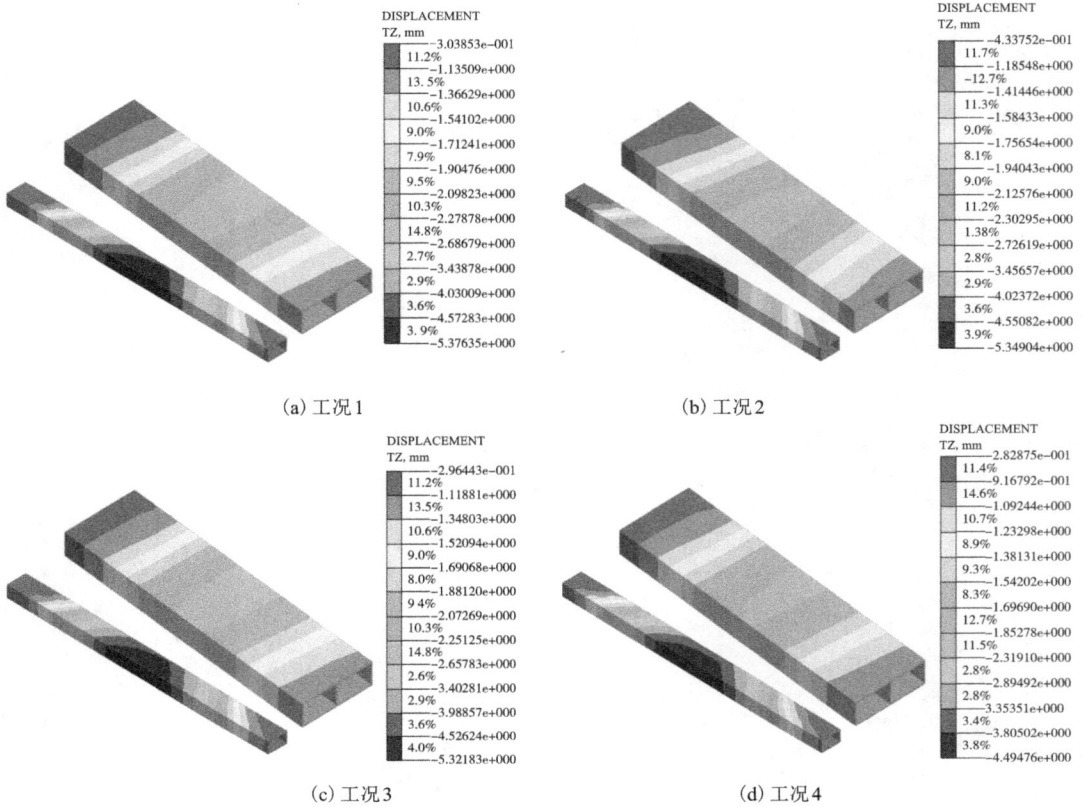

(a) 工况 1　　　　　　　　　　　　　　(b) 工况 2

(c) 工况 3　　　　　　　　　　　　　　(d) 工况 4

图 5-18　不同工况下施工完成时渠道竖向变形云图

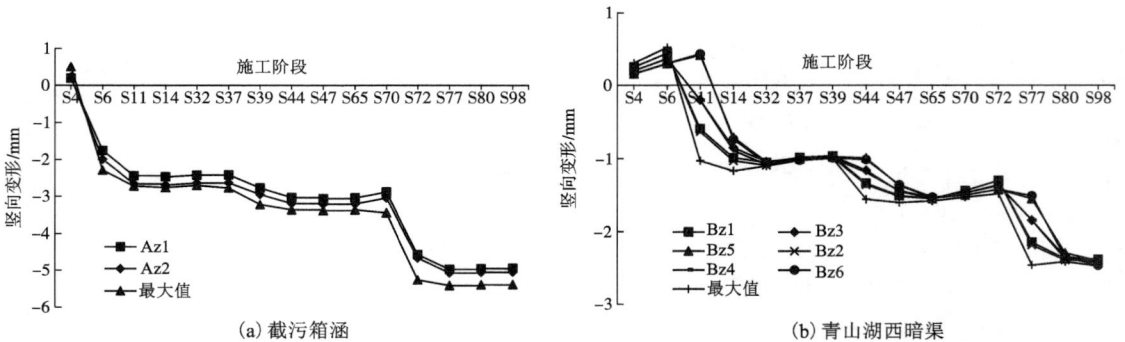

(a) 截污箱涵　　　　　　　　　　　　　(b) 青山湖西暗渠

注：图中竖向变形正号表示隆起，负号表示沉降

图 5-19　既有渠道上监测线最大竖向变形曲线图

平(X 方向)变形为 -0.33 mm；燃气舱开挖完成时，渠道最大水平(X 方向)变形为 0.35 mm；综合舱开挖完成时，渠道最大水平(X 方向)变形为 0.57 mm；与竖向变形类似，截污箱涵的水平(X 方向)变形大于湖西暗渠，实际施工时应重点关注其变形，并采取相关应对措施。

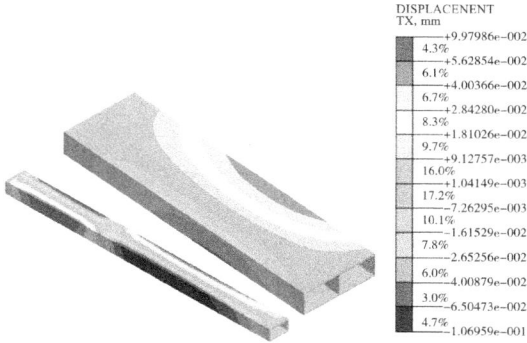

(a) 电力舱开挖 7.5 m

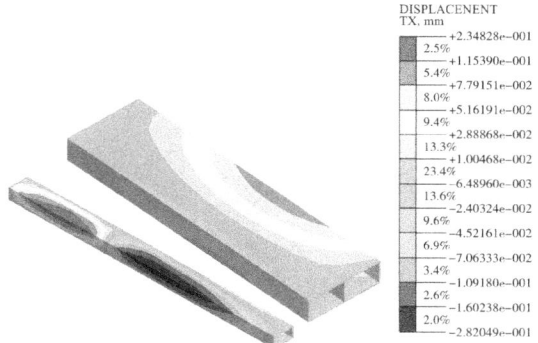

(b) 电力舱开挖 12.5 m

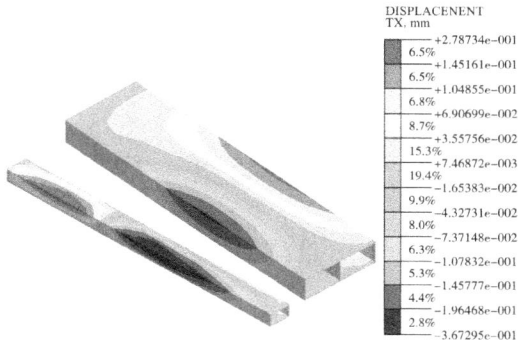

(c) 电力舱开挖 25 m

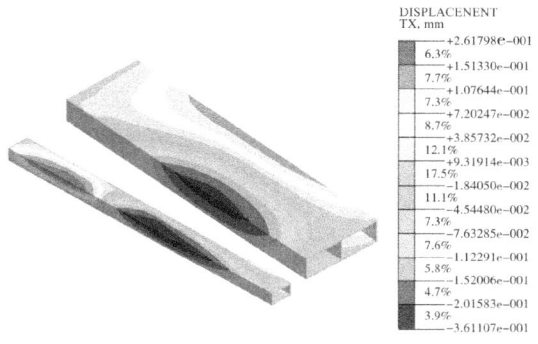

(d) 电力舱开挖 32.5 m

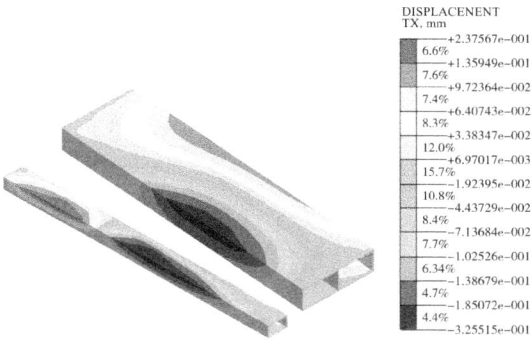

(e) 电力舱开挖 77.5 m

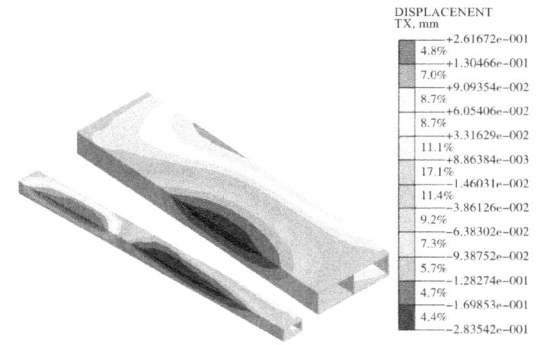

(f) 燃气舱开挖 7.5 m

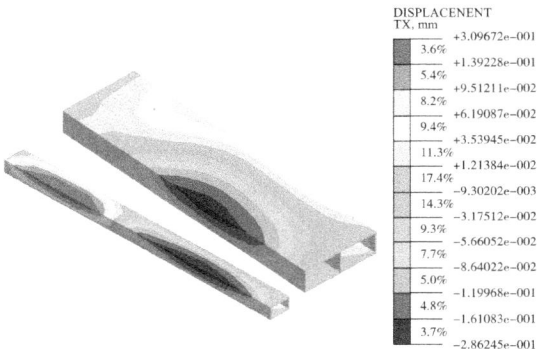

(g) 燃气舱开挖 12.5 m

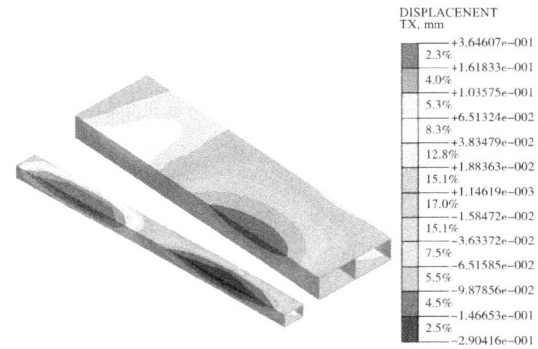

(h) 燃气舱开挖 25 m

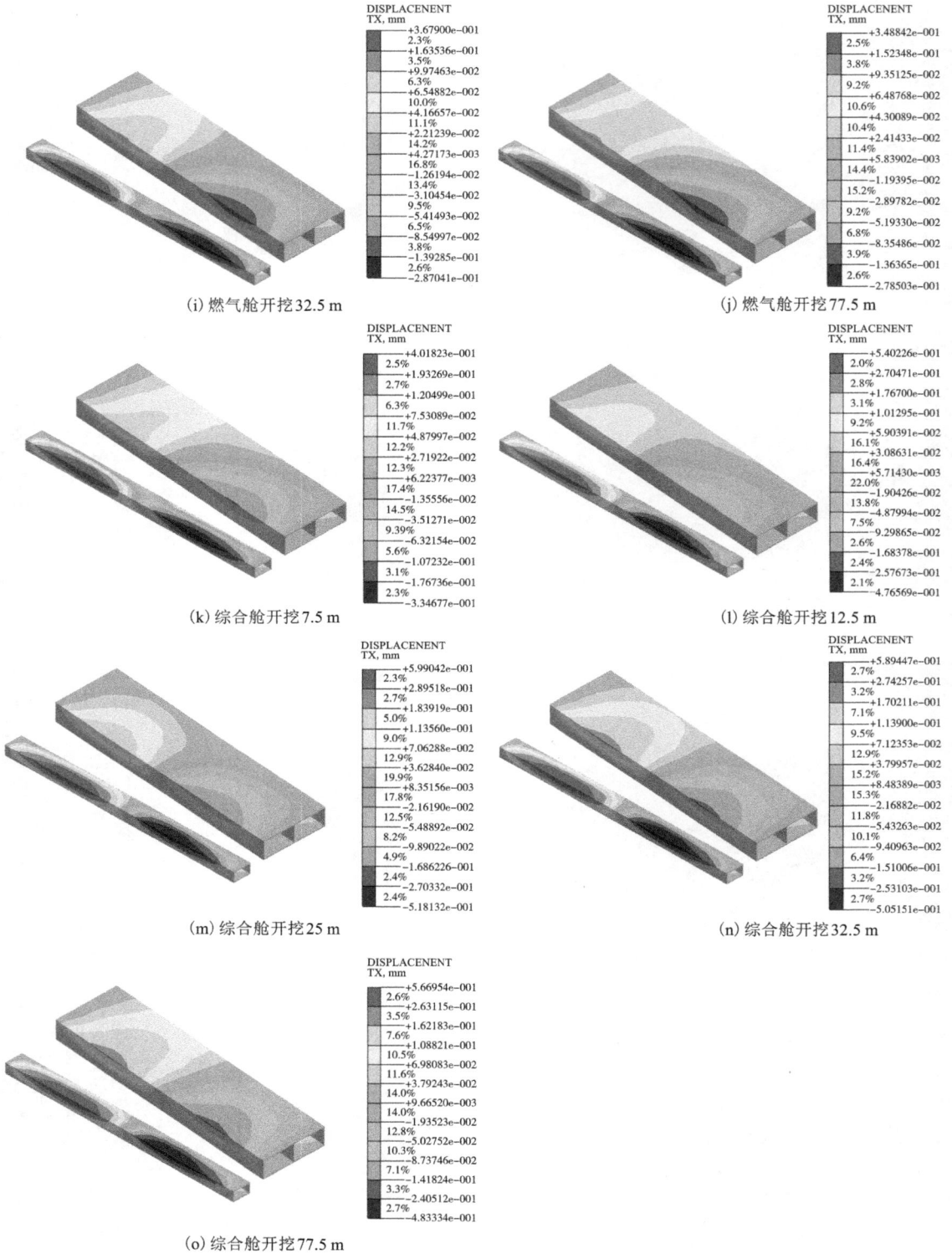

(i) 燃气舱开挖 32.5 m

(j) 燃气舱开挖 77.5 m

(k) 综合舱开挖 7.5 m

(l) 综合舱开挖 12.5 m

(m) 综合舱开挖 25 m

(n) 综合舱开挖 32.5 m

(o) 综合舱开挖 77.5 m

图 5-20　既有渠道水平 (X 方向) 变形云图

图 5-21、图 5-22 分别为不同工况下三孔顶管完成时既有渠道水平(X 方向)变形云图与渠道最大水平(X 方向)变形变化曲线图。由图 5-21 可知，工况 1、工况 2、工况 3、工况 4 的渠道最大水平(X 方向)变形分别为 0.57 mm、0.63 mm、0.56 mm、0.48 mm。工况 4 中对地层进行注浆加固使得渠道最大水平(X 方向)变形减小了 15.8%。且由云图可知，渠道的变形为渠道两边朝着渠道中心移动。由图 5-22 可知，所有工况下渠道变形趋势相同，截污箱涵在施工阶段 S77(综合舱顶进 25 m)时变形达到最大，为 0.68 mm；湖西暗渠在施工阶段 S14(电力舱顶进 32.5 m)时变形达到最大，为 0.34 mm。

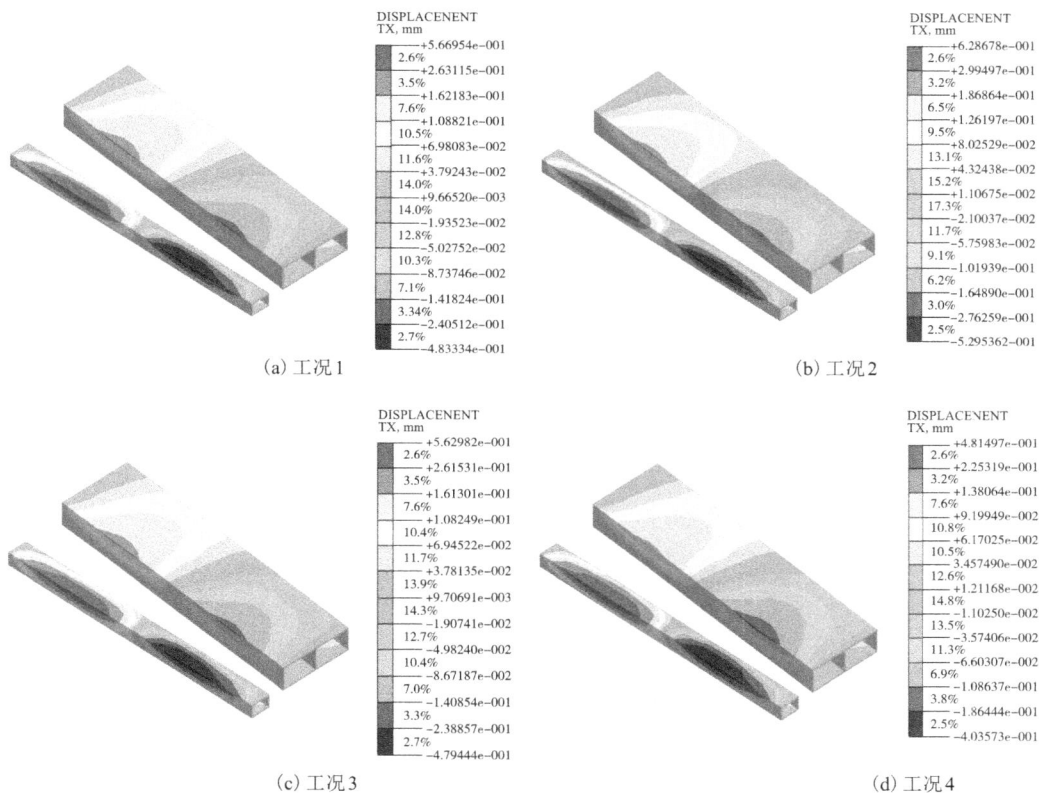

图 5-21　不同工况下施工完成时渠道水平(X 方向)变形云图

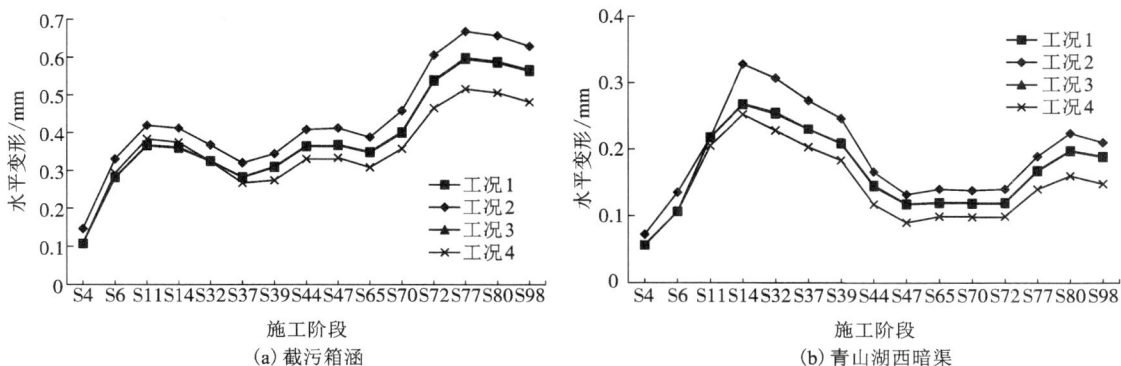

图 5-22　不同工况下渠道最大水平(X 方向)变形曲线

（3）水平（Y方向）变形分析

各个典型阶段既有渠道的水平（Y方向）变形云图如图5-23所示。由图5-23可知，在顶管顶进时在摩擦力与"背土效应"的作用下，既有渠道主要朝Y正方向（顶管前进方向）变形。电力舱开挖完成时，渠道最大水平（Y方向）变形为3.0 mm；燃气舱开挖完成时，渠道最大水平（Y方向）变形为3.8 mm；综合舱开挖完成时，渠道最大水平（Y方向）变形为4.7 mm；渠道最大变形位置也会随着顶管顶进而改变，且湖西暗渠的水平（Y方向）变形略大于截污箱涵。

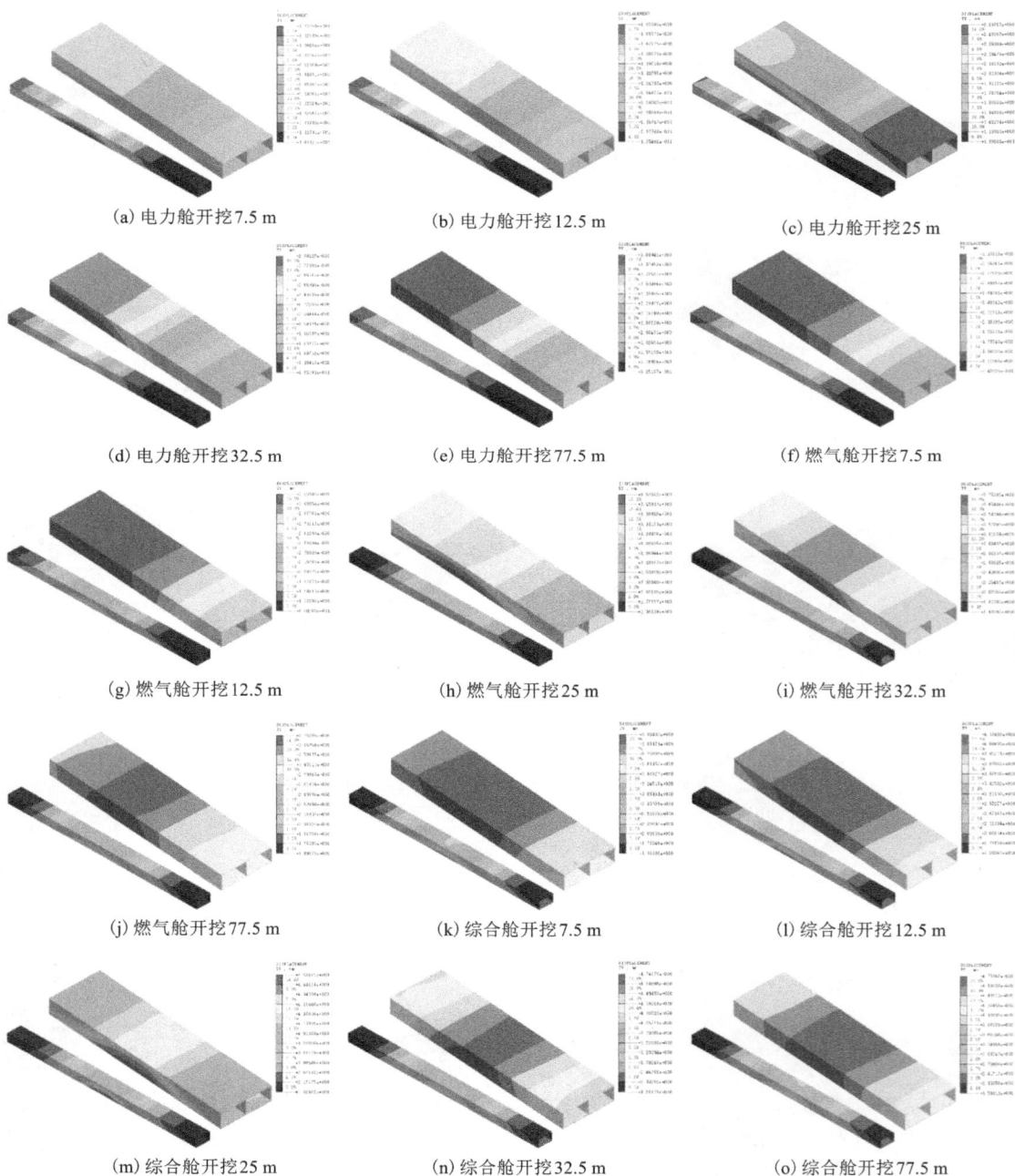

(a) 电力舱开挖7.5 m   (b) 电力舱开挖12.5 m   (c) 电力舱开挖25 m

(d) 电力舱开挖32.5 m   (e) 电力舱开挖77.5 m   (f) 燃气舱开挖7.5 m

(g) 燃气舱开挖12.5 m   (h) 燃气舱开挖25 m   (i) 燃气舱开挖32.5 m

(j) 燃气舱开挖77.5 m   (k) 综合舱开挖7.5 m   (l) 综合舱开挖12.5 m

(m) 综合舱开挖25 m   (n) 综合舱开挖32.5 m   (o) 综合舱开挖77.5 m

图5-23　既有渠道水平（Y方向）变形云图

图 5-24、图 5-25 分别为不同工况下三孔顶管完成时既有渠道水平(Y 方向)变形云图与渠道最大水平(Y 方向)变形变化曲线图。由图 5-24 可知,工况 1、工况 2、工况 3、工况 4 的渠道最大水平(Y 方向)变形分别为 4.7 mm、6.0 mm、4.7 mm、4.0 mm。工况 4 对地层进行了注浆加固使得渠道最大水平(Y 方向)变形减小了 14.9%。且由云图可知,渠道中轴线位置处变形较大,离中轴线越远处变形越小。由图 5-25 可知,所有工况下渠道变形趋势相同,均为逐渐增大,截污箱涵在施工阶段 S77(综合舱顶进 25 m)时变形达到最大,为 6.0 mm;湖西暗渠在施工阶段 S80(综合舱顶进 32.5 m)时变形达到最大,为 6.2 mm。图 5-26 为既有渠道上监测线水平(X 方向)变形曲线。

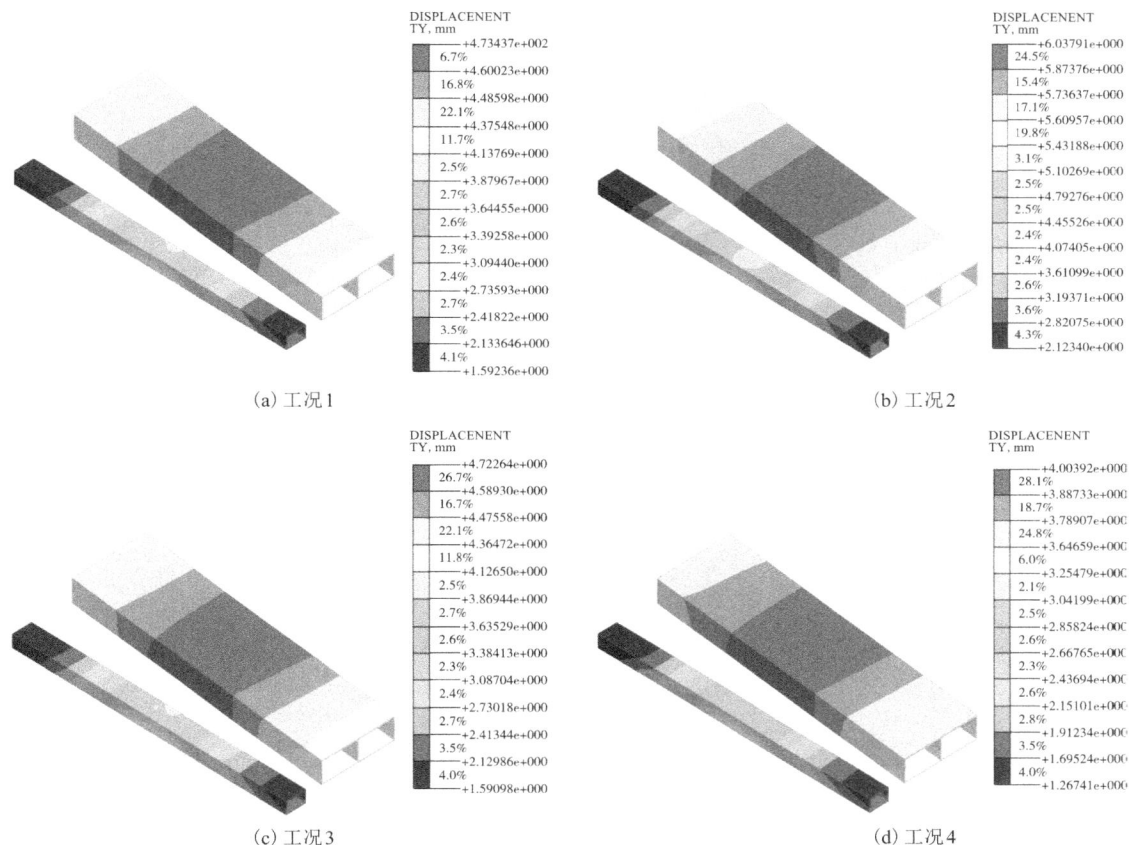

(a) 工况 1　　(b) 工况 2

(c) 工况 3　　(d) 工况 4

图 5-24　不同工况下施工完成时渠道水平(Y 方向)变形云图

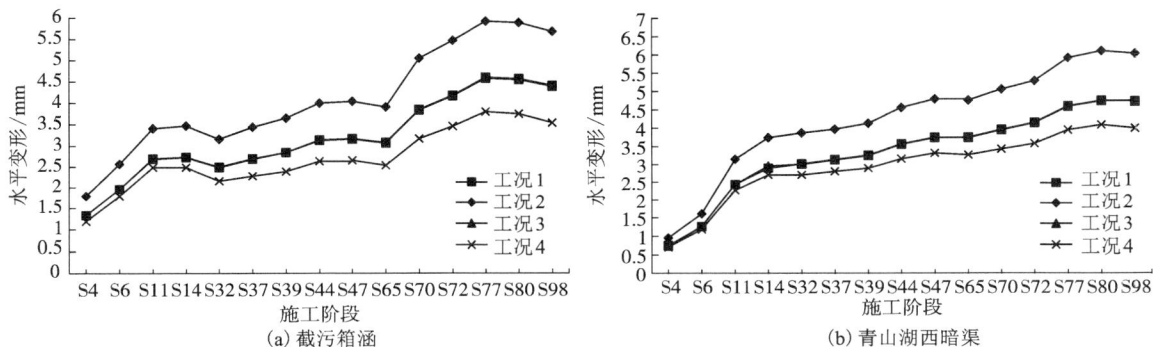

(a) 截污箱涵　　(b) 青山湖西暗渠

图 5-25　不同工况下渠道最大水平(Y 方向)变形曲线

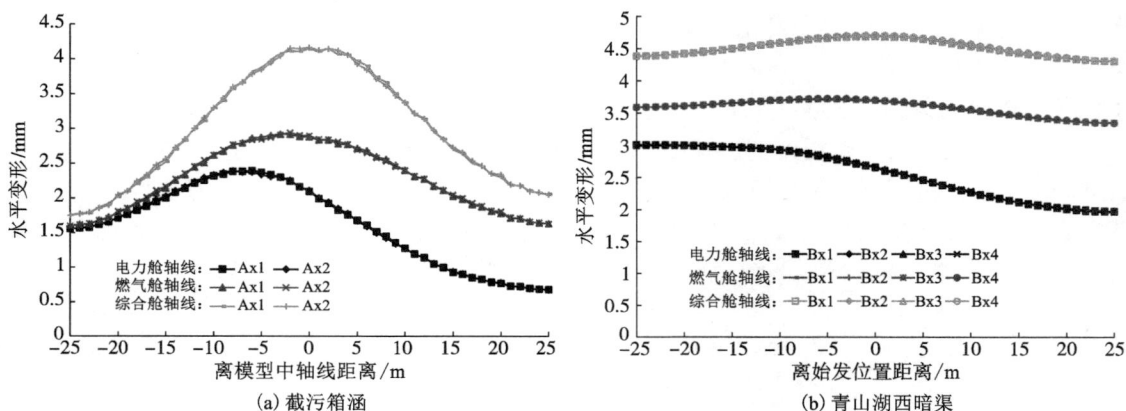

(a) 截污箱涵   (b) 青山湖西暗渠

图 5-26 既有渠道上监测线水平(Y 方向)变形曲线

5. 既有渠道受力分析

工况 1 下,各个典型阶段既有渠道的最大主应力变化云图如图 5-27 所示。其中正号代表拉应力,负号代表压应力。

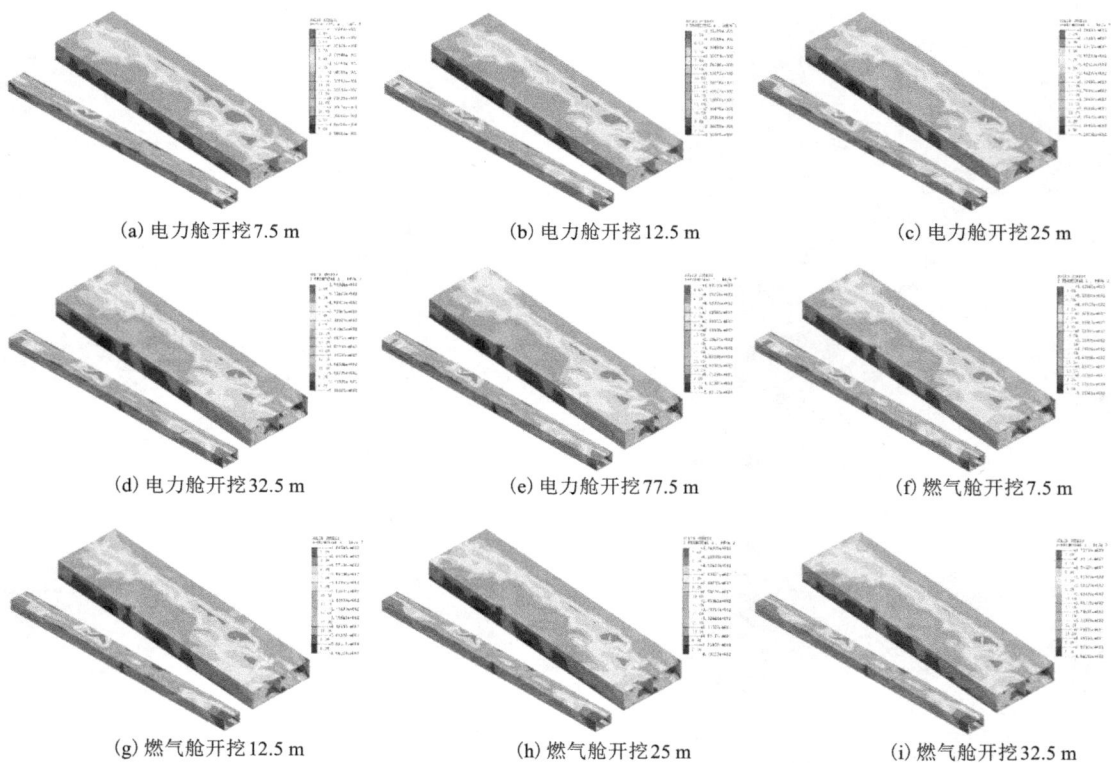

(a) 电力舱开挖 7.5 m   (b) 电力舱开挖 12.5 m   (c) 电力舱开挖 25 m

(d) 电力舱开挖 32.5 m   (e) 电力舱开挖 77.5 m   (f) 燃气舱开挖 7.5 m

(g) 燃气舱开挖 12.5 m   (h) 燃气舱开挖 25 m   (i) 燃气舱开挖 32.5 m

(j) 燃气舱开挖 77.5 m　　　　(k) 综合舱开挖 7.5 m　　　　(l) 综合舱开挖 12.5 m

(m) 综合舱开挖 25 m　　　　(n) 综合舱开挖 32.5 m　　　　(o) 综合舱开挖 77.5 m

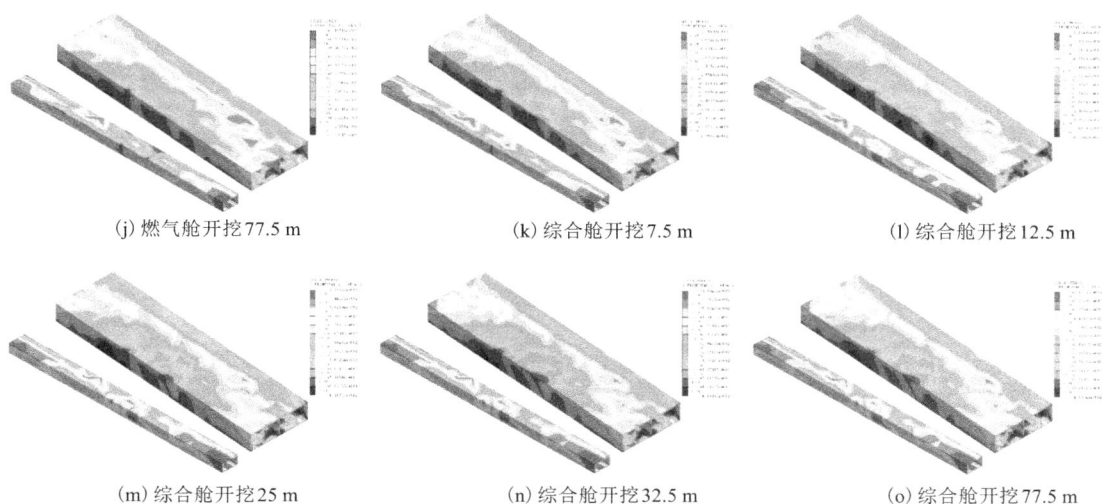

图 5-27　工况 1 下既有渠道最大主应力云图

　　三孔顶管顶进完成后，4 种不同工况下渠道所受最大主应力云图如图 5-28 所示。由图 5-28 可知，既有渠道所受最大拉应力主要发生在渠道模型边缘。

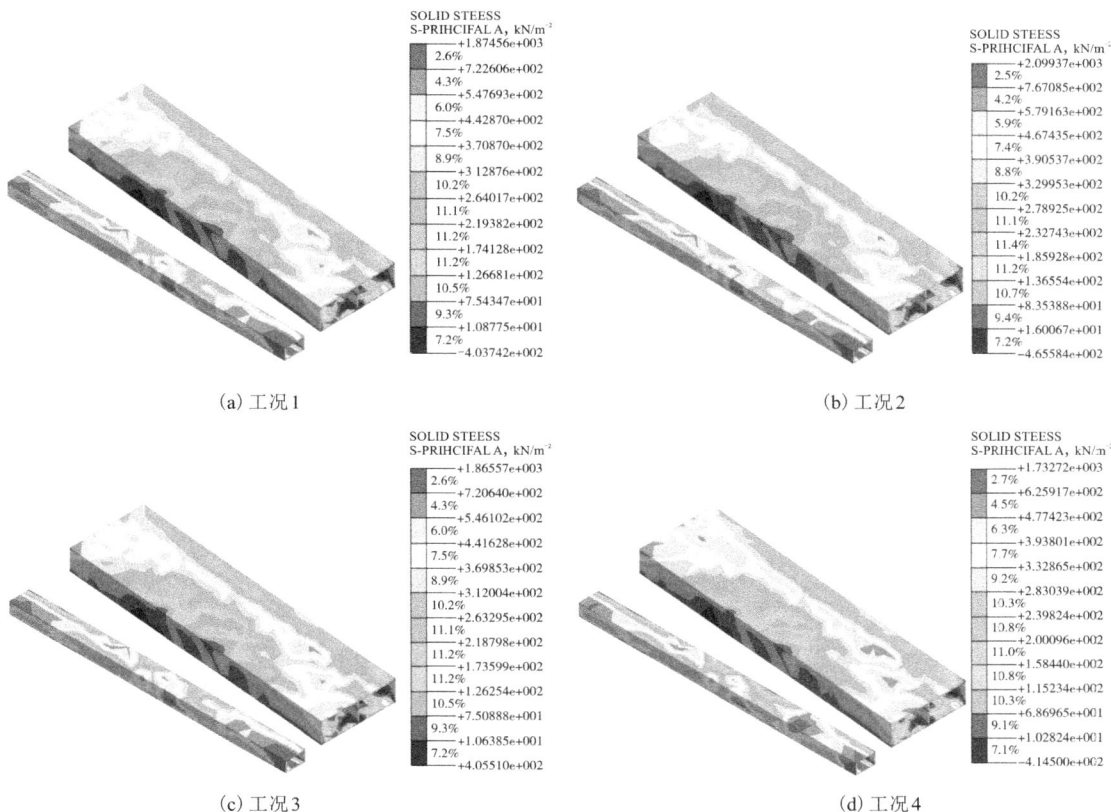

(a) 工况 1

(b) 工况 2

(c) 工况 3

(d) 工况 4

图 5-28　不同工况下渠道最大主应力云图

工况 1 下，各个典型阶段既有渠道的最小主应力变化云图如图 5-29 所示。其中正号代表拉应力，负号代表压应力。

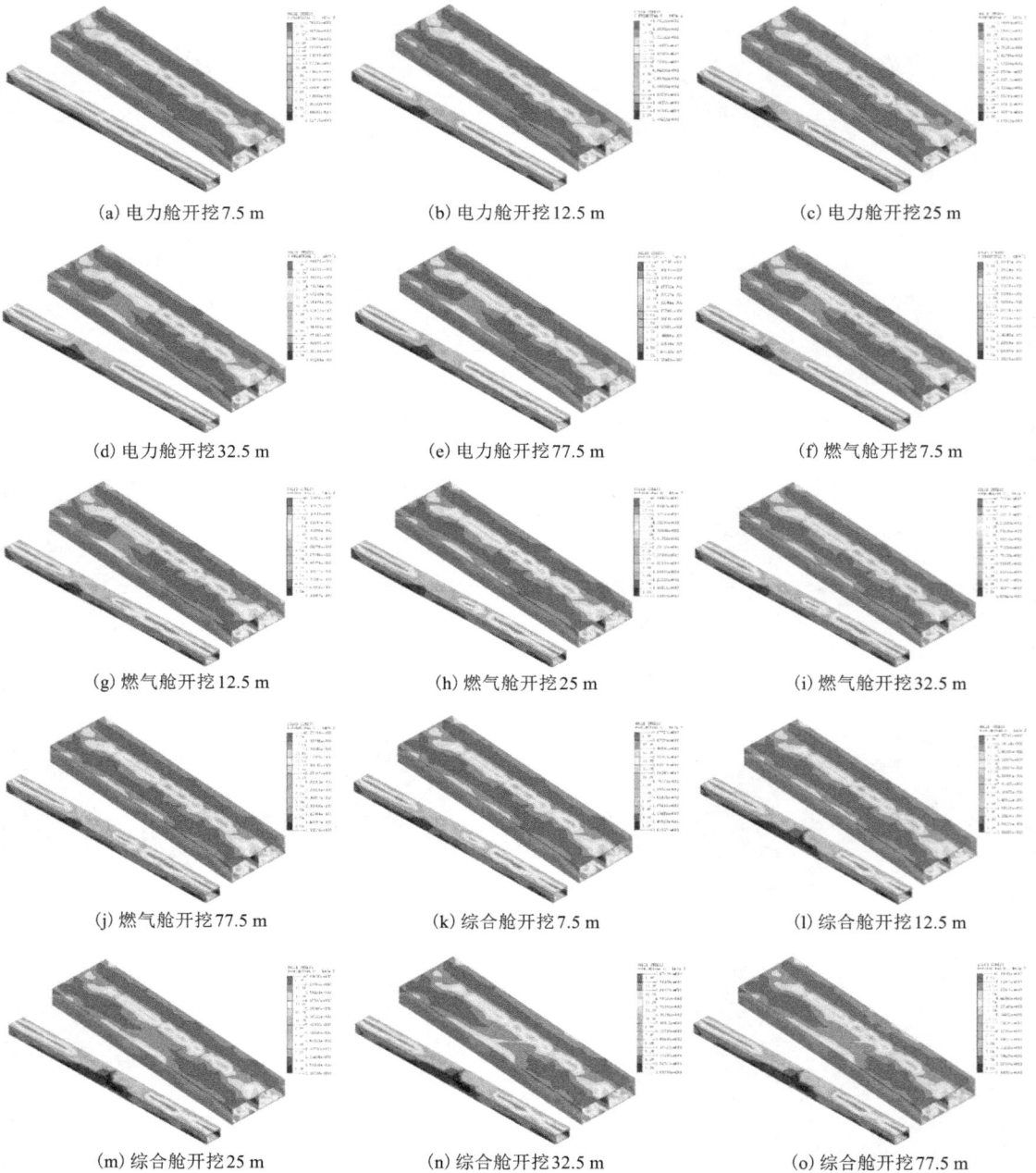

(a) 电力舱开挖 7.5 m

(b) 电力舱开挖 12.5 m

(c) 电力舱开挖 25 m

(d) 电力舱开挖 32.5 m

(e) 电力舱开挖 77.5 m

(f) 燃气舱开挖 7.5 m

(g) 燃气舱开挖 12.5 m

(h) 燃气舱开挖 25 m

(i) 燃气舱开挖 32.5 m

(j) 燃气舱开挖 77.5 m

(k) 综合舱开挖 7.5 m

(l) 综合舱开挖 12.5 m

(m) 综合舱开挖 25 m

(n) 综合舱开挖 32.5 m

(o) 综合舱开挖 77.5 m

图 5-29　工况 1 下既有渠道最小主应力云图

　　三孔顶管顶进完成后，既有渠道在 4 种不同工况下所受最小主应力云图如图 5-30 所示。由图 5-30 可知，既有渠道所受最大压应力主要发生在渠道模型中心。

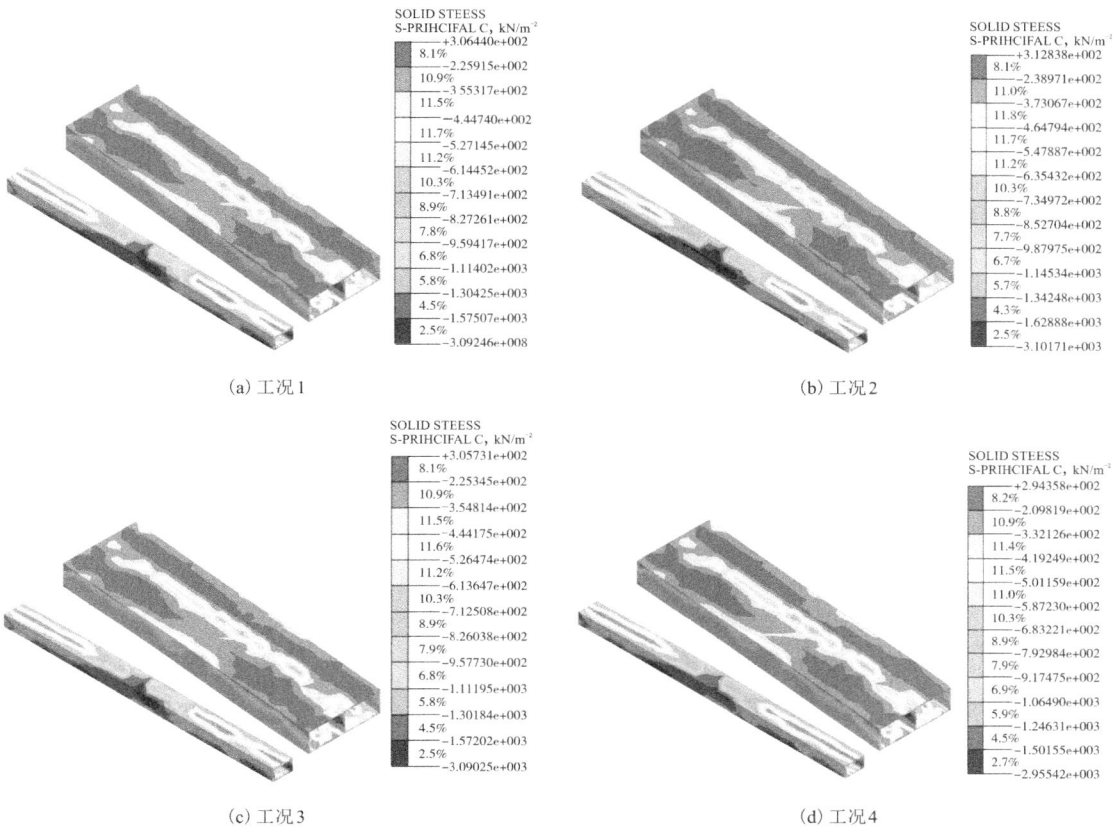

（a）工况 1　　　　　　　　　　　　　　（b）工况 2

（c）工况 3　　　　　　　　　　　　　　（d）工况 4

图 5-30　不同工况下渠道最小主应力云图

不同工况下各个典型阶段截污箱涵与湖西暗渠所受最大拉应力与压应力变化曲线分别如图 5-31，图 5-32 所示，从图 5-31、图 5-32 中可知随着施工的进展，既有渠道所受的最大拉应力与最大压应力都不断增加。

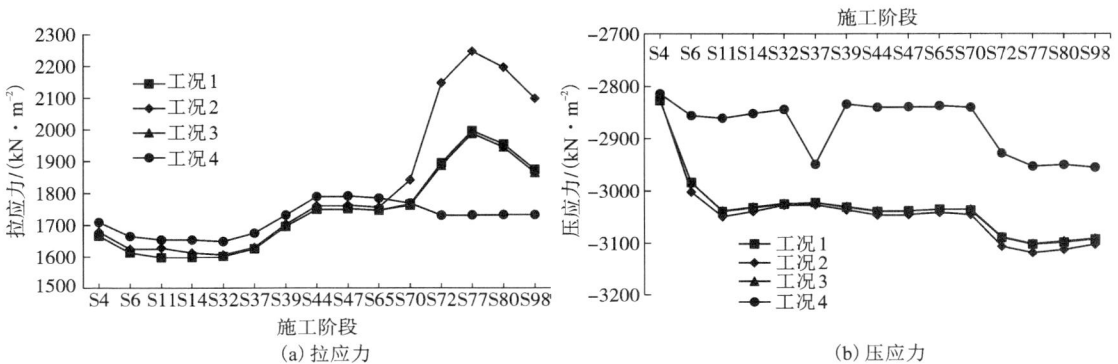

（a）拉应力　　　　　　　　　　　　　　（b）压应力

图 5-31　不同工况下截污箱涵所受最大应力变化曲线图

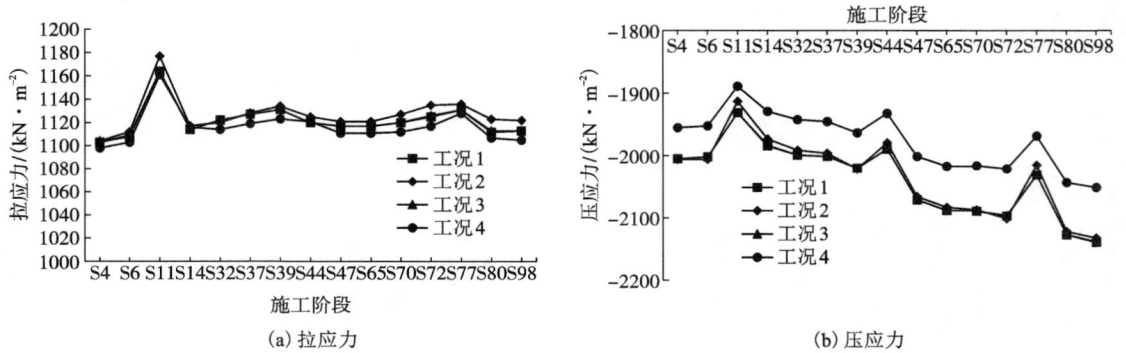

注：图中应力正值为拉应力，负值为压应力

图 5-32 不同工况下青山湖西暗渠所受最大应力变化曲线图

表 5-4、表 5-5 分别为截污箱涵、湖西暗渠所受最大拉、压应力与所处施工阶段比较表，对比两表可知截污箱涵所受的最大拉应力与最大压应力均要大于湖西暗渠，这是由于截污箱涵的埋深较大且距离三孔顶管距离较近，初始应力较湖西暗渠大而且应力变化受到三孔顶管施工影响更大。对比工况 1 与工况 2 可知，由于施工时顶推力的提高，既有渠道所受的最大拉应力有所增大，截污箱涵所受最大拉应力由 1997 kN/m² 增大为 2247 kN/m²，增幅约为 12.5%，湖西暗渠所受最大拉应力由 1164 kN/m² 增大为 1177 kN/m²，增幅约为 1.1%。由此可见，距离隧道越近，渠道受顶推力的影响越大，因此实际施工中应严格控制顶推力大小，防止渠道钢筋混凝土发生受拉破坏。对比工况 1 与工况 4，截污箱涵所受最大拉应力由 1997 kN/m² 减小为 1792 kN/m²，降幅约为 10.3%，截污箱涵所受最大压应力由 3102 kN/m² 减小为 2955 kN/m²，降幅约为 4.7%，所以对隧道与既有渠道之间的土体进行注浆加固能有效降低渠道所受应力，防止其发生破坏。

表 5-4 截污箱涵所受最大应力表 单位：kN/m²

工况	最大拉应力	所处阶段	最大压应力	所处阶段
1	1997	S77	3102	S77
2	2247	S77	3118	S77
3	1988	S77	3101	S77
4	1792	S47	2955	S98

表 5-5 湖西暗渠所受最大应力表 单位：kN/m²

工况	最大拉应力	所处阶段	最大压应力	所处阶段
1	1164	S11	2139	S98
2	1177	S11	2132	S98
3	1164	S11	2138	S98
4	1161	S11	2051	S98

截污箱涵受最大拉应力时所处施工阶段为 S77(综合舱开挖 25 m)，受最大压应力时所处施工阶段也为 S77(综合舱开挖 25 m)；湖西暗渠受最大拉应力时所处施工阶段为 S11(电力舱开挖 25 m)，受最大压应力时所处施工阶段为 S98(综合舱开挖 77.5 m)。因此，在实际施工中应重点关注电力舱开挖 25 m、综合舱开挖 25 m、综合舱开挖 77.5 m 这三个施工阶段前后既有渠道的受力与变形情况。

5.4　顶管下穿既有渠道的安全控制技术

5.4.1　顶管掘进施工工艺

1. 顶管下穿前的准备工作

①下穿段临近始发洞门，及时进行始发洞门注浆封堵。

②现场储备充足管片、泡沫油脂等材料；始发前做好顶管机及配套设备调试验收工作，现场储备部分易损件，保证顶管机进行连续掘进施工。

③按照规范及设计要求，在顶管始发前在青山湖西暗渠与截污箱涵结构处布设监测点，由第三方监测单位、设计单位、施工单位、监理单位及业主单位联合地铁运营公司进行自动化监测点布设验收，并由第三方监测单位进行初始值采集、报审。

④在下穿青山湖西暗渠与截污箱涵前与南昌市水利局建立联动、协调机制，确保施工安全。

⑤储备足够的应急物资，并确保其使用性能良好。

⑥顶管下穿青山湖西暗渠与截污箱涵前联合运营公司综合机电部对顶管下穿既有渠道区域进行环境调查，对既有结构中存在的渗漏水、裂纹等病害现象的相关影像资料进行存档并签字确认，对后期因顶管下穿施工的新增病害问题进行处理、修复。

2. 顶管机调试与运转

(1) 空载调试

顶管机组装和管线连接完毕后，即可进行空载调试。空载调试的目的主要是检查设备是否能正常运转。将实际测得参数与供应商所提供的数据进行校核，主要调试内容为配电系统、液压系统、润滑系统、冷却系统、控制系统、注浆系统、出碴系统，以及各种仪表的校正。

(2) 负载调试

空载调试证明顶管机具有工作能力后，即可进行顶管机的负载调试。负载调试的主要目的是检查各种管线及密封设备的负载能力，对空载调试不能完成的工作进一步完善，以使顶管机的各个工作系统和辅助系统达到满足正常生产要求的工作状态。试掘进时间即为负载调试时间，根据情况一般定为 200 m。

顶管机运转包括组装后的空载运转，200 m 负载试运转，正常掘进段的运转等几个阶段，其中空载运转项目和测试项目按与顶管机供应厂家签订的供货合同中相关条款进行，通过空载运转调试，证明顶管机组装无误后，方可进行 200 m 带载运转。带载运转是一个顶管掘进参数优化的过程,在该过程中,通过对土压平衡式顶管关键施工技术,即开挖面稳定和自控技术、机尾可靠密封和同步注浆技术及顶管掘进姿态控制技术的综合运用,为正常掘进参数的优化积累经验。正常掘进是顶管机的快速掘进阶段。

3. 顶管机的始发

根据顶管区间隧道的施工特点,顶管机在分体吊装、整机组装和空载调试完成后需要进行始发,同时在顶管机施工完成单个隧道后,根据既有渠道的建设情况和结构情况,需要经过调头、过站和转场等工序。

顶管机的首次始发是整个标段主体结构开始施工的最关键工序,在始发之前必须做好以下几项准备工作:

顶管机托架和反力架安装,顶管机托架是顶管机的始发基座,必须确保位置准确无误,才能保证顶管机进入预留洞口位置的精确度。反力架为顶管机掘进提供反力支撑,反力架必须牢固安装,后侧位置必须有强有力的横撑或斜撑,其一般由型钢加工而成。

端头加固,为防止顶管机始发阶段刀盘对既有稳定土层扰动造成的端头位置结构坍塌或漏水等意外情况出现,必须对始发端头进行加固,同时到达端头时也必须进行加固处理。根据各始发和到达端头处工程地质、水文地质、地面建筑物及管线状况和端头结构等的综合分析与评价结果,选用不同的加固措施。具体加固措施可见专项方案。

洞门密封,洞门密封采用帘布橡胶和折叶式压板密封。其施工分两步进行,第一步,在始发端墙施工过程中,做好始发洞门预埋件的埋设工作,在埋设过程中预埋件必须与端墙结构钢筋连接在一起;第二步,在顶管正式始发之前,清理完洞口的碴土后及时安装洞口密封压板及橡胶帘布板。

5.4.2 顶管掘进施工参数

1. 合理设置土压力及出土量

在顶管推进的过程中,根据理论计算结果、前期掘进数据和监测数据及时调整土仓压力值,从而科学合理地设置土压力值及适宜的推力、推进速度等参数,防止超挖,以减少对土体的扰动。

静止土压力计算公式:$P = k_0 (\sum \square h_i + q)$(按水土合算计算)。

其中:P 为平衡压力(包括地下水);q 为房屋荷载,kPa;$\square$ 为第 i 层土体的重度,kN/m^3;h 为第 i 层土体的厚度,m;k_0 为土的静止侧压力系数。

$$P_1 = 0.86 \times 2.5 \times 18.2 + 0.728 \times 3 \times 19.9 + 0.384 \times 3 \times 20 = 105.6 \text{ kPa}$$
$$P_2 = 0.86 \times 2.5 \times 18.2 + 0.728 \times 3 \times 19.9 + 0.384 \times 4.2 \times 20 = 114.85 \text{ kPa}$$

电力舱与综合舱土压力理论值为 1.05 bar,燃气舱土压力理论值为 1.14 bar,施工过程中按 1.1~1.3 bar 控制。掘进过程中通过总结分析,并根据现场实际施工情况结合地表沉降监测情况对土压进行调整。

本工程使用的管片尺寸有两种:电力舱与综合舱的管片外经为 4140 mm,刀盘直径为 4260 mm;电力舱与综合舱的管片外经为 3120 mm,刀盘直径为 3240 mm。环宽均为 2500 mm。每环的出土量:

$$V = k\pi L \ (d/2)^2$$

式中：k 为可松性系数，取 1.3；d 为刀盘直径；L 为管片环宽。

代入该计算式算出电力舱与综合舱每环出土量为 46.3 m³，燃气舱每环出土量为 26.8 m³。在运输组织设计中，按该值的 98% 即 45.4 m³ 与 26.3 m³ 考虑。每环出土量直接反映了顶管机在掘进施工过程中是否超挖，因此必须严格控制每环的出土量，并做好记录。

2. 总推力、推进速度、刀盘转速及扭矩设置

顶管掘进推力控制为 ≤1200 T，推进速度控制为 20~40 mm/min，刀盘转速控制在 1.0~1.3 r/min，推进扭矩按 2500~3500 kN·m 进行控制。

掘进过程中，应根据地面沉降的监测数据、顶管机运转情况、掘进参数变化、排出渣土状况及时分析并反馈信息，实时调整顶管掘进参数。

3. 渣土改良

为确保顶管正常出土，在顶管机刀盘正面压注泡沫或膨润土进行渣土改良，以改善开挖面土体的和易性，降低刀盘扭矩，保证顶管穿越时保持均衡的推进速度。

泡沫原液浓度控制为 3%~5%，气量为 400 L/min 左右，发泡率为 10~12 倍，每环注入约 50 kg 原液。膨润土选用钠基膨润土，按照膨润土：水 = 1：7 质量配比进行拌制，24 h 膨化后使用。应保证膨润土的充分注入，施工过程中膨润土会逐渐向土仓和顶管机尾流动，应密切关注土仓压力变化和机尾密封油脂的注入工作。

4. 控制纠偏

（1）顶管施工前预防偏离措施

在顶管施工之前或者是顶管施工的设计阶段，必须安排专业技术人员对在施工过程中有可能涉及的各方面的水文地质条件进行严密勘察。同时施工单位还需要科学设计施工计划，避免盲目设计导致出现管道偏差问题。保证施工时管道行程、管道顶速以及管道顶力三方面因素能够吻合。并且，需保证预设中心线能够与同规格的千斤顶管道一致。在施工时需要对管道受力情况进行准确、科学的测算，保证后背墙的可靠性与稳定性。在施工时还需要把控好材料质量关，保证背景墙上的钢混凝土能够满足质量要求，并确保后背墙的设计精度和平整度，避免平整度不达标而出现的管道偏离问题。此外，还应当对管道在施工时的各项数据做好精准的记录，并将这些数据绘制成曲线图，以此来作为管道纠偏的参考资料。

（2）顶管施工中纠偏措施

勤测勤纠：每顶进一段距离，测量一次工具头轴线及标高。发现偏差时，纠偏人员应将工具头纠偏角度、各方向上千斤顶的油压值、轴线的偏差等报给中控室，输入微机。微机将显示出纠偏方法、数据，按此进行纠偏。

小角度纠偏：每次纠偏角度不能太大，纠偏操作不能大起大落，如果在某处已经出现了较大的偏差，这时也要保持管道轴线以适当的曲率半径逐步地返回到轴线上来，避免相邻两段间形成过大夹角。

管道顶进时若遇到不稳定流砂及淤泥层等软弱土层，容易发生管道轴线偏离问题，因此不仅要采取以上纠偏方法，而且在顶进过程中还应采取以下预防措施：①少抽水以保持流砂及淤泥层的稳定；②少出土、多顶进；③随时注意工具头前端的土压情况，保证工具头前端土体不发生流砂流泥和坍塌；④在含砂量过大的地层加注泥浆，以增加土体和易性和平衡土体的压力。

在确保顶管正面沉降控制良好的情况下，使顶管匀速推进，姿态变化不可过大，推进时勤纠偏，微纠偏，勤测量机尾间隙，从而保证顶管机平稳地穿越。

在顶管掘进过程中严格执行"勤纠偏，微纠偏，勤测量"的原则，安排技术员每环对机尾间隙进行测量，并向顶管机司机汇报。顶管机司机结合顶管姿态及机尾间隙等参数进行小幅度纠偏，每环纠偏量不超过 5 mm，保证顶管机尾对拼装成型管片无挤压作用。严格控制二次注浆压力及注浆量，二次注浆压力不超过 0.5 MPa。

5.4.3　下穿施工保护措施

同为隧道下穿工程中主要有以下保护措施能对既有管（渠）道或建（构）筑物的变形与受力进行控制。

1. 隔离法

使用钢板桩、树根桩、深层搅拌桩等形成隔离体，限制地下管道周围的土体位移，以免挤压或震动管线。这种方法较适合管线埋深较大而又临近隧道断面的情况。对于管线埋深不大者也可采用挖隔离槽的方法，即将管线挖出悬空。隔离槽一定要挖深至管线底部以下，才能起到隔断挤压力和震动力的作用。

2. 悬吊法

如果土体产生较大位移，而采用隔离法将管线挖出后，中间不宜设支撑，可用悬吊法固定管线。要注意吊索的变形伸长以及吊索的固定点位置应不受土体变形的影响。悬吊法中，管线应力、位移明确，并可以通过吊索不断调整管线的位移和受力点。

3. 支撑法

对于土体可能产生较大沉降而造成管线悬空的情况，可沿线设置若干支撑点支撑管线。支撑体可以是临时的，如打设支撑桩、砌支壤等；也可以是永久的。对于前者，设置时要考虑拆除时的方便与安全。对于后者一般结合永久性建筑物进行。

4. 对管线进行搬迁、加固处理

对于便于改道搬迁，且费用不大的管线，可以在隧道施工之前临时予以搬迁改道，或者通过改变、加固原管线材料、接头方式，设置伸缩节等措施，增大管线的抗变形能力，以确保土体位移时也不失去使用功能。

5. 卸载保护

施工期间，卸去管线周围的荷载，尤其是上部的荷载，或者通过设置卸荷板等方式，使作用在管线及周围土体上的荷载减弱，可以减少土体的变形和管线的受力，达到保护管线的目的。

6. 管线内部铺设防水材料法

对于直径较大、施工期间可短期停止使用的管线，可抽空管线内的污水或撤出其他设备，在管线的内壁上铺设防水材料。

7. 土体加固法

隧道施工时，可能由于土体超挖和坊塌出现地面沉降和土体位移的情况，可以采取注浆加固土体的办法。一是施工前对地下管线与施工区之间的土体进行注浆加固；二是施工结束后对管壁松散土和空隙进行注浆充填加固。也可用旋喷法、深层搅拌法、分层注浆法加固管线周围的土体，来达到保护邻近地下管线的目的。

用注浆法对顶管施工洞口土体进行加固时，注浆量不足易引起顶管隧道存在空腔，既有青山湖西暗渠与截污箱涵存在下沉风险；施工过程中注浆压力过大易对青山湖西暗渠与截污箱涵造成损坏。因此下穿顶管施工过程中需严格控制注浆量和注浆压力。

同步注浆：

①胶凝时间：4~6 h。②浆液收缩值：大于 95%，即固结收缩率小于 5%。③浆液稠度：8~12 cm。④浆液比重：要求控制在 1.8 g/cm³。⑤浆液稳定性：倾析率小于 5%。水泥浆液的具体配比如表 5-6 所示。

表 5-6　浆液(1 m³)配比表　　　　　　　　　　　　　　单位：kg

水	膨润土	粉煤灰	砂	水泥
500	100	300	600	200

推进单环管片造成的理论建筑空隙：

电力舱与综合舱：$2.5\pi(4.26^2-4.14^2)/4=1.98(m^3)$

燃气舱：$2.5\pi(3.24^2-3.12^2)/4=1.50(m^3)$

实际的压注量为每环管片理论建筑空隙的 150%~200%，即电力舱与综合舱每推进一环同步注浆量为 2.97~3.96 m³，燃气舱每推进一环同步注浆量为 2.25~3.0 m³，泵送出口处的压力一般控制在 0.2~0.3 MPa，实际施工压力还应视地面沉降进行调节和控制。

二次注浆：

(1)二次注浆配合比

同步注浆后管片外壁包裹颗粒间间隙较少，且此处位于建筑物下部，为了快速填充并形成一定强度，故选用双液浆。初步确定的配合比如表 5-7 所示，根据实际需要现场可适当进行调整。

表5-7　水泥浆-水玻璃配合比及其性能

材料	名称	水泥	水玻璃	水
	标号	P. O42.普通硅酸盐水泥	波美度 $Be'=30\sim35$ 模数 $M=2.8\sim3.1$	自来水
拌和物水胶比		水：水玻璃=3：1(体积比)，水灰比=1：1(质量比)，水泥浆：水玻璃=1：1(体积比)		
凝结时间/s		30		
28天强度/MPa		2.6		

本次下穿施工过程中二次注浆使用同步注浆，主要集中在封洞门作业过程中，渗漏点处理及补充注浆主要以单液浆注入为主。对仍存在的渗漏点采取双液浆注入，双液浆配合比调整为水泥浆：水玻璃=2：1(体积比)进行注入。

(2)注浆顺序

注浆的顺序应按照脱出顶管机尾2环后每环进行注浆，每环注浆的顺序按"先拱顶后两腰，两腰对称"方法注入，注满一环后，再进行下一环注浆。注满的标准为该环的吊装孔打开后无水流出。本次下穿施工过程中，考虑到青山湖西暗渠与截污箱涵距离隧道顶较近，二次注浆是否注入取决于监测数据情况。需进行二次注浆作业时，严格控制注浆压力，使之不超过0.5 MPa。

(3)注浆量及压力

在进行双液注浆时，要根据地层特征及现场的涌水量、涌水压力等实际情况调整浆液的配比，二次注浆注浆压力控制在≤0.5 MPa，注浆量以现场实际情况为主。应对整个注浆过程的注浆压力和注浆量进行控制，同时还应加强地面建筑物监测，以便指导注浆。

5.5　本章小结

本章基于三孔顶管隧道下穿既有渠道的工程实际，进行了以下研究。

①从顶管施工造成的地层扰动出发，分析了隧道-地层-渠道间相互作用关系，研究了地层竖向变形对既有渠道的变形传递机理，主要是顶管施工影响从下到上依次传递。

②从顶管下穿施工时渠道体系变形控制标准的制定原则出发，综合考虑隧道的施工技术、地质条件，还有排水渠道等级、结构类型及相关部门执行标准等多个因素，制定出符合本工程的科学合理的渠道体系变形控制标准。

③对三孔顶管下穿截污箱涵与湖西暗渠进行了三维数值建模，研究了顶管掘进掌子面压力、注浆压力与地层加固等条件对渠道的影响规律。在工况4采用区域地层注浆加固情况下，渠道最大拉应力和最大压应力分别减小了约10.3%和4.7%，渠道竖向(Z方向)变形、水平(Y方向)变形、水平(X方向)变形分别减小了30.9%、16.4%、16.7%。采用地层加固措施后，渠道的变形满足控制值，有效地降低了顶管开挖风险，保证了既有结构的稳定性。

④结合数值模拟结果和工程实际，提出了相应的施工对策，分别是设置隔离保护、土体注浆加固、控制顶管掘进参数以及做好施工监测工作。施工对策的合理使用，保证了排水渠道的正常使用。这些措施有效地控制了渠道的应力和变形，保证了其安全使用，模拟结果对于实际工程具有重要指导意义。

第6章

多孔顶管近距离穿越既有桩基的影响与控制技术

随着城市地铁和市政管道建设的快速发展，顶管隧道施工不可避免地会穿越既有桥梁桩基础，导致桩体产生附加变形和内力，进而对桥梁结构的安全性和稳定性造成潜在威胁。为探究顶管施工对桥梁桩基础的影响机理，本章以桥梁桩基础为研究对象，通过有限元数值模拟的方法，系统分析顶管开挖引起的桩基础附加荷载及沉降位移变化规律，深入研究桩基础的受力变形特性。基于上述研究成果，进一步优化施工工艺流程，并提出针对多孔顶管下穿既有桥梁桩基础的安全控制方法。

6.1 地层变形对既有桥梁桩基础承载能力影响机理

6.1.1 概述

南昌市新建综合管廊三孔顶管侧穿既有跨水系桥桥墩。桥梁采用桩柱式桥墩，每处桥墩设3个分墩柱，单个桥墩直径为 1.6 m，桥墩下接系梁及钻孔灌注桩基础，单个桩基直径 1.8 m 桩，桩基均为端承桩，持力层入中风化泥质粉砂岩 10 m。桥台采用座板台，台身厚度为 2.0 m，台高 3.0 m。单个台身下接3个承台，单个承台底设2根直径为 1.5 m 桩基。桩基均为端承桩，持力层入中风化泥质粉砂岩 8 m。顶管侧穿桥梁桩基最小净距为 0.934 m，侧穿地层为砾砂层，地层稳定性较差。顶管多次侧穿桩基，施工风险大。其平面关系见图 6-1，横断面位置关系见图 6-2。

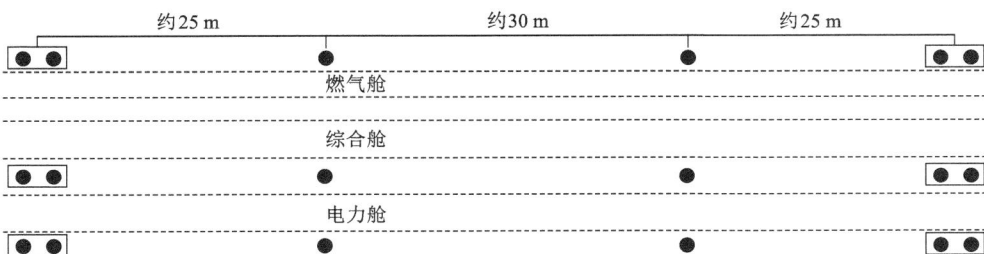

图 6-1 顶管与跨水系桥平面关系图

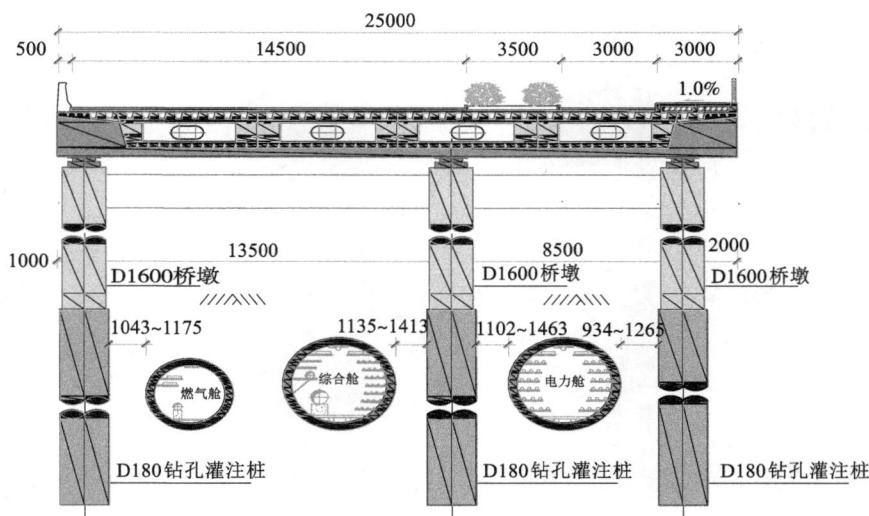

图 6-2　顶管与桥梁断面关系图

6.1.2　桥梁桩基础分类

从桩基受力状况来说，桩基主要承受竖向荷载及横向荷载，桩基在荷载作用下产生的竖向承载力包括摩擦力及端承力。因此，总体来说桩基分为竖向受荷桩、横向受荷桩及抗拔桩。在本书依托的工程项目中，顶管穿越的桥梁桩基础为承受竖向荷载的混凝土灌注桩，根据桩基的受力特点，可以将此类桩基分为以下几类。

1. 端承桩

在竖向极限荷载作用下，绝大部分桩顶荷载由桩端阻力承担，此时桩侧阻力远远小于桩端阻力，可以忽略不计。端承桩基通常设置在风化程度弱的基岩中或密实性好的砂石类、碎石类土层中。

2. 摩擦桩

在竖向极限荷载作用下，桩侧阻力通过摩擦力承受绝大部分桩顶荷载，很少一部分的桩顶荷载由桩端阻力承受，通常不超过10%。例如桩端无坚硬的土层作为持力层或桩端处于持力层但具有很大的桩径，这两种情况都属于摩擦桩。

3. 摩擦端承桩

桩体在竖向极限荷载作用下将发生竖向位移，此时桩端阻力和桩侧阻力共同承受桩基荷载。虽然桩侧阻力小于桩端阻力，但不可忽略不计。摩擦端承桩基通常设置在风化程度较弱的基岩中或中密以上的砂石类、碎石类土层中。

4. 端承摩擦桩

桩侧阻力在竖向极限荷载作用下承受大部分桩顶荷载，此时桩端阻力和桩侧阻力共同承担桩顶荷载。桩端和桩侧所承担荷载的比例受桩径、桩长、持力层的承载能力以及土层与桩之间摩擦系数的影响。

6.1.3　桩土相互作用关系

当隧道穿越邻近既有桩基施工时，隧道、土体、桩基及既有结构物的上部结构等四部分将处于一个共同作用体系中，四者之间相互影响，相互作用，直至形成最终的稳定平衡状态，桩土相互作用关系如图 6-3 所示。

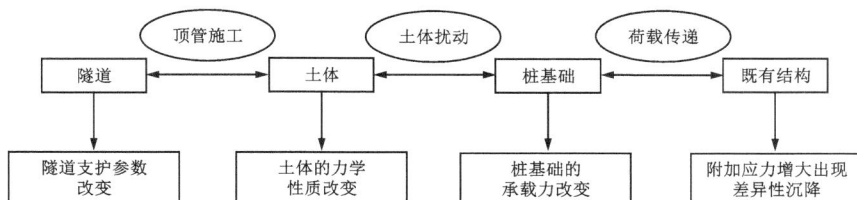

图 6-3　桩土相互作用关系图

①隧道施工扰动地层，使得周边土体力学性质及应力场发生变化，进而土体通过产生变形来对这种改变进行调整，地层由此产生的变形将直至新的应力场平衡状态出现方才停止。

②隧道施工产生的地层变形传递到既有桩基，桩周土体力学性质与应力场也发生相应改变，并引起桩侧与桩端阻力变化，甚至桩侧出现负摩阻力，这将直接导致桩基承载力的大幅降低，并使得桩基产生一定的沉降。

③桩基产生沉降后，沉降必将传递到上部结构，当上部结构的同一基础中的不同桩基发生不同程度的沉降时，上部结构就会出现差异沉降，这将导致上部结构出现较大的附加应力。

由上述分析可知，隧道穿越既有桩基施工时，桩周土体力学性质发生改变，桩土之间相对位移、桩土接触面性质的改变、桩侧负摩阻力的出现及地层失水固结等均与隧道开挖产生的地层变形有关。而这些变化将从根本上改变桩基承载能力，使上部结构出现差异沉降，进而影响到上部结构的正常使用。

6.1.4　地层变形对桩基础的影响机理

顶管隧道下穿施工引起的地层变形可分为两类，即竖向变形和水平变形。下面从不同方向的地层变形对既有桥梁桩基础承载能力的影响机理进行分析。

1.地层竖向变形的影响

顶管隧道下穿施工引起的地层竖向变形有两种，一种是因地层损失和受扰动地层固结、次固结作用产生的沉降变形；另一种是注浆压力过大、掘进面顶推力过大、顶管机姿态调整等原因造成的地层隆起变形。地层竖向变形造成地层与邻近既有桩基在接触面发生相对位移，桩周土体产生应力重分布，桩侧和桩端阻力发生改变，最终导致桩基承载能力改变，桩基为了维持力学平衡产生了相应的沉降或隆起，如图 6-4 所示。当桩基在地层变形作用下产生沉降或隆起时，也将受到土层对其变形的约束作用，同时桩基也对地层竖向变形沿水平方向传递起到了阻隔作用。

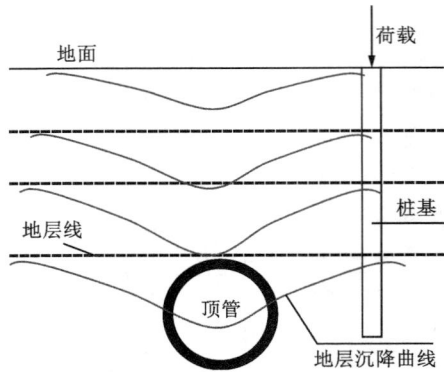

图 6-4 地层竖向变形与桩基的关系

　　地层的沉降与隆起对桩基受力的影响有所不同，如图 6-5 所示。当土体相对桩基向下移动时，会对其产生向下的摩擦力（负摩阻力），造成桩身轴力增加、沉降增大，削弱了既有桩基础侧阻力的发挥；当土体相对桩基向上移动时，会对其产生向上的摩擦力（正摩阻力），增强了既有桩基础侧阻力的发挥。当既有桥梁桩基础的桩端处于顶管隧道下穿施工扰动范围时，桩端以下地层的沉降会急剧降低既有桩基桩端阻力的发挥，削弱既有桩基础的承载能力；相反，桩端以下地层的隆起则会增强既有桩基础端阻力的发挥，甚至导致桩基础的整体上抬。

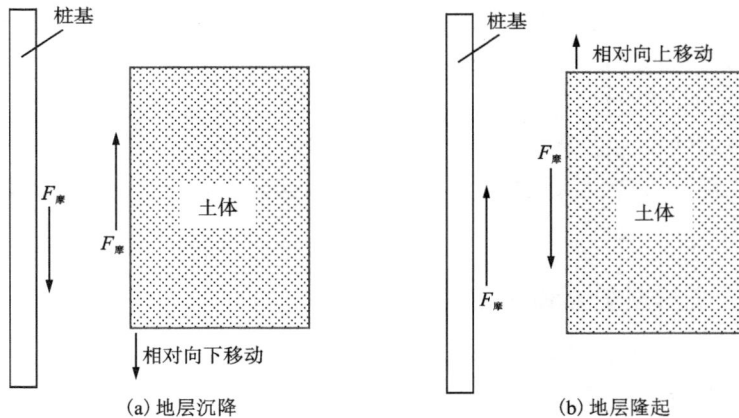

图 6-5 地层竖向变形对桩侧摩阻力的影响

2. 地层水平变形的影响

　　隧道施工引起隧道周围土体应力释放，使周围地层有朝向隧道变形的趋势，进而传递到桩基，使桩基有朝向隧道变形的趋势。同时桩基将会限制桩身处土体的变形，这种限制会导致桩基两侧的地层之间受力不平衡，出现压力差，这种压力差会使桩基发生侧向变形。如果出现桩基侧向变形，会减弱桩基对土体的侧向变形的约束作用。最终结果就是桩基并未紧邻随道的一侧，土体对其产生的侧向压力逐渐减小。同时，另一侧桩基对土体的反作用力却逐渐增大，当二者达到平衡时，桩基及土体的侧向移动便会逐渐停止，桩基便会停留在新的位置上，如图 6-6 所示。

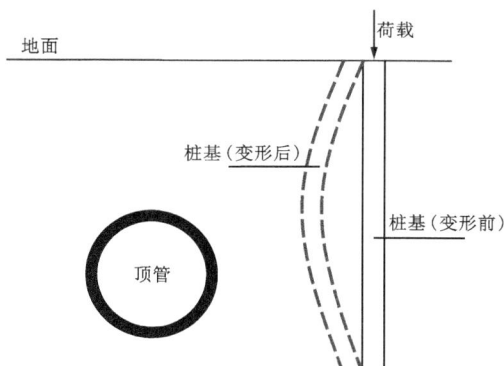

图 6-6　地层水平变形与桩基的关系

6.2　顶管侧穿既有桥梁桩基的变形受力数值分析

顶管隧道下穿既有桥梁桩基础施工是一个动态连续的过程，在隧道下穿过程中，顶管隧道、地层以及既有桥梁桩基础构成了一个相互作用的整体。随着计算机运算平台的发展和数值仿真技术的不断完善，采用数值手段可最大限度地仿真还原顶管隧道掘进过程，较全面地考虑影响地层变形的各主要因素，是研究多变量情况下顶管隧道下穿既有桥梁桩基础施工影响的有效方法。

在桩基与隧道水平距离一定的条件下，桩基长度直接决定桩的沉降和侧向位移的大小。根据桩端与隧道水平轴线竖向距离的不同桩基分为短桩、中长桩和长桩 3 种。当桩端位于隧道正上方时，整个桩位于影响线内，桩端及桩侧阻力均受影响，桩随地层同步下沉，桩土相对位移较小；当部分桩身位于影响线内时，桩端阻力几乎不受影响，部分桩侧阻力受影响，桩的沉降量稍小，但水平位移较大；当桩端位于影响线之下时，桩端阻力不受影响，仅少部分沿桩身的桩侧阻力受影响，此时桩的下沉量更小，而在隧道轮廓范围内桩基水平位移较大。

本章以长桩和中长桩为例，选取南昌市丹霞路综合管廊工程顶管侧穿既有跨渠桥梁作为工程背景，采用 Midas GTS NX 有限元软件，通过建立三维数值模型，分析顶管施工对桥梁桩基的影响。

6.2.1　顶管施工三维模型建立

模型范围的选取可以根据顶管施工对周围土体和建筑物的影响情况和数值模拟计算所需的精度来确定。模型范围选取越大，越接近实际情况，土层是半无限土体，但无法在软件中建立无限大的模型。若模型范围选取太小，则计算结果受边界条件影响太大，偏离实际情况，因此应该在顶管施工影响范围内合理选取模型范围。考虑到模型的边界效应，隧道开挖的影响范围为 3~5 倍洞径距离，模型整体尺寸设为 $X \times Y \times Z = 60\ m \times 100\ m \times 30\ m$，即模型横向长 60 m，纵向长 100 m，竖向深 30 m，如图 6-7 所示，顶管隧道与桩基础的位置关系如图 6-8 所示。

约束条件为在三维模型位于左右两侧(X 轴方向)的节点施加侧向约束，在三维模型位于前后两侧(Y 轴方向)的节点施加侧向约束，在三维模型位于底部一侧(Z 轴负方向)的节点施加垂直方向约束。模型物理力学参数见表 6-1。

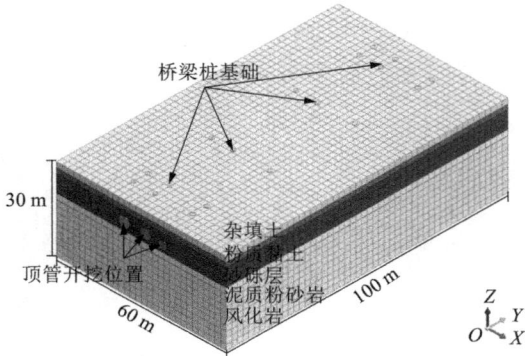

图 6-7　整体模型图

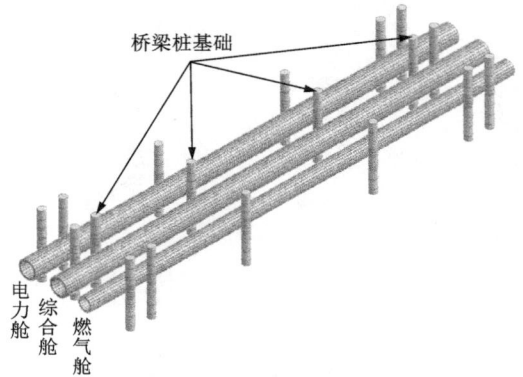

图 6-8　顶管与桩基础位置关系图

表 6-1　模型物理力学参数

名称	厚度/m	重度/(kN·m⁻³)	弹性模量/MPa	黏聚力/kPa	内摩擦角/(°)
杂填土	2.0	18.2	10	8	8
粉质黏土	1.7	19.9	29.2	24.1	15.8
砂砾层	6.3	20	69	3	38
泥质粉砂岩	2.0	20.5	35.7	32	19
风化岩	14.0	20.9	54	34	30.5
顶管机壳	0.2	80	230000	—	—
管片	0.32/0.26	27	34500	—	—
注浆	0.2	20	4.5	—	—
注浆(硬化)	0.2	20	9.8	—	—
桥梁桩基	1.6(直径)	25	40000	—	—

1. 模型假设

①假定同一层土体是连续、均匀且呈水平层状分布的各向同性体。

②将土体简化成理想的弹塑性体，土体采用摩尔-库仑弹塑性本构模型。

③不考虑隧道顶管施工过程中的时间效应，假定土体和其他结构的变形与受力情况只与

荷载有关,忽略土体的蠕变和固结效应。

④假定顶管隧道开挖时堵水已完成,不考虑地下水的渗流作用的影响。

⑤土体的初始应力场只考虑自重应力,不考虑土体构造应力。

⑥假定不同土层之间不存在相对滑移现象,且它们之间位移协调,不设置接触面参数。

⑦假定隧道初衬与土体之间不存在脱离现象,两者之间是协调变形的。

⑧将桥梁桩基结构简化成理想的线弹性材料,采用一维梁单元模拟。

⑨将顶管机壳与管片简化成理想的线弹性材料,采用二维板单元模拟。

2. 施工模拟步骤

在开始模拟之前,首先应对模型平衡初始地应力,使其应力状态更加符合真实情况。隧道开挖模拟施工顺序为工程实际施工顺序:电力舱→燃气舱→综合舱依次顶进。一个开挖步为 2.5 m(管片长度),顶管机长取 7.5 m,具体步骤如下。

第 1 步:激活开挖土体表面的均布荷载,以模拟顶管开挖时的掌子面压力。

第 2 步:钝化上一步掌子面压力与开挖土体,激活顶管机壳单元与下一开挖土体上的掌子面压力。

第 3 步:掘进 3 个开挖步后,钝化顶管机尾的机壳单元,激活管片、注浆层单元,同时激活注浆压力与顶推力。

第 4 步:重复第 1~第 3 步直至三孔顶管贯通,共经历 128 个施工步。

具体的施工流程如图 6-9 所示。

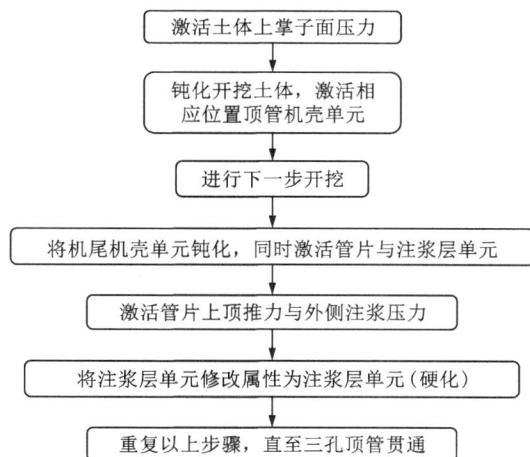

图 6-9　顶管施工模拟流程图

6.2.2　模拟工况设置

为了研究顶管开挖时地层加固措施和施工参数对桥梁桩基变形的影响,本书设置了 2 种不同的工况进行分析,具体工况如下。

工况 1:地层无加固措施,顶管施工注浆压力为 0.20 MPa,平均掌子面压力为 0.12 MPa,电力舱与综合舱顶推力为 2.5 MPa,燃气舱顶推力为 1.5 MPa。

工况 2：地层区域注浆加固，加固范围在隧道拱顶地层 150°区域，如图 6-10 所示，其余施工参数同工况 1。

2 种工况具体施工参数如表 6-2 所示。

表 6-2　不同工况施工参数置

单位：MPa

工况	加固情况	注浆压力	土仓压力	顶推力
工况 1	无	0.2	0.12	2.5/1.5
工况 2	地层注浆加固	0.2	0.12	2.5/1.5

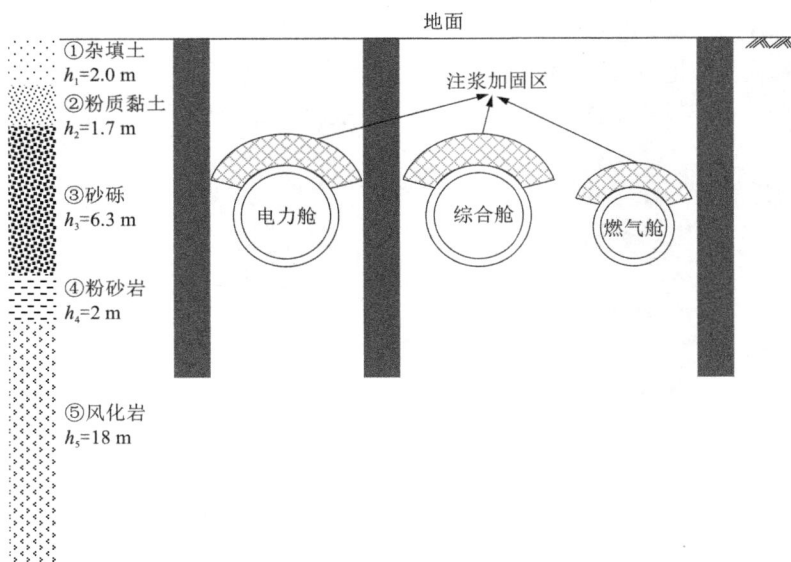

图 6-10　工况 2 加固范围示意图

6.2.3　模拟结果分析

1. 桩基竖向（Z 方向）变形分析

图 6-11 与图 6-12 分别为工况 1 和工况 2 桩基竖向（Z 方向）的变形云图（图中负值为沉降，正值为上浮）。从图 6-11、图 6-12 中可以看出，顶管依次顶进，桩基主要发生沉降变形，但变形值不断减小，左、右、中顶管依次施工完成时，工况 1 的桩基最大竖向变形值分别为 −3.39 mm、−2.97 mm、−2.49 mm，工况 2 的桩基最大竖向变形为 −2.31 mm、−1.83 mm、−1.22 mm。图 6-13 为三孔顶管完成时第 1 组桩基竖向变形曲线，由图 6-13 可知，三根桩基的变形曲线形状大致相似，桩基竖向变形由大到小分别是 C>A>B，故实际施工时应重点关注第 C 组桩的竖向变形。水平位移沿桩深逐渐均匀增大，工况 1 和工况 2 开挖完成后的桩基竖向变形最大值分别为 −2.49 mm 和 −1.22 mm，加固后变形值减小了 51%，说明对地层进行注浆加固能有效抑制桩基的竖向变形。

（a）左顶管完成

（b）右顶管完成

（c）中顶管完成

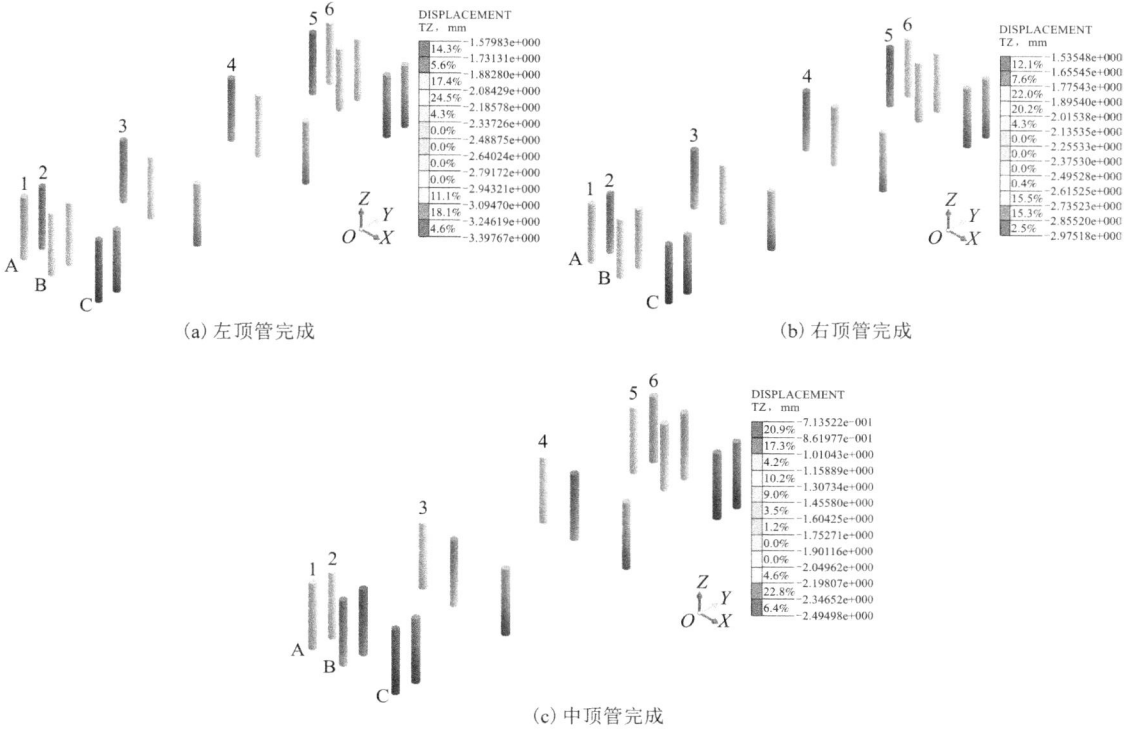

图 6-11 工况 1 桩基竖向（Z 方向）变形云图

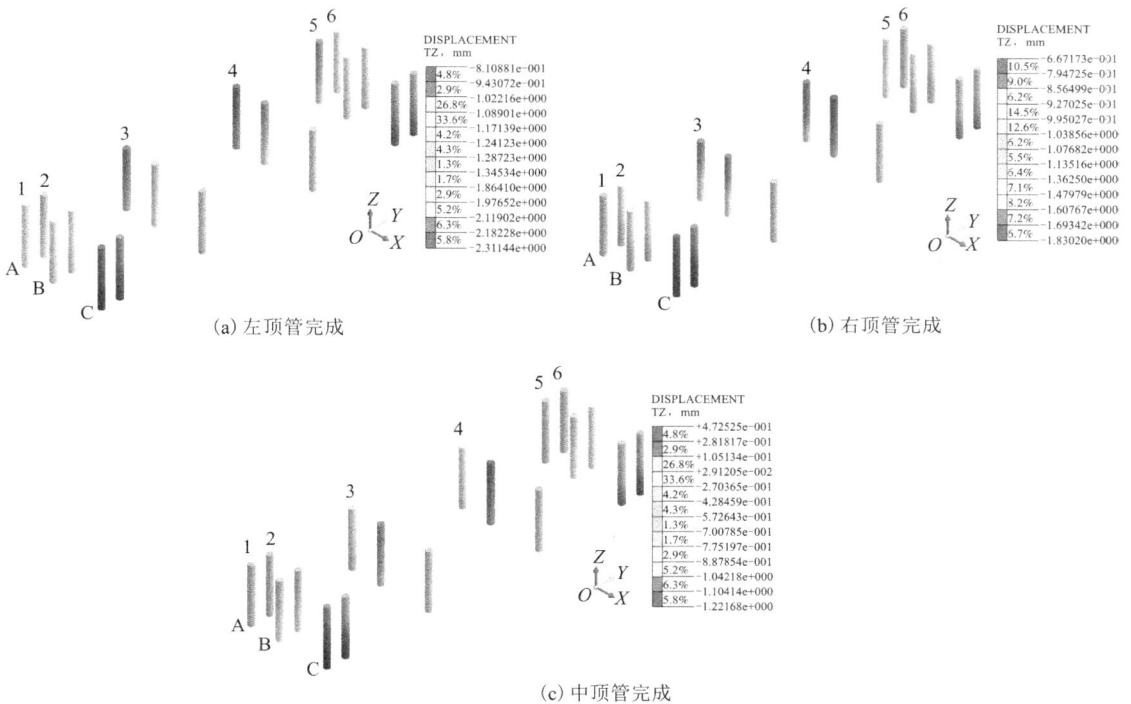

（a）左顶管完成

（b）右顶管完成

（c）中顶管完成

图 6-12 工况 2 桩基竖向（Z 方向）变形云图

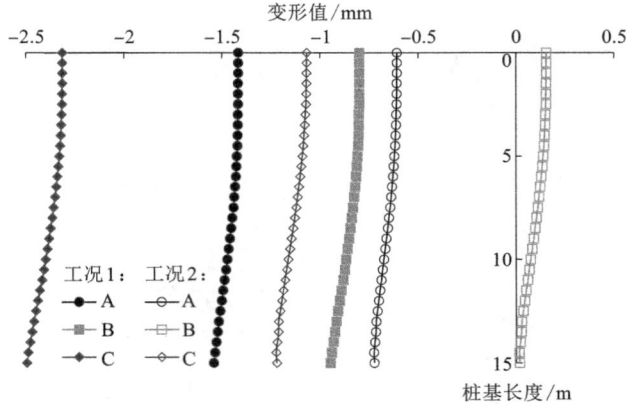

图 6-13　第 1 组桩基竖向(Z 方向)变形曲线图

2. 桩基水平(X 方向)变形分析

图 6-14 与图 6-15 分别为工况 1 和工况 2 桩基水平(X 方向)方向的变形云图(图中负值为垂直顶进方向的左侧,正值为垂直顶进方向的右侧)。由图 6-14、图 6-15 可知,随着顶管依次顶进,桩基水平(X 方向)变形值不断增大,左、右、中顶管依次施工完成时,工况 1 的桩基最大变形值分别为 -1.04 mm、-1.34 mm、-2.35 mm;工况 2 桩基的最大变形值为 0.82 mm、-1.05 mm、-1.80 mm。图 6-16 为三孔顶管完成时第 1 组桩基水平(X 方向)变形曲线,由图 6-16 可知,A 组桩主要发生向垂直顶进方向左侧的位移,且位移值最大;B 组桩

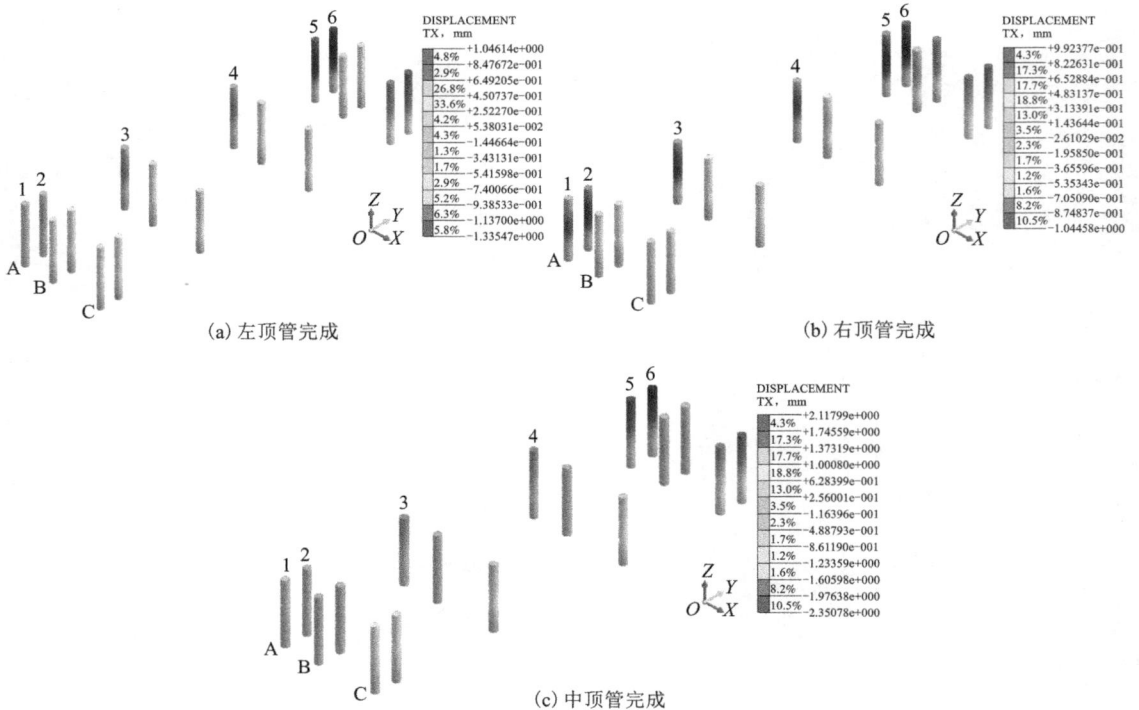

(a) 左顶管完成

(b) 右顶管完成

(c) 中顶管完成

图 6-14　工况 1 桩基水平(X 方向)变形云图

位于两顶管之间，两顶管对其产生的水平扰动相互抵消，因此其位移值远小于 A、C 两组桩；C 组桩主要发生向垂直顶进方向右侧的位移。工况 1 和工况 2 开挖完成后桩基水平变形的最大值分别为-2.35 mm 和-1.80 mm，加固后变形减小了 23%，说明对地层进行注浆加固能抑制桩基的水平(X 方向)变形，但抑制作用相较竖向变形较小。

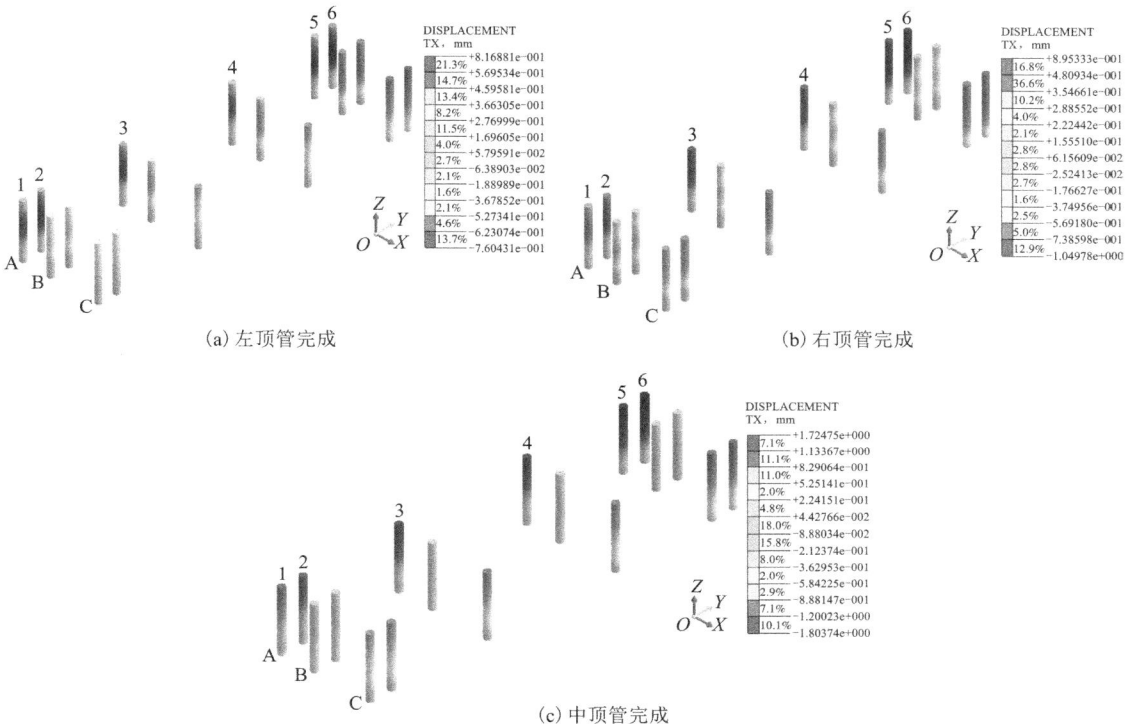

(a) 左顶管完成

(b) 右顶管完成

(c) 中顶管完成

图 6-15　工况 2 桩基水平(X 方向)变形云图

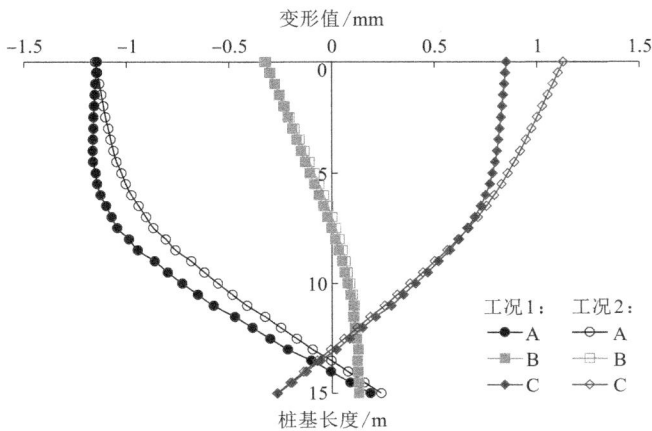

图 6-16　第 1 组桩基水平(X 方向)变形曲线图

3. 桩基水平(Y方向)变形分析

图6-17与图6-18分别为工况1和工况2桩基水平方向(Y方向)的变形云图(图中负值为顶管顶进负方向,正值为顶管顶进方向)。由图6-17、图6-18可知,随着顶管依次顶进,桩基水平(Y方向)变形值不断增大,左、右、中顶管依次施工完成时,工况1的桩基最大变形值分别为3.06 mm、3.65 mm、-5.46 mm;工况2桩基的最大变形值为1.75 mm、2.12 mm、3.00 mm。顶管顶进产生的"背土效应"使得管节周围土体被带动向顶进方向移动,同时桩基也随之产生向顶管顶进方向的变形。图6-19为三孔顶管完成时第1组桩基水平(Y方向)变形曲线,由图6-19可知,B组桩基产生的水平变形最大,远大于A、C两组桩,因为B组桩位于三孔顶管中间位置,受到顶管施工的重复扰动较大。工况1和工况2开挖完成后的桩基水平变形最大值分别为5.46 mm和3.00 mm,加固后变形值减小了45%,说明对地层进行注浆加固能有效抑制桩基的水平(Y方向)变形。

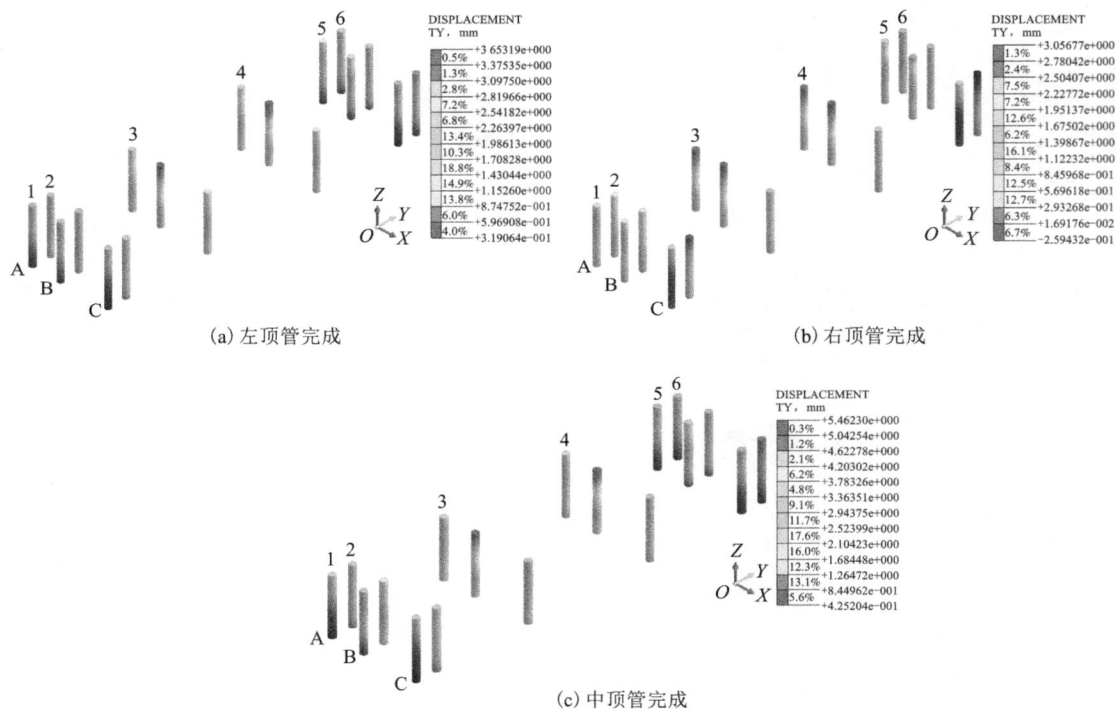

(a) 左顶管完成

(b) 右顶管完成

(c) 中顶管完成

图6-17 工况1桩基水平(Y方向)变形云图

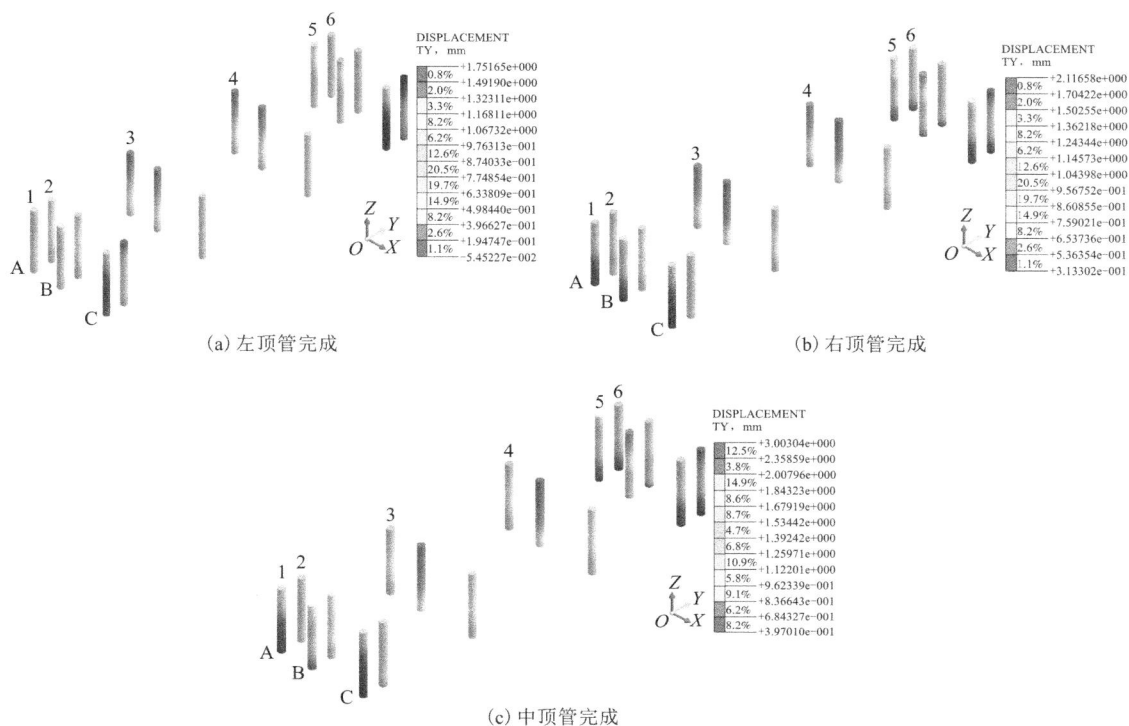

(a) 左顶管完成　　　　　　　　　　　　　　　(b) 右顶管完成

(c) 中顶管完成

图 6-18　工况 2 桩基水平(Y 方向)变形云图

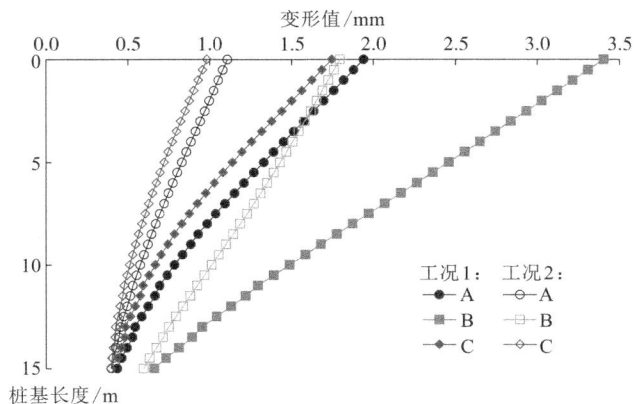

图 6-19　第 1 组桩基水平(Y 方向)变形曲线图

4. 桩基受力分析

桥梁桩基在工程中主要受剪力与弯矩作用,易发生剪切破坏或弯曲破坏。图 6-20 和图 6-21 分别是顶管隧道开挖完成后 Y 方向与 Z 方向桩基所受剪力云图。从图 6-20、图 6-21 中可以看出,桩基上下部的剪力方向会发生改变。工况 1 中,Y 方向桩基所受最大剪力为 82.8 kN、Z 方向桩基所受最大剪力为 -89.8 kN;工况 2 中,Y 方向桩基所受最大剪力为

70.5 kN，Z 方向桩基所受最大剪力为 -40.6 kN。且在两种工况中，A 组桩基所受 Y 方向的剪力最大，B 组桩基所受 Z 方向的剪力最大。

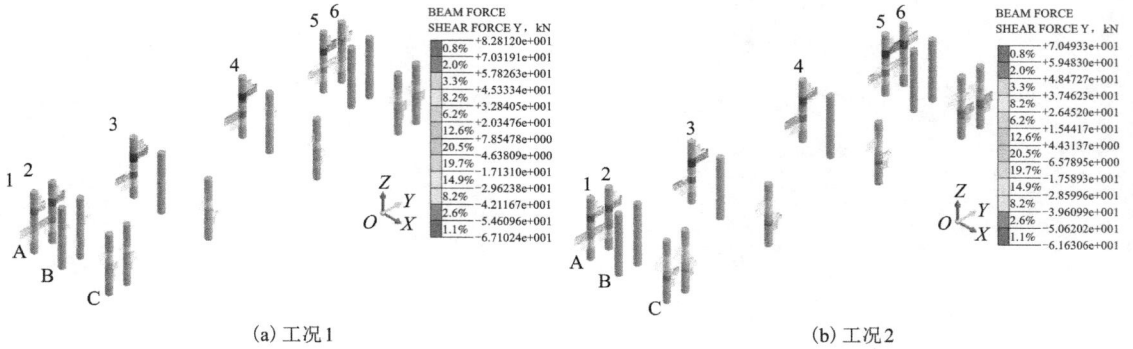

(a) 工况 1   (b) 工况 2

图 6-20　桩基 Y 方向所受剪力云图

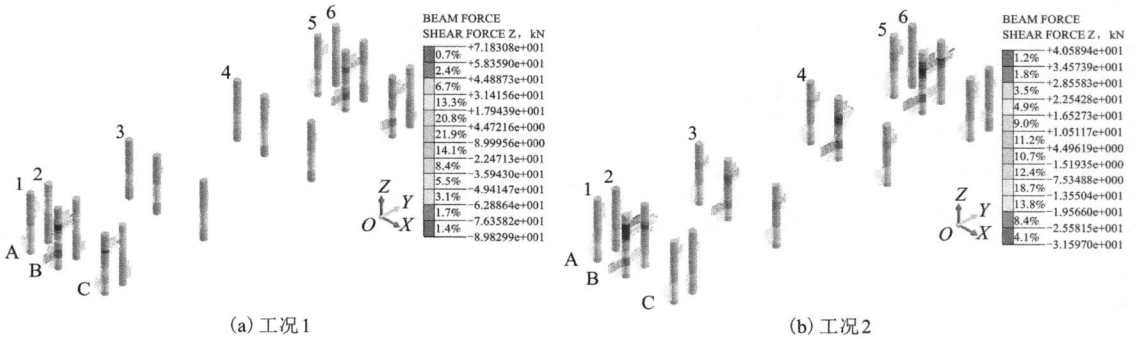

(a) 工况 1   (b) 工况 2

图 6-21　桩基 Z 方向所受剪力云图

图 6-22 和图 6-23 分别是顶管隧道开挖完成后 Y 方向与 Z 方向桩基所受弯矩云图。由图 6-22、图 6-23 可知，最大弯矩发生在桩基的中部。工况 1 中，Y 方向桩基所受最大弯矩为 333.3 kN·m，Z 方向桩基所受最大弯矩为 251.7 kN·m；工况 2 中，Y 方向桩基所受最大弯矩为 166.5 kN·m，Z 方向桩基所受最大弯矩为 230.9 kN·m。且在两种工况中，B 组桩基所受 Y 方向的弯矩最大，A 组桩基所受 Z 方向的弯矩最大。

综上，可知对地层进行注浆加固可有效抑制桩基各个方向的变形，能优化桩基的受力变形状态，提高桩基的结构安全性。

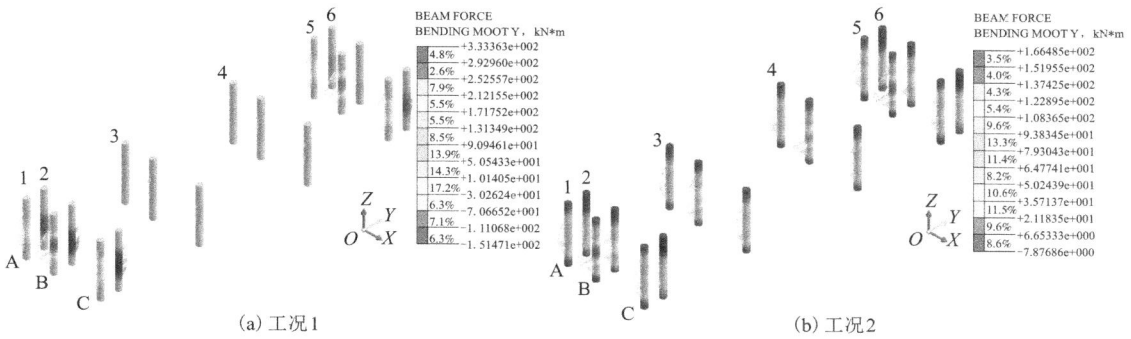

(a) 工况 1　　　　(b) 工况 2

图 6-22　桩基 Y 方向所受弯矩云图

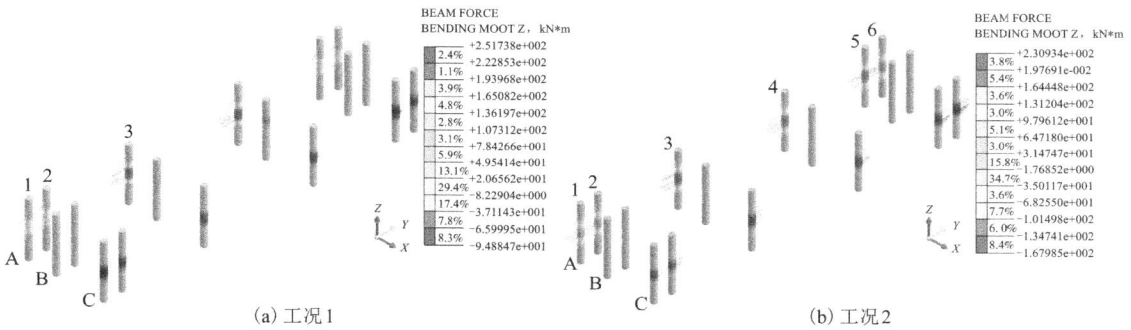

(a) 工况 1　　　　(b) 工况 2

图 6-23　桩基 Z 方向所受弯矩云图

6.3　顶管侧穿既有桥梁桩基的施工工艺优化

6.3.1　施工准备工作

为了确保顶管顺利侧穿既有跨渠桥梁，顶管机侧穿施工前需做好以下准备工作。

1. 物资准备

物资准备工作的内容包括：工程材料，如普通钢材、预应力材料、木材、沥青、石灰、粉煤灰、水泥和砂石材料等；构件和制品的加工准备；施工机具设备的准备；各种工具和配件的准备。

2. 顶管机准备

①顶管机维修保养：穿越前对顶管机进行全面检修，确保顶管机状况良好，并对易损件进行备份，确保各系统工作正常，避免穿越期间停机对地层的影响。同时在施工路面范围内

准备双液注浆机等应急设备和设施。

②检查机尾密封：穿越前若机尾漏浆，判断是机尾密封失效还是机尾间隙过大导致，同时对机尾密封系统进行全面检修，密封失效则需更换尾刷。

③严格控制顶管掘进姿态，避免顶管蛇形前进，顶管穿越既有跨渠桥梁前水平姿态控制在+10 mm 以内、垂直姿态控制在−20 mm 以内。

3. 其他准备工作

①复核线路是否有偏差。

②与水利部门、业主、设计、监理、第三方监测等部门组建联合办公室，建立联合办公制度，在顶管穿越期间各单位现场联合办公，及时调整方案确保施工安全。

6.3.2 顶管掘进参数优化

1. 试验段掘进

青山北路—江纺西路段区间顶管隧道需要穿越电排湖引水渠跨渠桥梁，将顶管在到达跨水系桥前 10 m 作为试验段，模拟顶管侧穿桥梁桩基施工。通过对试验段掘进参数及地面沉降情况进行统计分析，优化顶管掘进参数，包括土仓压力、推进速度、刀盘转速、同步注浆量、渣土改良效果等，确保顶管安全、顺利通过。

区间左线前期的掘进参数合理优化后、作为试验段掘进参数，区间试验段隧道埋深为 7.1~9.1 m、位于 2‰ 的上坡段，土仓压力根据该段水位地质情况计算，适于砂砾地层中掘进。顶管试验段施工参数见表 6-3。

掘进时，土仓上部理论土压 P =地下水压力+静止土压力+预备压力，其中静止土压力 $P_0 = K_0 \times \gamma \times h$。

土仓上部最小理论土压 P_{min} =地下水压力+主动土压力或松动土压力+预备压力，其中主动土压力或松动土压力 $P_a = K_a \times \gamma \times h = \tan(90°-\varphi) \times \gamma \times h - 2c\tan(45°-\varphi/2)$。由于试验段穿越的细砂层不存在内聚力，因此 c 值为 0。理论最小土压力则为：$\tan(90°-\varphi) \times \gamma \times h$ +预备压力。

土仓上部最大理论土压 P_{max} =地下水压力+被动土压力+预备压力，其中被动土压力 $P_p = K_p \times \gamma \times h = \tan(90°+\varphi) \times \gamma \times h + 2c\tan(45°+\varphi/2)$。由于试验段穿越的细砂层不存在内聚力，故 c 值为 0。则理论最小土压力为：$\tan(90°+\varphi) \times \gamma \times h$ +预备压力。

上述式中各项土压力系数和参数取值说明如下。

①静止土压力系数。

$$K_0 = 1 - \sin\varphi（砂层）$$
$$K_0 = 0.95 - \sin\varphi'（黏土层）$$

式中：K_0 为土的侧向静止平衡压力系数；φ、φ' 为内摩擦角；c 为土的黏聚力。

②主动土压力系数。

$$K_a = \tan(90°-\varphi)$$

式中：K_a 为主动土压力系数；φ 为内摩擦角。

③预备压力一般取 0.01~0.02 MPa。

经计算 729~740 环静止土压力为 1.55 bar；741~752 环静止土压力为 1.48 bar，该处土压力取静止土压力+0.1 bar 的预留土压力=1.58 bar；753~762 环静止土压力为 1.42 bar，该处土压力取静止土压力+0.2 bar 的预留土压力=1.62 bar。

表 6-3　顶管侧穿桥梁桩基试验段施工参数

掘进参数	环号(环)(下穿电排湖水渠区间)			备注
	729~740(558~569)	741~752(570~581)	753~762(582~591)	
土压/bar	1.55	1.58	1.62	保证推进速度与同步注浆速度相匹配、确保地层填充密实
刀盘转速/rpm	1.2	1.0	0.8	
总推力/t	≤1300	≤1300	≤1300	
刀盘扭矩	≤额定扭矩的80%	≤额定扭矩的80%	≤额定扭矩的80%	
推进速度/(mm·min⁻¹)	≤50	≤30	≤15	
同步注浆填充率/%	150	180	200	

注：在掘进过程中，可根据掘进情况、地表及铁路桥监测数据适时优化、调整掘进参数。

区间隧道下穿桥梁桩基前根据区间隧道埋深、水文地质情况、顶管始发段掘进参数及地表监测数据合理设置施工参数。土压力应高于理论土压 0.1~0.2 bar，波动范围控制在 0.1 bar 至 0.2 bar 以内，减小土压力波动较大造成的地层损失及出渣量超标的情况。严格控制纠偏量、每环纠偏量不宜大于 6 mm，减小纠偏造成的局部超挖，同时减少顶管机在地层中的摆动及刀盘旋转过快造成的地层扰动。

2. 穿越段掘进

根据标段内地质情况，顶管掘进采用泥水平衡模式，可有效地保证土体的稳定、地表建筑物和施工安全。顶管施工参数在表 6-4 给出的范围内选取，并在施工中不断优化调整。

表 6-4　顶管正常掘进参数表

掘进模式	推力/kN	扭距/(kN·m)	刀盘转速/(r·min⁻¹)	土仓压力/bar	螺旋输送机转速/rpm
泥水平衡	8000~16000	2500~4000	1.1~2.0	1.3~2.0	5~12

正常推进阶段采用试掘进施工掌握的最佳参数，如表 6-4 所示。通过加强施工监测，不断地完善施工工艺，控制地面沉降，主要的参数调整优化措施如下。

①采用以滚刀为主的复合刀盘切削砂砾岩，以低转速、大扭矩推进。

②适当提高掘进土压力(土仓压力设定为理论值的 1.2~1.3 倍)以防止涌水，并在掘进中不断调整优化。

③土仓压力通过采取设定掘进速度、调整排土量或设定排土量、调整掘进速度两种方法设置，并应维持切削土量与排土量的平衡，以使土仓内的压力稳定平衡。

④顶管机的掘进速度主要通过调整顶管推进力、转速(扭矩)来控制，排土量则主要通过

调整螺旋输送机的转速来调节。在实际掘进施工中，应根据地质条件、排出的渣土状态，以及顶管机的各项工作状态参数等动态地调整优化。

⑤掘进时应采取渣土改良措施增加渣土的流动性和止水性，密切观察螺旋输送器的栓塞和出土情况以调整添加剂的掺量。

⑥推进速度控制为 20~40 mm/min，并根据监测结果和排土情况调整。螺旋机转速根据设定土压力与推进速度匹配。

6.3.3 注浆技术优化

顶管施工引起的地层损失和顶管隧洞周围受扰动或受剪切破坏的重塑土的再固结以及地下水的渗透，是导致地表沉降的重要原因。为了减少或防止沉降，在顶管施工全过程中，需要采取对应的注浆措施，注浆措施能有效地控制地表沉降，支撑隧道周围土层，并具有防渗功能。常用的注浆措施包括顶管施工前地层注浆加固措施、顶管掘进过程中的同步注浆以及顶管通过后的二次(多次)注浆和洞内深孔注浆。本工程主要采用多种注浆方式的组合形式，通过对同步注浆施工工艺进行优化，同时采用机尾同步注浆以及克泥效注浆两种同步注浆工艺，来有效控制顶管穿越砂砾石地层施工的地表沉降。

1. 机尾同步注浆

机尾同步注浆是指在顶管向前推进过程中，尽快在脱出机尾的管片背后同步注入足量的浆液材料充填机尾环形建筑空隙，来支撑管片周围岩体。凝结的浆液将作为顶管施工隧道的第一道防水屏障，可增强隧道的防水能力；为管片提供早期的稳定并使管片与周围岩体一体化，有利于顶管掘进方向的控制，并能确保顶管隧道的最终稳定。这是使周围土体获得及时的补偿，有效防止土体塌陷，控制地表沉降的有效手段。要求浆液有较短的初凝时间，遇泥水后不产生裂化，并要求浆液具有一定的流动性，能均匀地布满隧道一周，及时充填建筑空隙。

(1)注浆材料

采用水泥砂浆作为同步注浆材料，该浆材具有结石率高、结石体强度高、耐久性好和能防止地下水浸析的特点。水泥采用 PO.42.5，以提高注浆结石体的耐腐蚀性，使管片处在耐腐蚀注浆结石体的包裹内，减弱地下水对管片混凝土的腐蚀。

(2)浆液配比及主要物理力学指标

浆液配比表见表 6-5。

表 6-5 注浆配比表(根据现场实际情况适当调整)

水泥	粉煤灰	膨润土	砂	水	外加剂
120	381	54	779	465	需要根据实验加入

根据其他工地施工经验，同步注浆拟采用表 6-5 所示的配合比。在施工中，根据地层条件、地下水情况及周边条件等，通过现场试验优化确定最合理的配合比。

拟定同步注浆浆液的主要物理力学性能应满足下列要求。

①胶凝时间：一般为 3~10 h，根据地层条件和掘进速度，通过现场试验加入促凝剂及变更配比来调整胶凝时间。

②固结体强度：一天不小于 0.2 MPa，28 天不小于 2.0 MPa。

③浆液结石率：>95%，即固结收缩率<5%，浆液稠度为 8~12 cm。

④浆液稳定性：倾析率（静置沉淀后上浮水体积与总体积之比）小于 5%。

（3）注浆方法和工艺

机尾同步注浆通过同步注浆系统及机尾的内置注浆管，在顶管向前推进机尾空隙形成的同时进行，采用双泵四管路（四注入点）对称同时注浆，如图 6-24 所示。

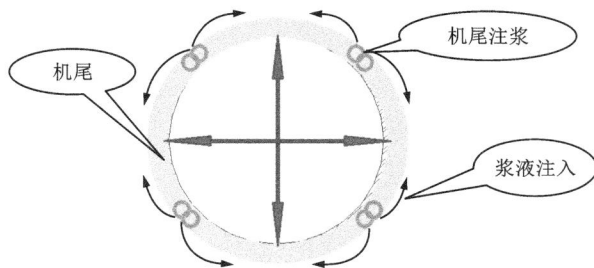

图 6-24　同步注浆示意图

（4）设备配置

搅拌站：自行设计建造砂浆搅拌站一座，采用 JS-1000 搅拌机。

同步注浆系统：配备施维英 KSP12 液压注浆泵 2 台，注浆能力为 2×10 m³/h，8 个机尾注入管口（其中 4 个备用）及其配套管路。

运输系统：6 m³ 砂浆罐车，带有自搅拌功能和砂浆输送泵。

（5）注浆主要技术参数。

①注浆压力。

同步注浆压力控制在 0.2~0.4 MPa。注浆时依据现场实际情况进行调整。

②注浆量。

$$每环理论注浆量=\frac{\pi(D^2-d^2)L}{4}=\frac{3.14\times(6.44^2-6.2^2)\times1.5}{4}=3.75(m^3)$$

其中：D 为顶管机刀盘直径；d 为管片直径；L 为每环管片长度。

根据本工程的地质及线路情况，注浆量一般为理论注浆量的 1.3~1.8 倍，即 4.641~6.426 m³，施工时通过监测及现场情况来调节。

③注浆结束标准。

采用注浆压力和注浆量双指标控制，即当注浆压力达到设定值，注浆量为设计值的 95% 以上时，即可认为达到了质量要求。本设计参数还需通过监控量测进行优化，使注浆效果达到更佳。

④效果检查。

注浆效果检查主要采用分析法，即根据 P-Q-t 曲线，结合掘进速度及衬砌、地表与周围建筑物变形量测结果进行综合分析判断。必要时采用无损探测法进行效果检查，当检查表明注浆不足时，及时进行二次补充注浆。

⑤同步注浆后的检查及注浆参数调整。

注浆后，检查管片间隙是否漏水，如有漏水必要时进行注浆量的调整，加大注浆量。

通过观测注浆后的地表沉降，来检查注浆效果。如果地表下沉比较明显，则表明注浆压力不够或注浆不饱满，浆液的收缩性过大。及时将注浆压力调整为 1.5~5 bar，并监测注浆量，进行双项控制，同时调整配合比，减小浆液的收缩性。

⑥注意事项。

a.注浆装置根据压力控制注浆量的大小，但必须保证机尾密封装置不被破坏，避免管片受到过大压力，对周围土层压力要尽量小。

b.注浆过程中，密切注意注浆系统的运行情况，注意冲击数和压力值的变化，由此判断是否堵管以及堵管的位置。

c.根据现场情况计算注浆量，并与实际注浆量相比较，分析注浆效果，及时调整注浆参数。同时结合地面沉降观测结果，必要时采用二次补压浆措施。

d.为保证浆液能以稳定的压力及时填充空隙，注浆时流量应根据推进的速度进行调节。

2.克泥效注浆

顶管掘进过程中，利用机体预留的径向注浆孔在顶管机壳体外即机体与其外侧的土体之间的间隙同步进行克泥效注浆，及时充填顶管机掘进引起的机体与土体的间隙。

（1）工艺原理

克泥效工法本质上是一种顶管注浆施工技术，其原理是特殊黏土与强塑剂以一定的比例混合后，瞬间形成为高黏度、不会硬化的可塑性黏土。一般机尾同步注浆的注入点在机尾处，而克泥效工法则是对机体周围的土体进行注浆，其浆液的注入空间如图 3-57 所示。混合后的克泥效材料通过前端顶管机外壳上的注浆孔注入到周围土体中，可以有效填充刀盘开挖轮廓与顶管产生的间隙。利用克泥效材料止水、支撑和充填的特性，可阻止土体的变形并控制地表沉降。

图 6-25　克泥效抑制沉降注入空间

（2）施工准备

①克泥效混合液材料准备。

克泥效材料由合成钙基黏土矿物、纤维素衍生剂、胶体稳定剂和分散剂构成，其中合成钙基黏土矿物占总重量的 98%～99%，纤维素衍生剂占总重量的 0.5%～1.5%，胶体稳定剂占总重量的 0.4%～0.8%，分散剂占总重量的 0.1%～0.3%。

强塑剂采用水玻璃，一般采用波美度为 40 be，按照一定比例注入。

图 6-26 是克泥效 A、B 双液混合过程的示意图，从图 6-26 中可以看出，克泥效材料按照一定比例混合后，很快形成了一种高黏度、不会硬化的可塑性黏土，在其上放置一块石块也不会陷下去，从而证明克泥效具有较高的抗沉陷性及黏稠性。

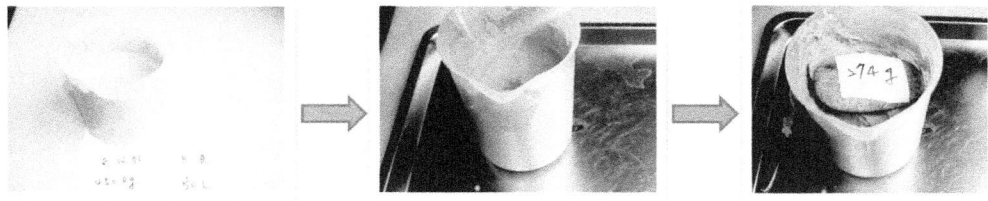

图 6-26　克泥效 A、B 液混合示意图

②注入设备选择。

克泥效由 A 液、B 液按照一定的比例混合而成，故受克泥效工法特点的影响，必须选择合适的注入设备才能达到良好的施工效果。

A 液和 B 液的注入量相差很大，注入比例要求精确，混合液的黏度大，注入量需要精确、快速可调。基于以上因素，选择 2 台独立变频控制的软管挤压泵并配备搅拌器、混合器、电子流量计等配套设备进行克泥效注浆。所选择的设备应具备紧凑、便携的特点，占用顶管机内的空间少，图 6-27 是一整套克泥效施工设备实物图。

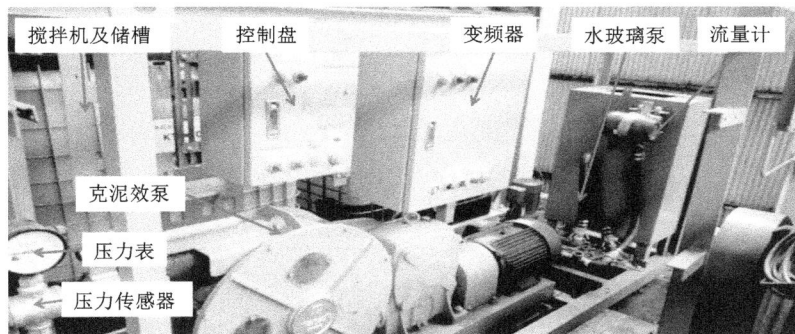

图 6-27　克泥效设备

③施工场地。

在顶管机靠近机尾附近台车一侧放置并固定拌和、注入设备，接入临时水电，进行设备调试，高压注入管道长度应满足接入前机体预留径向孔要求，如图 6-28 所示。克泥效材料为袋装计量，水玻璃为桶装，所有材料通过洞内运输设施运至现场。

图 6-28　克泥效施工拌和场地

（3）克泥效配合比确定

克泥效=特殊膨润土浆液 A（膨润土：水=1：2）+水玻璃液 B（水玻璃：水=1：1），其中 B 液添加率为 5%~6%。

经过试验确定的配合比，每环 1.5 m 宽理论注入克泥效混合液体积 0.604 m³；每立方注入特殊膨润土浆液 A（膨润土：水=1：2）+水玻璃液 B（水玻璃：水=1：1）66 kg。

（4）克泥效注入施工

①注入克泥效施工工艺流程见图 6-29。

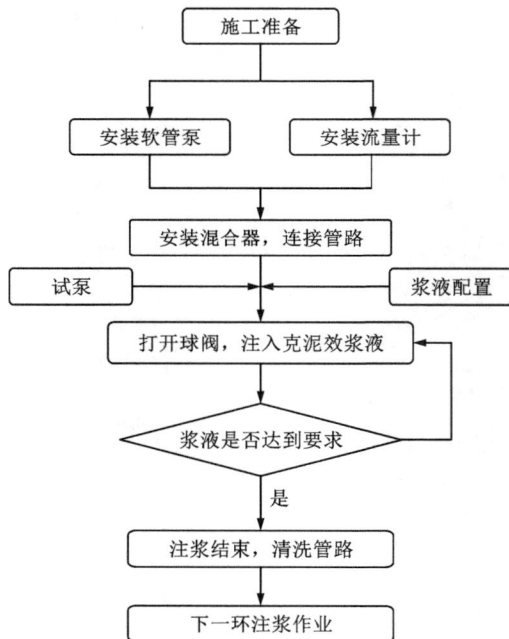

图 6-29　克泥效混合液注入工艺流程

②注入设备就位。

使用两台注浆机，各自负责 A、B 液体的泵送，依次安装流量计、注入软管，最后将两个注浆机的注入软管连接安装混合器，形成最后注入管道。按照配合比计算 A 液和 B 液的量。

③浆液配制。

首先按照 A 液的配合比，在搅拌桶中依次放入成比例的水、克泥效材料，搅拌均匀，拌和时间不小于 120 s，完成 A 液的拌和配制。

B 液为水玻璃混合液，浓度为 40 波美度。

（5）混合液注入

克泥效注浆混合液从顶管机外壳上预留的注浆孔向外周土层注入，如图 6-30 所示。

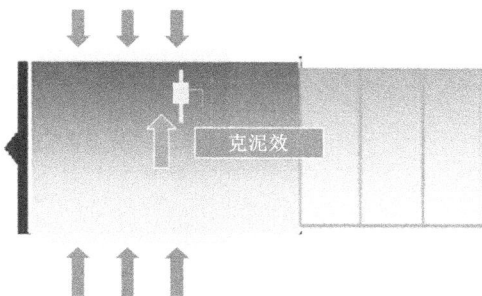

图 6-30　克泥效混合液注入示意图

（6）过程控制

注浆压力为 0.2~0.4 MPa。应保证克泥效的充分注入，保证其在顶管机周圈形成一道密闭的阻水黏土环，注入时应密切监测地面情况。

施工中，在顶管机周圈充分注入克泥效后，克泥效会逐渐向土仓和机尾流动，应密切关注土仓压力变化和机尾密封油脂的注入工作。

克泥效注浆与推进同步，应根据推进速度调整注浆速度。开始注入克泥效浆液时，第一环注入量约为 0.8 m³，之后每环注入量约为 0.604 m³。

注浆的同时通过混合器的泄压阀来检查浆液初凝时间和凝结效果，做好记录，根据实际效果及时调整变频器注入频率。

（7）材料与设备

①主要材料见表 6-6。

表 6-6　主要材料一览表

材料名称	规格	单位	数量
克泥效	25 kg/袋	t	7.2
水玻璃	桶装，40 波美度	kg	1195
水	—	t	30.2

注：本表所述是每环按照 1.5 m 宽度注入一定配比的材料数量。

②主要设备见表6-7。

表6-7 主要设备一览表

设备名称	型号/功率/技术参数	单位	数量
双液注浆机	KBY50/10(L/min、MPa)	台	2
浆液搅拌桶	—	个	1
储浆筒	—	个	2
注浆管道	—	m	200
球阀	—	个	若干

3. 二次(或多次)注浆

由于同步注浆为易于流动的单液浆，注入时是完全没有自立性的物体，容易流失到尾隙处的其他部位，因而注入的区域，特别是管片背面的上顶部位很难充填到。加上同步注浆浆液固结时间较长，容易被地下水稀释，致使早期强度下降，使得隧道上方的土体向未充填到的空洞滑动、坍塌，尤其是在砂卵石地层中，极易产生空洞，从而导致地表产生较大的沉降。

为了限制同步注浆浆液的流动，减小浆液流失，达到充填不密实区域的目的，本区间过桥梁段顶管每推进1环均进行二次注浆，根据监测数据及时分析并调整注浆参数及注浆量。

6.3.4 渣土管理

1. 出土量

通过调节掘进速度和螺旋输送机的转速控制出渣量，防止冒顶或塌陷，保护上部地层的稳定。在顶管下穿跨水系桥梁施工期间，严格控制每一循环出土量，必要时在渣斗中划上刻度，以便计算和控制出土量，达到平衡出土的目的。膨松系数取1.4，即每环出土理论值等于 $\pi \times 6.44^2/4 \times 1.5 \times 1.4 = 68.39 \ m^3$。

故每出一斗渣土理论上应掘进0.263环(18/68.39)，即0.415 m。

顶管施工时应严格控制出土量，详细记录每一斗的出土量与掘进长度，并同时对每一环的渣样进行分析，随时掌握掌子面的地质情况，指导施工。顶管推进出渣量控制在98%~102%，即67.022~69.76 m^3/环。

2. 渣土状态

为更好地控制土仓压力，增大土仓内渣土的止水性等，应采取措施保持泡沫系统工作状况良好，并及时地添加泡沫剂，使渣土具有很好的软流塑状。

根据掌子面地层的渗透性，向土仓内添加泡沫、高分子聚合物、水等以改良渣土。防止发生渣土喷涌，引起地层超挖产生的地层沉降。同时，时刻关注渣土的稀稠、土的含量、颜色等状况，判断掌子面的地层情况。

3. 渣土温度

渣土温度过高，有以下几种可能性。

①刀盘中心部位或滚刀等形成了泥饼，刀具不能抵推掌子面切削岩土，泥饼在高温下固结。

②刀具严重损坏，刀盘面板直接摩擦掌子面。

③泡沫剂添加系统等出现问题，不能正常改良渣土，渣土在土仓内干结或摩擦生热。

④通过对渣土温度的观察，准确判断，及时采取措施。一般情况下，渣土温度≥45 ℃应停止掘进。

4. 出渣记录

顶管下穿桥梁段地层主要以砂砾岩为主，砂砾岩天然密度为 2.02 g/cm³。施工过程中通过安装在 45 t 门吊上称重设备，记录每环每个渣斗装渣前重量及装满渣后重量，计算出每斗渣净重后，合计当环出渣重量。通过理论计算辅以人工估算每斗渣土理论掘进长度对比分析实际出渣量，评估出渣量与对应掘进里程间的相对关系，使整个出渣过程处于严密监控、时时反馈、时时控制的良性循环。

6.3.5　管片拼装

1. 管片拼装流程

管片拼装是顶管掘进的重要一环，管片安装的好坏直接关系到隧道的外观和防水效果。管片拼装流程如图 6-31 所示。

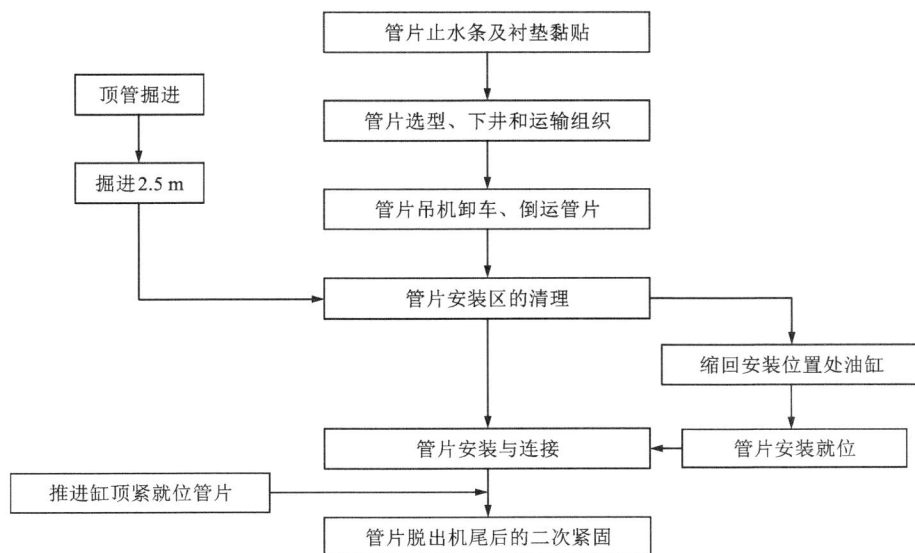

图 6-31　管片拼装流程图

（1）管片准备

管片由生产厂家生产好之后运输到工地管片存放场地。在管片下井之前，按有关技术要求将管片橡胶密封条材料在地面贴好，并按不同封顶块位置，调整管片摆放顺序。

管片出厂前已经在管片上涂刷各种标识，包括管片类型、生产日期、管片序号、管片编号等。

所有用于隧道主体的管片必须经过质检工程师检查验收合格后方可吊装下井，凡存在缺角、止水材料粘贴不合格、蜂窝、麻面、裂缝、破损等缺陷的混凝土管片一律不得吊运下井。并对不合格管片做好记录。

（2）管片选型、下井

管片下井作业人员必须按照主司机或工程部要求的型号进行管片下井作业，通过 45T 从工作井吊入，按拼装顺序放到管片车上，作业过程中要注意对管片本身以及粘贴的防水材料的保护。

（3）管片运入隧道

携带管片车的电瓶车向前进入隧道，停在顶管机 1 号和 2 号车架之间。

（4）管片就位

利用顶管机的管片吊机将管片从电瓶车上起吊至管片小车上，由管片小车运至安装区域，其间需要按本环管片组装顺序进行调整并再次对管片的型号、本身外观及防水材料粘贴质量进行检查。

2. 管片拼装区的清理

管片拼装前要对拼装区域进行清理，盾尾壳体内的积水、污泥等要完全清除干净，方可进行管片拼装作业。

3. 管片就位及拼装前的检查

顶管掘进完成后要将安装的管片就位并清理干净，同时检查运至作业面的管片是否和主司机/工程部下达的本环管片指令类型相同；管片是否有破损、掉角、脱边以及裂缝；止水条、衬垫和自黏性橡胶薄板等是否有起鼓、隆起、断裂、破损和脱落等现象，止水条是否部分已失效；管片连接螺栓、垫圈、螺栓孔密封垫圈及吊装孔封堵塞等数量是否齐全，质量是否完好；安装工具(风动扳手、梅花扳手、榔头)是否齐全，风管及空压机等状况是否良好。

上述条件全部具备后方可收回顶进油缸，进行管片的拼装作业。

4. 管片拼装要求

①管片采用统一生产、预制，安装点位以满足隧道线型为前提，重点考虑管片安装后盾尾间隙要满足的下一掘进循环限值，确保有足够的盾尾间隙，以防盾尾直接接触管片。管片安装前根据盾尾间隙、推进油缸行程选择拟安装管片的点位。

②顶管掘进到预定长度，且拟安装封顶块位置的推进油缸行程大于 1.8 m 时，顶管机停止掘进，进行管片安装。

③为保证管片安装精度，管片安装前需对安装区进行清理。

④管片安装时尽量从隧道底部开始，然后依次安装相邻块，最后安装封顶块。

⑤在安装封顶块前，对防水密封条涂肥皂水进行润滑处理，安装时先径向插入 2/3，调整位置后缓慢纵向顶推，防止封顶块顶入时搓坏防水密封条。

⑥管片安装到位后，及时伸出相应位置的推进油缸顶紧管片，其顶推力应大于稳定管片所需力，然后方可移开管片安装机。

⑦安装管片时采取有效措施避免损坏防水密封条，并保证管片拼装质量，减少错台，保证其密封止水效果。安装管片后顶出推进油缸，扭紧连接螺栓，保证防水密封条接缝紧密，防止相邻两片管片在顶管推进过程中发生错动，防水密封条接缝增大和错动，影响止水效果。

⑧在管片环脱离盾尾后要对管片连接螺栓进行二次紧固。

⑨管片安装质量保证措施：

a. 由经验丰富的专业管片安装人员进行管片拼装，拼装过程由工程技术人员根据验收标准进行过程验收，保证拼装质量。

b. 严格对进场管片进行检查，有破损、裂缝的管片不采用。下井吊装管片和运送管片时注意保护管片和止水条，以免损坏。

c. 止水条及软木衬垫粘贴前，将管片进行彻底清洁，以确保其粘贴稳定牢固。

d. 管片安装前对顶管机管片安装区进行清理，清除污泥、污水等，保证安装区及管片相接面清洁。

e. 严禁非管片安装位置的推进油缸与管片安装位置的推进油缸同时收缩。

f. 管片安装时必须运用管片安装的微调装置将待装的管片与已安装管片块的内弧面纵面调整到可平顺相接以减小错台。调整时动作要平稳，避免管片碰撞破损。

g. 管片安装质量以满足设计要求的隧道轴线偏差和有关规范要求的椭圆度及环、纵缝错台标准进行控制。

⑩管片拼装技术标准。

根据《顶管法隧道施工与验收规范》中有关钢筋混凝土管片拼装验收标准并结合拼装的工艺特点，管片拼装允许偏差和检验方法应符合表 6-8 的规定。

表 6-8　管片拼装允许偏差和检验方法

项目	允许偏差/mm	检验方法	检查频率/(点·每环)
衬砌环直径椭圆度	$\pm 5\%eD$	尺量后计算	4
隧道圆环平面位置	± 50	用经纬仪测中线	1
隧道圆环高程	± 50	用水准仪测高程	1
相邻管片的径向错台	5	用尺量	4
相邻环片环面错台	6	用尺量	1

注：D 指隧道的外直径，单位为 mm。

5. 管片纠偏

顶管机纠偏的最终效果就是管片的纠偏，力争使管片的环面与设计轴线接近垂直。轴线的纠偏是一个渐变的过程，要经过连续几环才能得到控制。在出现偏离轴线的趋势时，应及时调整千斤顶进行纠偏。

①平面轴线纠偏采用左右千斤顶的行程差来控制。纠偏做到勤测勤纠，纠偏量每环控制在 6 mm 以内，避免过量纠偏增加地层的扰动，增加地面沉降及对建筑物危害，同时使环缝加大而引起漏水。

②管片在拼装前查看前一环管片与盾尾间隙，结合前环成果报表决定本环纠偏量和措施。

③管片拼装应防止出现内外张角、错台和喇叭口，保证管片拼装精度。

④拼装椭圆度控制。

管片拼装成环后，及时检查其椭圆度，方法是用钢卷尺或插尺量测盾尾间隙，每环管片测量一次，并根据测量结果采取相应对策：

a. 加强顶管姿态控制和管片选型。

b. 加强注浆过程监控，必要时调整注浆参数和注浆方法。

6. 环向和纵向螺栓的多次紧固

每环衬砌拼装完毕后，及时伸出千斤顶，防止顶管后退。同时及时拧紧纵、环向螺栓，在推进下一环时，在千斤顶推力的作用下，复紧纵向螺栓。当成环管片推出盾尾后，根据拼装后的圆环椭圆度，再次复紧纵、环向螺栓，以减少管片拼装的张角和喇叭口。

本工程选用的连接件是 M27 螺栓，用于管片连接。连接件的材料、规格、型号、供应和加工来源应符合相关规定的要求，并按要求提供相关证明文件。

对管片螺栓的质量按比例进行抽查，检查内容主要是其物理力学性能、外观尺寸和镀层厚度等。

6.3.6 施工监测

1. 监测目的

在顶管隧道穿越长株潭城际铁路跨线刚架桥的施工中，对长株潭城际铁路轨道及周围地表等进行监控量测，具有极其重要的意义。它将隧道施工影响范围内的铁路、地下构筑物、地下管线作为监控对象，根据本工程条件及其特殊要求，建立管理基准值，将量测结果及时处理分析，并反馈到设计施工中，从而使施工更加符合工程的实际情况，保证铁路及地下管线的安全。

2. 测点布置原则

①观测点类型和数量的确定应结合本工程性质、地质条件、设计要求、施工特点等因素综合考虑，并能全面反映被监测对象的工作状态(图 6-32)。

②测点应布置在最不利位置和断面上或者是在相同情况下的最先施工部位，其目的是及时反馈信息，指导施工。

③表面变形测点的位置既要考虑反映监测对象的变形特征，又要便于应用仪器进行观察，还要有利于测点的保护。

④埋测点不能影响和妨碍结构的正常受力，不能削弱结构的刚度和强度。

⑤在实施多项内容测试时，各类测点的布置在时间和空间上应有机结合，力求使一个监测部位能同时反映不同的物理变化量，以找出内在的联系和变化规律。

⑥根据监测方案，预先布置好各监测点，以便在监测工作开始时，监测元件进入稳定的工作状态。

⑦测点在施工过程中遭到破坏时，应尽快在原来位置或尽量靠近原来位置补设测点，以保证该测点观测数据的连续性。

(a) 既有桥梁桩基　　　　　　　　(b) 钻孔勘察

图 6-32　桥梁桩基实地监测图

3. 监测内容及方法

除施工单位监测地下水变化、铁路设备变形及沉降，铁路设备管理单位监测铁路线路几何尺寸外，尚需委托第三方单位进行监测，第三方监测单位应具有营业线监测经验。

4. 监测数据的分析及反馈

对监测结果采用反分析法和正分析法进行预测和评价，以预测该结构或地面可能出现的最大位移或沉降值，并根据监测数据进行位移、速率综合分析判断、预测结构及铁路的安全状况，指导施工，并及时反馈给相关单位。

5. 铁路桥墩监测

在各施工阶段对铁路桥墩变形进行观测，验证和校核理论计算结果，并根据观测资料分析判定铁路桥梁变形情况，对铁路运营安全进行预警。对观测变形超标的桥墩，分析产生原因，研究对象，提出整改措施，以保证铁路运营的安全。

①监测范围：京广铁路客运线、货运线框架桥以及长株潭城际铁路刚架桥。

②桥梁变形监测分施工前、施工过程中、运营后三个阶段进行。

③变形监测点的设置：每个桥墩位置设置 4 个变形监测点，桥墩墩顶左右各设 2 个。桥梁变形观测带可通过在混凝土结构上植入钢钉设置，也可利用化学植筋方式在方便位置上设置变形监测点。

④观测精度：对每个变形观测点应进行三维观测，测量精度按照 CP Ⅱ 要求进行。可利用稳定地段的 CP Ⅱ 作为观测基点，变形的观测精度应满足《公路与市政工程下穿高速铁路技术规程》(TB 10182—2017) 中要求，见表 6-9。

表 6-9　变形测量精度要求　　　　　　　　　　　单位：mm

垂直位移测量		水平位移测量
变形观测点的高程中误差	相邻变形观测点的高程中误差	变形观测点的点位中误差
0.5	0.3	1.5

⑤观测方法。

铁路桥墩沉降及变形观测按照固定的观测路线和观测方法进行，观测路线必须形成闭合路线，使用固定的工作基点对沉降及变形观测点进行观测。要按照观测时间要求，及时进行观测，观测数据按照统一规定格式填写，所有测试数据必须是准确的，不得造假；记录必须清晰，不得涂改；测试、记录人员必须签名，及时将采集的数据进行整理，填写统一表格，以两种形式同时报送单位。

⑥观测频率及时间。

监测频率应满足《公路与市政工程下穿高速铁路技术规程》（TB 10182—2017）中的要求，见表 6-10。

表 6-10　监测频率要求　　　　　　　　　　　单位：mm

观测阶段	观测周期/（次·d⁻¹）	备注
施工准备阶段	—	施工实施前预观测一周，采集首期观测值
下穿工程施工期间	≥4	—
竣工 1 个月内	1~2	—
竣工 1 个月后	—	根据监测数据收敛情况确定是否继续观测及观测频率

6.4　顶管侧穿既有桥梁桩基的安全控制技术

由前文分析可知，顶管隧道穿越施工会对周围地层产生扰动，这种扰动以地层变形的形式传递至邻近既有桥梁桩基础，使其产生附加变形与附加内力，从而给既有桥梁桩基础及其上部结构的正常使用带来不利影响。因此，对顶管隧道穿越桥梁施工引起的施工影响进行针对性的控制非常必要。本节基于顶管隧道下穿施工对既有桥梁桩基础的影响机理，采用多种安全控制技术，建立顶管隧道下穿既有桥梁桩基础施工影响控制技术体系，保障顶管穿越工程的顺利进行和桥梁的安全运营。

6.4.1　安全控制技术分类

顶管下穿既有桥梁桩基时，控制措施作用的对象可以分为扰动来源（隧道施工）、扰动媒介（地层变形）和扰动对象（既有桥梁桩基础）三种。

1. 针对扰动来源的控制技术

隧道施工是地层和既有桥梁桩基础受到扰动的来源，要减少施工带来的不利影响，最有效的方法便是对扰动源头进行干预，可采取的技术措施包括工法比选和工法优化。

（1）工法比选

根据隧道穿越区域的工程环境、水文地质条件以及隧道的设计要求进行工法比选，综合分析比对各种工法的优缺点及适用性，在经济、环境允许的条件下，尽可能选择对地层扰动小的施工方法。

（2）工法优化

隧道施工方法确定后，进一步对工法涉及的各主要工序的相关技术参数进行优化。可结合工程环境采用工程调查、数值模拟等手段对隧道下穿造成的施工影响进行预测，合理选定适用于本工程的施工参数。同时采取必要的监控量测措施，实现信息化施工，利用反馈信息实时优化施工参数，从而有效控制地层变形，确保既有桥梁桩基础及其上部结构的正常使用功能不受影响。

对于顶管法施工需要重点关注以下参数的选取：土仓压力、千斤顶推力、掘进速度、掘进排土量、注浆参数（注浆压力、注浆填充率等）、顶管机姿态等。

工法比选和工法优化是对隧道周围地层及既有桩基础扰动控制的最基础性措施。

2. 针对扰动媒介的控制技术

地层变形是隧道施工扰动传递的媒介，为降低顶管隧道下穿施工对既有桥梁桩基础的影响，可采用"加固"和"隔阻"两种方式对施工扰动的传递进行控制。

（1）地层加固方案

地层加固是指通过压力注浆排走土颗粒间的水分和空气，利用水泥浆填充孔隙，经过一段时间的凝固后，浆液将松散的土颗粒或裂缝胶结成一个整体。注浆具有将沉渣与土体固化、充填胶结和劈裂加筋效应。通过注浆加固顶管隧道与既有桥梁桩基础之间的地层，改变岩土体物理力学参数、封堵地下水以及改变桩土接触面性质来达到控制地层松动范围、减小地层变形的目的，从而减小顶管隧道下穿施工对既有桥梁桩基础的影响。常用的地层加固方法有地面注浆以及洞内注浆（施工中的超前注浆和帷幕注浆）等。

注浆加固是能够有效控制地层变形的防护技术措施之一，对减小地表沉降效果尤为明显，但该方法也有注浆效果难以检验、不可控因素较多的缺点。

（2）地层变形隔阻方案

隧道施工扰动以地层变形的形式向四周传递，若地层中存在刚度相对较大的既有结构物，部分因地层损失而释放的弹性能会以变形能的形式被既有结构物吸收，这将在一定程度上隔阻地层变形的发展和传递。

地层变形隔阻方案是指通过在隧道与既有桥梁桩基础之间设置非直接受荷的隔离桩或隔离墙（图 6-33），利用隔阻结构与地层之间的相互作用阻断或减弱地层变形的传递，使地层附加应力通过隔阻结构传递到下部持力层，从而控制桩周土体变形，达到保护邻近既有桥梁的目的。

隔阻结构可将隧道施工引起的大部分地层变形限制在隔离桩、墙内，此时桥梁桩基础产

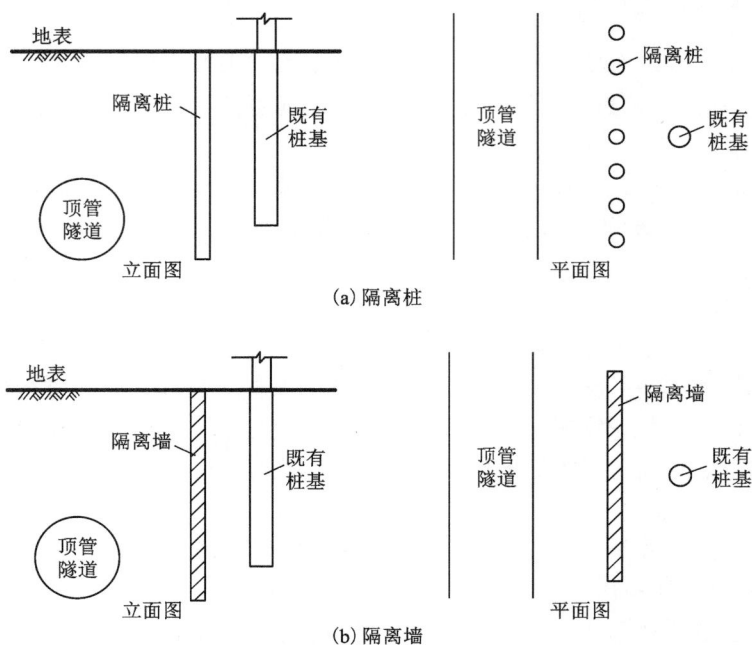

图 6-33　地层变形阻隔示意图

生的附加变形主要是由隔阻结构本身发生变位而带动其外侧的土体松动和下沉引起。

　　地层变形隔阻方案的实施受场地条件限制较大，地面交通限制或地下管线密集等情况均会造成隔离墙、隔离桩方案难以实施；需要注意的是，隔离桩的施工一定程度上也会引起地层变形。

3. 针对扰动对象的控制技术

　　隧道施工扰动以地层变形的形式传递至既有桥梁桩基础，使既有桩基础产生附加内力与变形，严重时会对既有桥梁桩基础及其上部结构的正常使用功能构成威胁。对此，可通过"注浆加固桩基""补偿基础沉降"和"转移上部荷载"的方式控制隧道施工带来的不利影响。

　　（1）注浆加固桩基方案

　　对既有桥梁桩基础附近地层进行注浆加固可以改善桩土接触面性质，在减弱地层变形扰动影响的同时能提高桩基承载能力。

　　注浆加固桩基方案有桩侧注浆和桩端注浆两种方式。对桩侧地层注浆可以将原本松散的颗粒或裂缝胶结成一个整体，改善桩土接触面条件；同时，注浆压力提高了桩侧法向应力，这些都促进了桩侧承载力的提高。对桩端地层注浆可直接提高持力层的承载能力；桩端注浆过程中会在桩底产生一个向上的反力，使桩基础有向上运动的趋势，这对提高桩端承载力具有积极意义。另外，随着桩端注浆量和注浆压力的增大，部分浆液会沿着桩侧地层缝隙向上扩散，这会改善桩土接触面的力学性质，使桩侧承载力得到提高。

　　值得注意的是，应确保既有桩基础周边地层注浆加固范围位于隧道施工扰动范围以外，否则注浆后的固结体会成为附加荷载，加大作用在既有桩基上的负摩阻力。

（2）桩基托换方案

桩基托换是指从改变受影响桩基外部荷载的角度出发，将既有桥梁桩基础承受的部分或整体荷载通过托换结构传至基础持力层。桩基托换技术的核心是新建桩和既有桩之间的荷载转换，要求在托换过程中托换结构和原有结构的变形均在容许范围内。桩基托换主要有以下两种形式。

①下穿式托换。

下穿式托换是指将既有桩承受的上部荷载提前施加于托换桩，并通过顶升预压使托换桩的大部分沉降预先完成，即通过主动加载将作用在既有桩上的荷载经托换梁转移到托换桩，完成主动托换。

当隧道从既有桩正下方穿过且该桩处于隧道施工范围时，应截断既有桩，将托换梁下穿既有承台使其与整跨被托换结构连成整体。在托换梁与新建托换桩之间设置千斤顶，施加顶升力使托换梁的恒载、桥墩及上部荷载作用于托换桩，完成主动托换。下穿式桩基托换如图6-34（a）所示。

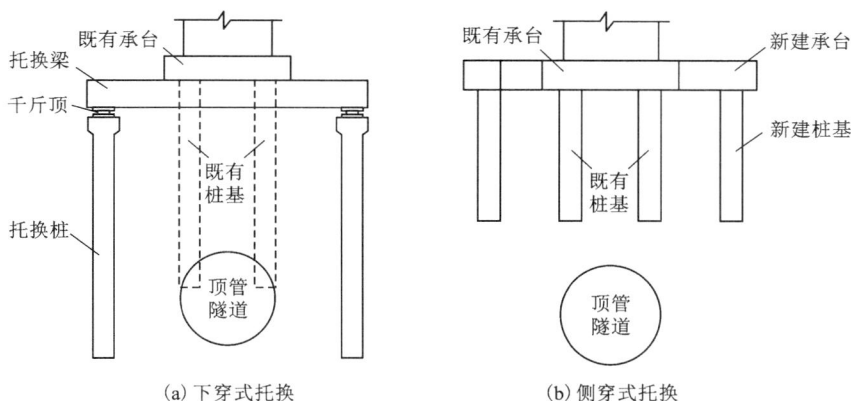

图6-34　桩基托换示意图

②侧穿式托换。

若在隧道施工前预计既有桥梁桩基础受到的扰动过大以至于承载力降低过多，可通过扩大承台、增加新桩的方式来分担上部荷载，从而提高既有桩基础的承载能力。

侧穿式托换是在既有桩承台侧面钻孔并埋置锚固钢筋，由锚固钢筋形成骨架，浇筑混凝土形成扩大的承台结构，新建桩与既有桩构成新的群桩承载体系，如图6-34（b）所示。锚筋式承台连接的关键在于新旧结构界面抗剪能力应满足荷载传力要求，抗弯承载力由锚固钢筋数量决定。为确保新旧混凝土承台可靠连接，应综合考虑各种因素合理增设锚固钢筋，新旧混凝土界面应凿毛并做好界面处理工作。

桩基托换方案的局限性在于地层会随桩基托换的进行产生变形，并具有操作工序复杂、占用场地大、工程造价高及施工时间长的特点，选用时需根据工期、成本综合考虑。

（3）桥梁上部结构顶升方案

桥梁上部结构顶升就是指在顶管隧道下穿施工开始前，采用由计算机控制的千斤顶体系，对既有桥梁上部结构主动施加向上的顶升力，通过动态调控使既有桥梁上部结构的相对位置始终保持在安全范围内，使既有桥梁下部结构变形对上部结构产生的不利影响可及时调控，从根本上保证既有桥梁在顶管隧道下穿施工期间能安全运营。

6.4.2　顶管掘进参数控制

1. 顶管施工要求

①将顶管掘进桥梁前 20 m 作为试验段，模拟顶管下穿桥梁段施工，通过对试验段的掘进参数及地面沉降情况进行统计分析，预测顶管机通过桥梁时可能出现的沉降值，以最优的顶管掘进参数通过桥梁段。

②顶管机在距离桥梁 10 m 时，应停止掘进，对所有设备进行彻底的检查和维修，确保顶管机以良好的状态匀速顺利地穿过桥梁。顶管通过后及时补充注浆，待沉降稳定后再依次进行第二条、第三条隧道掘进通过，左右中三线下穿跨渠桥梁段时间间隔大约为 1 个月。在顶管下穿通过桥梁至地面沉降稳定这段时间内，电排湖引水渠跨渠桥梁限制车辆通行，具体限制实施方案需与交通与水利相关部门协调后最终确定。

③推进速度和姿态控制：顶管机的推进速度和姿态控制直接影响到土体沉降，因此在过桥梁时应适当放慢顶管机的掘进速度，掘进速度控制在 25 mm/min 至 35 mm/min 范围内，即一环的掘进时间控制在 60~80 min，平稳匀速通过，以尽量减少对土体的扰动。

④选择正确的掘进参数，加强轨面、地表沉降、地下水位及周围建(构)筑物倾斜的观测，并及时反馈信息。加强过程控制管理，实施信息化施工，防止开挖面失稳引起过大的地表沉降。

⑤顶管机本身应加强机尾刷保护，选用知名品牌优质油脂，严格控制机尾油脂的压注；在使用时对尾舱进行定期检查，平均每 8 环全面检查一次，及时补充油脂；在管片顶进前必须把钢壳内的杂物清理干净，以防对机尾刷造成损坏。

⑥加强对顶管掘进中的工况管理，严防泥饼生成和土仓的堵塞造成的掘进不顺，导致在桥下清洗土仓。

⑦若在顶管下穿桥梁施工过程中发现地面变形沉降较大，应协同交通与水利相关部门，采用合适的方法及时调整桩基高程，以满足桥梁的建设标准要求。

⑧穿越桥梁桩基段为Ⅱ级风险施工段，穿越前应对所有环节进行检查，包括外部因素，建议与渣土运输等各相关部门达成协议，保证渣土顺利清理，顶管施工下穿铁路桥段，严禁在此期间作任何停留。

⑨在顶管下穿既有水系桥梁施工前，注意对桥梁的原始资料、现场照片、录像资料的收集，避免后期纠纷，为顶管隧道施工提供基础依据。

2. 实施信息化施工

顶管穿越桥梁施工前，应建立系统、完善的监测网，施工中进行变形监测并及时反馈信息，并进行跟踪注浆或补充注浆，做到信息化施工，如图 6-35 所示。信息化施工是顶管施工安全下穿桥梁的有效保障，施工前相关各方应协同桥梁相关部门制定专项监测方案并确定控制限值，施工期间密切监控桥梁的变形情况，以确保桥梁及掘进安全。顶管下穿桥梁期间，要根据地层沉降变形情况，及时调整顶管机施工参数，尽可能减少对周围土体的扰动，确保顶管机开挖面的稳定。并及时进行洞内同步注浆、补充注浆，以减少地层损失。

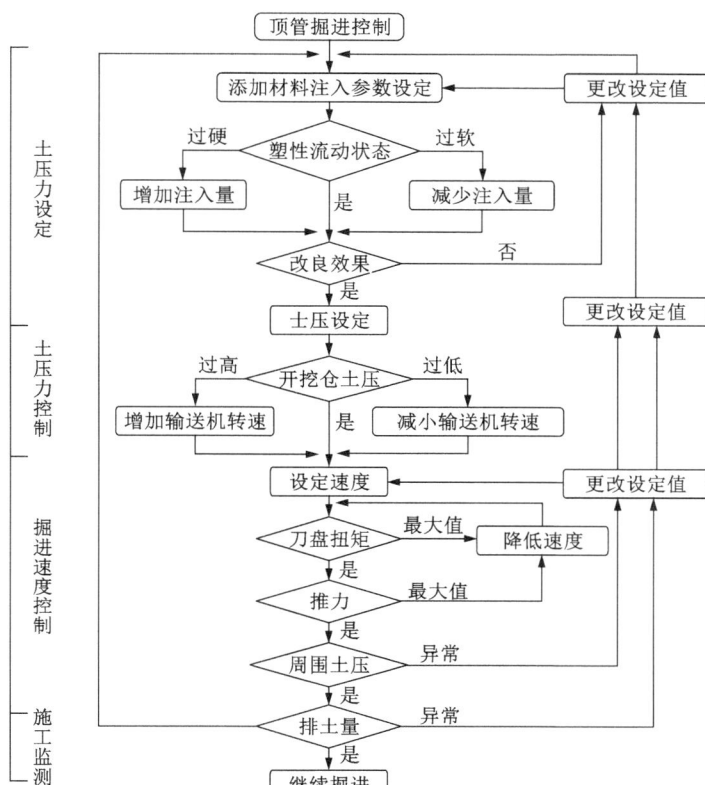

图 6-35　顶管掘进参数控制流程图

6.4.3　地层变形控制

　　洞内深孔注浆加固是通过在隧道管片注浆孔中打设一定长度的注浆管，深入地层中向顶管施工引起的拱顶松动地层进行深孔补充压浆的加固方式。

　　在顶管穿越既有跨渠桥梁过程中，对三线隧道采取了洞内深孔注浆加固措施，注浆范围为隧道拱顶150°范围。浆液采用42.5普通硅酸盐水泥和35Be′水玻璃的双液浆，水泥浆水灰比为1∶1，水泥浆与水玻璃体积比为(0.8~1)∶1，注浆压力为0.3~1 MPa，深孔补浆每环均进行，注浆量根据现场情况确定，最终注浆参数应经现场试验确定。注浆应使用一次性球阀，注浆孔应带逆止阀装置，并注意注浆孔的密封，以防漏浆、渗水。注浆完毕后，用泵送剂对注浆管进行清洗，避免堵管现象发生，注浆用钢花管长度由施工单位根据实际情况确定。深孔补浆建议在机尾后5环进行，避免机尾刷被浆液固结破坏。

6.4.4　桩基变形控制

　　在顶管穿越电排站引水渠区段，为保证桥梁在隧道施工期间正常运营，顶管穿越桥桩前，在桥梁和地表之间采用临时支墩进行加固。

采用临时支墩加固的方法指从改变桩基外部荷载的角度出发，将既有桥梁桩基础承受的部分荷载通过临时支墩传递到地层中去，待顶管顺利通过桥桩影响范围后，逐步拆除临时支墩体系。

实际工程中设置临时支墩的主要流程包括临时支墩混凝土基础施工、钢构件安装施工、体系受力调整、临时支墩体系拆除。根据顶管在推进过程中的需要，结合地面监测情况，对桥梁稳定性进行分析，确定是否需要通过千斤顶来增大压力，保证桥梁体系安全。临时支墩的施工工艺流程如图 6-36 所示。

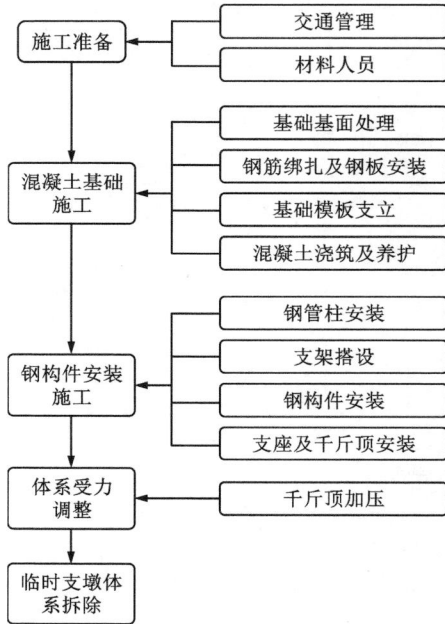

图 6-36　临时支墩施工工艺流程

6.5　本章小结

针对顶管隧道侧穿既有桥梁桩基的工程实例，本节主要研究了以下内容。

①对顶管施工过程中桩-隧相互作用关系进行研究，分析隧道-地层-桩基的变形传递机理：隧道开挖后，周围地层原来的应力状态发生改变，导致地层的变形和移动，又以土体为介质，将变形传递至桥桩，引起桥桩产生附加内力及变形。

②隧道开挖使得桩周土体沉降大于桩身沉降，土体对桩产生向下的负摩阻力，桩的负摩阻力相当于下拉荷载，增加了桩顶荷载，使桩身轴力增大，降低了桩基承载力，并导致桩基沉降增加。隧道开挖后的地层竖向变形是桩基承载力降低的主要原因，地层水平变形使得桩身产生倾斜和挠曲变形，也降低了桩基承载力。

③根据隧道施工对邻近桥桩的影响程度大小，将桩基类型划分为 4 类：隧道拱顶桩、隧

道侧上桩、隧道侧边桩和无影响桩，桩-隧的相对位置不同，引起的桩基负摩阻力及桩基承载力变化也各不相同，设计中应避免隧道从桩基正下方穿过。

④建立有限元三维数值模型，研究了三孔顶管施工时，既有桥梁桩基的受力变形规律，得出桥梁桩基的最不利位置。同时探究了地层注浆加固措施对既有桩基受力变形的控制作用，发现对地层进行超前注浆能有效抑制既有桩基各个方向的变形。模拟结果能为实际施工提供借鉴，保证顶管侧穿施工时既有桩基的安全。

⑤依托工程实际情况，从施工准备、掘进参数、注浆技术等方面详细介绍了顶管侧穿桥梁桩基的施工优化工艺。并分别介绍了针对扰动来源、扰动媒介与扰动对象的安全控制技术与施工实施方案，制定了顶管掘进参数控制的详细流程。

第7章

多孔顶管上穿既有地铁隧道的影响与控制技术

　　随着社会经济的发展和城市化进程的加快，城市地下交通网络和综合管廊逐渐密集。由于地铁运营对地层稳定性的高要求，地铁隧道的埋深通常大于综合管廊，因此城市中的新建顶管会不可避免地上穿既有地铁隧道。新建顶管施工会改变地层应力场，导致下方既有地铁隧道产生附加应力和不均匀变形。而多孔顶管施工对邻近既有地铁隧道的影响更加显著和复杂，这无疑对地铁的结构稳定性和运营安全构成了严重威胁。因此，研究新建多孔顶管施工对既有地铁隧道的响应，合理评估上穿施工对既有地铁隧道的影响，并控制施工参数以确保施工安全和既有地铁隧道的正常运营，具有十分重要的意义。

7.1　顶管施工引起地铁隧道变形机理

上跨地铁隧道变形传递机理

　　新建顶管隧道的开挖卸荷作用引起的地层扰动使得既有地铁隧道周围土体初始应力场发生改变，造成既有地铁隧道周边土体产生弹塑性变形，并通过周围土体扩散，导致下方既有地铁隧道产生附加应力和附加变形，致使既有地铁隧道结构发生上浮，严重时使得地铁结构受损，发生变形，影响地铁的运行。

　　就既有地铁隧道来说，上部进行新隧道开挖的过程，相当于是一个卸荷再重新加载的过程。既有地铁隧道上层开始顶管施工后，上层土体的应力状态由静止土压力转变为主动土压力，方向反向于开挖掘进方向。由于土体发生扰动，原有土体的应力场发生变化。既有地铁隧道上覆土体荷载转移，形成开挖卸荷区，进一步打破既有隧道原有的受力平衡状态，产生向上的附加卸荷力，产生的附加卸荷力致使既有隧道结构产生上浮现象，顶管隧道上穿施工对既有地铁作用的全过程如下所示。

1. 初始状态

　　在新建隧道顶管施工尚未进入扰动区范围内时，既有地铁隧道在上下土层压力的作用下，处于平衡稳定状态。其平衡状态不同于初始稳定状态，前方土层已经开始顶管施工，对土层产生了扰动，虽然顶管没有进入既有地铁的影响范围之内，但是已经改变了既有地铁周围土体的位移场和应力场，致使周围土体的孔隙水压力逐渐消散，经过一段时间的固结重新达到了平衡稳定状态，既有地铁隧道受力如图 7-1 所示。

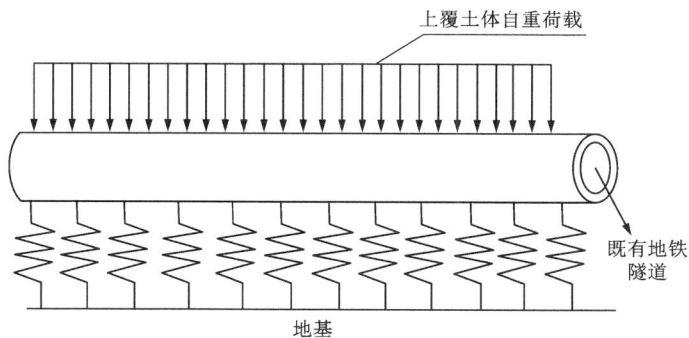

图 7-1　新建隧道开挖前既有地铁隧道受力示意图

2. 新建顶管隧道上穿施工进入影响区

顶管上穿施工进入影响区范围后，既有地铁隧道地基单元下部土体受到很大程度的扰动，既有地铁隧道下方地基处于受压状态，并且地基刚度也开始慢慢减小。另外，既有地铁上方新建施工区域逐渐开始形成开挖卸荷范围区，下方既有地铁结构与土层处于协同变形阶段，并未发生变形，既有隧道受力如图 7-2 所示。

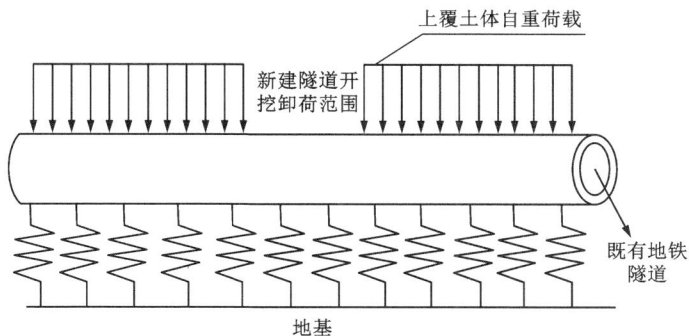

图 7-2　新建隧道开挖中既有地铁隧道受力示意图

3. 新建顶管隧道上穿施工进入既有地铁正上方

新建顶管隧道掘进至既有地铁正上方时，施工对既有地铁周围土体的扰动进一步增大。既有地铁上覆土的一部分自重荷载卸荷开挖后，引起开挖卸荷区范围内土层产生向上的卸荷力，上方土体逐渐与既有地铁发生局部脱离。此阶段，既有地铁结构与周围土体失去力学平衡，相当于在既有地铁上方作用一个向上的附加力，既有地铁受力如图 7-3 所示。

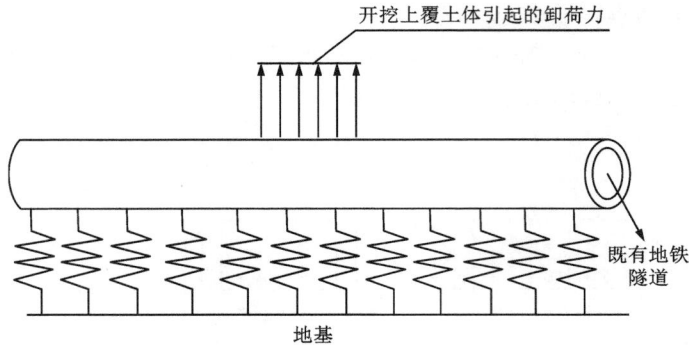

图7-3　新建隧道开挖卸荷后既有地铁隧道受力示意图

4. 新建顶管隧道上穿施工通过既有地铁影响范围

随着上穿顶管的不断推进，当顶管隧道施工完全离开既有地铁的影响范围之内后，既有地铁上部周围土层的扰动进一步变大，亦即既有地铁上方的附加应力增大，既有地铁结构进一步发生破坏，隆起量增大，如图7-4所示。

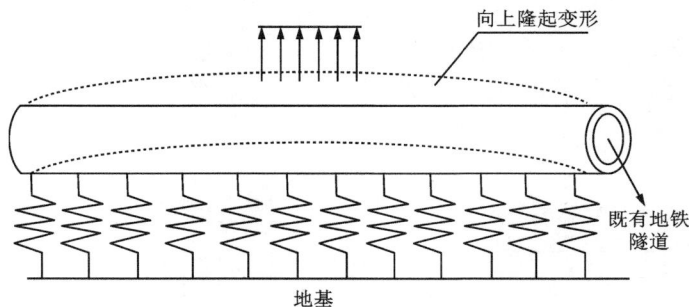

图7-4　既有地铁隧道在开挖卸荷力作用下纵向变形受力示意图

7.2　顶管顶进对下方既有地铁隧道影响数值分析

为研究多舱顶管上穿4号线地铁不同施工参数下下方既有地铁隧道变形的变化规律，利用Plaxis 3D有限元软件建立不同的数值模型，研究模拟不同掌子面压力、不同抗浮配重、不同开挖顺序、不同埋深对下穿地铁4号线引起的拱顶、拱腰、拱底变形的影响，为相似砂砾地层顶管工程提供指导及参考。

7.2.1　上穿区间概况

1. 地铁4号线七—民区间设计概况

七里站—民园路西站顶管区间隧道设计全长2.0 km，横穿丹霞路段左、右线，间距为

12 m，隧道顶标高为-3.28 m，地面标高为 19.4 m，隧道顶覆土厚度为 22.68 m，穿越的地层为中风化泥质粉砂岩层。衬砌管片形式采用厚度为 300 mm、外径为 6000 mm、内径为5400 mm、环宽为 1.2 m 错缝拼装的通用管片。

2. 顶管与地铁位置关系

丹霞路道路及综合管廊工程顶管工程位于南昌地铁 4 号线七里站—民园路西站区间上方，平面与区间夹角为 82°。区间上方现状地面标高约 19.4 m，综合管廊顶管距 4 号线七—民区间最小竖向净距约 9.5 m，顶管始发井距区间最小水平净距约 58.9 m，西侧接收井为既有青山北路预留结构，与区间最小水平净距约 4.8 m。

既有青山湖西暗渠距区间最小水平净距约 24 m，最小竖向净距约 16.5 m。新建顶管下穿既有青山湖西暗渠，最小竖向净距约 3.2 m。顶管与地铁具体位置平面图可见 1.1.4 章节中的图 1-23、图 1-24。

7.2.2　数值模型建立

1. 三维模型建立

利用有限元软件 PLAXIS 3D 进行建模，根据以往工程经验以及相关论文，考虑尺寸和减小边界效应对顶管掘进的影响，可知顶管施工在各个方向的影响范围是顶管开挖直径的 3～5 倍，X 方向为下方地铁隧道行进方向，Y 方向为平行顶管隧道掘进方向，确定模型整体几何尺寸为 80 m×60 m×40 m（长×宽×高）。燃气舱覆土埋深约为 6.2 m，电力舱与综合舱覆土埋深约为 5.2 m，地铁隧道顶部覆土埋深为 18.5 m。计算模型的上部边界为自由边界，底部边界约束为竖向约束与水平约束，四周边界仅约束水平位移。顶管机选用板单元模拟，模型网格划分共生成 181197 个单元，209544 个节点土体单元，隧道衬砌均采用 10 节点四面体实体单元，顶管机采用 6 节点板单元，顶管机与土体接触面设置 12 节点界面单元。三维整体模型见图 7-5，隧道相对位置如图 7-6 所示。

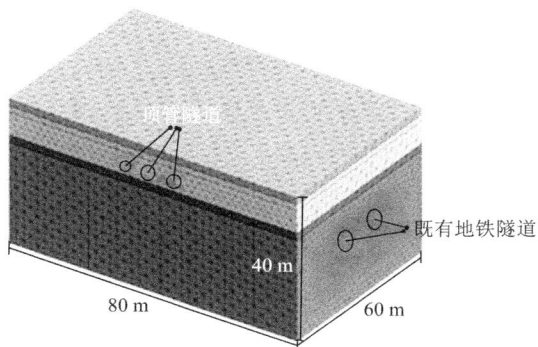

图 7-5　三维整体模型

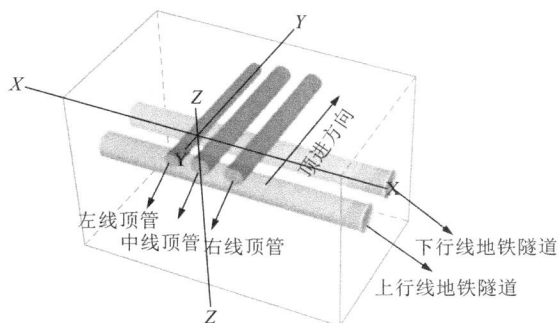

图 7-6　隧道位置关系示意图

2. 计算参数确定

土体采用小应变土体硬化(HSS)本构模型模拟,在常规岩土工程数值分析中,使用 HSS 本构模型获得的土体变形结果与工程实际最相符,其基本特征是考虑了土体刚度的应力相关性,显著优于其他土体本构模型,如常用的摩尔-库仑模型、邓肯-张模型等。根据工程岩土体勘测报告与参考资料[16],土体的各参数取值如表 7-1 所示。顶管机、顶管管片、地铁隧道管片均选用线弹性本构的板单元模拟,其材料参数如表 7-2 所示。

表 7-1 土层物理力学参数

土层	参数							
	厚度/m	$\gamma/(\mathrm{kN \cdot m^{-3}})$	$E_{oed}^{ref}/\mathrm{MPa}$	$E_{50}^{ref}/\mathrm{MPa}$	$E_{ur}^{ref}/\mathrm{MPa}$	c'/kPa	$\varphi''/(°)$	G_0/MPa	$\gamma_{0.7}$
杂填土	2.0	18.2	3.0	2.0	10.0	4	8	60	10^{-4}
粉质黏土	1.7	19.9	7.3	7.3	29.2	24.1	15.8	100	10^{-4}
砂砾层	6.3	20.0	23.0	23.0	69	3	38	150	10^{-4}
泥质粉砂岩	2.0	20.5	9.2	9.2	35.7	32	19	180	10^{-4}
风化岩	28.0	20.9	18.0	18.0	54	34	30.5	200	10^{-4}

表 7-2 顶管机与管片材料参数

材料名称	厚度/m	重度 $\gamma/(\mathrm{kN \cdot m^{-3}})$	弹性模量 E/MPa	泊松比 V
混凝土管片	0.35/0.26	27	34500	0.1
顶管机壳	0.3	80	230000	0
地铁隧道管片	0.3	27	34500	0.1

3. 施工计算工况

首先对表 7-3 中不同施工顺序下的顶管施工进行模拟,对比分析其既有地铁隧道位移,继而选出最优施工顺序,此时的注浆压力设置为 0.2 MPa,掌子面压力设置为 0.15 MPa。随后在此施工顺序基础上采用单一变量法,分别研究不同注浆压力(0.1 MPa、0.2 MPa、0.3 MPa、0.4 MPa)、不同掌子面压力(0.1 MPa、0.15 MPa、0.2 MPa)对地表和既有地铁隧道变形的影响和不同抗浮配重比(0、0.5、1)对既有地铁位移的抑制作用。根据文献[17]与工程实际情况,所有工况计算中,管土间摩阻力取 0.015 MPa,左顶管的顶推力取 1.5 MPa,中顶管与右顶管的顶推力取 2.5 MPa。

表 7-3 顶管施工顺序

施工方案	施工顺序
方案一	右顶管—左顶管—中顶管依次施工
方案二	中顶管—右顶管—左顶管依次施工

续表 7-3

施工方案	施工顺序
方案三	右顶管—中顶管—左顶管依次施工
方案四	三舱顶管同时施工

4. 施工模拟步骤

本次模拟施工步骤如下。

①顶管机长 7.5 m，机尾比机头截面面积约小 1%，故需在顶管机板单元表面施加同等收缩量 0.133%/m，一个开挖步为 2.5 m（管片长度）。

②掌子面压力施加在开挖断面土体上，顶推力施加于顶管管片上。

③利用负向界面模拟管-土间的相互作用，且摩阻力与注浆压力施加在负向界面上。

具体的施工步骤见表 7-4。

表 7-4　模拟施工步骤

计算步骤	模拟施工过程
1	K_0 过程，生成初始场应力
2	冻结开挖土体，同时激活顶管机板单元、负向界面
3	激活掌子面压力与摩阻力
4	冻结开挖土体和上一步掌子面压力，同时激活顶管机板单元和下一步掌子面压力与摩阻力
5	冻结上一步的顶管机板单元，同时激活混凝土管片、顶推力与注浆压力
6	重复上述操作直至三孔顶管贯通

7.2.3　不同施工顺序对既有地铁隧道的影响

1. 不同开挖顺序下的既有地铁隧道竖向位移

不同施工顺序下地铁隧道最大竖向位移曲线如图 7-7 所示。图中，第一、二、三、四种施工顺序下最大既有地铁隧道竖向位移分别为 7.0 mm、8.7 mm、9.3 mm、10.1 mm，可见第一种施工顺序下既有地铁隧道的竖向位移最小，相比第四种施工顺序下的最大竖向位移减小了 30.7%。

在不同开挖顺序下顶管顶进对既有隧道的水平位移变化影响有所不同，因此在三排顶管开挖工程中选用先开挖中间隧道再开挖两边隧道的方式可以减少顶管顶进对既有地铁隧道变形的影响。

图 7-8 为第一种施工顺序下，既有地铁隧道的竖向位移云图。地铁隧道主要产生隆起位移，位移最大值在拱底处，位移最小值在隧道边缘的拱顶，且距离地铁中心处越近，拱顶隆起位移越大。

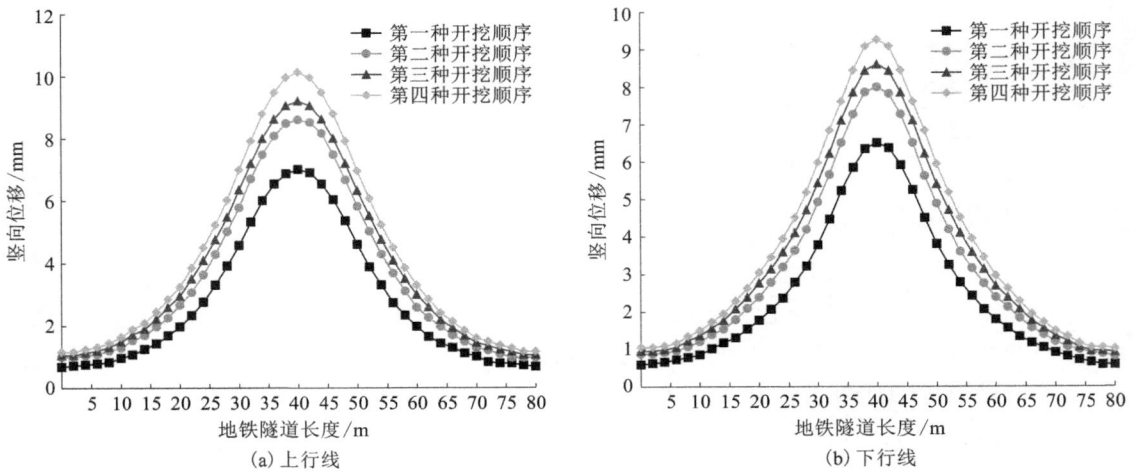

(a) 上行线　　　　　　　　　　　　　(b) 下行线

图 7-7　不同开挖顺序下地铁隧道竖向位移曲线图

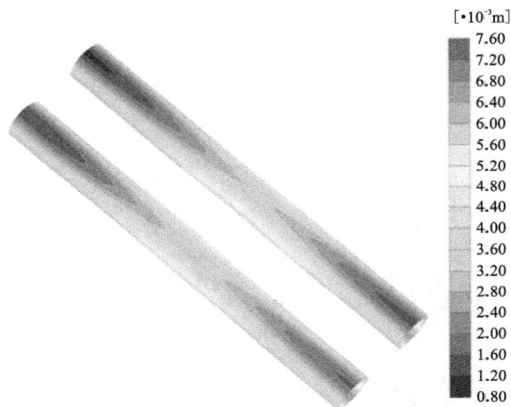

图 7-8　第一种施工顺序下地铁隧道竖向位移云图

2. 不同开挖顺序下的既有地铁隧道水平位移

图 7-9 为不同施工顺序下的地铁隧道最大水平位移曲线，第一、二、三、四种施工顺序下的最大水平位移分别为 3.2 mm、3.4 mm、4 mm、4.2 mm。与隧道竖向位移类似，第一种施工顺序下的既有地铁隧道水平位移最小，相比第四种，减小 23.8%。

图 7-10 为第一种施工顺序下既有地铁隧道的水平位移云图。可见，隧道上行线的水平位移大于下行线，水平位移最大值出现在上行线右侧拱腰处，这是因为上行线离顶管始发位置较近，受到的施工扰动较大，而下行线受到上行线隧道的阻隔效应，受到的扰动较小。

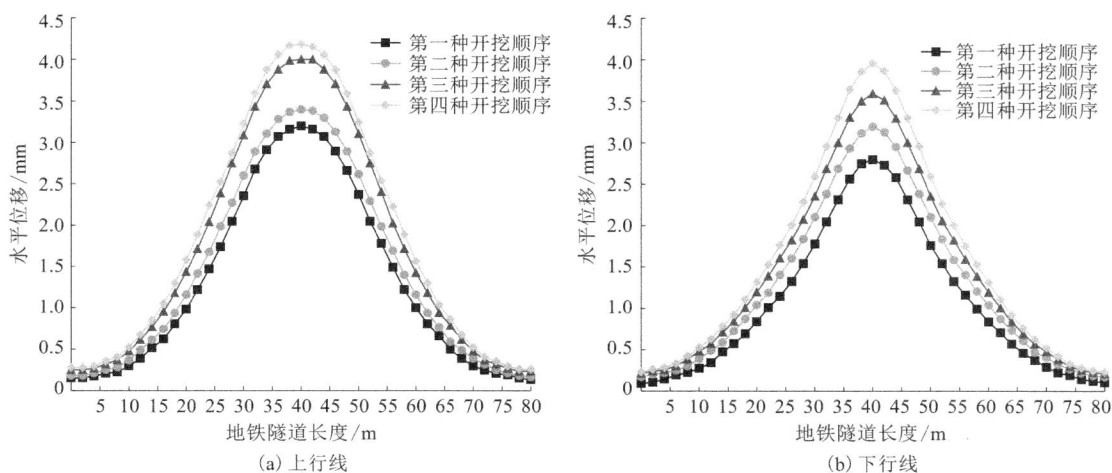

(a) 上行线　　　　　　　　　　　　　(b) 下行线

图 7-9　不同开挖顺序下的地铁隧道水平位移曲线图

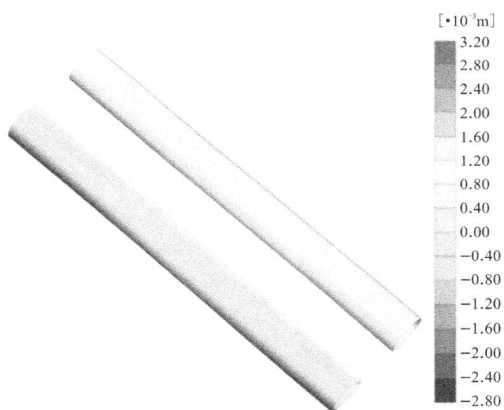

图 7-10　第一种施工顺序下的地铁隧道水平位移云图

3. 最优施工顺序选择

综上所述可知：同地表沉降一样，采用间隔式施工的第一种施工顺序引起的扰动小于相邻顶管连续施工的第二、三种施工顺序与三孔顶管同时施工的第四种施工顺序，引起的既有地铁隧道位移均最小。因此选择第一种施工顺序最优，能更好地保证地铁隧道结构的安全性。

7.2.4　不同施工参数对既有地铁隧道的影响

1. 不同掌子面压力对既有地铁隧道位移影响

（1）地铁隧道竖向位移分析

为研究不同掌子面压力对下方既有地铁隧道变形的影响，在 4 号线地铁隧道横断面均匀布置了 16 个测点，测点位置和编号见图 7-11。通过对测点处的水平位移值和竖向位移值进行分析，评价右线顶管顶进全过程对下方既有 4 号线地铁隧道的影响。

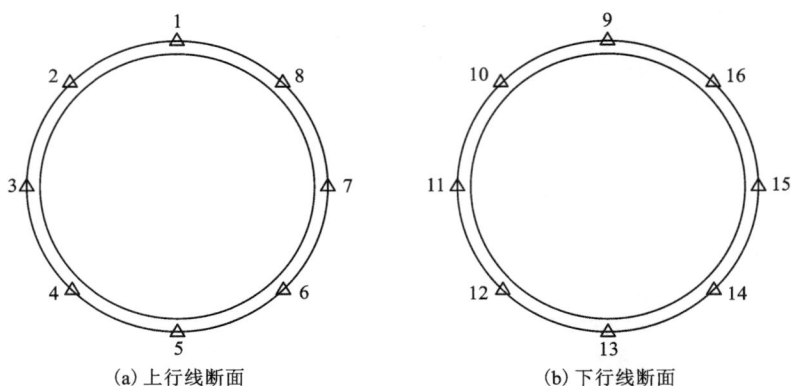

(a) 上行线断面　　　　　　　(b) 下行线断面

图 7-11　上行线 (下行线) 顶管轴线下方地铁隧道横断面测点位置

图 7-12 为地铁隧道在掌子面压力分别为 0.10 MPa、0.15 MPa、0.20 MPa 下的地铁左线各测点的竖向位移变化曲线。

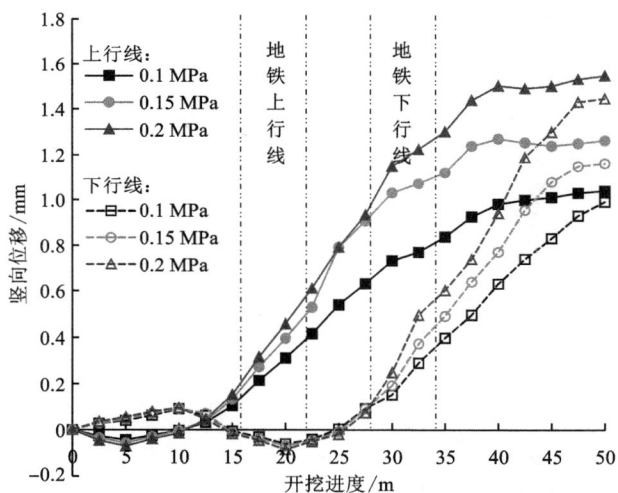

图 7-12　地铁左线各测点竖向位移变化曲线

由图 7-12 可知，当顶管开挖面距下方地铁隧道较远时，既有 4 号线地铁隧道的竖向位移受掌子面压力的影响产生沉降位移，当掌子面压力增大时，左线隧道的最大竖向位移也会相应增大。随着上方顶管不断顶进靠近下方地铁，开挖卸载产生的影响不断增大，下方地铁隧道产生微小的隆起位移，当开挖面离开顶管隧道一定距离后隆起位移趋于稳定，此时测点 1 的最大竖向位移为 1.6 mm。左线隧道当掌子面压力分别为 0.1 MPa、0.15 MPa、0.2 MPa 时，最大竖向位移分别为 1.1 mm、1.3 mm、1.6 mm；对于右线隧道，最大竖向位移均 1.8 mm，说明掌子面压力对竖向变形的影响较小，左线和右线最大竖向位移均发生在掌子面压力为 0.2 MPa 下的地铁隧道上半部分管片位置处。地铁左线各测点竖向位移随着开挖进尺的增加整体呈现出均匀递增趋势。

图 7-13(a)、(b)分别为地铁隧道在不同掌子面压力下地铁上行线和下行线各测点的横向位移变化曲线。由图 7-13 可知，当顶管隧道开始顶入土体后，下方既有 4 号线地铁隧道受顶管隧道掌子面支护压力的影响，会产生向顶管隧道开挖方向的移动，并且随着支护压力的增加，产生的初始位移也会增大。

随着顶管的持续顶进，土体开挖卸载逐渐积累，其对既有 4 号线地铁隧道的影响也逐渐变大，导致既有地铁隧道向开挖卸载部位产生位移，因此既有地铁隧道横向位移呈现出先增大后减小的规律。位移增大时，卸荷主要位于既有地铁隧道的一侧，位移减小时，卸荷出现在既有地铁隧道两侧，且掌子面压力较小时该规律更加明显。

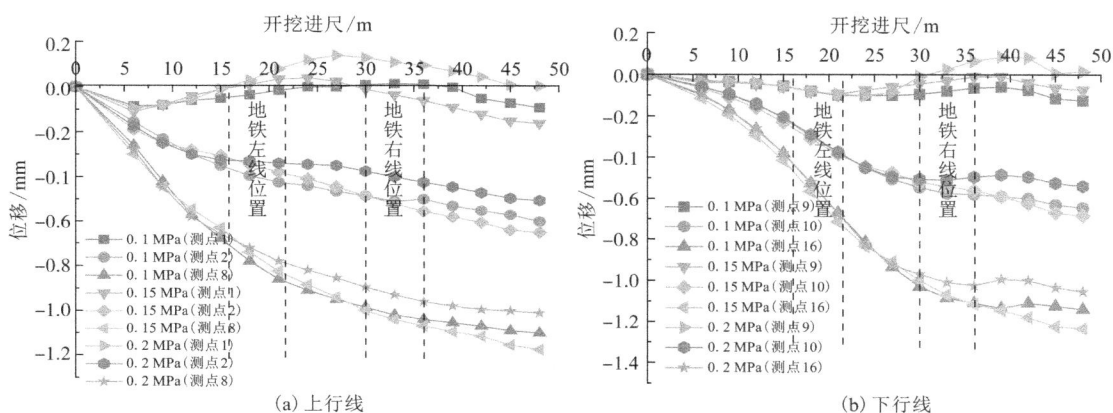

图 7-13　地铁隧道横向位移变化曲线

顶管施工导致下方既有 4 号线地铁隧道产生横向位移：左线最大位移为 1.1 mm，右线最大位移为 1.25 mm，最大横向位移值发生在掌子面压力为 0.2 MPa 地铁隧道上半管片处。由图 7-13 可知，随着掌子面压力的增加，地铁隧道拱顶和左拱肩的横向位移也逐渐增加，且掌子面压力每增大 0.05 MPa，最大横向位移增大约 1.0 mm。

（2）地铁隧道横向位移分析

图 7-14 为掌子面压力为 0.2 MPa 时既有 4 号线地铁隧道 5 种不同开挖进度下的横向位移云图，文中拟定正方向为背离顶管隧道开挖方向，负方向为顶管隧道开挖方向。

图 7-14(a)为顶管开挖到上行线影响区时既有地铁隧道的横向位移云图。此时最大位移为 0.68 mm；图 7-14(b)为顶管开挖到上行线正上方时既有地铁隧道的横向位移云图，此时最大位移为 1 mm；图 7-14(c)为顶管开挖到下行线影响区时既有地铁隧道的横向位移云图，此时最大位移为 1.1 mm；图 7-14(d)为顶管开挖到下行线正上方时既有地铁隧道的横向位移云图，此时最大位移为 1.2 mm；图 7-14(e)为顶管开挖到完全贯通时既有地铁隧道的横向位移云图，此时最大位移为 1.3 mm。从图 7-14 可以看出，顶管隧道的上跨施工导致既有 4 号线地铁隧道产生一定的横向位移，横向位移最大的部位位于顶管隧道纵向中间断面处的既有地铁隧道管片。随着顶管顶进过程的推进，既有地铁隧道的横向变形逐渐增大，在顶管

施工完成后横向变形趋于稳定，并达到最大值 1.3 mm。

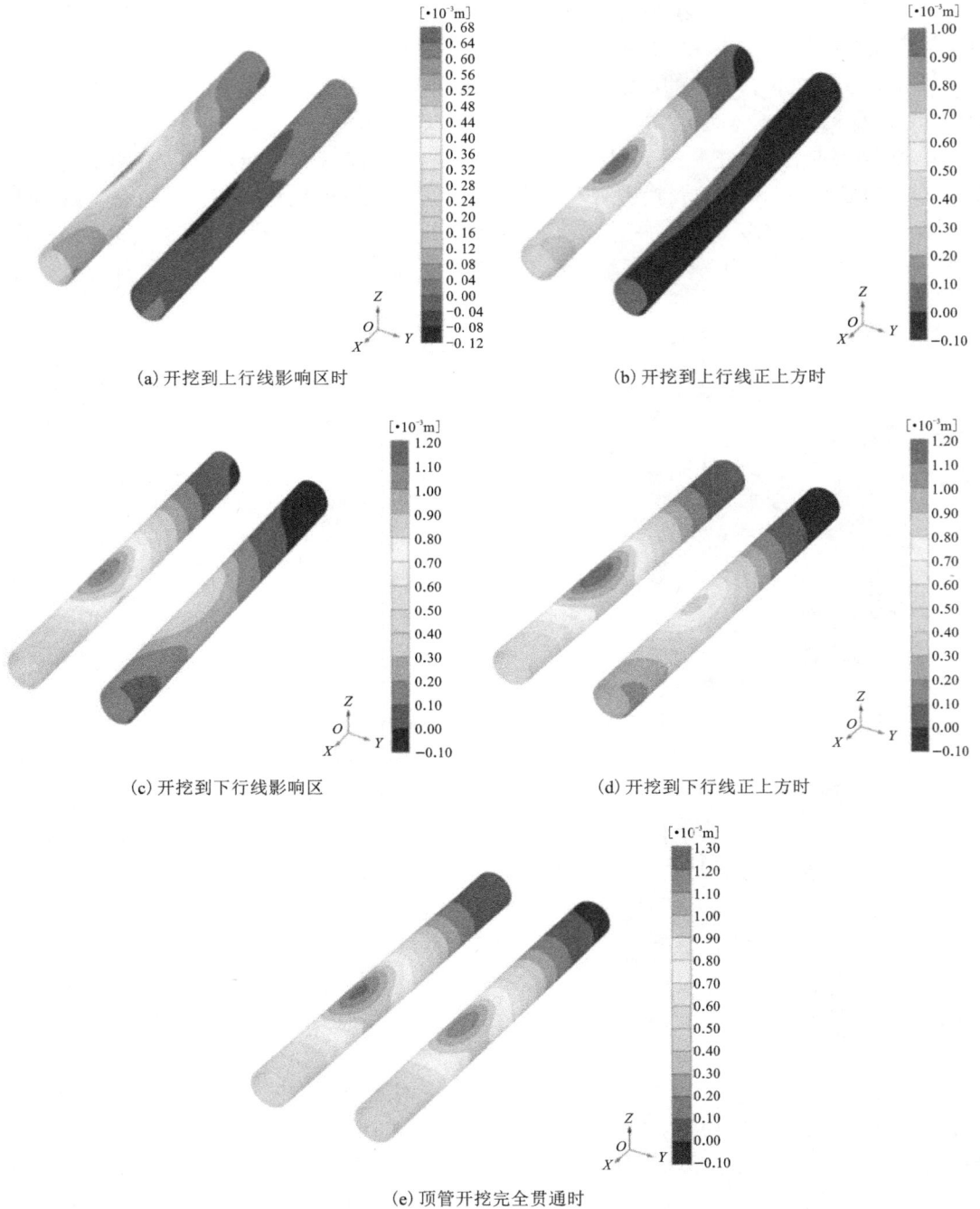

(a) 开挖到上行线影响区时

(b) 开挖到上行线正上方时

(c) 开挖到下行线影响区

(d) 开挖到下行线正上方时

(e) 顶管开挖完全贯通时

图 7-14　地铁隧道在不同开挖进度下的横向位移云图

　　图 7-15 为不同掌子面压力下地铁上、下行线隧道拱腰收敛值变化曲线,由图 7-15 可知:在顶管开挖面离既有地铁隧道还有一定距离时,在掌子面压力作用下,隧道的变形收敛随着开挖进程逐渐增大;在顶管顶到既有地铁隧道正上方时,受土体卸荷作用影响,隧道变形收敛逐渐减小;在开挖至隧道中心线 6 m 时,隧道收敛值最小,约为-0.2 mm,此时两侧的拱腰距离达到最大。随后既有隧道收敛逐渐增大且变化幅度较小,顶管顶进到既有地铁隧道正上方时,其收敛迅速增大。

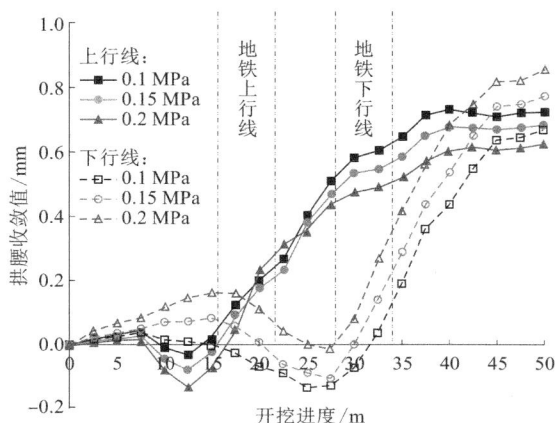

图 7-15　地铁隧道在不同掌子面压力下拱腰收敛变化曲线

　　既有地铁隧道上、下行线在不同掌子面压力下拱腰的收敛规律是相反的。在上行隧道中,随着掌子面压力的增大,既有隧道拱腰的收敛值逐渐减小,而在下行隧道中,随着掌子面压力的增大,既有隧道拱腰的收敛值逐渐增大。掌子面压力对既有地铁隧道的收敛变形有一定影响,本工程中既有地铁隧道左、右线的最大收敛值均在施工完成阶段即顶管完全贯通时出现,左线最大收敛值约为 0.74 mm,右线最大收敛值约为 0.84 mm。

2. 不同注浆压力对既有地铁隧道位移影响

　　在第一种施工顺序基础上,采用单一变量法,保持掌子面压力 0.15 MPa 不变,研究注浆压力分别为 0.1 MPa、0.2 MPa、0.3 MPa、0.4 MPa 时既有地铁的位移。

　　图 7-16 为不同注浆压力下的地铁隧道拱顶最大竖向位移变化曲线。由图 7-16 可知,顶管机逐渐靠近既有地铁,地铁隧道主要受掌子面压力的挤压作用产生沉降位移,此时隧道受注浆压力的影响较小。顶管机抵达既有地铁上方时,由于施工卸荷地铁隧道出现隆起位移,且随着顶管机的远离,隆起位移逐渐变大最终趋于稳定。注浆压力为 0.1 MPa、0.2 MPa、0.3 MPa、0.4 MPa 时,地铁隧道的最大竖向位移分别为 1.4 mm、1.3 mm、1.1 mm、1.0 mm,这说明注浆压力越大,对地铁隧道隆起的抑制作用越强,隧道位移的变化速率越慢且最值更小。

　　图 7-17 为不同注浆压力下地铁隧道的拱腰收敛变化曲线。由图 7-17 可知,与地铁隧道的竖向位移类似,注浆压力对地铁隧道拱腰收敛的影响在掌子面抵达地铁隧道上方时才开始出现,注浆压力越大,拱腰收敛越小,注浆压力为 0.1 MPa、0.2 MPa、0.3 MPa、0.4 MPa 时,地铁隧道拱腰的最大收敛分别为 0.9 mm、0.8 mm、0.7 mm、0.6 mm。

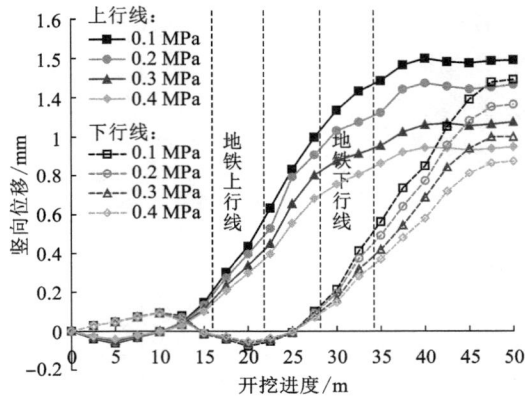

图7-16　地铁隧道在不同注浆压力下拱顶竖向位移变化曲线

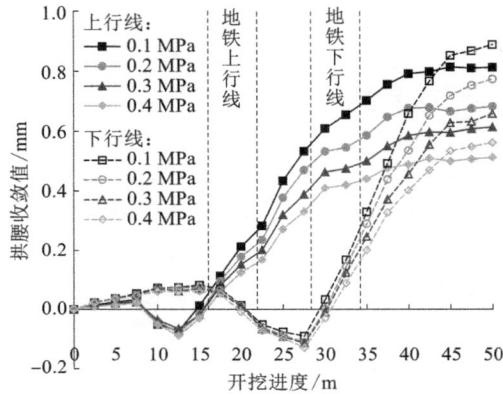

图7-17　地铁隧道在不同注浆压力下拱腰收敛变化曲线

　　在施工时，可采取增大注浆压力的方式抑制地表沉降与下方既有地铁隧道位移，但是注浆压力过大不仅会引起土体大幅隆起，还会使周围地层产生过高的孔隙水压力，导致后期沉降较大。因此，建议注浆压力控制在0.2 MPa至0.3 MPa之间，既能控制地表沉降与地铁隧道位移，还能防止孔隙水压力过高。

3. 不同抗浮配重对既有地铁隧道位移的影响

（1）抗浮配重与地铁隧道竖向位移关系

　　为研究不同的抗浮配重下的多舱顶管施工对下方地铁隧道变形的影响，本书引入配重比 λ：

$$\lambda = \frac{\rho}{G_\pm - G_管} \tag{7-1}$$

式中：ρ 为单节管片所施加配重；$G_\pm$ 为单节管片开挖卸荷土体重量；$G_管$ 为单节管片自重。

　　保持注浆压力为0.2 MPa，掌子面压力为0.15 MPa，通过在顶管管片内侧施加竖直向下的均布荷载来模拟配重，图7-18为不同配重比 λ 下顶管施工时既有地铁隧道的拱顶竖向位移曲线。由图 7-18 可知，未进行抗浮配重时，随着顶管不断顶进，拱顶的上浮值逐渐增加，并在达到最大值 1.3 mm 后趋于稳定；当配重比 λ 为 0.5 时，拱顶竖向位移达到最大值 1.2 mm 后逐渐减小至 1.0 mm，降幅为 17%；当配重比 λ 增加至 1 时，拱顶竖向位移最大值从 1.0 mm 逐渐减小至 0.7 mm，降幅为 30%。因此，施加抗浮配重可有效减小地铁隧道的上浮变形。这是由于顶管顶进过程中，土体开挖卸荷会使下方地铁隧道逐渐上浮，若及时施加抗浮配重，则会对周边土体的应力变化与变形起到抑制作用，隧道的上浮受到限制。此外在抗浮配重作用下，地铁隧道周边土体逐渐固结沉降，地铁隧道的隆起值也逐渐回落并趋于稳定。

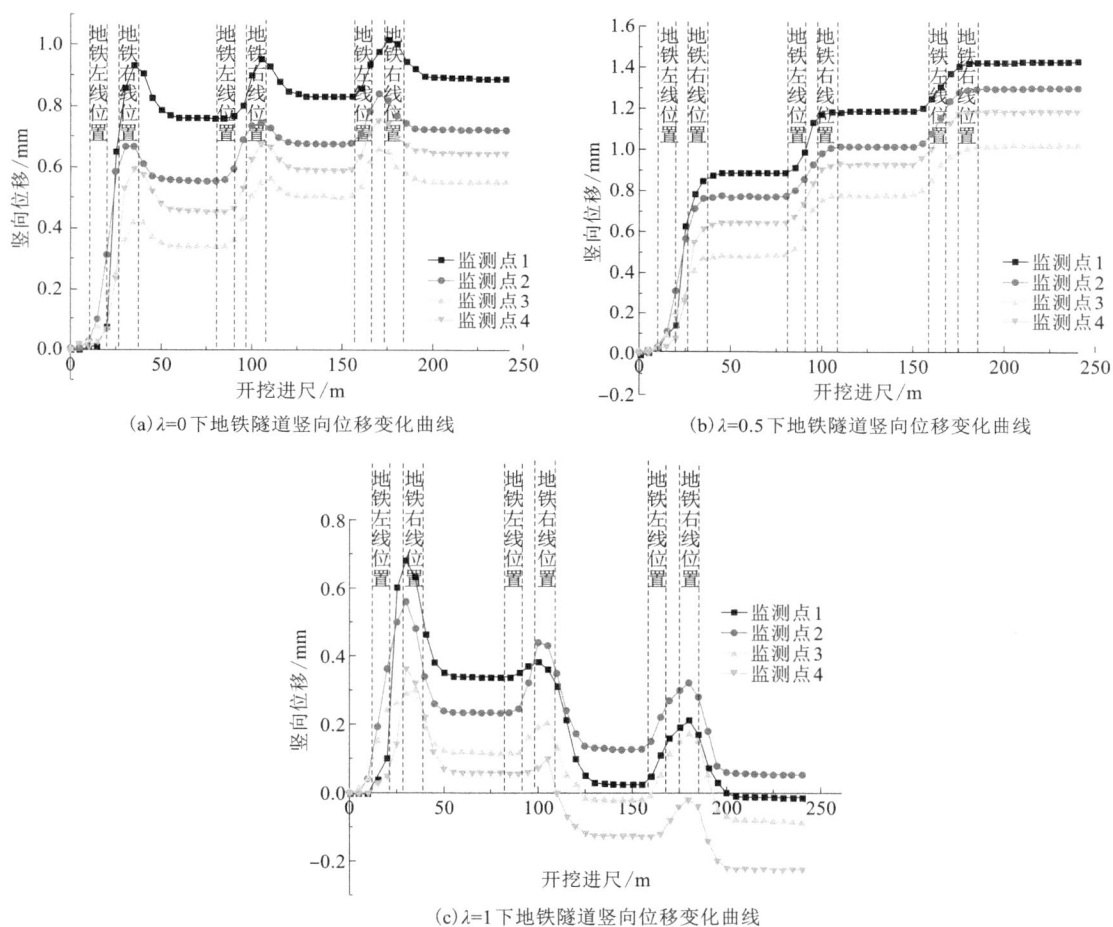

(a) $\lambda=0$ 下地铁隧道竖向位移变化曲线

(b) $\lambda=0.5$ 下地铁隧道竖向位移变化曲线

(c) $\lambda=1$ 下地铁隧道竖向位移变化曲线

图 7-18　不同配重比下地铁隧道竖向位移变化曲线

针对不同抗浮配重对地铁隧道变形的影响，本书研究在顶管隧道正下方的地铁隧道横断面上设置了 16 个测点，并记录了测点处的位移值。结果显示，在未进行抗浮配重时，随着顶管的不断顶进，地铁隧道的隆起值逐渐增加，并在顶管顶进贯通后达到最大值并趋于稳定。然而，当抗浮配重增加至开挖损失土体重量的 50%时($\lambda=0.5$)，地铁隧道的竖向位移最大值从 1.43 mm 减小至 1.06 mm，变化幅度较小，这是由于地铁埋深较大且抗浮配重占开挖损失土体重量较小。而当抗浮配重与开挖损失土体重量相同时($\lambda = 1$)，地铁隧道的竖向位移最大值从 1.06 mm 减小至 0.73 mm，减小幅度约为 30%。因此，施加抗浮配重可以有效减小地铁隧道的上浮变形。

当抗浮配重增加至开挖损失土体重量的 50% 时($\lambda = 0.5$)，监测点 1 的竖向位移逐渐减小，从.43 mm 减小到 0.92 mm。当抗浮配重增加至与开挖损失土体重量相等时($\lambda = 1$)，监测点 1 的竖向位移变化更为明显，从最初的 0.92 mm 进一步降至 0.67 mm。这是因为顶管顶进过程中，土体开挖导致卸荷对地铁上方土层有所扰动，在周边土体应力作用下，地铁隧道逐渐上浮，如果及时施加抗浮配重，则会对周边土体应力作用起到抑制作用，隧道的上浮受到限制。此外在抗浮配重荷载作用下，地铁隧道周边土体逐渐固结沉降，地铁隧道的隆起值也逐渐回落并趋于稳定。

（2）抗浮配重与地铁隧道水平位移关系

图 7-19 为不同抗浮配重比情况下，随着右线电力舱、中线综合舱、左线燃气舱顶管的不断顶进，上、下行线隧道水平位移变化曲线（以接收井方向为正，始发井方向为负）。由图 7-19 可知，三排顶管全线贯通后，在未施加抗浮配重($\lambda = 0$)与施加抗浮配重的($\lambda = 0.5$)情

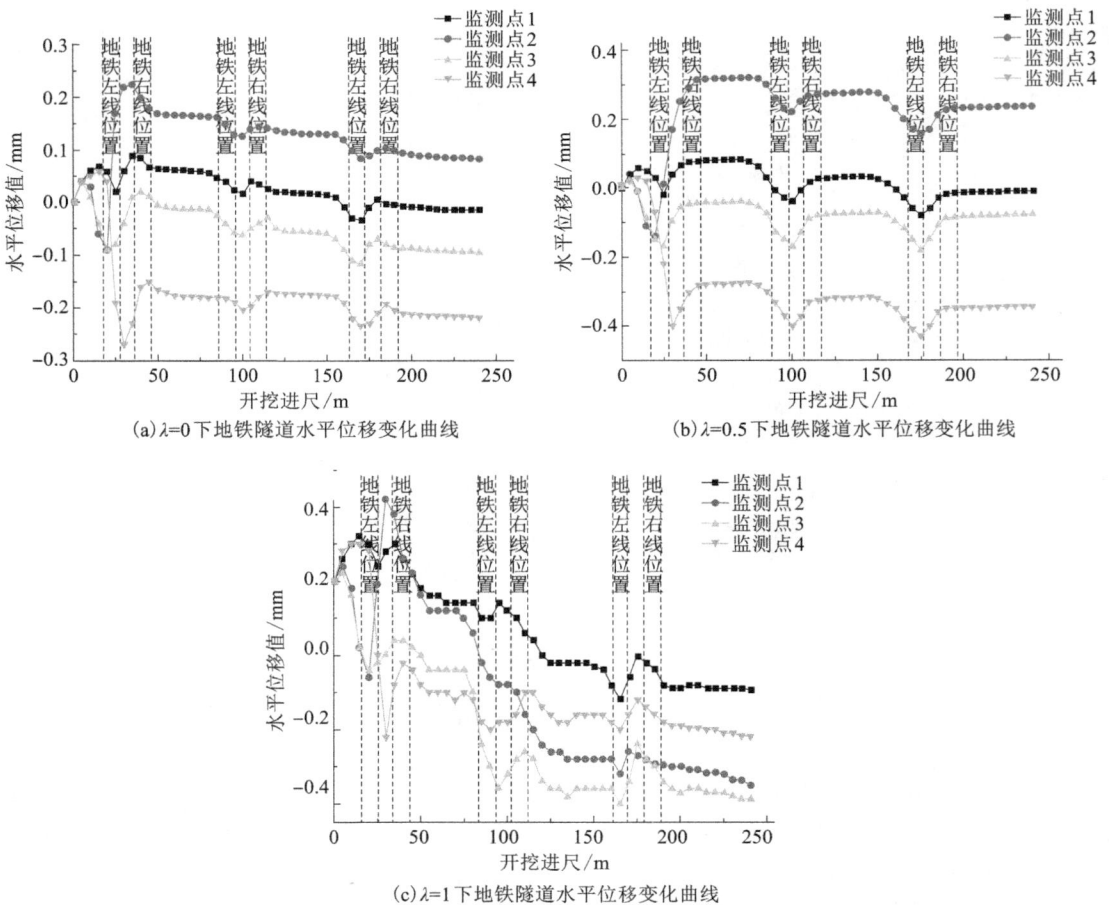

（a）$\lambda = 0$ 下地铁隧道水平位移变化曲线

（b）$\lambda = 0.5$ 下地铁隧道水平位移变化曲线

（c）$\lambda = 1$ 下地铁隧道水平位移变化曲线

图 7-19　不同配重比下地铁隧道水平位移变化曲线

况下，地铁隧道拱腰处水平位移基本相同。随着顶管的继续顶进，地铁隧道左腰位移向接收井方向偏移，地铁隧道右腰水平位移向始发井方向偏移。下行线地铁隧道施加的抗浮配重与开挖损失的土体重量近似相等（$\lambda = 1$），下行线地铁隧道左腰向接收井方向发生偏移位移，地铁隧道右腰向始发井方向发生偏移位移，位移量不大，均在 0.4 mm 之内。

由图 7-19(a) 可知，抗浮配重没有施加的区域在土体卸荷作用下，下行线隧道向始发井方向发生位移，上行线隧道向接收井方向发生变形位移。随着顶管顶进的推进，尚未施加抗浮配重的区域，周边土体的卸荷作用仍然产生主要影响。因此，下行线隧道有向始发井方向偏移的趋势，上行线隧道有向接收井方向偏移的趋势。在施加与开挖损失土体重量近似相等的配重情况下（$\lambda = 1$），地铁隧道的水平位移向始发井方向偏移，最大水平位移为 3 mm。

（3）地铁隧道竖向位移与顶进距离关系

为了研究未施加抗浮配重条件下，顶管上跨施工对既有地铁 4 号线隧道变形的影响，将顶管上跨地铁隧道过程简化为以下 15 个阶段，如表 7-5 所示。

表 7-5　顶管上跨地铁过程各施工阶段内容

施工阶段	具体内容	施工阶段	具体内容
阶段 1	右线顶管顶进至距离下行隧道 6 m 处	阶段 9	中线顶管顶进至上行隧道轴线处
阶段 2	右线顶管顶进至下行隧道轴线处	阶段 10	中线顶管完全穿越上行隧道
阶段 3	右线顶管穿越下行隧道，顶进至上下行隧道中间处	阶段 11	左线顶管顶进至距离地铁下行隧道 6 m 处
阶段 4	右线顶管顶进至上行隧道轴线处	阶段 12	左线顶管顶进至下行隧道轴线处
阶段 5	右线顶管完全穿越上行隧道	阶段 13	左线顶管穿越下行隧道，顶进至上下行隧道中间处
阶段 6	中线顶管顶进至距离地铁下行隧道 6 m 处	阶段 14	左线顶管顶进至上行隧道轴线处
阶段 7	中线顶管顶进至下行隧道轴线处	阶段 15	左线顶管完全穿越上行隧道
阶段 8	中线顶管穿越下行隧道，顶进至上下行隧道中间处	—	—

在三平行顶管顶进过程中，不同施工阶段地铁上行线隧道累计变形曲线如图 7-20 所示。在阶段 1，右行线电力舱顶管顶进至既有上行线隧道影响区域，此时上行线隧道轻微上浮；阶段 2，右行线顶管顶进至既有上行线隧道正上方，土体开挖卸载加剧，上行线隧道上浮值达到 0.2 mm；阶段 3，右行线顶管顶进至既有隧道中间，上行线隧道土体完全扰动，其变形值增大至 0.32 mm；阶段 4，右行线顶管顶进至既有下行线隧道正上方，土体卸载持续增加，上行线隧道变形值为 0.71 mm；阶段 5，右行线顶管完全贯通，此时上行线隧道变形值为 1.71 mm；阶段 6，中行线综合舱隧道顶进至既有 4 号线上行线隧道的影响范围内，其变形值继续增加但幅度不大；阶段 7，中行线顶管顶进至既有上行线隧道正上方，其变形值为 1.75 mm；阶段 8，中行线顶管顶进至既有隧道中间，此时既有上行线隧道变形值为 1.81 mm；阶段 9，中行线顶管顶进至既有下行线隧道正上方，既有上行线隧道变形值为

1.81 mm；阶段 10，中行线顶管完全贯通，既有上行线隧道变形值为 2.18 mm；阶段 11，左行线燃气舱顶管顶进至既有上行线隧道影响区域，其变形值有轻微增加；阶段 12，左行线顶管顶进至既有上行线隧道正上方，其变形值为 2.21 mm；阶段 13，左行线顶管顶进至既有隧道中间，其变形值为 2.27 mm；阶段 14，左行线顶管顶进至既有下行线隧道正上方，此时既有上行线隧道变形值为 2.31 mm；阶段 15，左行线顶管顶进完全贯通，既有上行线隧道变形值为 2.36 mm。

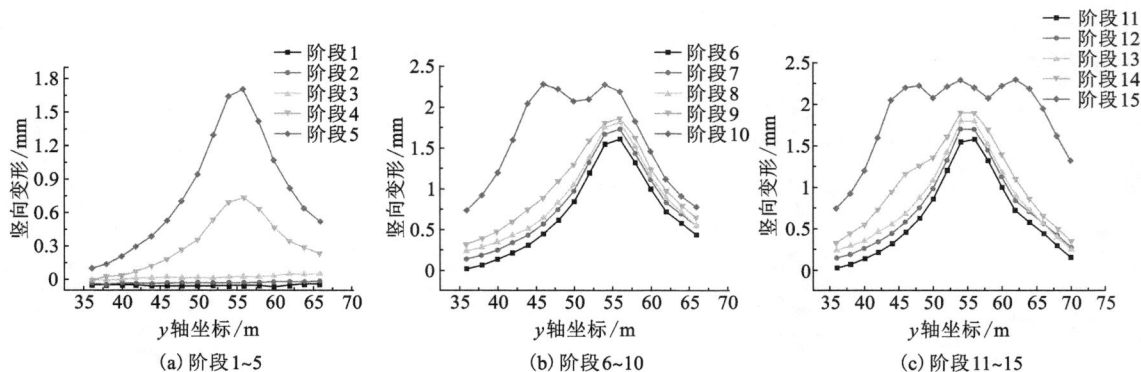

图 7-20　不同施工阶段地铁上行线隧道累计变形曲线

综上所述，在阶段 1 至阶段 15 顶管持续顶进过程中，伴随着土体的开挖、卸荷，土体受到扰动并进行应力重分布，最终达到新的平衡，既有地铁上行线隧道累计变形逐渐增大，其最大上浮变形位于顶管轴线正下方。

7.3　既有地铁隧道变形监测技术及影响分析

7.3.1　监测目的

本工程监测的主要目的如下。

①通过将监测数据与预测值作比较，判断上一步施工工艺和参数是否符合或达到预期要求，同时实现对下一步施工工艺和施工进度的控制，从而切实实现信息化施工。

②通过监测及时发现施工过程中的环境变形发展趋势，及时反馈信息，达到有效控制施工对周边道路及管线影响的目的。

③通过监测及时发现地铁隧道系统受力失衡问题，使整个顶管施工过程始终处于安全、可控的范畴内。

④将现场监测结果反馈给设计单位，使设计能根据现场工况发展，进一步优化方案，达到优质安全、经济合理、施工快捷的目的。

⑤通过跟踪监测，在机尾拆除与安装管片阶段，保证施工科学有序，保障地铁隧道始终处于安全运行的状态。

7.3.2　监测内容与方案

1. 监测范围

本工程的下穿青山北路区间顶管隧道与运营中的地铁 4 号线车站较为接近，属显著影响区，据此判定外部作业影响等级为二级。根据本工程对运营中的地铁 4 号线外部作业影响等级，本工程与影响范围地铁隧道位置关系，以及设计要求确定监测范围如下：

本工程采用自动化监测范围，南昌地铁 4 号线七里站—民园路西站盾构区间隧道受施工影响区域的左、右线隧道结构分别长 70 m 距离内。

2. 监测的项目、布点原则

根据本工程对地铁 4 号线外部作业影响等级及《城市轨道交通结构安全保护技术规范》（CJJ/T202—2013）及设计文件要求，监测的项目、布点原则如表 7-6 所示。

表 7-6　各监测项目、点位布置要求

测量项目	测量仪器	测点布置	仪器精度
隧道内部观察	结构变形、开裂等，地表沉降、开裂，建筑物开裂等肉眼观察	根据现场情况确定	—
结构横向水平位移	全站仪、自动化监测系统	地下结构底板、拱顶、侧墙、结构柱	全站仪：1″，1 mm+2 ppm
结构纵向水平位移			
结构竖向位移		站厅层（站台层）结构柱，地下结构底板、拱顶、侧墙、结构柱	
结构径向收敛		地下结构监测断面（不少于两条侧线）	
轨道横向高差		两条轨道上	
轨向高差（矢度值）			
轨间距		两条轨道上	

为确保区间顶管上跨既有运营 4 号线地铁施工监测的精度、准确性及安全性，影响区范围前后 30~50 m 内布点间距保持与影响区范围内的布点间距一致。

3. 监测断面及测点布置

监测断面布置和监测点布置如图 7-21 和图 7-22 所示，在地铁隧道 4 号线上、下行线区间每 5 环（6 m）布设一个监测断面，并在顶管隧道两侧布设差异沉降监测断面（共 4 个监测断面），一共布置 14 组监测断面，每组断面 10 个监测点，监测点一共 140 个，编号分别为

DGX+07-1~DGS-07-10，其中点5、点10分别表示下行线拱顶和上行线拱顶，点1、4、6、9分别表示下行线拱腰和上行线拱腰监测点，点2、3、7、8分别表示下行线道床和上行线道床监测点。

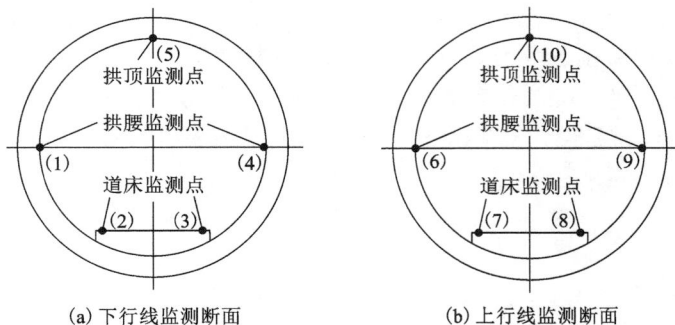

图7-21　4号线隧道监测点断面图

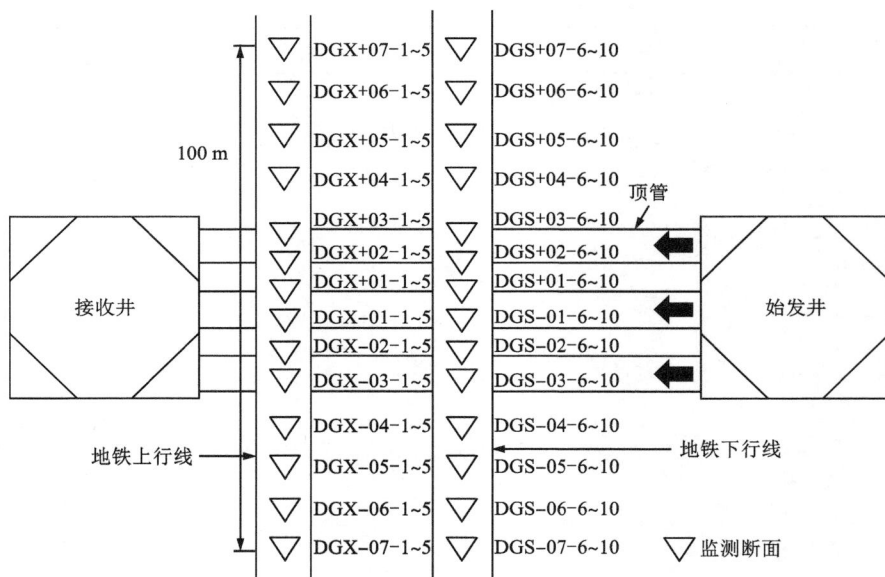

图7-22　地铁隧道监测断面布置图

7.3.3　实测结果分析

1.隧道拱顶竖向位移结果分析

图7-23为上、下行线拱顶竖向位移图，本书拟隆起为正，沉降为负。各施工阶段内容如表7-7所示。

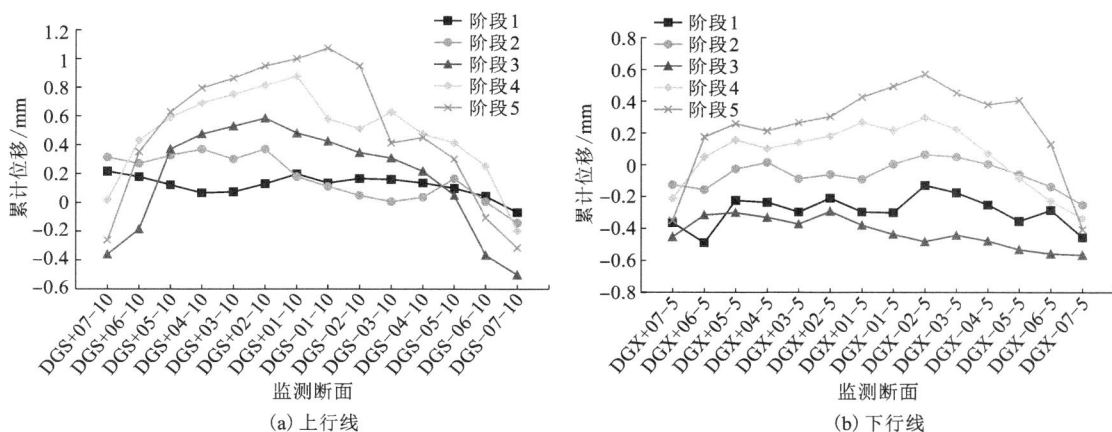

图 7-23　地铁隧道拱顶竖向位移曲线

表 7-7　各施工阶段内容

施工阶段	具体内容
阶段 1	右线顶管即将上穿上行线地铁
阶段 2	右线顶管上穿到上行线地铁正上方
阶段 3	右线顶管即将上穿下行线地铁
阶段 4	右线顶管穿越下行线地铁正上方
阶段 5	顶管右线完全贯通

图 7-23(a)为地铁上行线拱顶监测点 10 在不同地铁监测断面的拱顶竖向位移变形云图。在阶段 1 和阶段 2,由于开挖土体持续卸载,周边土体向开挖形成的顶管缝隙区域空间移动。下方 4 号线地铁上行线逐渐抬升,此时拱顶竖向位移变形较小且不断增加,拱顶沉降竖向位移为 0.2 mm。在阶段 1 和阶段 2 顶进过程中,各个地表监测断面变形趋势相同。在顶管即将上穿下行线和上穿到下行线正上方的阶段 3 和 4 中,由于土体卸荷不断增大,此时拱顶竖向位移最大值为 1.1 mm。

整条拱顶竖向位移分布曲线呈现出"N"形,在 DGS-01 位置出现峰值,峰值大小为 1.1 mm,监测断面距离监测断面中线越远拱顶沉降位移越小。在阶段 1 和阶段 2 由于开挖土体扰动产生时空效应作用,此时下方地铁上行线隧道拱顶竖向变形明显增大。

图 7-23(b)为地铁下行线拱顶监测点 5 在不同地铁监测断面下的拱顶竖向位移变形云图。由图可知,在阶段 1 和阶段 2 下行线拱顶竖向位移变化量不大,右线顶管开挖对拱顶沉降影响较小,累计位移为-0.3 mm,这是因为上穿顶管与下方地铁竖向间距较大,影响较小。阶段 3 和阶段 4 为右线顶管即将上穿下行线和上穿到下行线正上方;在阶段 3,右线顶管即将上穿下行线正上方,下行线拱顶隆起不大,为-0.4 mm;在阶段 4,顶管机上穿到下行线正上方,在顶管机自重和开挖面附加应力共同作用下,此时下行线竖向位移明显增大,拱顶竖向位移最大值为 0.6 mm。整条拱顶竖向位移分布曲线呈现出"N"形,在 DGS-01 位置出现峰

值，峰值大小为 0.6 mm，监测断面拱顶沉降距离监测断面中轴线越远拱顶沉降位移越小。上、下行线拱顶竖向位移在 1.0 mm 内。DGX+01–DGX–03 为顶管下方隧道上方关键监测断面。阶段 5 为右线顶管完全贯通，顶管轴线下方左右两侧的上、下行线隧道拱顶竖向位移最大，距离轴线越远地表竖向变形越小。

图 7–24 为地铁下行线拱顶监测点 10 和地铁上行线拱顶监测点 5 在不同地铁监测断面下的拱顶竖向位移随时间变化曲线图，选取顶管正下方隧道 DGX+01 监测断面进行监测。随着顶进时间增长，拱顶竖向位移的变化根据图 7-24 可以分为三个阶段，即初始变形阶段（阶段 1）、变形振荡期（阶段 2）、稳定抬升期（阶段 3）。阶段 1 表示顶管机进入上行线影响区域之前，此时拱顶竖向位移较小，其最大值为 0.35 mm；阶段 2 表示顶管机进入上、下行线区域段并产生影响，此时拱顶隆起量变化不稳定，呈现出震荡波浪形状，此时下行线拱顶出现沉降，随后又迅速隆起。可能受施工工艺影响，顶管进入隧道正上方时，拱顶逐渐沉降，主要是顶管机对隧道压载所致。顶管机穿过隧道正上方后，随着土体卸载，隧道开始隆起并急剧增加，此时拱顶竖向位移最大值为 0.8 mm；阶段 3 表示顶管机驶出下行线影响范围后，隧道拱顶隆起速度趋缓。在顶管贯通后，上、下行线隧道较贯通前有一定沉降，其变形也逐渐稳定，上行线拱顶沉降大于下行线拱顶沉降。

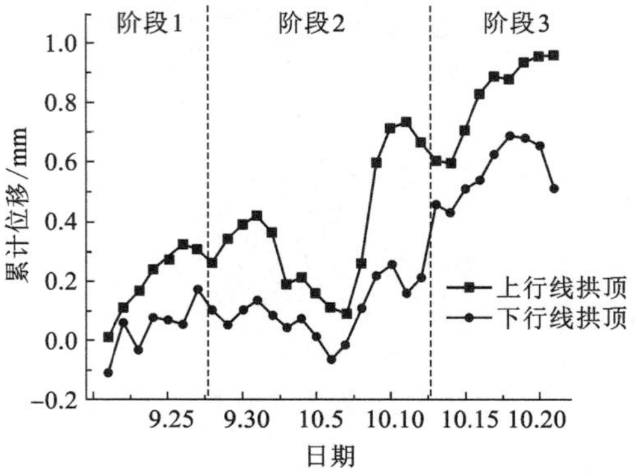

图 7-24　拱顶竖向位移随时间变化曲线图

2. 隧道道床竖向位移结果分析

由于左侧道床和右侧道床竖向位移差距不大，本书选取右侧道床竖向位移进行研究，图 7-25 为下方地铁上、下行线右侧道床竖向位移分布曲线图。本书拟规定位移隆起为正，沉降为负。图 7-25（a）为地铁上行线道床监测点 8 在不同地铁监测断面下的拱顶竖向位移图。阶段 1 和阶段 2 分别为顶管穿越隧道上行线右侧道床影响区和穿越隧道上行线右侧道床正上方，此时右侧道床开始抬升但变化极小，变化幅度为 0.2 mm，在阶段 1 和阶段 2，各个监测断面变形情况大体相同，但没有明显的变化；在阶段 3 和阶段 4，随着土体卸荷不断增大，相对应的地层损失也不断加大，地铁上行线右侧隧道拱顶竖向变形变化明显，竖向位移最大值为 0.6 mm，道床竖向位移分布曲线呈现出"N"形，在断面 DGS-02 出现峰值，峰值大小为 0.6 mm。监测断面距离监测断面中线越远道床位移越小；阶段 5 为顶管完全贯通阶段，右侧隧道道床竖向变形达到峰值，竖向位移最大值为 0.8 mm。

图 7-25（b）为地铁下行线道床监测点 3 在不同地铁监测断面下的道床竖向位移图。阶段 1 和阶段 2 分别为顶管穿越隧道下行线右侧道床影响区和穿越隧道下行线右侧道床正上方，在阶段 1 和阶段 2 道床有轻微抬升，右侧道床竖向位移由-0.4 mm 增大到-0.2 mm 左右；阶段 3 和阶段 4 为顶管上穿下行线影响区和上穿到下行线正上方，下行线右侧道床在阶段 3 有一定隆起但不明显，此时顶管处于下行线隧道正上方；阶段 4 为顶管机上穿到顶管机正上方，随着土体卸荷增大，地层损失也逐渐增大，下行线右侧道床竖向位移增大到 0.6 mm；阶段

5 为顶管完全贯通，此时顶管轴线下方左右两侧的上、下行线地铁隧道右侧道床的竖向位移最大，右侧道床竖向位移最大值为 0.8 mm，并且随着离中轴线距离越远道床竖向位移逐渐减小。

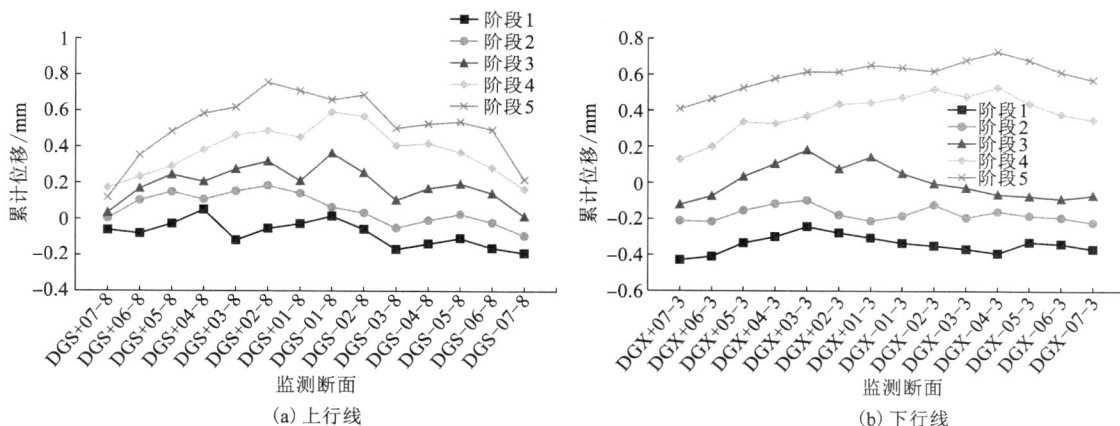

图 7-25　右侧道床竖向位移分布曲线

图 7-26 为地铁道床监测点 2、监测点 3、监测点 7、监测点 8 在不同地铁监测断面下的道床竖向位移随时间变化的累计位移折线图。取顶管正下方地铁隧道 DGX+01 监测断面进行监测，随着施工时间的延长，道床竖向位移变化如图 7-26 所示，可以将图 7-26 分为三个不同阶段，即阶段 1 初始平滑阶段、阶段 2 累计位移快速抬升阶段、阶段 3 位移快速抬升后稳定阶段。阶段 1 表示顶管机进入上行线影响区域之前，此时隧道变形较小，道床位移为 -0.3 mm 左右；阶段 2 表示顶管机进入地铁上、下行线区域段并产生影响，此时道床竖向位移快速增大，道床竖向位移匀速递增，上行线右侧道床竖向变形最大为 0.7 mm，下行线左侧道

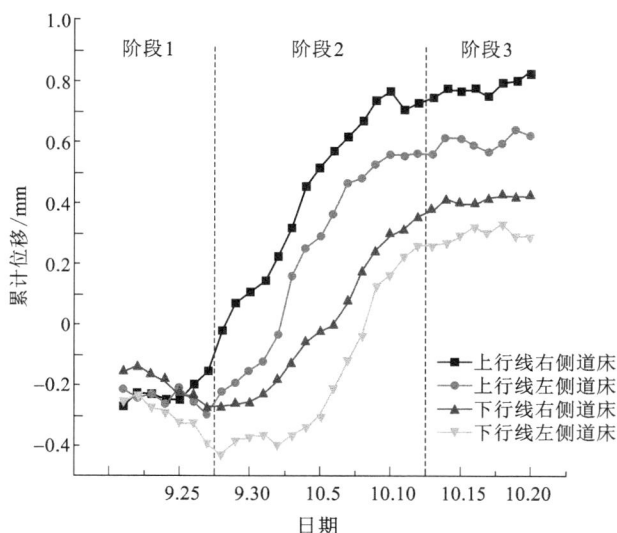

图 7-26　道床竖向位移随时间变化曲线图

床竖向变形最大为 0.3 mm；阶段 3 表示顶管机顶进驶出下行线影响区，此时道床竖向位移增大但逐渐趋缓，即原有的地铁隧道有所上浮并趋于稳定。在顶管贯通后，上行线和下行线隧道道床与贯通前相比有一定沉降，道床竖向位移也逐渐稳定。

在整个顶进过程中，受顶进力、顶进速度、注浆量影响，上行线道床竖向位移始终大于下行线道床。地铁上行线右侧道床隆起量和左侧道床隆起量有所不同，右侧隆起量更大，这是开挖进度以及时空效应等因素共同导致的，下行线右侧道床隆起量和左侧道床隆起量相差不大。

3. 地铁隧道水平位移结果分析

由于现场监测数据中地铁右侧拱腰水平位移和左侧拱腰水平位移大小相差不大，所以本书选取右侧拱腰水平位移进行研究。图 7-27 和图 7-28 分别为地铁上行线右侧拱腰水平位移和地铁下行线右侧拱腰位移折线图，本书规定水平位移以偏向接收井位置方向为正，以偏向始发井位置方向为负。

由图 7-27 可知，在阶段 1 和阶段 2 顶管上穿上行线右侧拱腰水平位移，向始发井位置方向偏移，主要原因是顶管顶进过程中，土体逐渐卸载，周边土体向开挖形成的顶管区域空间移动，拱腰在周边土体作用力下产生位移，这时累计位移为-0.4 mm。在阶段 3 和阶段 4，随着顶进距离增大，地层损失逐渐增大，上行线拱腰水平变形增大更加明显，此时最大累计位移达到-0.55 mm。

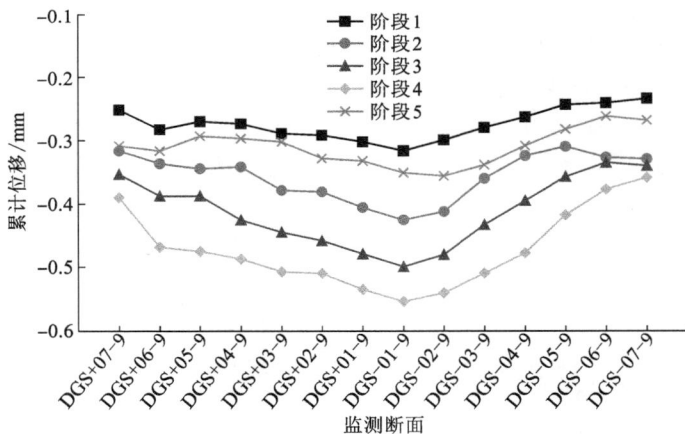

图 7-27　上行线右侧拱腰水平位移分布曲线

由图 7-28 可知，在阶段 1 和阶段 2 过程中，下行线右侧拱腰有微小位移，大小为 0.2 mm；阶段 3 和阶段 4 为顶管穿越下行线影响区并穿越到下行线正上方时，随着顶管的不断顶进，地层损失也在不断增加，下行线右侧拱腰水平变形逐渐增大，累计位移量最大值为-0.6 mm。阶段 5 为右侧顶管顶进完全贯通，上、下行线右侧拱腰水平位移略微回弹，其原因在于顶管开挖区域相对上行线和下行线隧道有所差异，在注浆作用共同作用下，地铁隧道先向始发井方向偏移接着又向反接收井方向偏移。在顶进过程中，顶管轴线下方左、右两侧的上、下行线隧道拱腰水平位移最大，随着离轴线距离增加拱腰水平变形逐渐减小。

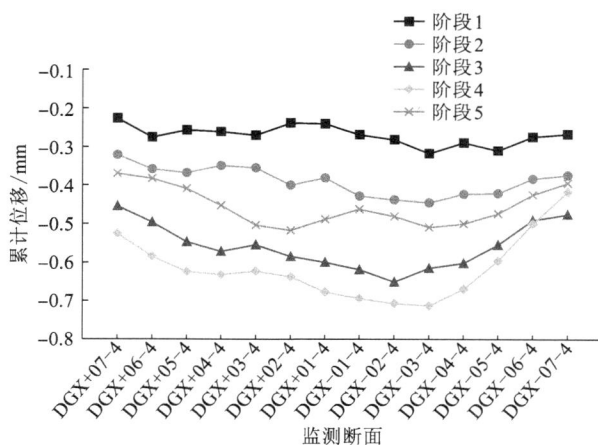

图 7-28　下行线右侧拱腰水平位移分布曲线

图 7-29 为地铁拱腰水平位移监测点 1、监测点 4、监测点 6、监测点 9 在不同地铁监测断面下的拱腰竖向位移随时间变化曲线图。图 7-29 中选取地铁隧道 DGX+01 监测断面进行分析，随着顶管不断开挖顶进，拱腰水平位移也在不断增大。根据图 7-29 将其分为两个阶段，即快速偏移期(阶段 1)和稳定偏移期(阶段 2)。阶段 1 表示顶管机进入下行线地铁隧道影响区，随着顶管机开挖的进行，施工后土体开始卸载，周边土体向开挖形成的顶管区域空间偏移，拱腰出现水平位移并快速增大；阶段 2 表示顶管机驶出下行线影响区，上行线拱腰水平位移和下行线拱腰水平位移由大变小，最后趋于稳定，在管土作用侧摩阻力和注浆压力的共同作用下，隧道拱腰向反方向即向接收井方向偏移。

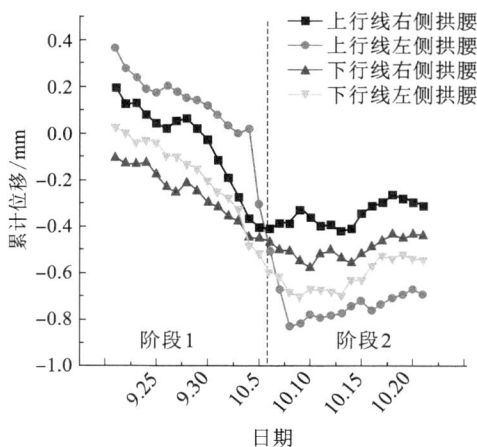

图 7-29　拱腰水平位移随时间变化曲线图

由图 7-29 可知，地铁上行线右侧拱腰的最大水平位移为 0.41 mm，最终水平位移为 0.36 mm；左侧拱腰的最大水平位移为 0.82 mm，最终水平位移为 0.65 mm 左右。下行线右侧拱腰最大水平位移为 0.58 mm，最终水平位移为 0.47 mm；左侧拱腰最大水平位移为 0.73 mm，最终水平位移为 0.55 mm。由于埋深较大，左线和右线最大水平位移相差不大。

7.4　顶管上跨施工既有地铁隧道变形控制技术

7.4.1　控制指标和标准

1. 控制指标和标准

为保证既有地铁结构和运营的安全，在新建隧道施工过程中，必须保证一些指标不超过标准。这些指标不仅能够表明结构的安全与否，而且在施工过程中容易监测，并且它的变化与施工关系紧密。这些指标称为控制指标，控制指标的极限允许值为控制标准。

目前围岩及结构内部应力量测尚不具备制定标准的条件，而净空位移量测值在一定程度上反映了既有地铁隧道结构的受力特点，故一般采用位移量测值对穿越工程的施工进行控制管理。在既有地铁隧道这个大的结构系统中，位移包括既有地铁隧道结构位移、道床位移和轨道位移。轨道结构允许变形制约既有地铁隧道结构允许位移，而通过结构计算可以根据既有地铁隧道结构位移确定道床与轨道结构位移，因此一般将结构位移作为主要控制指标。同时根据穿越工程的影响特点及施工中的可操作性，在穿越工程中一般采用既有地铁隧道结构底板沉降量、隆起量和沉降速率、隆起速率作为控制目标。

2. 控制标准的制定原则

①控制标准值的制定必须在监控量测工作实施前，由建设、设计、监理、施工、市政、监控量测等有关部门，根据当地水文地质、地下结构特点共同商定，列入监控量测方案。

②近接穿越既有隧道工程，应该从轨道变形、隧道结构稳定、建筑限界三个方面制定相应的控制指标及控制标准值，以确保既有地铁隧道的安全运营。

③制定控制指标和标准应由新建隧道的建设单位应与既有地铁隧道的所有者或运营单位共同完成，制定好的控制指标和标准应得到运营单位的认可。

④控制标准的制定应参照相关标准、类似工程，并根据现状评估结果和影响预测分析综合确定。

⑤考虑到隧道变形的存在，可能会对轨道结构、防水等产生不利影响，应规定相应的控制标准。

⑥对于变形控制指标在重视绝对值的同时，还要重视变形速率值。

⑦控制标准值应具有工程可实施性，在满足安全的前提下，应考虑提高施工速度和减少施工费用。

⑧控制标准值应有利于补充和完善现行的相关设计、施工规范和标准以及管理规定等。

3. 变形指标确定和控制值

根据拟建工程与影响范围地铁车站(隧道)位置关系、地质资料,根据《城市轨道交通结构安全保护技术规范》的等级划分要求,本工程的外部作业影响等级划分如下:

本工程的多孔顶管隧道与运营中的地铁 4 号线区间,接近程度为接近,属强烈影响区,据此判定外部作业影响等级为特级。

根据本工程对地铁 4 号线的外部作业影响等级,根据规范及设计文件要求,监测的项目主要为结构沉降、结构上浮、结构水平位移、结构收敛、道床横向高差、轨向高差及裂缝宽度,相应监测项目的预警值及控制值见表 7-8,监测预警等级划分如表 7-9 所示。

表 7-8　各监测项目的预警值及控制值

测量项目	指标值/mm			变化速率/$(mm \cdot d^{-1})$
	报警值	警戒值	控制值	
结构沉降	6	8	10	1
结构上浮	3	4	5	1
结构水平位移	3	4	5	1
结构收敛	6	8	10	—
道床横向高差	2	3.2	4	—
轨向高差(矢度值)	2	3.2	4	—
裂缝宽度(迎水面/背水面)	<0.1/<0.15	0.16/0.24 出现新的裂缝应立即报警	<0.2/<0.3	—

注:监测警戒值最终以运营权属部门审批确认为准。

表 7-9　监测预警等级划分及应对管理措施

监测预警等级	监测比值 G	应对管理措施
A	<0.6	可正常进行外部作业
B	0.6<G<0.8	监测报警,并采取加密监测点或提高监测频率等措施加强对城市轨道交通结构的监测
C	0.8<G<1.0	应暂停外部作业,进行过程安全评估工作,各方共同制定相应安全保护措施,并经组织审查后,开展后续工作
D	>1.0	启动安全应急预案

注:监测比值 G 为监测项目实测值与结构安全控制指标值的比值。

7.4.2　上跨施工顶管掘进控制

顶管上穿既有隧道结构时，施工过程中顶管机不仅卸载同时也会进行加载，且由于顶管机开挖掉的土体量大于自身重量，在顶管掘进过程中，周围土体会发生较小回弹。顶管机通过后，没有顶管机自重的影响，土体卸荷作用就表现出来，下方土层发生隆起变形。因此，对控制既有隧道结构变形上浮拥有决定性作用的是注浆的浆液质量、数量以及注浆时间（包括其后的二次注浆）。另外，顶管开挖支护力也是影响土层变形的重要因素。当支护力超过限度时，开挖面会向隧道断面的前方或者上方移动，致使地表和既有隧道结构周围土层发生变形；当支护力不足时，既有地铁隧道地底周围土体会发生隆起和地表沉降，造成既有隧道坍塌的严重后果。此外，顶管的推进速度和姿态的调整也是控制既有隧道结构变形不可忽视的因素。综上所述，采用"控制推进速度、调整推进姿态、稳定支护压力、及时适量注浆"是控制地层变形，减少对既有隧道结构影响的有效措施。

顶管上跨既有 4 号线施工附近地质条件近似，但地表环境复杂，不具备设定试验段进行参数总结的条件，施工过程中主要用理论计算和区间以前施工总结的方式进行参数设定，同时根据监测情况进行实时调节。

1. 合理设置推进参数

（1）合理设置土压力及出土量

在顶管推进的过程中，应根据理论计算、前期掘进数据和监测数据及时调整土仓压力值，从而科学合理地设置土压力值及相宜的推力、推进速度等参数，防止超挖，以减少对土体的扰动。

静止土压力：

$$P=k_0(\sum\gamma_ih_i+q)（按水土合算计算）$$

式中：P 为平衡压力（包括地下水）；q 为房屋荷载，kPa；γ 为第 i 层土体的重度，kN/m³；h 为第 i 层土体的厚度，m；k_0 为土的静止侧压力系数。

土压力理论值为 0.8 bar，施工过程按 0.9~1.0 bar 控制，掘进过程中通过总结分析，并根据现场实际施工情况结合地表沉降监测情况进行土压的调整。

本工程使用的管片尺寸有两种：电力舱与综合舱的管片外交为 4140 mm，刀盘直径为 4260 mm；电力舱与综合舱的管片外交为 3120 mm，刀盘直径为 3240 mm。环宽均为 2500 mm。每环的出土量：

$$V=k\pi L(d/2)^2$$

式中：k 为可松性系数，取 1.3；d 为刀盘直径；L 为管片环宽。

代入计算式计算出每环出土量为 63 m³。每环出土量直接反映了顶管机在掘进施工过程中是否超挖，因此必须严格控制每环的出土量，并做好记录。

（2）总推力、推进速度、刀盘转速及扭矩设置

下穿青山北路区间上跨 4 号线隧道在顶管到达的过渡段，施工参数和正常掘进时一致。

顶管掘进推力控制为 ≤1200 T，推进速度控制为 20~30 mm/min，刀盘转速控制为 1.0~1.2 r/min，推进扭矩按 2500~3000 kN·m 进行控制。

掘进过程中，应根据地面沉降的监测数据、顶管机运转情况、掘进参数变化、排出渣土

状况，及时分析并反馈信息，实时调整顶管掘进参数。

2. 渣土改良

为确保顶管机正常出土，在顶管机刀盘正面压注泡沫或膨润土进行渣土改良，可以改善开挖面土体的和易性，降低刀盘扭矩，保证顶管穿越时保持均衡的推进速度。

泡沫原液浓度控制范围为 3%~5%，气量为 400 L/min 左右，发泡率为 10~12 倍，每环注入 50~60 kg 原液。膨润土选用钠基膨润土，按膨润土∶水 = 1∶7 质量配比进行拌制，24 h 膨化后使用。应保证膨润土的充分注入，施工过程中膨润土会逐渐向土仓和机尾流动，应密切关注土仓压力变化和机尾密封油脂的注入工作。

主要控制措施如下。

①渣土改良是防止喷涌的关键。通过渣土改良可降低土仓内水含量，渣土在膨润土浆液的吸附和隔离作用下会变得黏稠不易离析沉淀，不会出现渣水分离，螺旋机排土均匀流畅。

②合理设置土压力值。掘进过程中，根据螺旋机实际压力、刀盘扭矩和千斤顶总推力及时调整设定土压力，使土仓压力略高于水压，确保正面的土压保持平衡，严格控制出土数量，防止超挖和欠挖。

③合理调整掘进参数。顶管机操作人员应对推力及出渣速度进行控制，尽量维持土仓压力的稳定，降低喷涌风险。

④出渣门开度、螺旋机转速应适中，不宜过大。在喷涌来临时，受出渣门流量影响，泥浆会在出渣口处积累而不会瞬间全喷，可延长操作人员的反应时间，以便采取措施降低喷涌风险。

⑤根据顶管机推进的地质预报及渣样分析，了解前方地层情况，及时制订应对方案，调整渣土改良配比，以改良渣土，提高其水密性和流动性，防止产生喷涌。

⑥泥岩地层的渣土改良：采用分散型泡沫剂对渣土改良，在泥岩层掘进时适当加大泡沫剂的用量，以改善发泡效果，可以改善土体的流塑性，并适当地往土仓内注入水，可大大降低结泥饼的可能性。

⑦施工过程中相同地层下扭矩和推力短时间内逐步增大或渣温异常时，应及时通过泡沫管路对刀盘喷水、增加喷泡沫注入量进行渣土改良，必要时人员可带压进仓检查及时清除泥饼。

3. 控制纠偏

顶管机抵达 4 号线区间隧道影响区域范围前，应提前根据线路情况及实际施工需求，调整好顶管机姿态，以减少上跨 4 号线区间隧道过程中姿态调整作业。

在确保顶管机正面沉降控制良好的情况下，使顶管均衡匀速推进，姿态变化不可过大，每次姿态调整不超过 5 mm，推进时不急纠、不猛纠，勤量测盾机尾间隙，以保证顶管机平稳地穿越。

4. 注浆

区间上跨 4 号线施工，同步注浆以及二次注浆对 4 号线隧道的主要影响是注浆量和注浆压力的影响。注浆量不足易引起新建顶管隧道存在空腔，4 号线隧道存在上浮风险；施工过程中注浆压力过大易对 4 号线隧道造成损坏。因此上跨施工过程中需严格控制注浆量和注浆压力。

同步注浆：

推进单环管片造成的理论建筑空隙为：$1.5\pi(6.44^2-6.2^2)/4=3.57(\mathrm{m}^3)$

实际的压注量为每环管片理论建筑空隙的 150%～200%，即每推进一环同步注浆量为 $5.36\sim7~\mathrm{m}^3$。本段施工时严格控制泵送出口处的压力为 0.2～0.3 MPa。

二次注浆：

(1)二次注浆配合比

同步注浆后管片外壁包裹颗粒间隙较少，且此处位于建筑物下部，为了快速填充并形成一定强度，故选用二次注浆再次进行充填。浆液根据实际情况选用单液浆或双液浆，双液浆初步确定配合比如表 7-10 所示，根据实际需要现场可适当进行调整。

表 7-10　水泥浆-水玻璃配合比及其性能

材料	名称	水泥	水玻璃	水
	标号	P.O42.5 普通硅酸盐水泥	波美度 $Be'=30\sim35$ 模数 $M=2.8\sim3.1$	自来水
拌和物水胶比		水：水玻璃=3：1(体积比)，水灰比=1：1(质量比)，水泥浆：水玻璃=1：1(体积比)		
凝结时间/s		30		
28 天强度/MPa		2.6		

(2)注浆顺序

注浆应按照脱出机尾 3 环后每环进行注浆，每环注浆按"先拱顶后两腰，两腰对称"的顺序注入，注满一环后，再进行下一环注浆。注满的标准为该环的吊装孔打开后无水流出。

(3)注浆量及压力

在进行双液注浆时，要注意根据地层特征、现场的涌水量、涌水压力等实际情况调整浆液的配比，二次注浆注浆压力控制在 ≤0.5 MPa，注浆量以现场实际情况为准。在整个注浆过程应对注浆压力和注浆量进行控制，同时应加强地面建筑物监测，以便指导注浆。

7.4.3　既有地铁隧道加固措施

在上穿既有地铁隧道的施工中，为保证既有地铁隧道结构和运营的安全，一般需进行地层预加固，并根据情况需要，适当地对既有地铁隧道结构进行加固。

目前国内外较为常用的地层预加固技术主要有以下几类：锚杆、小导管、管棚、水平旋喷注浆、机械预切槽衬砌法等。

施工前可以根据既有地铁隧道现状调查评估结果，对既有地铁隧道存在的问题进行整治，包括裂缝处理、道床和结构脱离的整治、结构漏水处理、设置轨距拉杆和防护轨、调整列车运营速度、加固既有隧道结构等，并对既有地铁隧道进行防护加固。防护设计的原则是提高既有地铁隧道的承受能力，确保既有地铁隧道运营安全并最大限度地减少对既有地铁隧道正常运营的影响。

1. 上跨 4 号线隧道前施工准备

上跨 4 号线隧道前应对已施工隧道进行调查，并保留影像资料，调查汇总表见表 7-11，具体调查情况如下。

①对 4 号线 Z（Y）DK22+455~Z（Y）DK22+510 范围内管片漏水、错台、破损、开裂等情况进行影像和书面记录并签认。

②施工前实测 4 号线隧道位置，核实两隧道间净距。

③施工前在 4 号线顶部设置两条物探测线［范围：Z（Y）DK22+455~Z（Y）DK22+510］，探测管片背后注浆是否存在空洞，如果有空洞应通过预留注浆孔进行补浆，补浆压力设置为 0.2~0.4 MPa，注浆采用水泥浆。

④对 4 号线隧道内吊装孔进行开孔检查，查看注浆是否到位、水流量情况以及是否存在空腔，对漏水和空腔位置进行水泥浆填充施工。

⑤对 4 号线 Z（Y）DK22+455~Z（Y）DK22+510 范围内管片螺栓复紧。

⑥施工前对 4 号线隧道变形情况进行测量，确定其隧道收敛变形情况。

表 7-11　4 号线隧道内调查项目汇总表

序号	调查项目	调查重点	备注
1	管片	破损、开裂统计	
2	管片	渗水、漏水统计	
3	管片	环向、纵向错台测量并记录	
4	螺栓	缺漏统计	对该段所有螺栓复紧
5	隧道内管线	分类调查统计	
6	4 号线隧道位置	4 号线隧道拱底高程和平面位置测量	与新建顶管统一坐标系测量

2. 上跨 4 号线洞内支撑施工

在下穿青山北路方向顶管上跨 4 号线隧道区间施工中，根据施工进度情况对 4 号线隧道洞内进行临时支撑架设工作，根据实际情况可分为临时型钢支撑加固和临时环形支撑加固。

（1）临时型钢支撑加固

临时型钢支撑对 4 号线隧道内设备影响较小，但影响隧道内车辆通行，根据区间施工计划和 4 号线运营计划，在与 4 号线建设单位和运营单位协调之后区间左线采取型钢支撑。

临时支撑采用 Q235 型号钢材，所有钢结构之间均应刨平顶紧，图 7-30 中未明确的焊缝高度为 8 mm，钢支撑布置在管片中间位置，如图 7-30 所示。洞内支撑应在下穿之前架设完成，具体架设范围为两线交叉点处的 3 号线管片及其前后各两环管片，每环架设，每处交点附近共架设 5 环管片（共 4 处交点，架设 20 环管片）。型钢支架间使用 2I40b 型钢进行通长连接，连接示意图如 7-31 所示。

每环管片与支撑位置布设环形钢板，环形钢板剖面图如图 7-32 所示。

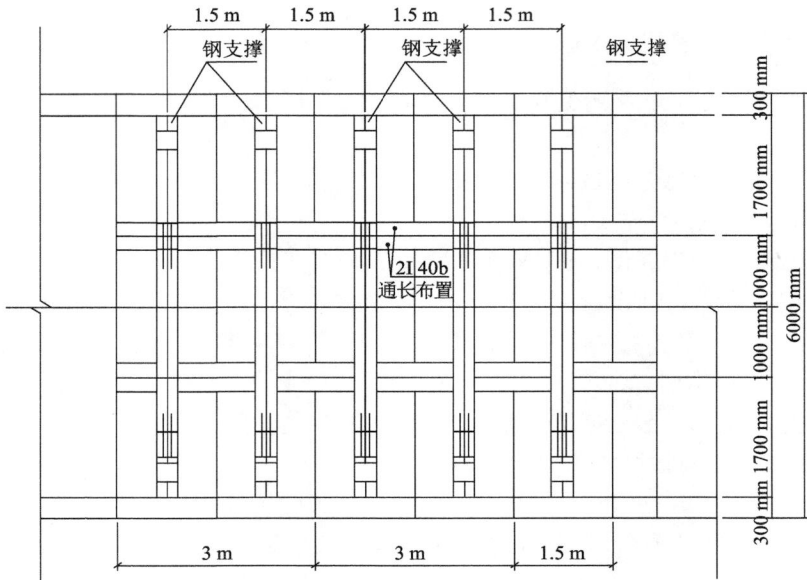

图 7-30   临时型钢支撑连接示意图

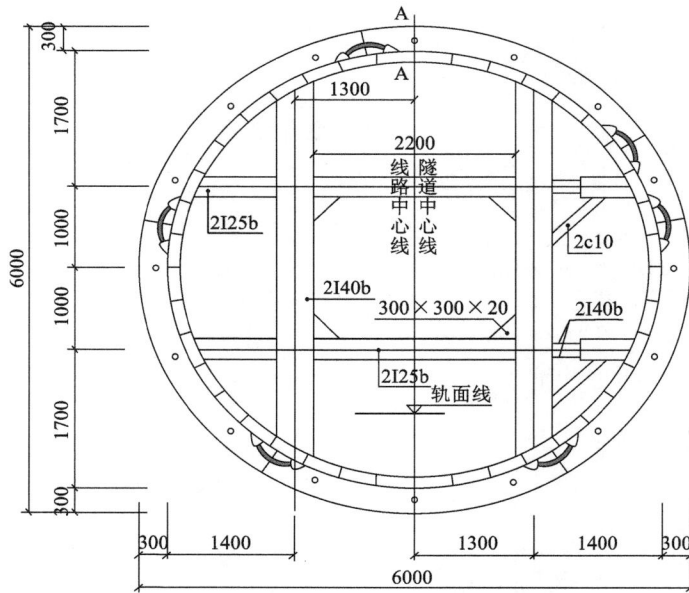

图 7-31   临时型钢支撑平面布置示意图

（2）临时环形支撑加固

临时环形支撑肋板最厚为 75 mm，远远小于 125 mm 的区间车界限界要求，但临时环形支撑安装需拆除接触网，因此需提前与运营单位协调。环形支撑安装完毕后需进行断面测量，避免支撑侵限。临时环形支撑加固不影响既有隧道通行且安装方便快捷，现场具体效果

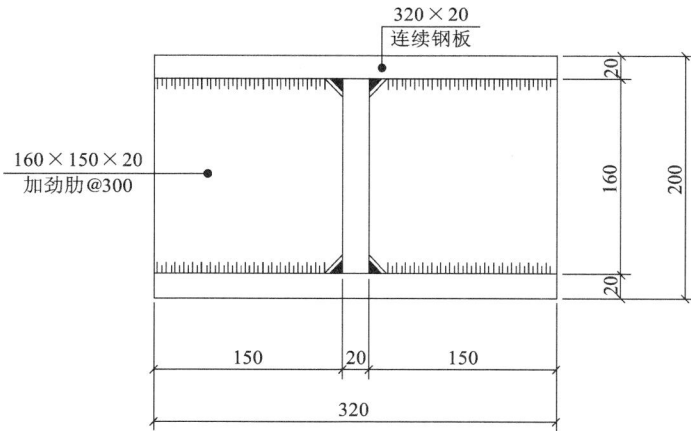

图 7-32　临时型钢支撑环向支撑钢板示意图

如图 7-33 所示，具体操作如下。

①临时环形支撑应在 4 号线隧道铺轨后使用，环形支撑钢板均为 Q235b。每个环向支撑架由 14 介支撑板+2 个支撑架固定座组成，14 个支撑板采用 M16×8.8 级螺栓连接拼装，并采用双螺母防松动措施，如图 7-34 所示。

图 7-33　临时环形支撑现场效果图

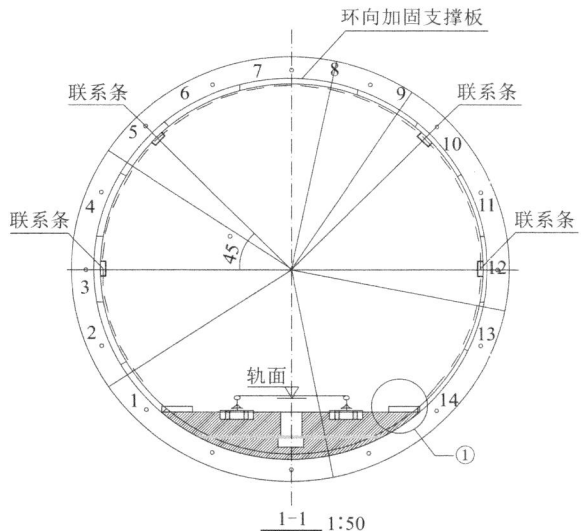

图 7-34　临时环形支撑布置示意图

②支撑架采用 6-φ18 mm 螺栓与道床进行锚固固定，支撑板、支撑架采用腹板与肋板焊接而成，焊接采用双面角焊，焊缝高度不小于 8 mm，连接示意图及大样图如图 7-35、图 7-36 所示。

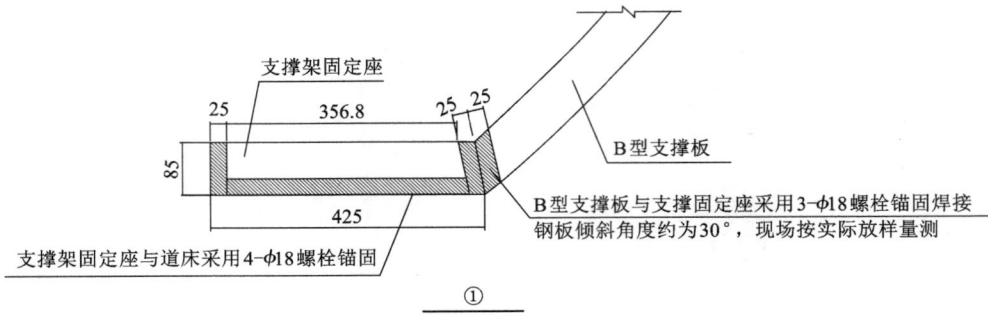

图 7-35　支撑架与支撑板连接示意图

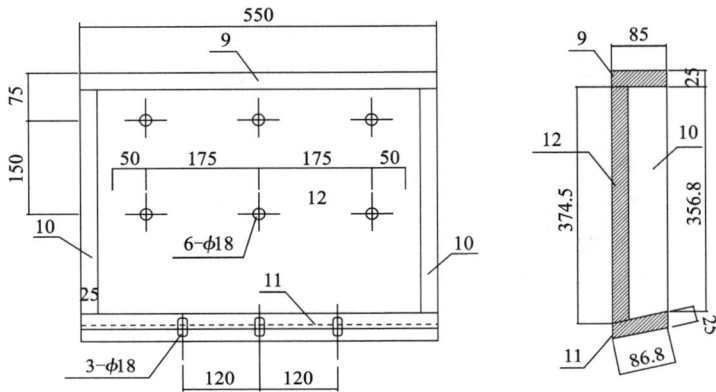

图 7-36　支撑架大样图

③支撑板采用两种型号，2~13 号为 A 型，1 号、14 号为 B 型，具体尺寸见图 7-37 及图 7-38。

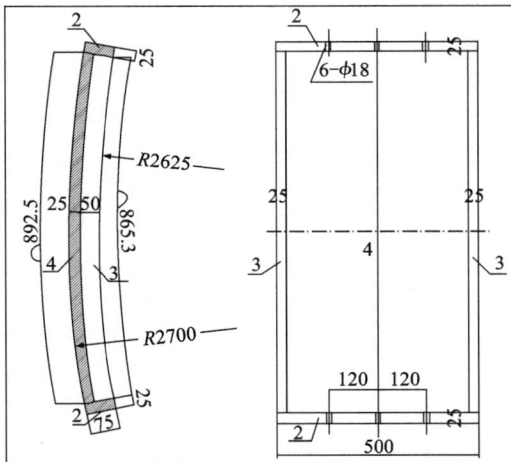

图 7-37　A 型支撑板

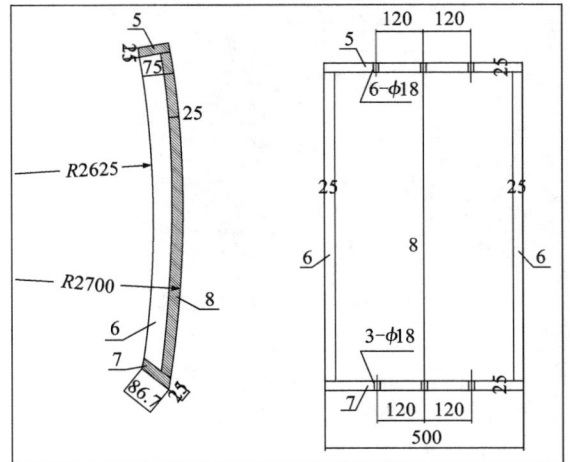

图 7-38　B 型支撑板

④洞内支撑应在下穿之前架设完成,具体架设范围为两线交叉点处的 4 号线管片及其前后各两环管片,每环架设,每处交点附近共架设 5 环管片(共 4 处交点,架设 20 环管片)。环与环之间钢支撑应有可靠的纵向联系,采用 4 条 16b 槽钢进行环与环之间钢支撑的连接,布置位置如图 7-39 所示,即 3 号、5 号、10 号、12 号支撑板。

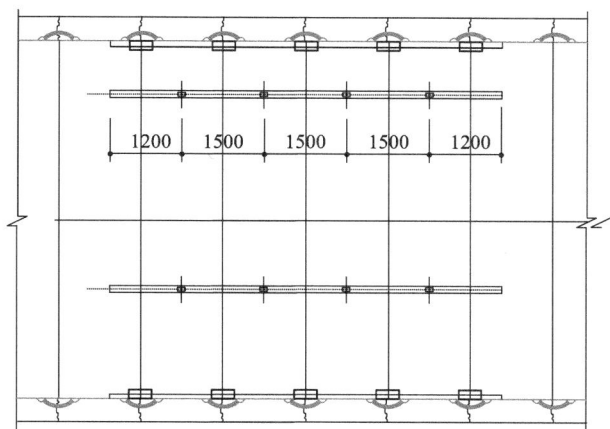

图 7-39　环形支撑平面位置示意图

⑤联系条与支撑板应在洞外进行焊接,洞内进行拼装,联系条和支撑板的平面布置如图 7-40 所示。

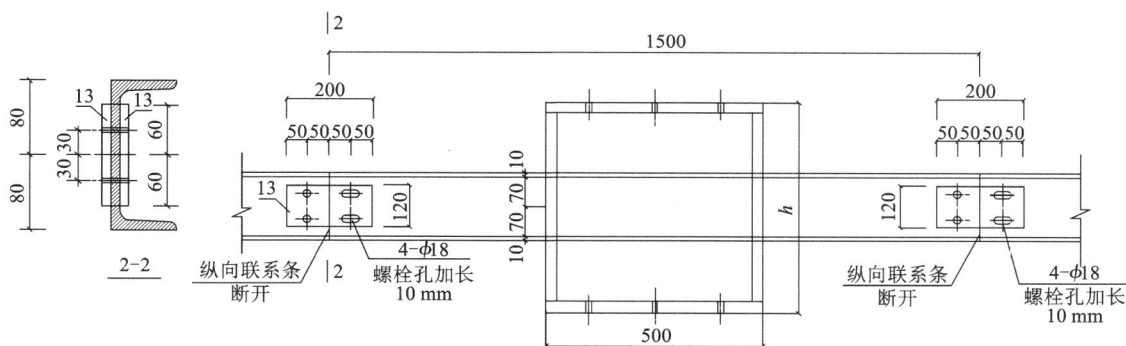

图 7-40　联系条和支撑板平面布置示意图

3. 临时环形支撑安装

临时环形支撑加工完成后,每块环形板约 128.5 kg,可由人工运输至指定位置安装。安装过程中需 4 名工人配合,加工情况及现场准备如图 7-41 和图 7-42 所示。现场施工情况如图 7-43 和图 7-44 所示。

支撑的安装施工工艺如下。

①管线改排。主要工作包括强、弱电测支架移位,线缆归整,接触网支座、锚角移位,消防水管迁改,其他零星管线归整等。

图 7-41　支撑加工

图 7-42　洞外准备

图 7-43　下部支撑板安装

图 7-44　上部支撑板安装

②管片预处理。安装临时钢环需对管片进行预处理，主要将管片裂缝、崩块、手孔修复，管片环、块间缝封堵，管片表面平整度和钙化处理等。

③支架搭设。为了便于施工和安全管理，支架采用移动式钢管脚手架，脚手架采用规格为 φ48 mm×3.5 mm 的钢管，使用扣件连接。

脚手架选用的钢管应符合规范要求，扣件采用可锻铸铁铸造，采购时要严格把关，材料规格正确，材质优良，无脆裂，无变形、滑移等现象。

搭设前，先查看道床是否平整，对不平整处进行凿除。将立杆立于滑轮上面焊接的比钢管大一号的钢管套内，立杆纵距 0.9 m，横向间距 1.2 m，布距 1.5 m，共三跨。将两面端头部位封闭，底部设 200 mm 高扫地杆，以增强架体的稳定性，移动支架示意图如 7-45 所示，脚手架架设程序为：滑轮套管—立杆—横楞—剪刀撑—作业平台—护栏。

横楞两端离墙面距离为 20 cm，两边对称，在施工前第二、三排横楞应接长，顶端顶住墙壁，并且设置抛撑，以保证脚手架整体的稳定性。

操作平台由 10 cm×10 cm 的木方，组成上铺 18 mm 厚竹胶板，两者采用钢钉固定，木方与支架之间用铁丝绑扎，防止木方滑落。

④B 型支撑板和支撑架施工。B 型支撑板和支撑架在洞外焊接，焊接要求：支撑板、支撑架采用腹板与肋板焊接而成，焊接采用双面角焊，焊缝高度不小于 8 mm。支撑架采用 6 只

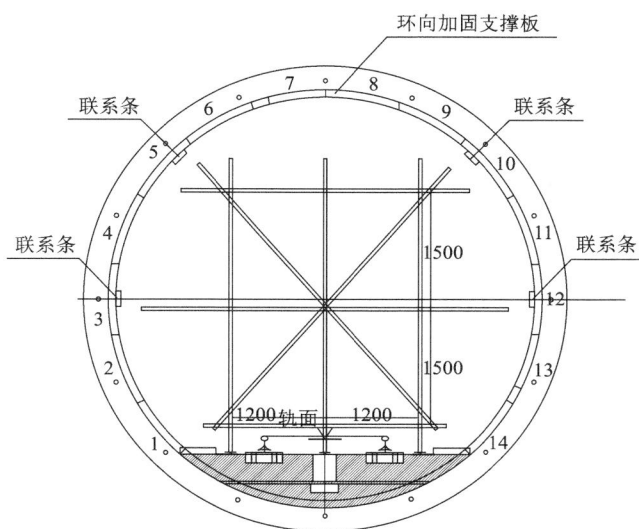

图 7-45　移动支架示意图

植入道床、φ18 mm 的不锈钢膨胀螺栓固定在道床上，施工前需测量进行放线，以保证 1 号、14 号支撑架在同一断面。

⑤其他支撑板安装。其他支撑板与 B 型支撑板间采用 M16 * 8.8 级螺栓进行连接，按照由下而上，左右交替的顺序进行安装。

⑥纵向联系条需提前在隧道外与支撑板连接，之后再运至隧道内，联系条之间使用两块 10 mm 厚钢板加螺栓进行连接固定。

⑦空隙填充。错台位置应采用软木或钢板垫等措施保证加固板与管片贴合，以形成完整传力体系，并采取可靠措施保证列车运营过程中垫塞不会脱落。如图 7-46 所示，为施工人员用钢板填充空隙并与加固体系焊接。

图 7-46　用钢板填充空隙并焊接

4. 临时支撑加固注意事项

①临时环形支撑加固采用洞外进行材料加工，洞内拼装方式。

②施工前应对加固范围内管线及桥架现状进一步进行复核，确定加固措施可实施性，施工过程中应尽量减少对既有管线和设备的影响。

③施工前应对每环管片现状及桥架和管线进行调查和实测，根据管线和桥架实际情况对型钢支撑、环向加固支撑板进行加工，局部可对尺寸进行调整。

④临时环形支撑施工过程中由于部分管片之间有错台存在，错台位置应采用软木或钢板垫等措施保证加固板与管片贴合，以形成完整传力体系，并采取可靠措施保证列车运营过程

中垫塞不会脱落。

⑤顶管穿过 4 号线后，根据监测情况，待 4 号线沉降稳定后拆除支撑。

⑥每次加固完成后应核实隧道限界是否满足要求，避免加固板及管线或桥架侵入限界。

7.5　本章小结

本章通过 Plaxis 3D 建立顶管隧道–土体–既有地铁隧道的三维数值模型，研究了模拟不同施工顺序、不同掌子面压力、不同注浆压力、不同抗浮配重对下卧既有地铁 4 号线隧道变形的影响；同时结合现场监测数据，揭示了顶管施工过程中既有隧道竖向位移、水平位移的规律。得出以下结论。

数值模拟方面：

①掌子面压力对地铁隧道竖向变形的影响较小。左线、右线最大位移均发生在地铁隧道上半部分管片位置处，所处的掌子面压力均为 0.2 MPa。在地铁隧道横向位移方面，左线最大位移为 1.1 mm，右线最大位移为 1.25 mm，且掌子面压力每增大 0.05 MPa，最大横向位移增大约 1.0 mm。

②施加抗浮配重对周边土体变形起到抑制作用，隧道的上浮受到限制，地铁隧道的隆起变形随着抗浮配重的增大而变小。随着顶管逐渐顶进，下行线隧道有着向始发井方向移动的趋势，地铁隧道右腰向往始发井方向发生偏移，同时地铁隧道整体向内部产生收敛变形。

③地铁隧道竖向位移与顶进距离方面，在顶管持续顶进过程中，伴随着土体的开挖、卸荷，土体受到扰动并进行应力重分布，最终达到新的平衡。既有地铁上行线隧道累计变形逐渐增大，其最大隆起变形位于顶管轴线正下方。既有地铁下行线隧道累计变形情况与上行线隧道相似。

④不同垂直距离下的地铁隧道竖向位移：垂直距离为 6 m、8 m、10 m 时地铁隧道拱底最大竖向位移分别为 9.2 mm、8.3 mm、7.6 mm；随着垂直距离的增加，下方既有地铁隧道的竖向位移逐渐减小，既有地铁隧道受到顶管顶进影响也越小。

⑤先开挖中间隧道再开挖两边隧道的开挖方式对下方地铁隧道的拱顶位移和拱腰位移影响最小，因此在三排顶管开挖工程中可优先选用先开挖中间隧道再开挖两边隧道的开挖方式，可以减少顶管顶进对既有地铁隧道变形的影响。

现场实测方面：

①上、下行线隧道拱顶竖向位移在 1.0 mm 内，顶管轴线处下方左右两侧地铁隧道拱顶处竖向位移最大，地铁隧道拱顶竖向位移距离轴线越远越小。

②在隧道道床竖向位移方面，整个顶进过程中，受时间及顶进力、顶进速度、注浆量影响，上行线道床竖向位移始终大于下行线，上行线道床右侧道床隆起量较左侧大，下行线左右道床隆起量基本一致。

③在地铁隧道水平位移方面，上、下行线拱腰水平位移在 0.6 mm 之内，在整个顶进过程中，顶管轴线下方左、右两侧的上、下行线隧道拱腰水平位移最大，且随着离轴线距离增加其变形量逐渐减小。

④在横向地表沉降方面，右侧顶管开挖产生的横向地表沉降曲线符合 Peck 曲线变形规

律，呈现出"V"形，最大沉降发生在轴线处，距离轴线处越远，地表沉降值越小。

⑤顶管推进施工过程中，隧道竖向位移表现为拱顶沉降、拱底隆起，隧道水平位移表现为拱腰处管片向隧道内侧水平收敛。随着顶管顶进，隧道拱顶沉降量及水平收敛值均逐渐减小。顶管机通过一段时间后，隧道拱顶沉降及水平收敛速率降低。

第8章

小净距矩形顶管下穿薄覆土路基
变形规律与控制技术

　　矩形顶管与圆形顶管的断面形状、受力性能与施工工艺都存在较大差异，其施工对土体造成的扰动亦有差别。前几章对多孔圆形顶管开展了一系列研究，本章依托实际工程对小净距矩形顶管下穿薄覆土路基施工造成的土体变形规律与控制技术进行研究。覆土厚度不足及平行顶管间净距较小，施工过程中极易引起地层扰动，导致路基产生不均匀沉降，进而威胁上方道路的安全运营。因此，本章通过数值模拟与现场监测相结合的方法，深入研究小净距矩形顶管施工对薄覆土路基的变形影响机理，揭示路基沉降的时空演化规律，并提出相应的变形控制技术，以期为类似矩形顶管工程提供理论依据和技术支持。

8.1　现场监测内容与结果分析

8.1.1　监测依据

本工程的现场监测内容根据如下标准与规范确定：

①《工程测量规范》(GB 50026—2007)。

②《建筑基坑工程监测技术规范》(GB 50497—2009)。

③《国家一、二等水准测量规范》(GB 12897—2006)。

④《城市测量规范》(CJJ/T8—2011)。

⑤《建筑变形测量规范》(JGJ 8—2016)。

⑥《城市轨道交通工程监测技术规范》(GB 50911—2013)。

⑦南昌大桥西桥头非机动车道改造工程矩形顶管通道施工图。

⑧其他相关的法规、地方规范、行业规范、企业标准、管理文件等。

8.1.2　监测方案及布置

由于施工以及课题研究的需要，现场对顶管施工周围的地表沉降、通道水平位移、通道内沉降等进行了监控量测。

1. 地表沉降

监测顶管施工过程中地表土体随顶管顶进时的沉降或隆起，分析矩形顶管顶进引起地表变形的规律、分布范围、沉降和隆起值，地表沉降监测频率见表 8-1，监测点的平面布设如图 8-1 所示，横向监测点布设如图 8-2 所示。

表 8-1　施工监测频率表

监测项目	监测点布设	监测频率	监测标埋深方法	控制值	警戒值
地表沉降	沿顶管轴线方向每 5 m 布置一组横断面沉降监测点，共 5 组横断面，每组横断面布置 7 个监测点，监测点关于双线中心对称布置，且同排相邻两个测点距离 3 m	掌子面距量测断面前后 < B 时，每天监测 2~3 次；变化大时加大频率，直至趋于稳定	地表沉降监测点采用预埋或钻孔埋入标志测点	沉降：-30 mm 隆起：$+10$ mm	沉降：-24 mm 隆起：$+8$ mm
		掌子面距量测断面前后 < $2B$ 时，每天监测 1 次；变化大时加大频率，直至趋于稳定			
		掌子面距量测断面前后 > $2B$ 时，每 3 天监测 1 次；变化大时加大频率，直至趋于稳定			

注：B 为矩形顶管断面宽度。

①控制网的布设：地表沉降监测控制网由基准点和工作基点构成。这些控制点应布设在离现场施工影响范围之外较远的地方，便于重复测量，并且是通视条件良好、稳定的、能够长期保存的地方。

②观测方法及精度控制：

地表沉降监测采用 Tri mble Dini12 施测，按照二等垂直沉降监测技术要求观测。

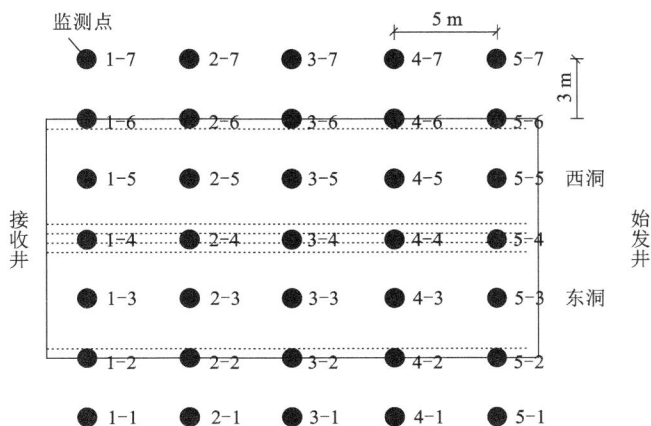

图 8-1　监测点平面布置图

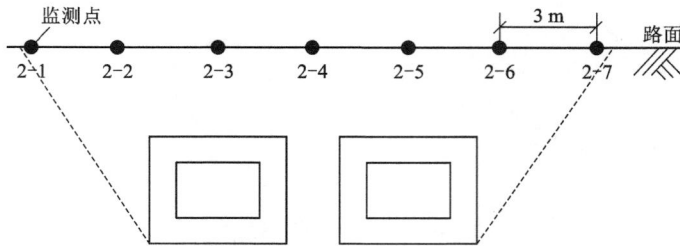

图 8-2   2#横断面监测点布置图

2. 管道水平位移和沉降监测

控制网的布设：管道内水平位移和沉降监测控制网由基准点和工作基点构成。每次监测前对基准点进行复核，确认稳定后方可对监测点的进行观测。在顶管施工前，对竖直沉降及水平位移监测控制网测量 2 次，取两者平均值作为初始值。

管道内水平位移监测和沉降监测使用 Leica TS06(1″, 1 mm+1.5 ppm)全站仪及配套棱镜组进行监测。根据现场施工条件和工程要求，采用小角度法和极坐标法相结合的方法进行监测。

监测频率：每顶进 2 节后监测 1 次，顶进结束后 10 天内每 2 天监测 1 次，10 天后每 5 天监测 1 次，直至趋于稳定。

埋设方法：管道内水平位移监测点的位置、数量及埋设要求与垂直沉降监测点相同。

监测点布设：沿顶管轴线方向每 3 m 设置一组监测点(对应轴线上设 1 个水平位移点，左右侧墙对称设 2 个沉降点)。

观测方法与精度控制：水平位移监测和竖向沉降位移监测使用全站仪及配套棱镜组进行监测。根据施工现场的条件和工程要求，采用小角度法和极坐标法结合进行现场监测。

8.1.3   监测结果分析

现场施工导致靠近接收井和始发井的第 1 排和第 5 排监测点被遮挡无法测量，所以在分析时只能选取中间合适的横断面监测数据。

现场施工是先对东侧顶管隧道进行顶进开挖，直至贯通，再开挖西侧顶管隧道。由于矩形顶管覆土极浅，在顶管隧道开挖前先在顶管上部和两侧顶进管幕用作加固支护，防止顶管顶进过程中路面变形严重。2019 年 2 月 6 日是东侧顶管开始施工的第一天，2019 年 2 月 17 日东侧顶管贯通；停工 10 d 后(2019 年 2 月 27 日)西侧顶管开始顶进，2019 年 3 月 7 日西侧顶管贯通。

1. 地表监测点横向变形分析

选取 2#断面的监测数据对地面竖向变形进行分析(2#断面距始发井 17 m)，绘制出先行东侧顶管施工过程中 2#监测断面的地表变形曲线(图 8-3)和后行西侧顶管施工过程中 2#监测断面的地表变形曲线(图 8-4)。

从图 8-3 可以看出，顶管顶进至 2#监测断面之前，顶管前方土体受到千斤顶挤压而出现

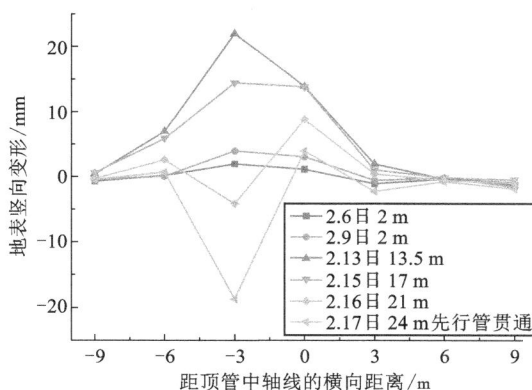

图 8-3　先行东侧顶管施工 2#监测断面地面竖向变形曲线

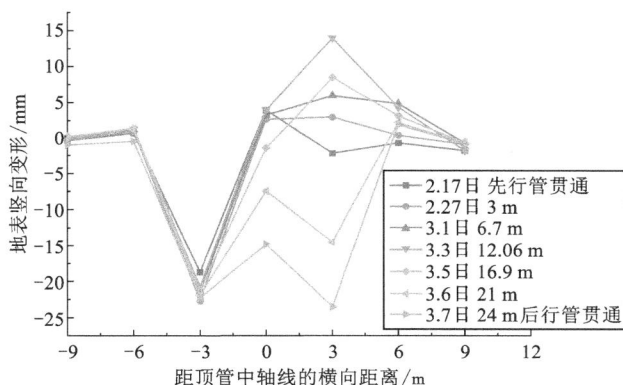

图 8-4　后行西侧顶管施工 2#监测断面地面竖向变形曲线

隆起，随着距离越近，隆起高度越高。当顶进至 13.5 m 时，隆起值达到最大，最大隆起位置位于东侧顶管轴线正上方 2-3 测点，其隆起值为 22 mm；顶进至监测断面时，地表出现轻微沉降，这是由于顶管机对前方土体产生切削作用，地表发生沉降；穿过监测断面之后，地表急剧沉降，这是由顶管机与后续管片之间管径差产生的空隙引起的。先行东侧顶管贯通之后，地面沉降曲线呈"V"形，和 Peck 曲线相似。由图 8-3 还可以看出，矩形顶管施工引起地面变形的影响范围为 $1.5B$（B 为管片宽度），变形值占总变形的 90%以上。矩形顶管顶进过程中，顶管轴线上方土体变形最大，离矩形顶管轴线越远变形越小。

　　从图 8-4 可以看出，先行东侧顶管贯通后 10 d 西侧顶管才开始施工，在此期间，东侧顶管轴线正上方测点 2~3 沉降量由 18.7 mm 增加至 22.7 mm。这是由于处在填砂路基层的大断面顶管在施工过程中，某些因素导致施工停滞，降雨后引起细砂土饱和液化等使开挖面失稳，进而使得路面产生沉降；随着后行西侧顶管的顶进，西侧顶管上方土体先隆起再沉降，当西侧顶管贯通后，西侧顶管轴线正上方测点 2-5 急剧沉降，最后沉降值为-23.5 mm，且沉降槽逐渐"右移"，变成"W"形，沉降槽宽度变为 $2.5B$。这是由于先行东侧顶管在顶进施工时对周围土体的扰动程度是不均匀的，离顶管轴线水平距离越远扰动程度就越小，越靠近轴线扰动程度越大。当后行西侧顶管顶进施工时，离东侧顶管较近一侧的土体扰动程度大于另一侧，土体损失量也要大于另一侧，最后地面变形曲线表现为不对称。但由于有管幕的支护加固作用，两平行顶管的相互影响程度较低，因此两顶管轴线上最大沉降值相差不大。

2. 地表监测点纵向变形分析

图 8-5、图 8-6 分别为监测点 2-3 和监测点 2-5 的地面竖向变形曲线。

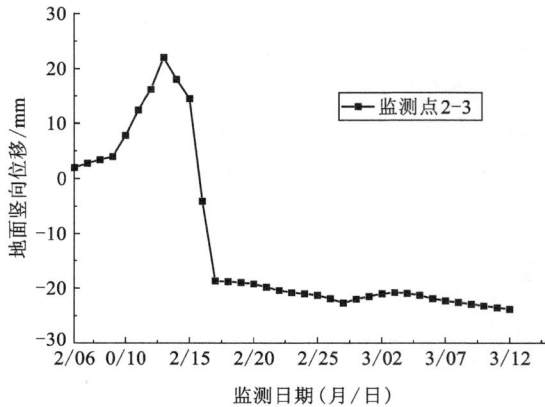

图 8-5　监测点 2-3 地面竖向变形历时曲线

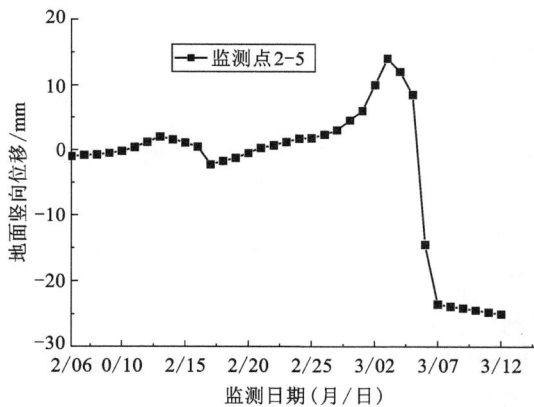

图 8-6　监测点 2-5 地面竖向变形历时曲线

从图 8-5 可以看出，当顶管机离监测点较远时，土体受到扰动，地表微微隆起，随着顶管不断地顶进，地表产生急剧隆起。这是由于前方土体受到的千斤顶挤压力不断变大，土体向外挤压；当顶管机头距离监测点 3.5 m 时，地表隆起值达到最大，最大值为 22 mm；当顶管机通过测点时，地表逐渐沉降，这是因为顶管机外壳与周围土体产生剪切作用，土体被扰动产生地表沉降；当顶管机头通过监测点后，监测点出现了急速沉降，这是因为顶管机头通过之后需要注入触变泥浆以减小管道周围的摩擦阻力，当注浆压力过小时，管道周围土体向管道轴线移动，地表产生沉降；在西侧顶管施工前停工了 10 天，在此期间，地表有沉降变形。

在后行西侧顶管施工过程中,测点 2-3 地表变形较小,这说明后行西侧顶管施工对先行东侧顶管上方土体扰动较小。两顶管都贯通之后,测点沉降逐渐稳定。

从图 8-6 可以看出,在先行东侧顶管施工过程中,测点 2-5 表现为微微隆起,这是因为先行东侧顶管施工对管道两侧土体受到挤压作用。随后后行西侧顶管开始施工,测点 2-5 的竖向变形趋势和图 8-5 前半部分先行管引起测点 2-3 的竖向变形趋势相似。

8.2　矩形顶管施工有限元数值模拟

8.2.1　模型基本假定条件

本书的三维有限元分析建立在以下基本假定的基础上。

①模型中各土层均质各向同性,顶管上方的路面以及各土层都是水平的。

②顶管机壳和管幕用板单元来模拟,土层、路面结构、管片和注浆则使用 3D 实体单元模拟。土层满足摩尔-库仑本构模型条件,顶管机、管节、路面结构、注浆层及管幕满足弹性本构模型条件。顶管隧道的顶进开挖模拟通过对土体钝化来实现,而顶管机壳模拟通过析取顶管周围的注浆层外侧板单元来实现[1]。

③在计算初始应力时,要进行位移清零,即在顶管施工前由自重应力和路面超载造成的变形不予考虑。

④由于顶管工程周围无地下水,在数值模拟时就不用考虑地下水渗流作用,同时假定土体的变形是瞬间产生的,不考虑土体的固结及次固结作用产生的沉降。

⑤在建立的顶管模型中,管片的截面尺寸一样、壁厚一样,且管片间的连接不考虑。

⑥在建立三维模型时,路面结构和路面超载都被考虑进去了,这样模型更加符合实际工程情况,模拟得到的结果更加合理。

⑦管片和土体间有环形间隙,用弹性模量较小的介质单元来填充,这部分单元用来模拟注浆层,同时土体损失引起的地表变形也可以用它来模拟。

8.2.2　材料参数的选取

在建立数值模型时,我们需要将顶管工程进行合理简化,这样才能使模型参数更加符合工程实际,模拟出来的结果才能更符合工程实例。针对南昌大桥西桥头大断面矩形顶管通道工程,结合相关地勘资料并参考相关文献[65]来确定材料的基本参数,其中土体材料物理力学参数如表 8-2 所示,其他结构材料物理力学参数如表 8-3 所示。

表 8-2　模型土体物理力学参数

序号	材料	本构	层厚 /m	弹性模量 E/MPa	泊松比 v	容重 r /(kN·m^{-3})	黏聚力 c /kPa	摩擦角 φ /(°)
1	粉质细砂	摩尔-库仑	8.8	9.6	0.35	17.1	0	30
2	粉质黏土	摩尔-库仑	3	12	0.32	19.5	20	16

续表 8-2

序号	材料	本构	层厚/m	弹性模量 E/MPa	泊松比 υ	容重 r /(kN·m⁻³)	黏聚力 c /kPa	摩擦角 φ /(°)
3	圆砾	摩尔-库仑	12	37	0.31	22	3	25
4	强风化泥质粉砂岩	摩尔-库仑	0.7	120	0.3	21	60	27
5	中风化泥质粉砂岩	摩尔-库仑	7.8	550	0.27	22	120	32
6	微风化泥质粉砂岩	摩尔-库仑	9	1600	0.25	23	250	37

表 8-3 模型结构物理力学参数

序号	材料	单元	本构	层厚/m	弹性模量 E /MPa	泊松比 υ	容重 r /(kN·m⁻³)
1	沥青混凝土	实体	弹性	0.18	1250	0.3	23
2	水泥稳定碎石	实体	弹性	0.32	1400	0.25	22
3	石灰稳定土	实体	弹性	0.2	500	0.35	20
4	管片	实体	弹性	0.5	35000	0.2	25
5	注浆体	实体	弹性	0.1	1	0.25	20
6	顶管机壳	板	弹性	0.05	250000	0.25	78
7	管幕	板	弹性	0.24	200000	0.25	78.5

8.2.3 本构模型的选取

在建立数值模型过程中,选取合适的本构模型是很重要的,它直接影响到模拟结果的正确性。本构模型即本构关系,本构关系是应力、应变与时间之间的关系表达式,它反映的是模型材料的力学特性。

1. 土体本构模型

对于土体材料,其力学特性非常复杂,即土体参数非常多,在实际工程中都很难将其全部测出来,而且有不少土体参数对土体性质影响很小,可以忽略不计。因此我们只需要使用关键的土体参数就行。本书使用 MIDAS/GTS NX 有限元软件,选取摩尔-库仑模型来模拟土体,该本构模型所需的土体参数相对较少,而且容易获取。因此通过采用土体摩尔-库仑准则来模拟分析下穿薄覆土吹填砂路基的大断面矩形顶管施工过程。

摩尔-库仑基本定律:

$$\tau = c + \sigma \tan \varphi \qquad (8-1)$$

式中：τ 为土体的抗剪强度；c 为土体的黏聚力；σ 为受力面上的法向正应力；φ 为土层内摩擦角。

摩尔研究发现，土体材料的受力面的法向正应力 σ 与其抗剪强度 τ 关系密切，存在着某种函数关系，因此提出剪切破坏理论，即摩尔-库仑破坏理论：

$$\frac{\sigma_1 - \sigma_3}{2} = \frac{\sigma_1 + \sigma_3}{2}\sin\varphi + c\cos\varphi \tag{8-2}$$

当静水压力很小时，土层的内摩擦角 φ 可以取常数，因此式（8-2）被称为摩尔-库仑屈服条件。其屈服函数表达式为：

$$f = \tau - c - \sigma\tan\varphi = 0 \tag{8-3}$$

由式（8-3）可知在任意面上的抗剪强度 τ 只与该面上的内摩擦角 φ 及法向正应力 σ 有关，又可表示为：

$$F(\sigma_1, \sigma_3) = \frac{\sigma_1 - \sigma_3}{2} - \frac{\sigma_1 + \sigma_3}{2}\sin\varphi - c\cos\varphi = 0 \tag{8-4}$$

2. 顶管本构模型

由于该大断面矩形顶管工程管片是用 C50 混凝土预制的，矩形顶管机壳由钢结构组成，这两种材料的刚度都要比土体的刚度大很多，因此顶管机和管片的应力不会超过其材料的屈服应力，模拟时将这两种材料设为线弹性模型[66]。

3. 路面本构模型

道路结构参照相关文献[67]来进行划分，分别是面层、基层、底基层。面层为沥青混凝土，基层为水泥稳定碎石，底基层为石灰稳定土，考虑其材料特性，模拟时其本构选为弹性模型。

4. 管幕本构模型

管幕由钢管和 C30 微膨胀混凝土构成，由于钢管直径小、数目多，建模困难，因此将管幕用板单元来模拟，如图 8-7 所示，材料考虑为线弹性模型。设钢管直径 $d = 0.3$ m，钢管净距 $D = 0.05$ m，根据等效刚度原则可知，等效后的板厚为 h，由等效公式（8-5）求得板厚 $h = 0.24$ m。

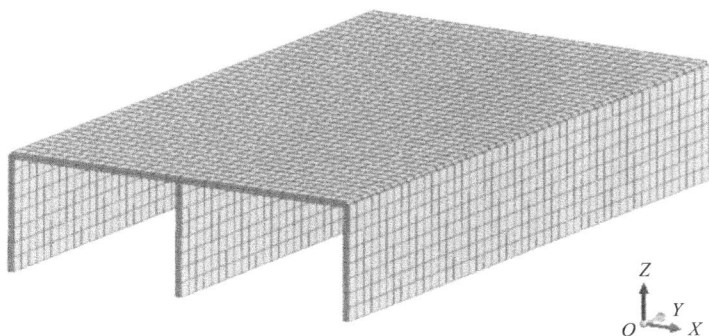

图 8-7　管幕的网格划分图

$$\frac{(D+d)h^3}{12} = \frac{\pi d^4}{64} \tag{8-5}$$

8.2.4 矩形顶管数值模型的建立

基于南昌大桥西岸段治堵顶管工程背景，针对南昌大桥顶管工程中测点处地质条件、水文条件进行数值分析，模拟平行矩形顶管下穿南昌大桥西侧路基施工。

在建立大断面矩形顶管模型时，模型尺寸的选取是十分重要的，往往是根据顶管的尺寸大小来选取模型尺寸的范围。由于矩形顶管管道会受到边界效应的影响，因此选取顶管尺寸的 3~6 倍作为计算模型的尺寸[68]。为了减小边界效应对土体变形的影响，模型尺寸选取稍大些比较合适。综上，确定模型尺寸为 80 m 24 m 42 m，即沿垂直于顶管轴线方向（X 方向），取 80 m；沿顶管顶进方向（Y 方向）宽度取 24 m；深度（Z 方向）取 42 m。根据计算精度要求本模型采用 MIDAS/GTS NX 自动混合网格生成器进行网格划分，顶管通道处网格尺寸设置为 0.5 m，其他地层土体尺寸设置为 2 m，共划分 98670 个单元与 49214 个节点。考虑其路面结构分层，自上而下，面层为沥青混凝土，其厚度 $d_1 = 0.12$ m，基层为水泥稳定碎石，其厚度 $d_2 = 0.38$ m，底基层为石灰稳定土，其厚度 $d_3 = 0.2$ m，路面结构均用 3D 实体单元模拟；路基主要为粉质细砂，采用 3D 实体单元进行模拟；顶管采用 C50 预制钢筋混凝土管，管片外尺寸为 6 m×4.3 m，壁厚为 0.5 m，每节管道长 1.5 m，两管间距为 0.7 m，将管道模型按每 1.5 m 截取 1 段，共截 16 段，管片采用 3D 实体单元模拟；注浆层的厚度为 100 mm，采用 3D 实体单元模拟，采用弹性本构模型；顶管机壳通过析取注浆体外侧板单元来模拟，采用弹性模型；管幕用板厚为 0.24 m 的板单元来模拟，采用弹性本构模型，模型网格划分如图 8-8。

对于边界约束，两个侧面设置横向约束，不发生水平位移；下部边界设竖向约束，不发生竖向位移；上部边界为自由边界；管幕两端加固定约束；同时在注浆层和管节施加改变土体属性的边界条件。

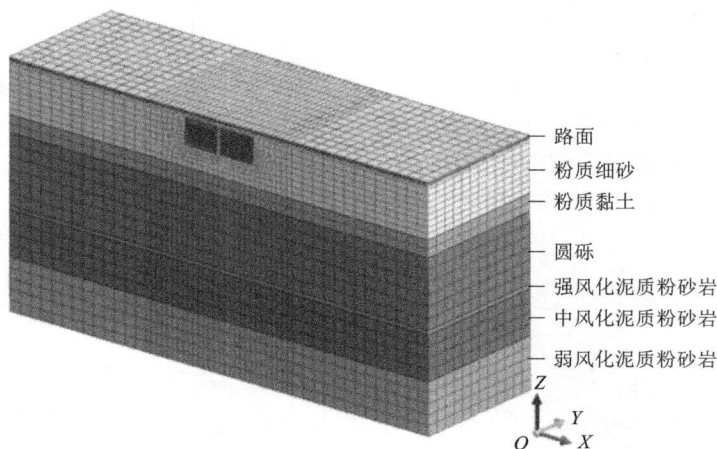

路面
粉质细砂
粉质黏土
圆砾
强风化泥质粉砂岩
中风化泥质粉砂岩
弱风化泥质粉砂岩

图 8-8 模型网格划分图

8.2.5　主要影响因素的模拟

1. 路面荷载

由于矩形顶管工程上部为城市主干道南昌大桥，计算路面荷载时仅考虑车辆载荷的影响。车辆荷载是通过在模型路面施加向下的均布荷载作用来模拟，参照《公路桥涵设计通用规范》(JTG D60—2015)路面荷载取 13 kN/m²，即模型上表面施加 13 kPa 均布荷载。路面荷载模型见图 8-9。

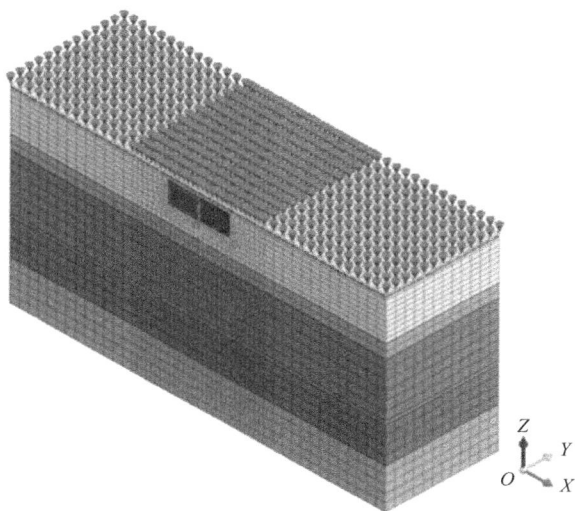

图 8-9　路面荷载模型

2. 正面附加压力

该平行矩形顶管工程施工使用的是土压平衡式顶管机，其主要工作原理就是让正面附加压力和机头前方的土压力达到平衡，但在顶管机实际操作时两者的大小很难达到完全平衡。若正面附加压力过小，则顶管机机头前方土体将发生坍塌，导致路面沉降；若正面附加压力过大，顶管机机头前方土体受到挤压作用，则会造成路面隆起。

为模拟顶管正面附加压力，在开挖面单元面上以均布荷载的形式施加顶管正面附加压力，参照现场施工资料，正面附加压力取值为 200 kPa。在模拟矩形顶管顶进过程中，将开挖面上的均布荷载逐步激活和钝化，以此来模拟顶进过程中顶管机头刀盘对开挖面的顶进压力。具体过程：在钝化前一节土体时，激活开挖面上的附加压力，在对开挖面土体进行钝化的同时钝化在开挖面上已施加的正面附加压力，如此往复来对顶管施工过程中的正面附加压力进行模拟，如图 8-10 所示。

3. 土体损失[56]

土体损失是顶管施工引起地面变形的一个主要因素，在平行矩形顶管顶进过程中，由于

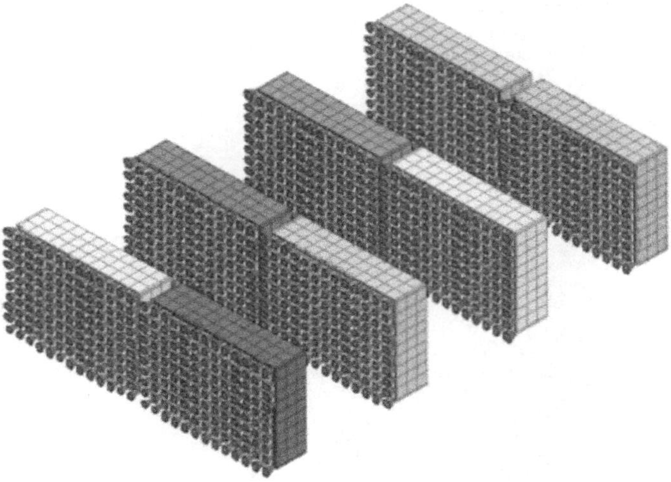

图 8-10　正面附加压力模拟

施工因素顶管周围土体产生沿管道的环向间隙。因此在数值建模时，将管片四周的土层改变属性，用来模拟注浆层和顶管施工导致的土体损失，并且将改变属性的土层厚度设为环向等厚，其弹性模量约为原状土的 1/10，取为 1 MPa，注浆层厚度取 0.1 m。当平行顶管顶进施工时，由于注浆层的弹性模量很小，其在受到同等外力作用下土体的变形比注浆层的变形要小很多，因此可以看出在重力的作用下管道四周空隙的应力应变响应。其模型如图 8-11。

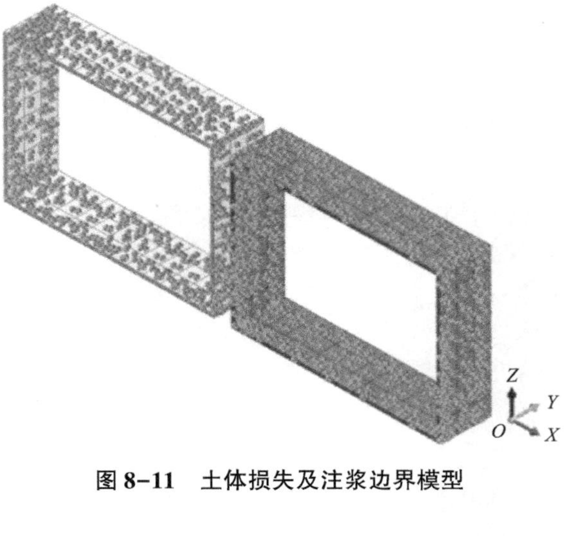

图 8-11　土体损失及注浆边界模型

4. 摩擦阻力

在平行矩形顶管顶进过程中管片与土体摩擦阻力和顶管机壳与土体摩擦阻力是随时间变化的，其大小是很难测出的。因此在建立模型时需要对摩擦阻力进行简化。通过查阅相关文献，并结合现场施工实测数据，将其摩擦力简化为一个定值。考虑到该工程采用了注浆减阻技术，管片与土体摩擦阻力和顶管机壳与土体摩擦阻力的不同，顶管机与土体之间的摩阻力取 15 kPa，管片与土体之间的摩擦阻力取 5 kPa。方向和平行顶管前进方向相反。其模型参见图 8-12 和图 8-13。

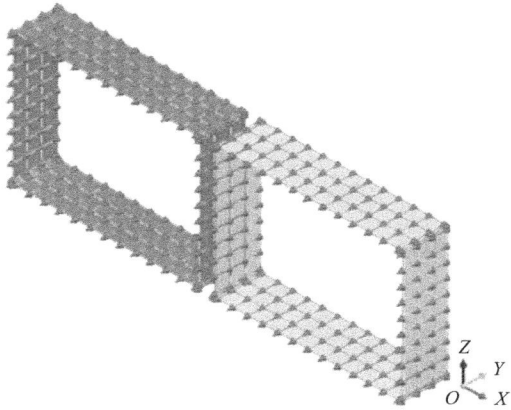

图 8-12　顶管机壳与土体摩擦阻力

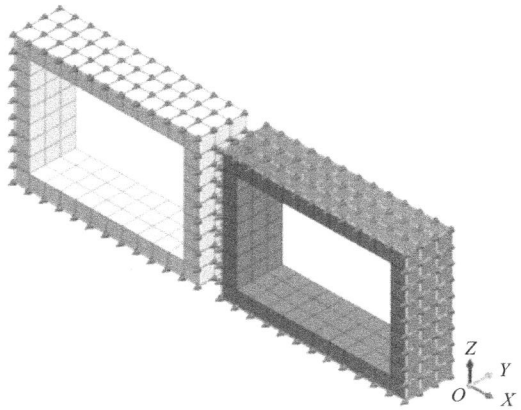

图 8-13　管片与土体摩擦阻力

5. 注浆压力

采用给管道四周施加径向均布压力的方法来模拟注浆压力，压力的取值依据工程施工时实际的注浆压力。注浆浆液拟采用膨润土和水，其配合比为 1∶8，该数值模型中注浆压力取 1.0 MPa。在激活管片和注浆浆液的同时激活注浆压力。注浆压力模拟示意图如图 8-14 所示。

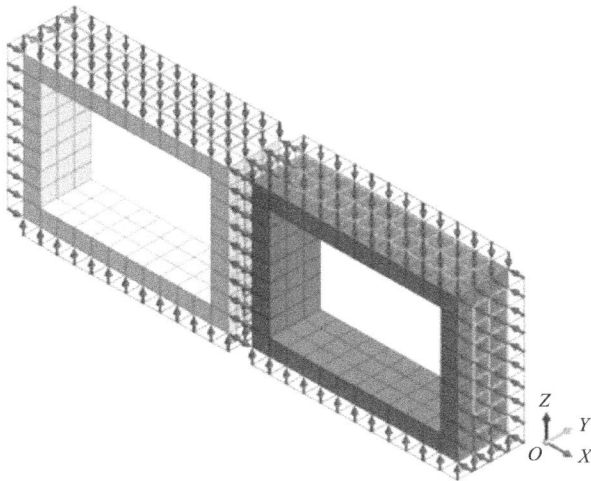

图 8-14　管片四周注浆压力的模拟

8.2.6 矩形顶管施工过程模拟

由于矩形顶管施工顶进较为缓慢，该平行矩形顶管模型按施工步对顶管开挖进行模拟。对开挖土体按每一步 1.5 m 进行开挖，顶管机壳按 3 m 计算，即两节管片的长度。先开挖左侧矩形顶管隧道，再开挖右侧的，每一侧隧道分 18 步开挖，施工步网格如图 8-15 所示。按照如表 8-4 所示顺序进行施工。表中"挖"指管片内径里的土，"注浆"指注浆层的土，"管片"指管片位置处的土，"土/注浆"指注浆位置处的土改变属性成为注浆体，"土/管片"指管片位置处的土改变属性成为管片结构。

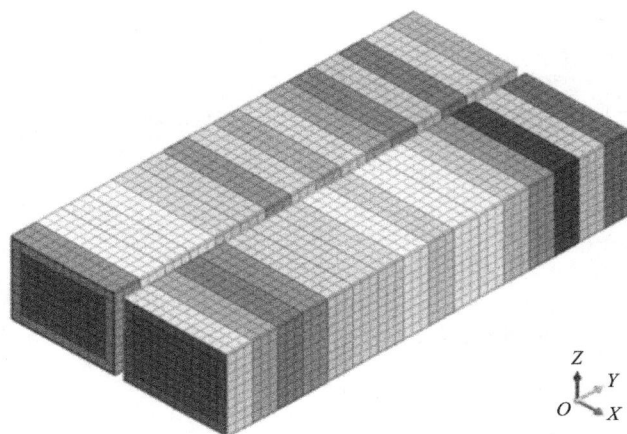

图 8-15 施工步网格

表 8-4 平行矩形顶管施工过程模拟表

施工阶段	激活	钝化	附加说明
初始应力分析	路面结构，地层 1~6，挖 1~32，注浆 1~32，管片 1~32，自重，位移边界，路面压力	—	勾选"位移清零"
管幕施工	管幕，管幕约束	—	
位移清零	—	—	勾选"位移清零"
开挖 1	顶管机壳 1，掘进压力 1，顶管机摩擦力 1	挖 1，注浆 1，管片 1	开始开挖，机壳先行
开挖 2	顶管机壳 2，顶管机摩擦力 2，掘进压力 2	挖 2，注浆 2，管片 2，掘进压力 1	—
开挖 3	顶管机壳 3，顶管机摩擦力 3，管片 1，土/管片~1，管片摩擦力 1，注浆 1，土/注浆 1，注浆压力 1，掘进压力 3	挖 3，注浆 3，管片 3，顶管机壳 1，顶管机摩擦力 1，掘进压力 2，	—
开挖 4	顶管机壳 4，顶管机摩擦力 4，管片 2，土/管片~2，管片摩擦力 2，注浆 2，土/注浆 2，注浆压力 2，掘进压力 4	挖 4，注浆 4，管片 4，顶管机壳 2，顶管机摩擦力 2，掘进压力 3	—

续表 8-4

施工阶段	激活	钝化	附加说明
……	……	……	……
开挖 17	管片 15，土/管片 15，管片摩擦力 15，注浆 15，土/注浆，注浆压力 15	顶管机壳 15，顶管机摩擦力 15	—
开挖 18	管片 16，土/管片 16，管片摩擦力 16，注浆 16，土/注浆 16，注浆压力 16	顶管机壳 16，顶管机摩擦力 16	先行顶管贯通，先行顶管管片顶进结束
开挖 19	顶管机壳 17，顶管机摩擦力 17，掘进压力 16	挖 17，注浆 17，管片 17	后行管开始开挖，机壳先行
开挖 20	顶管机壳 18，顶管机摩擦力 18，掘进压力 17	挖 18，注浆 18，管片 18，掘进压力 16	—
开挖 21	顶管机壳 19，顶管机摩擦力 19，管片 17，管片摩擦力 17，土/注浆 17，掘进压力 18	挖 19，注浆 19，顶管机壳 17，顶管机摩擦力 17，掘进压力 17	—
开挖 22	顶管机壳 20，顶管机摩擦力 20，管片 18，管片摩擦力 18，土/注浆 18，掘进压力 19	挖 20，注浆 20，顶管机壳 18，顶管机摩擦力 18，掘进压力 18	—
……	……	……	……
开挖 34	顶管机壳 32，顶管机摩擦力 32，管片 30，管片摩擦力 30，土/注浆 30，	挖 32，注浆 32，顶管机壳 30，顶管机摩擦力 30，掘进压力 30	—
开挖 35	管片 31，土/管片 31，管片摩擦力 31，注浆 31，土/注浆 31，注浆压力 31	顶管机壳 31，顶管机摩擦力 31	—
开挖 36	管片 32，土/管片 32，管片摩擦力 32，注浆 32，土/注浆 32，注浆压力 32	顶管机壳 32，顶管机摩擦力 32	后行顶管贯通，管片顶进结束

8.3　矩形顶管数值模拟结果分析

8.3.1　矩形顶管模型的计算结果的分析

在平行矩形顶管施工前，土体处于稳定状态，隧道开挖后工体应力场会发生变化，所以在顶管隧道开挖前需进行位移清零。初始应力场下土层位移云图如图 8-16 所示。

该平行矩形顶管先从左侧隧道顶进，待其顶进结束后再开始顶进右侧顶管隧道。平行顶管顶进过程中土层竖向位移变化云图如图 8-17～图 8-20 所示。

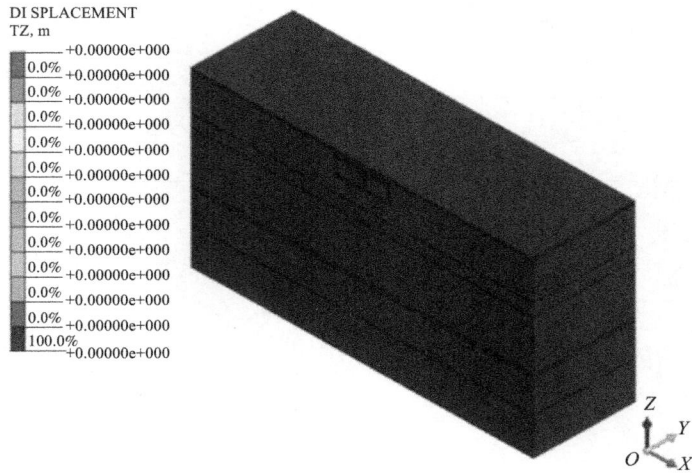

图 8-16　模型初始应力场下土层竖向位移云图

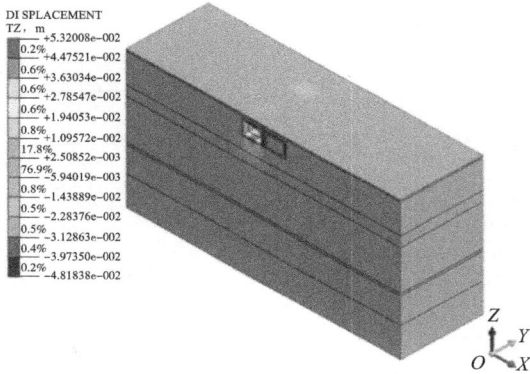

图 8-17　先行左侧顶管开挖 12 m 位移云图

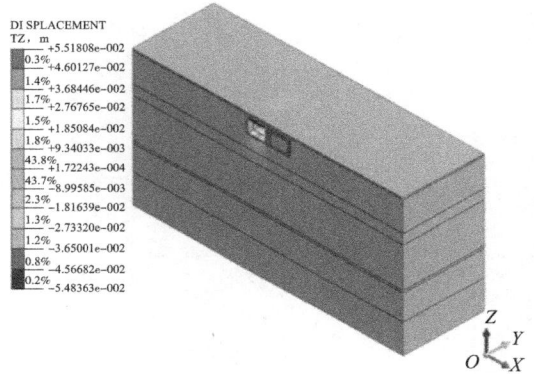

图 8-18　先行左侧顶管贯通后位移云图

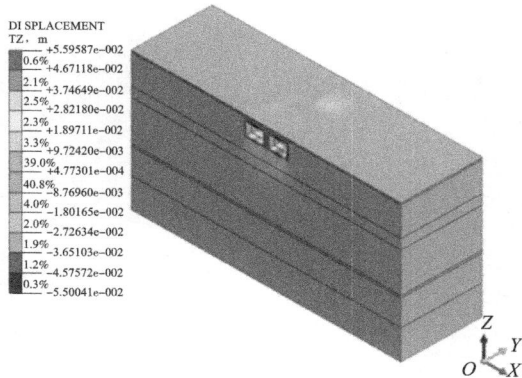

图 8-19　后行右侧顶管开挖 16 m 位移云图

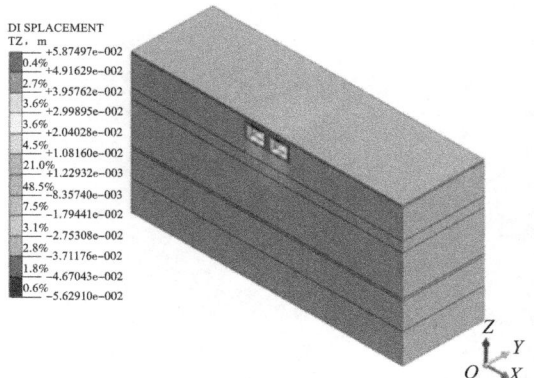

图 8-20　后行右侧顶管贯通后位移云图

通过分析以上竖向变形云图,可以观测到在整个平行矩形顶管施工过程中土体竖向位移的动态变化情况。平行矩形顶管施工过程中地表出现沉降,且最大沉降值出现在顶管轴线的上方,距离矩形顶管轴线越远沉降值会越小,而且随着平行矩形顶管的顶进开挖,土体扰动的范围逐渐增大。由于开挖之后管道内土体产生应力释放,管道下部的土体产生局部隆起。

8.3.2 路面沉降数据对比分析

基于本工程项目,选取 $y=17$ m 断面处的监测数据和数值模拟数据进行对比分析,分别绘制出先行顶管贯通后路面沉降变形曲线(图8-21)和后行顶管贯通后路面沉降变形曲线(图8-22)。

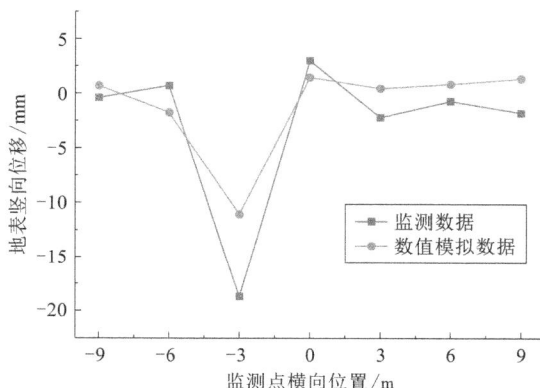

图8-21 先行顶管贯通后路面沉降曲线

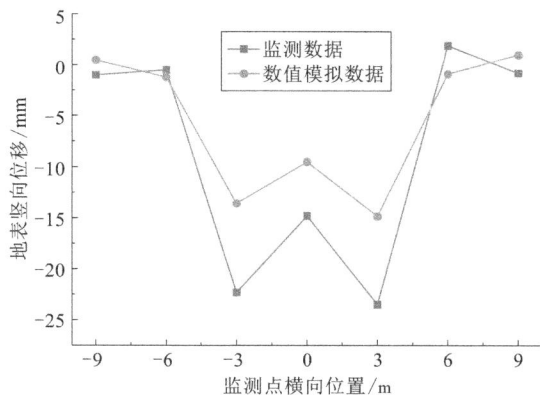

图8-22 后行顶管贯通后路面沉降曲线

从图8-21、图8-22可以看出,在先行顶管贯通后和后行顶管贯通后的沉降曲线中,监测数据和数值模拟数据曲线呈现的规律性基本相同,这说明了本书数值模型的合理性以及模拟结果的正确性,可以看出用数值模拟方法来分析顶管施工对地表变形的影响具有较强的参考价值。监测数据的沉降量比数值模拟得到的沉降量要稍大一些,且监测数据的沉降槽稍宽,主要原因如下:①现场人工操作不合理,导致现场路面沉降值要大些,如注浆量不够、注浆压力设置不合理及出土量过大等；②该模型做了较大的简化设计，使得模型中的参数与现场实际存在差异。

8.3.3　路面竖向变形横向分布规律

本书选取 $y = 12$ m 断面处地表各个节点的竖向变形值进行分析，以两平行矩形顶管中线中点为坐标原点，绘制出地表横向沉降槽曲线，如图 8-23 所示。

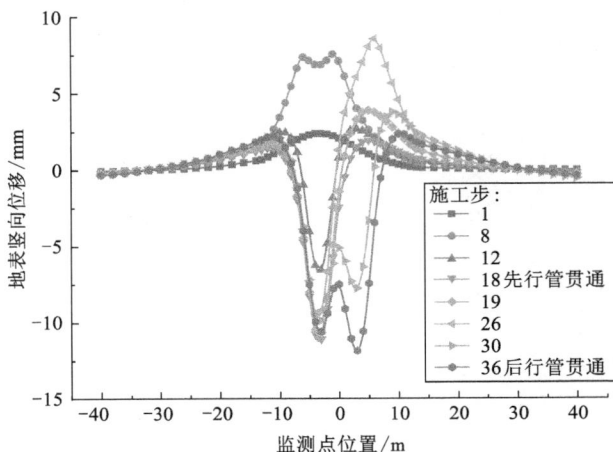

图 8-23　顶管施工各施工步 $y = 12$ m 断面处地表竖向位移

从图 8-23 可以看出，先行顶管贯通后地面横向沉降曲线为"V"形分布，近似于 Peck 曲线，两平行矩形顶管全部贯通后地面横向沉降曲线为"W"形分布，不符合 Peck 曲线的正态分布规律。当先行顶管在顶进至监测断面 $y = 12$ m 处时，地面由于受到顶管机头压力的影响而隆起，在穿过监测断面至先行顶管贯通过程中，地面迅速沉降，其沉降槽的中心线在先行顶管轴线正上方。先行顶管贯通后，最大的沉降点位于先行顶管轴线正上方，其值为 -11.1 mm。随着后行顶管的顶进，沉降槽逐渐变宽，且沉降槽的中心线也逐渐向后行顶管靠近。当后行顶管贯通之后，沉降槽出现了两个极大值，一个极大值点位于先行顶管轴线正上方，其值为 -10.6 mm，另一个极大值点位于后行顶管轴线正上方，其值为 -11.8 mm。还可以看出沉降槽的中心线处存在一个极小值点，其值为 -7.5 mm，该点位于两矩形顶管中心。这是由于有管幕的支护，两顶管之间的土体受扰动变小，因此两顶管中心上方地表的沉降值也相对较小。先行顶管贯通后，施工引起地表变形的沉降槽宽约为 $2.5B$（B 为矩形顶管的宽度），这表明单个矩形顶管顶进施工对顶管边缘外侧的影响范围约为 $0.75B$。当两矩形顶管都贯通后，施工引起地表变形的沉降槽宽约 $4B$，这表明两平行矩形顶管顶进施工对顶管边缘外侧的影响范围约为 $1B$。

8.3.4　路面竖向变形纵向分布规律

选取两矩形顶管轴线正上方地面的两排节点，每排取 5 个节点，绘制出各个节点随顶管顶进施工的地面变形曲线图（正值表示隆起，负值表示沉降），如图 8-24、图 8-25 所示。

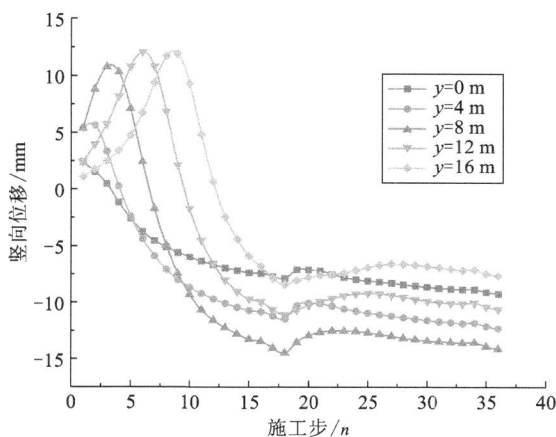

图 8-24　先行顶管正上方各节点随施工步地面竖向位移变化曲线

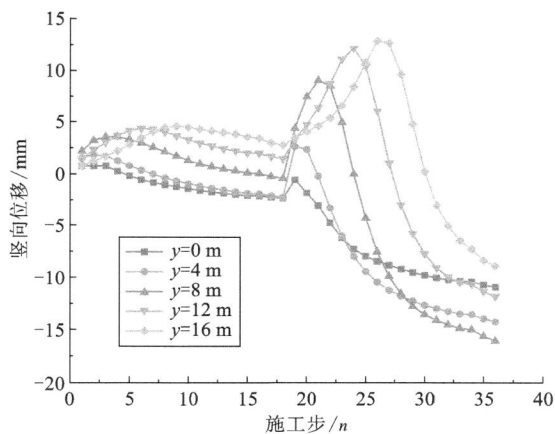

图 8-25　后行顶管正上方各节点随施工步地面竖向位移变化曲线

　　从图 8-24 可以看出，随着顶管的不断顶进，先行顶管轴线正上方各节点的地面竖向位移变化趋势基本一致，地面都是先隆起然后再急剧下沉最后沉降达到最大值并趋于稳定。这是由于机头前方土层受到顶管机的扰动，当机头靠近监测点时，掌子面土体受到机头的挤压作用使得监测点隆起。当机头通过监测点时，管道周围的土体渗进管片环向空隙造成土体损失，从而使监测点发生急剧沉降。随着顶管顶进距离的不断增加，各监测点的沉降变形趋于稳定。从图 8-24 还可以看出，在施工步 18（即先行顶管贯通）之后，各个监测点沉降值都基本趋于稳定，这说明后行顶管顶进施工过程对先行顶管上方土体的竖向变形影响较小。

　　从图 8-25 可以看出，在施工步 18 之前（先行顶管的顶进施工过程），后行顶管上方的各个节点都稍微隆起，这表明先行矩形顶管的顶进施工挤压了后行矩形顶管上方的土体。在施工步 18 之后（先行顶管贯通，后行顶管顶进过程），后行顶管上方各个监测点的竖向变形趋势和图 8-24 中施工步 18 之前先行顶管上方各个节点的竖向变形趋势基本保持一致。综上表明：尽管两矩形顶管之间距离很小，但提前做好管幕预支护后，两矩形顶管施工的相互影响较小。

图 8-26 为后行顶管贯通后两矩形顶管正上方地面竖向位移曲线，从中可以看出后行顶管贯通对先行顶管轴线正上方地面竖向位移影响较小，且后行顶管轴线正上方地面沉降稍大些。结合图 8-24，在施工步 18(先行顶管贯通)之后，先行顶管上方各节点竖向位移都发生向上隆起的现象。这说明后行顶管顶进施工对先行顶管上方的土体有挤压作用，而隆起部分基本抵消掉后面的沉降变形，这也就是后行顶管贯通后后行顶管上方地面沉降稍大些的原因。后行矩形顶管贯通之后，靠近始发井的地面沉降较大，靠近接受井的地面沉降较小，其中最大沉降位置都出现在两顶管轴线上方 $y=6$ m 处，先行顶管最大沉降值为 -14.1 mm，后行顶管最大沉降值为 -16.6 mm。

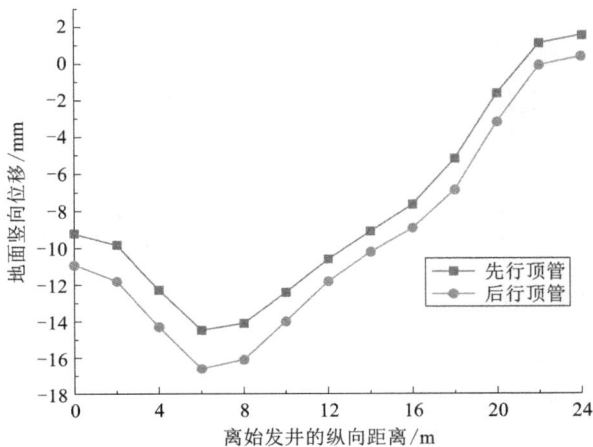

图 8-26　两顶管轴线正上方地面竖向位移曲线

8.3.5　深层土体水平位移分析

绘制靠近先行顶管左侧 $y=12$ m 处的深层土体水平位移变化曲线，顶管大致位置已在图 8-27 中标出。

从图 8-27 可以看出，在矩形顶管机头到达监测点之前，随着矩形顶管机机头的不断向前顶进，顶管轴线左侧附近的土层向远离顶管轴线的方向移动。这是因为顶管机机头的刀盘的切削和千斤顶的顶进，前方的土体受到向外的挤压，在顶进过程中同步注浆也使得顶管周围土体远离顶管轴线。

当矩形顶管机机头到达监测点时，远离顶管轴线附近的土层开始迅速向顶管轴线靠拢；当矩形顶管机机尾离开监测点一段距离之后，顶管左侧土层逐渐向顶管轴线的方向移动，移动幅度不大。主要原因如下：第一，顶管机后续管片与顶管机机头之间存在外径差，当顶管机机头离开监测点后，周围土体就会填补外径差导致的空隙从而使土层向顶管轴线方向移动；第二，在顶管顶进过程中向顶管周围注入的触变泥浆会逐渐向外流失而使得泥浆套减少，从而土层向顶管轴线方向移动；第三，顶管施工停顿或者更换管片使得管片回弹，导致掌子面土体松动从而使土层向顶管轴线方向移动。还可以看出，顶管下部的土层也随顶管的顶进逐渐向顶管轴线方向移动，这主要也是以上 3 点原因造成的。顶管轴线处的土体水平移动的位移值最大,最大值有 4.6 mm。水平位移值并不大,这是因为顶管周围有管幕的支护作用。

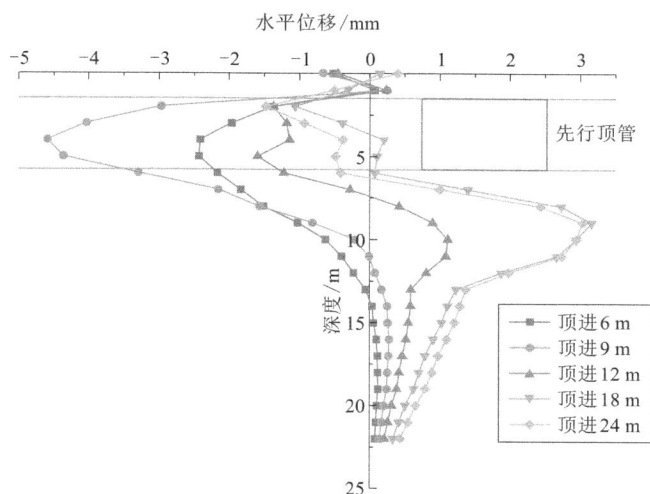

图 8-27　深层土体水平位移随顶程的变化曲线图

8.4　矩形顶管施工引起地面变形的影响因素分析

8.4.1　管幕支护对地面变形的影响分析

南昌大桥西岸段治堵顶管工程平行顶管的覆土深度只有 1.5 m,且两平行顶管的间距很小,为使路面在矩形顶管施工过程中变形小,该项目采取管幕结构进行预加固,具体管幕施工方案参照第三章。

为研究管幕支护对大断面小净距矩形顶管施工引起地面变形的影响,以原模型为基础,建立无管幕的顶管模型,将得到的计算结果与原模型进行对比。图 8-28 为平行矩形顶管都贯通后 $y=12$ m 处横断面竖向变形图。

从图 8-28 可以看出,加管幕支护之后地面变形有效减小,最大的竖向变形减小了 3.25 mm,地面的沉降槽曲线形状基本保持一致,管幕的支护作用体现在整个沉降槽(宽为 24 m)范围内。

8.4.2　覆土厚度对地面变形的影响分析

为研究顶管的覆土厚度对顶管顶进施工时地面变形的影响,在原模型顶管覆土厚度仅为 1.5 m 的基础上,控制其他模型参数不变,分别建立覆土厚度为 3 m、4.5 m、7.5 m 工况下的三维数值模型进行数值模拟。选取两平行顶管都贯通后的模拟结果,绘制出 $y=12$ m 处断面的地面竖向变形曲线,如图 8-29 所示。

从图 8-29 可以看出,在同等施工参数下,平行矩形顶管因不同覆土厚度施工引起的地

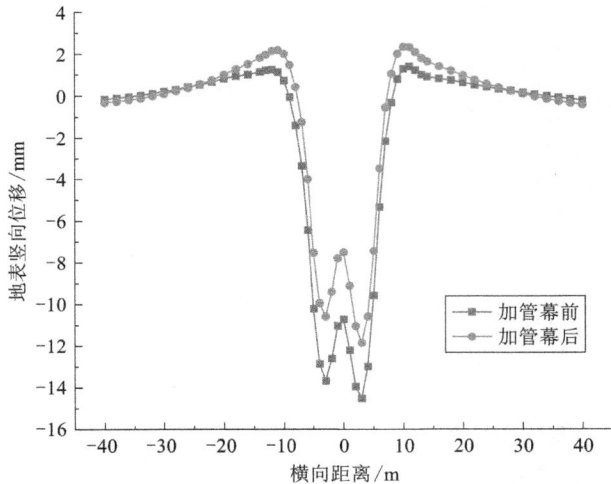

图 8-28　管幕支护对地表沉降槽的影响

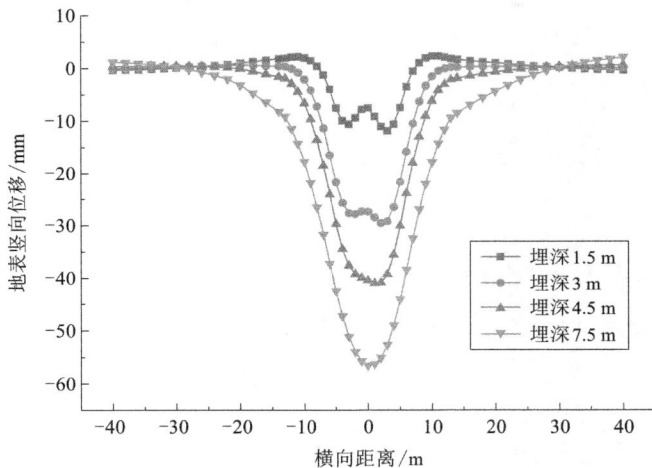

图 8-29　不同覆土厚度下地面横向沉降变形图

表变形范围及形态不一样，当平行矩形顶管覆土较浅时，地表沉降槽成"W"形，且平行矩形顶管两侧地表隆起；随着平行矩形顶管覆土厚度增加，最大沉降值逐渐增大，且地表沉降槽也逐渐变宽，即影响范围变宽，当顶管埋深由 1.5 m 增加至 7.5 m 时，地表沉降槽宽度由 $4B$ 变为 $8B$（$B=6$ m，为矩形顶管的宽度）；当平行矩形顶管覆土厚度大于矩形顶管宽度时，地表整体处于沉降状态，且地表沉降槽成深"V"形态，与正态分布函数图形相近。这是由于覆土深度较深时，土压力大于正面附加压力，导致地表出现沉降变形。随着平行矩形顶管覆土深度的增加，顶管开挖面的土压力逐渐增大，但土仓压力保持不变，从而土仓压力逐渐小于开挖面的土压力，导致地表沉降，且沉降值随埋深的增加而增加。因此，当平行矩形顶管覆土厚度增加时，顶管顶进需要克服的顶进阻力也会增加，故应调大土仓压力来平衡开挖面的土压力。

8.4.3　正面附加压力对地面变形的影响分析

为研究正面附加压力对地面变形的影响，基于第 4 章的数值模型，控制其他参数不变，改变正面附加压力的大小，分别取正面附加压力值为 20 kPa、200 kPa、400 kPa，选取平行顶管都贯通之后的模拟结果，绘制模型 $y = 12$ m 处横断面的地表竖向变形曲线（图 8-30）以及正面附加压力与地表变形的关系图（图 8-31）。

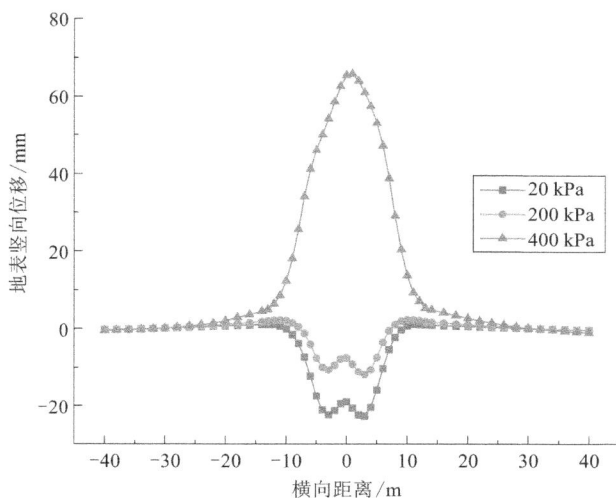

图 8-30　不同正面附加压力下 $y = 12$ **m 处横断面的地表变形曲线**

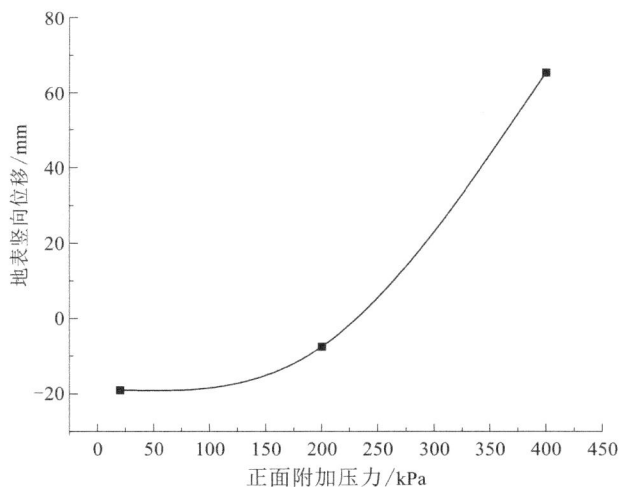

图 8-31　**正面附加压力与地表变形的关系图**

从图 8-30 可以看出，正面附加压力为 20 kPa（欠压）时，地表沉降值最大；正面附加压力为 400 kPa（超压）时，地表隆起，隆起最大值达 65.5mm，且随着正面附加压力的变化地表变形影响范围基本不变，变形槽宽约为 24 m。

结合图 8-30 和图 8-31 可以看出，当正面附加压力从 20 kPa 增加到 200 kPa 时，地表最大沉降值逐渐减小；当大于 200 kPa 时，随着正面附加压力的增大，地表由沉降变为隆起，压力越大隆起值越大。正面附加压力过小，处于欠压状态时，顶管机前面土体坍塌，导致地面沉降；正面附加压力过大，处于超压状态时，顶管机前面土体受到严重挤压切削作用导致地面隆起。所以控制好开挖面的正面附加压力大小对减小地面变形影响尤为重要。从图 8-31 可以分析出，该顶管工程的正面附加压力控制在 200 kPa 至 250 kPa 之间较为合理。

8.4.4 注浆压力对地面变形的影响分析

为研究矩形顶管施工过程中注浆压力对地面变形的影响，基于第四章的模型，通过控制变量法来控制其他参数不变，仅改变注浆压力的值，分别取注浆压力为 0.1 MPa，0.5 MPa，1 MPa。选取两平行顶管都贯通后的模拟结果，分别绘制出 $y=12$ m 处断面的地面横向变形曲线（图 8-32）和后行顶管轴线上方纵向地表变形曲线（图 8-33）。

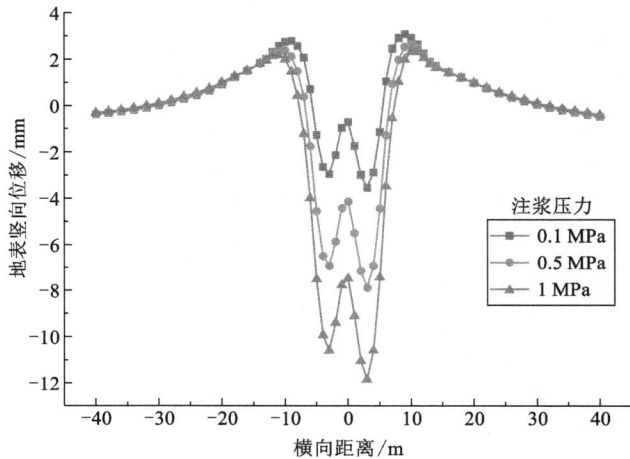

图 8-32 不同注浆压力下 $y=12$ m 处断面的地表竖向变形图

从图 8-32 可以看出，注浆压力与地表沉降值成正比，注浆压力越大地表最大沉降值也越大，而且注浆压力增大后地表沉降槽也会稍微变宽。三种注浆压力下最大沉降值分别为 -11.8 mm、-7.9 mm、-3.6 mm，依次减小 33%、54%，这说明沉降值不是呈线性变化的。结合图 8-33 可以看出，地面变形受注浆压力的影响较大，注浆压力为 1 MPa 时的地面沉降值比注浆压力为 0.1 MPa 时的地面沉降值大不少。注浆压力取 0.1 MPa 时，沉降值和隆起值都在地面变形的控制合理范围内，这对实际顶管施工过程中注浆压力取值有很好的参考价值。在该工程中注浆压力取 0.1 MPa 左右较为合适。

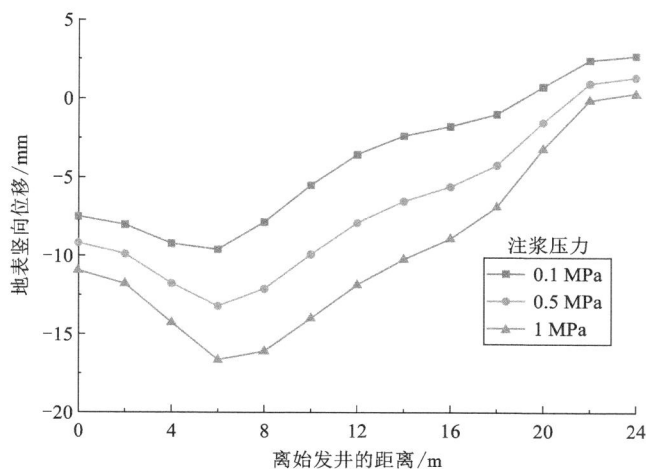

图 8-33　后行顶管轴线上方纵向地表变形曲线

8.5　矩形顶管施工引起地面变形的控制措施

8.5.1　控制土仓压力

从理论来说，土仓压力的大小即开挖面附加压力的大小，顶管顶进过程中，土仓压力 p（倾斜）若比顶管机周围土层的主动土压力 p_A 小，即 $p<p_A$，顶管上面的地表会产生沉降变形。反之，若土仓压力 p 大于顶管机周围土层的被动土压力 p_p，即 $p>p_p$，顶管上部的地表会产生隆起变形。如果在顶管施工过程中，我们将土压力控制在 $p_A<p<p_p$ 范围内，土压力就会达到平衡。

在实际顶管施工中，可先根据地层情况确定目标土压力，然后在顶管顶进过程中，利用压力传感器来监测开挖面土压力的变化。控制开挖面土压力的另一个目的是使开挖面保持稳定。现场监测研究表明，开挖面的土压力大小决定了前方土体受扰动的程度和范围。如果正面附加压力等于自然土压力，则前方土体不会移动，也不会有地层损失。这表明，建立有效的土仓压力平衡，是减少地表变形的有效手段。

本顶管工程项目采用土压平衡式顶管机，其工作原理是调节土仓压力的大小使其与机头前方的土压力达到平衡，从而起到支护开挖面土体的目的。所以将地表变形控制在合理范围的关键在于设置合适的土仓压力。土压力采用 Rankine 压力理论来进行计算：

$$p=k_0rz+p_1 \tag{8-6}$$

式中：p 为管道的侧向土压力，kN/m^2；k_0 为土体的侧向系数；z 为覆土深度，m；p_1 为超载系数，kN/m^2。

通过公式(8-6)计算出的数据值可以得到土压力的理论值，在实际施工过程中，应该根据地表变形的监测数据随时对土压力进行相应修改，使得地表变形控制在合理范围内。

8.5.2 控制顶进速度

在顶管顶进施工过程中，应设置合理的顶进速度，以确保施工连续且平衡，避免长期搁置；应根据地面沉降观测的反馈数据不断调整土压力设定值，使其达到最佳状态。

矩形顶管的施工应尽量使土体被切削，而不是被挤压。过度挤压前仓内将产生外压力差，并加剧对地层的扰动。刚开挖时顶进速度不要太快，一般控制在 $5~10$ mm/min，正常施工阶段可以控制在 $10~20$ mm/min。在不同的地质条件下，顶进速度也应不同。合理设置土压力控制值时也应限制顶进速度。如果顶进速度太快，则螺旋运输机转速可能会达到极限值，仓内的土体不能及时排出，会造成土仓压力设置失控。

8.5.3 控制出土量

在顶管顶进施工过程中，管道内的出土量应等于顶进的取土量。只有当两者保持一致时，周围土体受顶管施工的扰动才能减至很小，如果出土量大于取土量，前方土体坍塌，顶管上方的地面将沉降；如果出土量小于取土量，顶管上方的地面将隆起。控制好顶管机刀盘切削土体的尺度是出土量等于取土量的关键所在。

为了防止顶管施工欠挖或者超挖，应该严格控制好出土量。在正常顶管施工情况下，应将出土量控制在理论值的98%到100%之间，一节管片的理论出土量为38.7 m³。运出的土通过吊斗吊至地面集土坑内。考虑到要添加触变泥浆，一节管片的现场实际出土量约 41 m³。

8.5.4 控制顶进姿态纠偏

随着矩形顶管不断的顶进，顶管轴线时常会偏离原先设计好的轴线。为了减小顶管轴线的偏离角度，采取正确的纠偏措施是十分必要的。可以通过调节纠偏系统将顶管轴线的偏离角减小，使得顶管轴线重新回到之前设计好的轴线位置。在顶管施工过程中，若顶管轴线发生偏离，应坚持"勤测、勤纠、缓纠"的原则，纠偏角度不宜过大，以免影响顶管的正常施工。

在施工现场实际操作中，还应注意纠偏是与顶管顶进同时进行的工作。关键是要把握顶管顶进趋势。应逐步缓慢地进行，若操之过急则轴线折角易出现过大，影响顶管顺利的顶进。

由于该项目采取矩形顶管施工，管道的横向水平偏移对顶管顺利顶进影响很大，若机头出现微小转角，就应该立即采取刀盘反转等措施纠偏。

本顶管工程采用 MTG-M 顶管自动导向系统，如图 8-34 所示，该系统常用于微型直线顶管施工，系统集计算机、自动测量、激光、传感器、数据通信等技术于一体，能实时获取顶管顶进轴线与设计轴线的偏差及顶管姿态等信息。

8.5.5 控制同步注浆

在顶管顶进过程中，管片和顶管机外壳都会与周围土体产生摩擦阻力，而且随着顶进深度的增加，其摩擦阻力也会增大。若在管道的外壁上注入触变泥浆，则土体与管片及机壳之间的摩擦阻力会较大程度地减少。顶管机尾部的注浆应与管道的注浆同步进行，并在管道的适当位置跟进补浆，以补充顶管顶进过程中的泥浆流失。

同步注浆必须先注入然后顶进。在顶管施工过程中，随着机头不断顶进，泥套的容积不

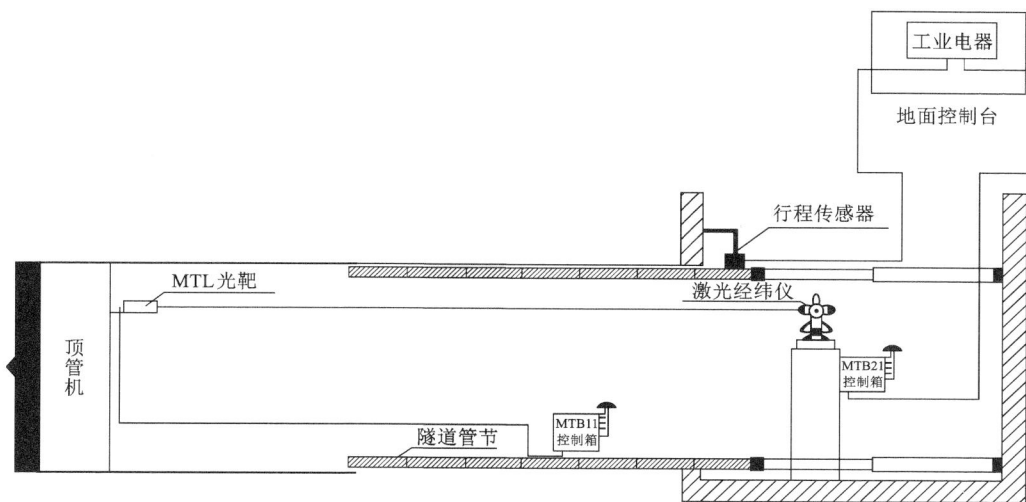

图 8-34　MTG-M 顶管自动导向系统图

断扩大，如果注浆不及时，泥浆套压力将会下降，出现抽吸现象，容易导致管壁四周土体坍塌，土体渗进泥浆套，使得泥浆套不完整。

注浆时，必须遵循"先注后顶、边顶边注、及时补浆"的原则（图 8-35），同步注浆必须先注入然后顶进，且由下往上注。补浆应按照由后向前的顺序。

本工程顶管机穿越的地层主要为粉质细砂，地层具有一定透水性，触变泥浆容易发生流失，泥浆套易被破坏。针对这一特点，需要在现场做触变泥浆的配合比试验，研究出触变泥浆的最佳配合比（图 8-36）。另外，该工程使用超大断面矩形顶管施工，注浆的及时性和注浆量的控制直接影响到施工过程中的摩擦力以及地面沉降变形。同步注浆时注浆压力应大于该点的静止水压力与土压力之和。若注浆压力过大，管壁周围的土体受到浆液的扰动挤压会使地表隆起；若注浆压力过小，注浆速度过慢，填充不充足，将会导致泥浆套不完整使得摩擦阻力和地表沉降值增大。从上一节可知，注浆压力控制在 0.1 MPa 左右比较合适，注浆量为管道四周空隙的 2~3 倍，根据计算结果和经验，每节管片外注浆量宜为 1.2~1.8 m³。

图 8-35　现场注浆图

图 8-36　触变泥浆的制备

8.5.6 超前预支护控制措施

除了以上控制措施以外，还有其他的控制措施，如超前预支护控制措施。

在顶管隧道施工过程中，由于覆土浅或者软弱破碎地层本身的工程性质较差，且自稳能力差，在顶进开挖后周围土层受到扰动原有的应力状态被打破，随后形成新的应力重分布。管道周围土层容易发生失稳破坏，从而引起地表变形，所以提前采取预加固措施是非常重要的。常见的预加固措施有超前注浆、超前小导管、超前锚杆、超前管幕支护、水平旋喷预支护等，预加固措施技术对比见表8-5。

实际工程中，在选择顶管隧道的预加固措施时需要考虑工程的地质条件、水文地质条件、经济因素等影响因素，然后采取一种或者几种相结合的预加固措施。考虑到本书的顶管隧道工程的周围地层为填砂路基，且顶管断面大、覆土极浅、未封闭交通等特点，该工程采取超前管幕预支护的加固措施。

表8-5 常见的预加固支护措施对比

预加固措施	缺点	优点	适用条件
超前注浆	加固刚度较小，注浆液容易浪费，很难保证均匀性，施工难度较大	灵活、简单方便、可选择的方法多	无地下水或地下水流动性小，孔隙较大的砂土或破碎土层
超前小导管	加固范围有限，注浆效果难以保证	施工机械小巧简单，工艺简单，造假概率较低	有一定自稳能力的地层，且无重大风险源
超前管幕支护	施工精度控制要求较高，注浆效果难以保证，止水效果一般	整体刚度大，支护效果好，一次性施做长度大	围岩压力较大，对围岩变形和地表沉降有较严格要求的软弱、破碎围岩隧道
超前锚杆	柔性大，整体刚度小，正面金属锚杆影响开挖	灵活，方便，不需要专门设备	围岩应力小，自稳能力差，地层松散，地下水较少，岩体软弱破碎
水平旋喷预支护	因高压射流注浆会使地表产生隆起、冒浆等现象，所以耗浆量大，对施工场地和施工机械要求较高	加固范围较宽，有良好的止水效果，加固体强度较高	适用于浅埋、松散、破碎等软弱土层和地下水丰富的软弱土层

8.6 本章小结

本章以南昌大桥西岸段治堵矩形顶管工程为背景，对工程的监测内容与方案进行了详细阐述，并分析整理了监测结果数据。同时，运用有限元数值模拟软件MIDAS/GTS NX建立了三维有限元模型，对平行矩形顶管施工过程及主要影响因素进行了研究，分析了矩形顶管施工引起的地面变形规律，并将模拟数据与监测数据进行对比分析，验证了三维模型的合理性。最后，通过对顶管施工参数进行敏感性分析，并基于矩形顶管施工的特点，提出了控制土仓压力、顶进速度、出土量、顶进姿态纠偏、同步注浆及超前预加固等相应施工措施，以此来减小顶管施工对地面变形的影响，为今后类似的顶管隧道工程的设计和施工提供参考。主要结论如下。

①矩形顶管顶进至监测断面之前，顶管前方土体受到挤压作用而出现隆起，随着顶管离断面的距离越近，隆起值越大。先行矩形顶管施工对地面竖向变形的影响范围为 $1.5B$（B 为管片宽度），变形值占总变形的 90% 以上。施工停滞和降雨会引起细砂饱和液化可能会导致开挖面失稳，从而使地表产生沉降。

②先行顶管在顶进施工时对周围土体的扰动程度是不均匀的，离顶管轴线水平距离越远扰动程度就越小，越靠近轴线扰动程度越大。当后行顶管顶进施工时，离先行顶管较近一侧的土体扰动程度大于另一侧，土体损失量也要大于另一侧，最终地面变形曲线是不对称的。

③平行矩形顶管顶进过程中地表出现沉降，最大沉降位置在顶管轴线的上方，距离矩形顶管轴线越远沉降值越小，而且随着平行矩形顶管的顶进开挖，土体扰动的范围逐渐增大。顶管下部的土体由于管道内土体开挖产生应力释放，管底局部发生隆起。

④先行顶管贯通后，地面横向沉降曲线为"V"形，近似于 Peck 曲线，最大沉降位置在先行顶管轴线正上方，其值为 -11.1 mm。当后行顶管贯通时，地面横向沉降曲线为"W"形分布，沉降槽出现了两个变形极大值点，一个位于先行顶管轴线正上方，其值为 -10.6 mm，另一个位于后行顶管轴线正上方，其值为 -11.8 mm。

⑤由于管幕预支护的作用，两矩形顶管施工相互影响较小，且两顶管之间的土体受到顶管施工的扰动也较小，因此两顶管中心上方地表的沉降值也相对较小。

⑥后行矩形顶管贯通后，两顶管轴线方向最大沉降位置都发生在 $y=6$ m 处，先行顶管最大沉降值为 -14.1 mm，后行顶管最大沉降值为 -16.6 mm。

⑦矩形顶管顶进过程中深层土体水平位移随着顶管机机头的不断顶进而增大，土层向顶管轴线方向移动。当顶管机尾端离开监测点之后，土层开始向远离顶管轴线的方向移动。

⑧造成土体向顶管轴线方向移动的原因主要是管片与顶管机机头之间的外径差、触变泥浆的流失、施工的停顿或更换管片时千斤顶卸载。土体远离顶管轴线方向的原因主要是顶管机机头的刀盘的切削和千斤顶的顶进使得前方的土体受到向外的挤压，且在顶进过程中同步注浆也使得顶管周围土体远离顶管轴线。

本书以南昌大桥西岸段治堵矩形顶管工程为背景。对土压平衡式矩形顶管的施工工艺流程、工作原理以及地面变形机理进行了理论分析，在此基础上，运用了现场监测和数值模拟相结合的方法对矩形顶管施工引起的土体变形问题进行了分析研究，将两种研究方法得出的变形数据进行对比分析，得出了大断面、小净距、浅覆土平行矩形顶管施工对土体变形的影响规律和影响范围。并对矩形顶管施工导致地面变形的影响因素进行了分析，并提出有效的变形控制措施，为今后类似矩形顶管施工提供依据和参考。本书主要结论如下。

①在矩形顶管施工过程中，顶管顶进至监测断面之前，由于受到挤压作用前方土体隆起；当顶管到达监测断面时，地面隆起值最大；当穿过监测断面之后，地面急剧下降；随着掘进机离监测断面距离增大，监测断面处的地面沉降值趋于稳定。

②有管幕预支护时，先行顶管贯通后地面横向沉降曲线为"V"形分布，近似于 Peck 曲线，两平行矩形顶管全部贯通后地面横向沉降曲线为"W"形分布，不符合 Peck 曲线的正态

分布规律。

③先行顶管贯通后，沉降槽的中心线在先行顶管轴线上方，最大沉降位置位于先行顶管轴线上方。随着后行顶管的不断顶进，地表沉降槽逐渐变宽，且沉降槽的中心线也逐渐靠近后行顶管。当后行顶管贯通之后，沉降槽出现了两个极大值点，一个极大值位于先行顶管轴线正上方，另一个极大值位于后行顶管轴线正上方。

④尽管两平行矩形顶管之间距离很小，但提前做好管幕预支护后，两矩形顶管之间在轴线上方的地面竖向位移相互影响很小。

⑤加管幕支护之后地面变形有效减小；同等施工条件下，覆土厚度越大，填砂路基沉降槽越宽；正面附加压力控制在 200 kPa 至 250 kPa 之间路面变形最小，正面附加压力过大或者过小都会使得路面变形过大；注浆压力越大，填砂路基受到的扰动越大，从而变形越大。

⑥矩形顶管顶进施工很难避免对周边环境造成危害，而且掘进机土仓压力、顶进速度、出土量、注浆压力以及顶进纠偏等的不同对周边环境的影响也不同。因此可以采取选择恰当的掘进压力、合理的掘进速度和出土量、合适的注浆压力和减小顶管纠偏角度等有效控制措施来减小顶管施工对周围土体的扰动和地面的变形。

参考文献

［1］彭立敏，王哲，叶艺超，等. 矩形顶管技术发展与研究现状［J］. 隧道建设，2015，35（1）：1-8.

［2］曾建军，赵东平，王凤，等. 顶管隧道研究现状与发展趋势［J］. 现代隧道技术，2024，61（S1）：1-16.

［3］吴开慧. 中国顶管技术现状与未来展望［J］. 科技与创新，2024（22）：30-34.

［4］贺九衡，李岩，周斌，等.“双碳”目标下的顶管技术创新与应用［J］. 建筑工人，2024，45（10）：
14-15.

［5］马鹏，岛田英树，马保松，等. 矩形顶管关键技术研究现状及发展趋势探讨［J］. 隧道建设（中英文），
2022，42（10）：1677-1692.

［6］邓章铁，杨圣虎，吏细歌，等. 超深长距离顶管对接施工关键技术研究与应用［J］. 中国给水排水，
2023，39（2）：125-132.

［7］魏纲，徐日庆，邵剑明，等. 顶管施工中注浆减摩作用机理的研究［J］. 岩土力学，2004，25（6）：
930-934..

［8］方从启，孙钧. 浅层顶管施工引起的土体移动［J］. 岩土力学，2000，21（1）：5-9..

［9］何莲，刘灿生，帅华国. 顶管施工的顶力设计计算研究［J］. 给水排水，2001（7）：87-89.

［10］易宏伟. 盾构施工对土体扰动与地层移动影响的研究［D］. 上海：同济大学，1999.

［11］周又波，胡岷. 盾构隧道信息化施工智能管理系统设计及应用［J］. 岩石力学与工程学报，2004.

［12］魏纲. 顶管施工中土体性状及环境效应分析［D］. 杭州：浙江大学，2003.

［13］胡昕，黄宏伟. 相邻平行顶管推进引起附加荷载的力学分析［J］. 岩土力学，2001，22（1）：75-77.

［14］潘同燕. 大口径急曲线顶管施工力学分析与监测技术研究［D］. 上海：同济大学，2000.

［15］马保松，张雅春. 曲线顶管技术及顶进力分析计算［J］. 岩土工程技术，2006，20（5）：229-232.

［16］刘敏林. 长距离顶管施工技术的分析［J］. 广东水利水电，2004（2）：28-31.

［17］郝唯. 综合管廊下穿既有铁路顶管法施工控制研究［D］. 重庆：重庆交通大学，2018.

［18］刘波，章定文，刘松玉，等. 大断面顶管通道近接穿越下覆既有地铁隧道数值模拟与现场试验［J］. 岩石
力学与工程学报，2017（11）：2850-2860.

［19］刘浩航. 顶管上穿施工对既有地铁隧道的影响分析［D］. 湘潭：湘潭大学，2015.

［20］顾杨，徐伟忠，陈晓晨，等. 超大直径顶管下穿建筑物时的扰动影响测试与分析［J］. 建筑施工，2014，
36（4）：441-443.

［21］胡昕，黄宏伟. 相邻平行顶管推进引起附加荷载的力学分析［J］. 岩土力学，2001，22（1）：75-77.

［22］魏纲，朱奎. 顶管施工引起邻近地下管线附加荷载的分析［J］. 岩石力学与工程学报，2007，192（S1）：
2724-2729.

［23］魏纲，朱奎. 顶管施工对邻近地下管线的影响预测分析［J］. 岩土力学，2009，30（3）：825-831.

［24］黄宏伟，胡昕. 顶管施工力学效应的数值模拟分析［J］. 岩石力学与工程学报，2003，22（3）：400-406.

［25］张治成，林思，王金昌，等. 矩形管廊顶管施工对邻近管线的影响研究［J］. 岩土工程学报，2020，

42(S2)：244-249.

［26］许有俊，王雅建，冯超，等. 矩形顶管施工引起的地面沉降变形研究［J］. 地下空间与工程学报，2018，14（1）：192-199.

［27］张志伟，李忠超，梁荣柱，等. 软土地层矩形顶管掘进引起地表隆沉变形分析［J］. 岩土力学，2022，43（S1）：419-430.

［28］马清杰，李小杰，谢延锁，等. 浅埋顶管隧道下穿施工对路面变形影响的数值分析［J］. 现代隧道技术，2018，55（S2）：411-418.

［29］贺雷，刘华清，崔明杰，等. 砂砾地层电力顶管施工引起的地面变形研究［J］. 现代隧道技术，2020，57（2）：141-148.

［30］王宁，高毅，于少辉，等. 矩形顶管隧道群施工对后背土体扰动规律的初步研究［J］. 隧道建设（中英文），2019，39（3）：413-420.

［31］薛永健，朱旭辉，王社江，等. 重叠盾构隧道近距下穿给水管施工顺序优选研究［J］. 工业建筑，2022，52（9）：219-223+146.

［32］安关峰，王谭，司海峰，等. 施工顺序及不同管材对双层顶管隧道施工引起地表沉降的影响研究［J］. 现代隧道技术，2019，56（4）：119-126.

［33］杨松松，王梅，杜建安，等. 管幕预筑法顶管施工顺序对地表沉降的影响［J］. 浙江大学学报（工学版），2020，54（9）：1706-1714.

［34］陈杰. 四孔并行矩形顶管施工力学效应研究［D］. 成都：西南交通大学，2015.

［35］胡聪，郝英奇. 双线平行顶管在不同间距下施工的模型试验与数值模拟分析［J］. 建筑结构，2021，51（S2）：1854-1860.

［36］林星涛. 砂土地层盾构掘进土拱效应及其应用［D］. 长沙：湖南大学，2020.

［37］范文昊，谢盛昊，周飞聪，等. 新建双线盾构隧道下穿既有隧道近接影响分区及控制措施案例研究［J］. 现代隧道技术，2023，60（4）：43-57.

［38］郑余朝. 三孔并行盾构隧道近接施工的影响度研究［D］. 成都：西南交通大学，2007.

［39］方晓慧. 盾构隧道近接施工对既有隧道的影响分析［D］. 长沙：中南大学，2014.

［40］中华人民共和国住房和城乡建设部. 城市综合管廊工程技术规范：GB 50838—2015［S］. 北京：中国建筑工业出版社，2015.

［41］中华人民共和国住房和城乡建设部. 城市轨道交通工程监测技术规范：GB 50911—2013［S］. 北京：中国建筑工业出版社，2013.

［42］刘士海，贺美德，刘继尧. 新建隧道斜交下穿既有盾构隧道的变形分析［J］. 地下空间与工程学报，2021，17（1）：263-272.

［43］许有俊，秦浩斌，李文博，等. 浅埋暗挖隧道近距离平行上跨对既有盾构隧道的变形影响分析［J］. 现代隧道技术，2022，59（3）：118-127.

［44］江华，殷明伦，江玉生，等. 深圳地铁盾构隧道近距离上跨既有线引起的结构变形研究［J］. 现代隧道技术，2018，55（1）：194-202.

［45］吴垠龙，刘维，贾鹏蛟，等. 矩形顶管近距离上穿既有隧道施工扰动分析［J］. 地下空间与工程学报，2022，18（6）：1968-1978.

［46］刘维正，戴晓亚，孙康，等. 地铁盾构隧道近距离上穿既有线路纵向变形计算方法［J］. 岩土力学，2022，43（3）：831-842.

［47］陈友建，袁炳祥，王永洪，等. 盾构隧道施工参数对地表沉降的影响研究［J］. 广西大学学报（自然科学版），2023，48（1）：10-17.

[48] 刘明友，韦宏业，么晓辉，等. 软硬地层下双顶管掘进参数对管片及地层的影响[J]. 科学技术与工程，2022，22(11)：4596-4602.

[49] 韦生达，刘丹娜，彭鑫，等. 基于灰色理论的砂卵石地层盾构施工参数控制对地表沉降影响分析[J]. 重庆交通大学学报(自然科学版)，2022，41(2)：84-94.

[50] 马少坤，邵羽，刘莹，等. 不同埋深盾构双隧道及开挖顺序对临近管线的影响研究[J]. 岩土力学，2017，38(9)：2487-2495.

[51] 顾晓强，吴瑞拓，梁发云，等. 上海土体小应变硬化模型整套参数取值方法及工程验证[J]. 岩土力学，2021，42(3)：833-845.

[52] 上海市住房和城乡建设管理委员会. 顶管工程设计标准：DG/TJ 08-2268-2019[S]. 上海：同济大学出版社，2019.

[53] 魏纲，郝威，魏新江，等. 盾构隧道内竖向顶管施工室内模型试验研究[J]. 岩土工程学报，2022，44(1)：62-71.

[54] 杨艳玲，韩现民，李文江. 地铁盾构区间近距离下穿顶管隧道力学响应及沉降控制标准研究[J]. 铁道标准设计，2022，66(3)：118-123，149.

[55] 杨逸枫，廖少明，吴东鹏. 软土大断面类矩形组合顶管暗挖车站长期沉降预测分析[J]. 隧道建设(中英文)，2019，39(S2)：213-219.

[56] 唐培文. 矩形顶管近接上穿施工对地铁隧道影响研究[J]. 地下空间与工程学报，2020，16(S1)：215-223，284.

[57] 张林. 盾构近距离下穿矩形顶管隧道施工变形规律研究[J]. 地下空间与工程学报，2021，17(S1)：375-381，403.

[58] 应宏伟，姚言，王奎华，等. 双线平行顶管上跨地铁盾构隧道施工环境影响实测分析[J/OL]. 上海交通大学学报，2023，3(6)：1-18.

[59] 吴艮龙，刘维，贾鹏蛟，等. 矩形顶管近距离上穿既有隧道施工扰动分析[J]. 地下空间与工程学报，2022，18(6)：1968-1978.

[60] 林清辉，段景川，付江山，等. 顶管近距离上跨运营隧道施工变形实测结果分析[J]. 公路工程，2018，43(1)：175-180.

[61] 董俊. 地铁过街通道矩形顶管施工变形监测分析[J]. 铁道工程学报，2016，33(8)：106-110.

[62] 姜之阳，张彬，刘硕，等. 大断面矩形顶管上跨施工对既有地铁隧道变形影响研究[J]. 工程地质学报，2022，30(5)：1703-1712.

[63] 华志刚. 电力通道施工对苏州地铁 1 号线某区间隧道影响研究[J]. 现代隧道技术，2018，55(S2)：252-257.

[64] 罗德芳，成斌. 圆砾地层顶管上跨既有运营地铁施工安全风险分析及控制研究[J]. 中外公路，2018，38(05)：163-166.

[65] 易丹，严德添，党军. 大断面矩形土压平衡式顶管上跨施工对运营地铁隧道变形的影响分析[J]. 隧道建设(中英文)，2018，38(4)：594-602.

[66] 刘波，章定文，刘松玉，等. 大断面顶管通道近接穿越下覆既有地铁隧道数值模拟与现场试验[J]. 岩石力学与工程学报，2017，36(11)：2850-2860.

[67] 王孟林. 特大直径污水干管上穿顶进施工对临近既有地铁隧道的影响分析[J]. 施工技术，2017，46(8)：56-59，71.

[68] 何庆萍. 顶管上穿施工对已有区间隧道影响性分析[J]. 工业建筑，2011，41(S1)：821-823，857.

[69] 肖旦强，张仕超，胡智，等. 大断面矩形顶管施工对近接斜交既有隧道影响研究[J]. 现代隧道技术，

2022, 59(S1): 441-447.

[70] 崔光耀, 麻建飞, 宁茂权, 等. 超大矩形顶管盾构隧道近接下穿高铁施工加固方案对比分析[J]. 岩土力学, 2022, 43(S2): 414-424.

[71] 邱婧, 童建红, 王国林. 市政工程隧道大角度斜向上跨既有地铁盾构隧道施工方法比选及优化[J]. 城市轨道交通研究, 2022, (S2): 79-85, 92.

[72] 耿继光. 顶管近距离施工对地铁高架结构的影响分析研究[J]. 公路, 2021, 66(8): 373-378.

[73] 李志南, 潘珂, 王位赢. 并行顶管近距离上穿既有盾构隧道的安全分析[J]. 地下空间与工程学报, 2020, 16(S2): 939-944, 975.

[74] 吴垠龙, 刘维, 贾鹏蛟, 等. 矩形顶管近距离上穿既有隧道施工扰动分析[J]. 地下空间与工程学报, 2022, 18(6): 1968-1978.

[75] 刘建航, 候学渊. 盾构法隧道[M]. 北京: 中国铁道出版社, 1991.

[76] 张鹏, 李志宏. 曲线顶管施工引起的地表变形预测研究[J]. 隧道建设, 2017, 28(15): 234-238.

[77] 李忠超, 陈仁明. 软黏土中某内支撑式深基坑稳定性安全系数分析[J]. 岩土工程学报, 2015, 37(5): 769-774.

[78] Peck R B. Deep excavation and tunneling in soft ground[A]//Proc. 7th Int. Conf. Soil Mechanics and Foundation Engineering[C]. Mexico, 1969: 225-290.

[79] 广东省住房和城乡建设厅. 顶管技术规程(DBJ/T 15-106-2015)[S]. 北京: 中国城市出版社, 2016.

[80] 杨俊峰, 邓文杰, 余世祥, 等. 富水砂层多孔顶管施工顶力及管片摩阻力监测分析[J]. 施工技术(中英文), 2021, 50(19): 64-68.

[81] 叶艺超, 彭立敏, 杨伟超, 等. 考虑泥浆触变性的顶管顶力计算方法[J]. 岩土工程学报, 2015, 37(9): 1653-1659.

[82] 张鹏, 谈力昕, 马保松. 考虑泥浆触变性和管土接触特性的顶管摩阻力公式[J]. 岩土工程学报, 2017, 39(11): 2043-2049.

[83] 崔光耀, 麻建飞, 宁茂权, 等. 超大矩形顶管盾构隧道近接下穿高铁施工加固方案对比分析[J]. 岩土力学, 2022, 43(S2): 414-424.

[84] 中华人民共和国住房和城乡建设, 中华人民共和国质量监督检查检疫总局. 给水排水管片工程施工及验收规范(GB 50268—2008)[S]. 北京: 中国建筑工业出版社, 2008.

[85] 余彬泉, 陈传灿. 顶管施工技术[M]. 北京: 人民交通出版社, 1998.

[86] 彭柏兴. 利用卸荷拱理论对地基中防空洞进行评价和处理[J]. 勘察科学技术, 1999(6): 25-27.